中国核科学技术进展报告

（第七卷）

——中国核学会 2021 年学术年会论文集

第 8 册

U0199703

核科技情报研究（核情报）分卷

中国原子能出版社

图书在版编目(CIP)数据

中国核科学技术进展报告. 第七卷，中国核学会 2021
年学术年会论文集. 第八分册，核科技情报研究(核情报)/
中国核学会主编. — 北京：中国原子能出版社，2022.3
　ISBN 978-7-5221-1868-0

Ⅰ. ①中… Ⅱ. ①中… Ⅲ. ①核技术－技术发展－研
究报告－中国 Ⅳ. ①TL－12

中国版本图书馆 CIP 数据核字(2021)第 254206 号

内 容 简 介

中国核学会 2021 学术双年会于 2021 年 10 月 19 日－22 日在山东省烟台市召开。会议主题是"庆贺党百年华诞 勇攀核科技高峰"，大会共征集论文 1400 余篇，经过专家审稿，评选出 573 篇较高水平论文收录进《中国核科学技术进展报告(第七卷)》，报告共分 10 册，并按 28 个二级学科设立分卷。

本册为核科技情报研究(核情报)分卷。

中国核科学技术进展报告(第七卷)　第 8 册

出版发行　中国原子能出版社(北京市海淀区阜成路 43 号　100048)
策划编辑　付　真
责任编辑　潘玉玲　杨晓宇
特约编辑　刘思岩　于　娟
装帧设计　侯怡璇
责任校对　宋　巍
责任印制　赵　明
印　　刷　北京卓诚恒信彩色印刷有限公司
经　　销　全国新华书店
开　　本　890 mm×1240 mm　1/16
印　　张　21.125　　字　　数　654 千字
版　　次　2022 年 3 月第 1 版　2022 年 3 月第 1 次印刷
书　　号　ISBN 978-7-5221-1868-0　　定　　价　120.00 元

网址：http://www.aep.com.cn　　E-mail：atomep123@126.com
发行电话：010-68452845

中国核学会 2021 年
学术年会大会组织机构

主办单位　中国核学会

承办单位　山东核电有限公司

协办单位　中国核工业集团有限公司　　国家电力投资集团有限公司

　　　　　　中国广核集团有限公司　　　　清华大学

　　　　　　中国工程物理研究院　　　　　中国科学院

　　　　　　中国工程院　　　　　　　　　中国华能集团有限公司

　　　　　　中国大唐集团有限公司　　　　哈尔滨工程大学

大会名誉主席　余剑锋　中国核工业集团有限公司党组书记、董事长

大会主席　王寿君　全国政协常委　中国核学会理事会党委书记、理事长

　　　　　　祖　斌　国家电力投资集团有限公司党组副书记、董事

大会副主席　（按姓氏笔画排序）

　　　　　　王　森　　王文宗　　王凤学　　田东风　　刘永德　　吴浩峰

　　　　　　庞松涛　　姜胜耀　　赵　军　　赵永明　　赵宪庚　　詹文龙

　　　　　　雷增光

高级顾问　（按姓氏笔画排序）

　　　　　　丁中智　　王乃彦　　王大中　　杜祥琬　　陈佳洱　　欧阳晓平

　　　　　　胡思得　　钱绍钧　　穆占英

大会学术委员会主任　叶奇蓁　邱爱慈　陈念念　欧阳晓平

大会学术委员会成员　（按姓氏笔画排序）

　　　　　　王　驹　　王贻芳　　邓建军　　卢文跃　　叶国安

　　　　　　华跃进　　严锦泉　　兰晓莉　　张金带　　李建刚

　　　　　　陈炳德　　陈森玉　　罗志福　　姜　宏　　赵宏卫

　　　　　　赵振堂　　赵　华　　唐传祥　　曾毅君　　樊明武

　　　　　　潘自强

大会组委会主任　刘建桥

大会组委会副主任　王　志　高克立

大会组织委员会委员　（按姓氏笔画排序）

　　　　　　马文军　　王国宝　　文　静　　石金水　　帅茂兵

　　　　　　兰晓莉　　师庆维　　朱　华　　朱科军　　伍晓勇

刘　伟　刘玉龙　刘蕴韬　孙　晔　苏　萍
苏艳茹　李　娟　李景烨　杨　辉　杨华庭
杨来生　张　建　张春东　陈　伟　陈　煜
陈东风　陈启元　郑卫芳　赵国海　郝朝斌
胡　杰　哈益明　昝元锋　姜卫红　徐培昇
徐燕生　桑海波　黄　伟　崔海平　解正涛
魏素花

大会秘书处成员　（按姓氏笔画排序）

于　娟　于飞飞　王　笑　王亚男　朱彦彦　刘思岩
刘晓光　刘雪莉　杜婷婷　李　达　李　彤　杨　菲
杨士杰　张　苏　张艺萱　张童辉　单崇依　徐若珊
徐晓晴　陶　芸　黄开平　韩树南　程　洁　温佳美

技术支持单位　各专业分会及各省核学会

专 业 分 会　核化学与放射化学分会、核物理分会、核电子学与核探测技术分会、核农学分会、辐射防护分会、核化工分会、铀矿冶分会、核能动力分会、粒子加速器分会、铀矿地质分会、辐射研究与应用分会、同位素分离分会、核材料分会、核聚变与等离子体物理分会、计算物理分会、同位素分会、核技术经济与管理现代化分会、核科技情报研究分会、核技术工业应用分会、核医学分会、脉冲功率技术及其应用分会、辐射物理分会、核测试与分析分会、核安全分会、核工程力学分会、锕系物理与化学分会、放射性药物分会、核安保分会、船用核动力分会、辐照效应分会、核设备分会、近距离治疗与智慧放疗分会、核应急医学分会、射线束技术分会、电离辐射计量分会、核仪器分会、核反应堆热工流体力学分会、知识产权分会、核石墨及碳材料测试与应用分会、核能综合利用分会、数字化与系统工程分会、核环保分会（筹）

省级核学会　（按照成立时间排序）

上海市核学会、四川省核学会、河南省核学会、江西省核学会、广东核学会、江苏省核学会、福建省核学会、北京核学会、辽宁省核学会、安徽省核学会、湖南省核学会、浙江省核学会、吉林省核学会、天津市核学会、新疆维吾尔自治区核学会、贵州省核学会、陕西省核学会、湖北省核学会、山西省核学会、甘肃省核学会、黑龙江省核学会、山东省核学会、内蒙古核学会

中国核科学技术进展报告
（第七卷）

总 编 委 会

前　言

　　《中国核科学技术进展报告（第七卷）》是中国核学会2021学术双年会优秀论文集结。

　　2021年中国核科学技术领域发展取得重大进展。中国自主三代核电技术"华龙一号"全球首堆福清核电站5号机组、海外首堆巴基斯坦卡拉奇K-2机组相继投运。中国自主三代非能动核电技术"国和一号"示范工程按计划稳步推进。在中国国家主席习近平和俄罗斯总统普京的见证下，江苏田湾核电站7号、8号机组和辽宁徐大堡核电站3号、4号机组，共四台VVER-1200机组正式开工。江苏田湾核电站6号机组投运；辽宁红沿河核电站5号机组并网；山东石岛湾高温气冷堆示范工程并网；海南昌江多用途模块式小型堆ACP100科技示范工程项目开工建设；示范快堆CFR600第二台机组开工建设。核能综合利用取得新突破，世界首个水热同产同送科技示范工程在海阳核电投运，核能供热商用示范工程二期——海阳核电450万平方米核能供热项目于2021年11月投运，届时山东省海阳市将成为中国首个零碳供暖城市。中国北山地下高放废物地质处置实验室开工建设。新一代磁约束核聚变实验装置"中国环流器二号M"实现首次放电；全超导托卡马克核聚变实验装置成功实现101秒等离子体运行，创造了新的世界纪录。

　　中国核学会2021双年会的主题为"庆贺党百年华诞 勇攀核科技高峰"，体现了我国核领域把握世界科技创新前沿发展趋势，紧紧抓住新一轮科技革命和产业变革的历史机遇，推动交流与合作，以创新科技引领绿色发展的共识与行动。会议为期3天，主要以大会全体会议、分会场口头报告、张贴报告等形式进行，同期举办核医学科普讲座、妇女论坛。大会现场还颁发了优秀论文奖、团队贡献奖、特别贡献奖、优秀分会奖、优秀分会工作者等奖项。

　　大会共征集论文1 400余篇，经专家审稿，评选出573篇较高水平的论文收录进《中国核科学技术进展报告（第七卷）》公开出版发行。《中国核科学技术进展报告（第七卷）》分为10册，并按28个二级学科设立分卷。

　　《中国核科学技术进展报告（第七卷）》顺利集结、出版与发行，首先感谢中国核学会各专业分会、各工作委员会和23个省级（地方）核学会的鼎力相助；其次感谢总编委会和

28 个（二级学科）分卷编委会同仁的严谨作风和治学态度；再次感谢中国核学会秘书处和出版社工作人员，在文字编辑及校对过程中做出的贡献。

《中国核科学技术进展报告（第七卷）》编委会

2022 年 3 月

核科技情报研究
Nuclear Science and
Technology Information

目　录

"禁止核武器条约"生效及影响分析

宋　岳,赵学林,赵　畅

(中国核科技信息与经济研究院,北京 100048)

摘要:2020 年 10 月 24 日,洪都拉斯向联合国递交"禁止核武器条约"(下文简称"条约")批准书,成为第 50 个批约国,触发了条约生效机制。条约于 2021 年 1 月 22 日正式生效。条约禁止缔约国发展、试验、生产、制造或以其他方式获得、拥有或储存核武器,同时要求拥有核武器的国家应以不可逆的方式彻底消除核武器,否定了五核国拥有核武器的合法地位,动摇了现有以《不扩散核武器条约》为基础的核不扩散体系,遭到五核国抵制。未来,激进无核武器国家可能推动条约成为新的习惯国际法,从而在核武器国家不参加的情况下从根本性上否定其拥核合法性。

关键词:禁止核武器条约;生效;核不扩散

1　条约由来及达成

2013—2014 年,挪威、墨西哥和奥地利先后举办三次"核武器的人道主义影响"会议,并在第三次会议上提出"奥地利承诺",呼吁各方携手,禁止和销毁核武器。2016 年,部分无核武器国家在日内瓦裁军谈判会议之外另辟蹊径,推动联合国大会通过决议,成立核裁军开放式工作组,向联大裁军与安全委员会提交最终报告,呼吁启动"禁止核武器条约"谈判。2016 年 12 月,联大通过 71/258 号决议"推进多边核裁军谈判"。以此决议为基础,2017 年联大先后举行两轮条约谈判会议,并在第二轮会议期间以"简单多数"方式进行投票表决。

2017 年 7 月 7 日,联大以 122 票赞成、1 票弃权、1 票反对通过"禁止核武器条约"。在联合国 193 个成员国中,69 个国家未参与投票,其中包括美俄中英法五个核武器国家,印巴以朝四个拥核国家,以及多数西方国家和日韩等。

条约于 2017 年 9 月 20 日开放签署,规定在获得第 50 个国家批准书之日起 90 天后生效。目前,已有 84 个国家签约,50 个国家批约。

2　条约主要内容及存在问题

在缔约国责任方面,条约规定缔约国不发展、试验、生产、制造或以其他方式获得、拥有或储存核武器;不转让、接受核武器及其控制权;不在领土安置、安装或部署核武器;不使用或威胁使用核武器;拥有核武器的国家应以不可逆转的方式彻底消除核武器。

在保障监督方面,无核武器国家为尽快达成条约,刻意简化核查部分内容,仅简单套用国际原子能机构全面保障监督协定,而未采用更加严格的全面保障监督协定"附加议定书",既缺乏有效的核查机制和核查条款,也未规定详尽的核查措施和违约责任,不能解决禁止核武器所需的更为复杂的核查问题。

在条约的有效性方面,由于核武器国家和其他相当数量的无核武器国家均未参与投票,条约不具有普遍性和权威性,只能作为签约国的准则规范,不构成法律约束。条约旨在禁止核武器,而核武器国家均未参与,致使条约难以有效执行,形式大于内容;既解决不了核武器国家拥有和裁减核武器问题,也解决不了印巴以朝发展核武器问题。

3　影响分析

3.1　条约加剧无核武器国家与核武器国家间的矛盾

条约的达成在很大程度上反映了无核武器国家禁止核武器的强烈愿望,以及对现有核裁军机制

作者简介:宋岳(1989—),男,辽宁人,工程师,理学硕士,现在主要从事核科技情报工作

的不满。无核武器国家在联合国框架下推动条约谈判,试图将核武器"非法化",对核武器国家施加压力。但拥有核武器的国家发展或裁减核武器向来都是以国家安全利益为重,外部压力和干扰作用有限。美俄英法已明确表态抵制并拒绝加入条约,指责条约未考虑当前国际安全环境,可能造成国际社会两极分化,并可能损害核不扩散机制。中国外交部发言人表示,实现核裁军目标无法一蹴而就,必须遵守"维护全球战略稳定"和"各国安全不受减损"的原则;出于维护现有国际军控和裁军机制及坚持循序渐进核裁军原则的考虑,中国未参与条约谈判。

条约生效将进一步加深无核武器国家和核武器国家在核裁军问题上的对立,给推进核裁军带来新的问题。

3.2 条约动摇现有裁军机制及核不扩散体系

条约开创了在日内瓦裁军谈判会议框架外谈判核裁军条约的先例,改变了裁谈会的"协商一致"原则;以少数服从多数的方式在联大达成条约,违背了首届裁军特别联大确立的"各国安全不受减损"原则。《不扩散核武器条约》是目前核武器国家与无核武器国家唯一共同认可的核不扩散框架,对核武器国家和无核武器国家有明确的界定。由于"禁止核武器条约"混淆了五核国与印巴以朝等国在核武器地位上的本质区别,因此动摇了现有的以《不扩散核武器条约》为基础的核不扩散体系,否定了国际社会几十年来的防扩散努力。

3.3 无核武器国家可能推动条约成为习惯国际法

目前看,无核武器国家可能推动条约成为新的习惯国际法,从而在核武器国家不参加的情况下仍可从根本上否定其拥核合法性。五核国明确、公开、持续反对,是阻止该条约演变为习惯国际法的必要条件。

参考文献:

[1] The United Nations.The Treaty on the Prohibition of Nuclear Weapons[R]. 2017.
[2] U.S. Congressional Research Service. The Nuclear Ban Treaty: An Overview[R]. 2020.

Validation and impact of the treaty on the prohibition of nuclear weapons

SONG Yue,ZHAO Xue-lin,ZHAO Chang

(China Institute of Nuclear Information & Economics,Beijing 100048,China)

Abstract: On October 24,2020,Honduras submitted its ratification of the Treaty on the Prohibition of Nuclear Weapons to the United Nations, becoming the 50th ratified country and triggering the validation mechanism. The treaty entered into force on January 22,2021. The treaty prohibits parties to develop, test, product, manufacture and obtain or store nuclear weapons, meanwhile, states possessing nuclear weapons are required to eliminate them completely in an irreversible way, which denied legal status of the five nuclear-nuclear weapon states, shaken the existing nuclear non-proliferation regime based on the Non-proliferation Treaty, and was boycotted by five nuclear-nuclear weapon states. In the future, the radical non-nuclear-weapon states may propel the treaty to become a new customary international law, fundamentally denying the legitimacy status of the five nuclear-nuclear weapon states in the absence of their participation.

Key words: treaty on the prohibition of nuclear weapons; validation; nuclear non-proliferation

2020 年国际核军控进展综述

宋　岳,赵　畅,赵学林

(中国核科技信息与经济研究院,北京 100048)

摘要:2020 年,国际核军控持续处于低潮,美俄双边核裁军前途未卜、多边核军控难有进展、核不扩散机制面临挑战、地区热点问题日趋复杂,美单边消极政策及美俄关系紧张等因素导致国际核军控机制面临的结构性矛盾更加突出。未来一段时期内,国际核军控难有实质性进展。

关键词:核军控;核裁军;核不扩散

1　美俄双边核裁军前途未卜

美特朗普政府对《新削减战略武器条约》延期设限。《新削减战略武器条约》是目前美俄间仅存的双边核裁军条约,将于 2021 年 2 月 5 日到期。2020 年 6—8 月,美俄举行三轮双边战略稳定对话,但未就延期问题达成共识。美先是以中国加入作为条约延期的前提条件,后要求扩大条约范围,进一步限制俄非战略核武库,并制定更严格的核查措施。俄提出冻结核武库规模以实现条约短暂延期,但双方因核查等问题尚未能达成一致。

美特朗普政府兜售"新军控理念",美俄核裁军原则分歧依旧。2020 年 4 月,美国务院发布《美国"下一代军控"优先事项》文件,兜售其所谓"新军控理念",继续渲染大国战略竞争和地缘政治对抗,鼓吹"三边核军控"。美俄在核裁军问题上无法达成共识,俄强调与美战略平衡和稳定,但美只谈自身"战略安全"而刻意回避"战略稳定"概念,否认进攻性与防御性战略武器间的内在联系。

拜登执政后美俄迅速就《新削减战略武器条约》条约延期达成一致。2021 年 1 月 26 日,俄罗斯同美国以互换外交照会的形式确认延长《新削减战略武器条约》有效期。1 月 29 日,俄总统普京签署并公布批准条约延期的法案。然而,俄美紧张关系并未因条约延期而得到改善。此外,两国对未来战略安全合作模式、妥善解决彼此安全关切尚无具体思路,后续军控谈判仍困难重重。

2　多边核军控难有进展

美特朗普政府在禁核试领域消极举动引发退约担忧。2020 年 4 月,美国务院发布 2020 年度《军控遵约报告》,继续指责俄、中违反美"零当量"禁核试标准。5 月,美国家安全委员会就恢复核试验问题展开讨论,有官员提出,美展示快速进行核试验的能力,将有助于推动"三边核军控"进程。美在禁核试问题上的一系列消极举动引发国际社会对美可能退出《全面禁止核试验条约》并恢复核试验的担忧。

"禁产条约"仍无法启动谈判。2020 年 1 月,法国牵头召开五核国"禁产条约"第二次专家会,讨论为《不扩散核武器条约》第十次审议大会准备"五核国共同文件草案"。由于禁产问题的重要性和复杂性,各方存在重大分歧,近期在裁谈会正式启动谈判的可能性不大。

3　核不扩散机制面临挑战

《不扩散核武器条约》各方分歧依旧。2020 年 2 月,五核国举行合作会议,内部矛盾仍突出,但各方同意继续就核政策与核战略、减少战略风险等问题开展交流合作。《不扩散核武器条约》第十次审

作者简介:宋岳(1989—),男,辽宁人,工程师,理学硕士,现在主要从事核科技情报工作

议大会因疫情延期至 2021 年 8 月举行,各方将围绕核裁军路线、核透明、中东无核武器区、伊核协议等问题展开激烈争夺,大会能否取得成功存在变数。

"禁止核武器条约"生效将进一步激化核裁军路线之争。2020 年 10 月,洪都拉斯向联合国递交"禁止核武器条约"批准书,成为第 50 个批约国,触发了生效机制,条约已于 2021 年 1 月 22 日正式生效。"禁止核武器条约"在很大程度上反映了无核武器国家禁止核武器的强烈愿望,以及对现有核裁军机制的不满。美俄英法已明确表态抵制并指责该条约未考虑当前国际安全环境,可能造成国际社会两极分化,损害核不扩散机制。由于"禁止核武器条约"混淆了五核国与印巴以朝等国在核武器地位上的本质区别,因此动摇了现有的以《不扩散核武器条约》为基础的核不扩散体系。

4　地区热点问题日趋复杂

朝核问题陷入僵局。美朝首脑会晤破裂以来,美国加大施压力度,朝鲜继续发展核力量,半岛无核化进程陷入僵局。2020 年 5 月,朝鲜提出"进一步夯实国家核战争遏制力和运营战略武装力量"的新方针。目前,美朝互信严重缺失,双方在最终目标和无核化路线等问题上立场不同,深层矛盾难以消除。

伊核问题局势持续紧张。面对美单方面退约和极限施压政策,伊朗于 2020 年 1 月宣布全面暂停履行伊核协议。为报复离心机装配工厂被炸、核科学家遭暗杀,伊朗多次威胁退出《不扩散核武器条约》,计划进一步提高铀浓缩丰度,并考虑阻止核查人员进入。伊核问题日趋复杂,不确定性增加。

5　小结

未来一段时期,国际核军控难有实质性进展。一方面,特朗普政府单边军控政策产生的消极影响仍将持续;另一方面,美俄作为两个最大的核武器国家在核军控问题上发挥主导作用,目前两国间的紧张关系难以很快缓和,客观上决定了核军控难以取得进展。在未来一段时期内,国际核军控将持续处于低潮。

参考文献:

[1]　U.S. Department of State. U.S. Priorities For "Next Generation Arms Control" [R]. 2020.

[2]　U.S. Department of Defense. Nuclear Posture Review [R]. 2018.

A review of international nuclear arms control progress in 2020

SONG Yue，ZHAO Chang，ZHAO Xue-lin

(China Institute of Nuclear Information & Economics，Beijing 100048，China)

Abstract：In 2020，the international nuclear arms control continued low tide. The future of bilateral nuclear disarmament between the Untied States and Russia is uncertain. The multilateral nuclear arms control is difficult to make progress. The nuclear non-proliferation regime is facing challenges. Regional hotspot issues are becoming more complex. The negative unilateral policy of the United States and the tension between the United States and Russia have led to more prominent structural contradictions in the international nuclear arms control regime. Sometime in the future, the international nuclear arms control is difficult to have substantial progress.

Key words：nuclear arms control；nuclear disarmament；nuclear non-proliferation

美俄新 START 条约延期 5 年

宋　岳,赵　松,赵学林

(中国核科技信息与经济研究院,北京 100048)

摘要:2021 年 2 月,美俄同意将两国间《关于进一步削减和限制进攻性战略武器措施的条约》(简称"新 START 条约")有效期无条件延长 5 年。新 START 条约延期有助于维护美俄战略平衡与稳定,对于推动全球核军控进程具有一定积极意义。当前,美俄两国核弹头总数仍超万枚,新 START 条约延期并非意味着两国朝真正的核裁军方向前进。

关键词:新 START 条约;核裁军;战略稳定

1　背景

　　1972 年至今,美俄(苏)间生效的军控条约共有 6 项,包括:1972 年《关于限制进攻性战略武器的某些措施的临时协定》(SALT-Ⅰ)、1972 年《限制反弹道导弹系统条约》(《反导条约》)、1987 年《消除中程和短程导弹条约》(《中导条约》)、1991 年《削减和限制进攻性战略武器条约》(START-Ⅰ)、2002 年《关于削减进攻性战略力量条约》(《莫斯科条约》)、2010 年新 START 条约。

　　新 START 条约由美国总统奥巴马和俄罗斯总统梅德韦杰夫于 2010 年 4 月签署,2011 年 2 月生效,取代了 2009 年 12 月到期的 START-Ⅰ条约和 2002 年签署的《莫斯科条约》。随着美国退出《反导条约》和《中导条约》,新 START 条约已成为美俄间仅存的双边核裁军条约。

2　条约基本要素及执行情况

2.1　主要限制

　　根据条约规定,对两国的进攻性战略武器数量限制如下:一是部署的洲际弹道导弹、潜射弹道导弹和重型轰炸机数量不超过 700 件;二是部署在洲际弹道导弹、潜射弹道导弹和重型轰炸机上的战略核弹头数量不超过 1 550 枚(每架轰炸机按携带一枚核弹头计数);三是部署和未部署的洲际弹道导弹发射装置、潜射弹道导弹发射装置和重型轰炸机数量不超过 800 件。

2.2　核查措施

　　新 START 条约规定双方就条约限制内容对各自的武器数量、类型、部署地点等进行数据交换,并就数据变更进行通告;对洲际弹道导弹、潜射弹道导弹和重型轰炸机进行"标识"。条约允许侵入式现场视察,以确认上述信息的准确性,每一方每年可进行 18 次现场视察,包括对洲际弹道导弹、潜射弹道导弹和轰炸机基地的 10 次"第一类"视察,以及对未部署或改装的发射装置和导弹设施的 8 次"第二类"视察。

2.3　退约、到期、延期

　　条约规定如果任何一方认为条约相关的"非常事件"损害了其最高利益,则有权退约,在这种情况下,条约将在一方通知退约后三个月终止。根据规定,条约自生效之日起 10 年内有效,可在双方同意的前提下最多延长 5 年。

2.4　执行情况

　　总体来看,新 START 条约得到了有效执行。

作者简介:宋岳(1989—),男,辽宁人,工程师,理学硕士,现在主要从事核科技情报工作

一方面,美俄两国进攻性战略武器数量已符合条约规定。根据美国国务院发布的最新数据,截至2020年9月1日,美国部署的运载工具675件,部署的战略核弹头1 457枚,部署及未部署的发射装置800件;俄罗斯部署的运载工具510件,部署的战略核弹头1 447枚,部署及未部署的发射装置764件。

另一方面,条约核查机制有效运行。条约生效以来,两国每六个月更新并交换数据库,内容覆盖武器数量、类型、部署地点等信息;就进攻性战略武器的位置、移动和部署情况交换通告21 403次;累计展示新型进攻性战略武器以及进攻性战略武器转换成果等15次;此外,两国均充分利用了条约允许的每年18次现场视察机会,十年间累计开展现场视察328次(2020年受疫情影响,美俄各进行2次现场视察)。

3　条约延期相关情况

3.1　俄罗斯一贯支持条约无条件延期

俄罗斯总统普京多次公开表态支持条约延期。2018年7月,普京在芬兰赫尔辛基峰会后接受采访时表示,"俄罗斯随时准备延长新START条约";2019年12月,普京对俄罗斯军事官员表示,"俄罗斯已经准备好立即无条件延长新START条约"。俄致力于维护该条约主要出于三方面考虑。一是期望利用美俄间仅存的双边核裁军条约维持其大国地位。二是条约增加了战略核力量的透明度和可预测性,有利于维护战略稳定。三是面对条约失效后可能出现的新一轮核军备竞赛,俄罗斯更难承受。

3.2　美两党政府对条约延期态度迥异

特朗普共和党政府奉行"以美国安全利益为核心"的军控理念,认为新START条约无法限制俄罗斯非战略核武器和新型战略核武器,未能解决中国"不断增长的核能力",对条约延期提出附加条件。2020年6—8月,美俄就新START条约延期等问题举行三轮双边战略稳定对话,但未能达成一致。美国先是以中国加入作为条约延期的前提条件,后要求扩大条约范围,进一步限制俄非战略核武器,并制定更严格的核查措施。俄同意冻结核武库规模以实现条约延期1年,但双方因核查措施等问题最终未能达成一致。

民主党一贯支持军备控制和国际合作,肯定新START条约对于维护美俄战略稳定发挥的重要作用。作为时任美国副总统,拜登曾在参议院批准新START条约的过程中发挥了关键作用。2020年竞选期间,拜登公开表态肯定新START条约是美俄间战略稳定的支柱,符合美国国家安全利益,将支持条约延期并以此作为后续军控安排的基础。

3.3　拜登执政后美俄迅速就条约延期达成一致

拜登1月20日宣誓就职后,白宫即对外宣称寻求将新START条约延长5年。1月26日,美俄就条约无条件延期5年达成一致并互换外交照会。俄罗斯方面,条约延期需经议会批准;1月27日,俄罗斯国家杜马和联邦委员会分别通过了条约延期法案;1月29日,普京签署了批准条约延长5年的法律。美国方面,条约延期只需总统同意,无需经国会批准。

4　影响与启示

4.1　条约延期有助于维护美俄战略平衡与稳定

1972年以来,美俄(苏)先后达成多项削减和限制进攻性战略武器的条约,战略核力量始终处于双边机制管控之下。自2014年"克里米亚事件"以来,美俄双边关系日趋紧张,冲突风险加剧。尽管两国在《中导条约》和《开放天空条约》等问题上争议不断并先后退约,但在新START条约履约问题上未出现较大分歧,条约得到了有效执行。新START条约作为美俄间仅存的双边核裁军条约,已日渐成为两国战略关系的"稳定器"。

4.2 条约延期对于推动全球核军控进程具有一定积极意义

美俄作为两个最大的核武器国家,对核裁军负有特殊优先责任,两国以可核查、不可逆方式进一步大幅削减核武器,有利于推动国际核军控进程,为最终实现全面彻底核裁军创造条件。近年来,囿于美大国竞争战略,两国战略互信严重缺失,双边核裁军进程严重倒退,并进一步冲击国际多边核军控体系。当前,美俄在非战略核武器、新型战略核武器、导弹防御、外空武器化等问题上分歧明显,短期内难以达成新的核裁军条约,新 START 条约延期 5 年可为美俄解决彼此安全关切、谈判进一步削减进攻性战略武器预留充足的时间,同时也将有助于纾解国际社会对核裁军进程迟缓的不满情绪。

4.3 条约延期并非意味着美俄朝真正的核裁军方向前进

新 START 条约只对部署的战略核弹头数量做出限制,但并未限制非战略核弹头和未部署的战略核弹头,实际上,美俄两国仍各自拥有超 5 000 枚核弹头。尽管新 START 条约要求美俄将部署的战略核弹头数量削减至 1 550 枚,但这种削减只能算"适度",且一旦需要,两国均可快速增加部署的核弹头数量。此外,美俄都在部署或推进核力量全面现代化,继续强化核威慑力量建设。当前及未来一段时期,美俄深度核裁军难有更多实质性进展。

参考文献:

[1] U.S. Department of State. New START Treaty Aggregate Numbers of Strategic Offensive Arms [R]. 2020.

[2] U.S. Department of State. Annual Report of Implementation of The New START Treaty [R]. 2020.

The New START Treaty between the United States and Russia extended for five years

SONG Yue,ZHAO Song,ZHAO Xue-lin

(China Institute of Nuclear Information & Economics,Beijing 100048,China)

Abstract: In February 2021,the United States and Russia agreed to an unconditional five-year extension of the Treaty on Measures for the Further Reduction and Limitation of Strategic Offensive Arms (New START Treaty) between the two countries. The extension of the New START Treaty is conducive to maintaining strategic balance and stability between the United States and Russia,and is of certain positive significance to promoting the global process of nuclear arms control. At present,the total number of nuclear warheads between the United States and Russia is still over ten thousand. The extension of the New START Treaty does not mean that the two countries are moving towards real nuclear disarmament.

Key words: new START treaty;nuclear disarmament;strategic stability

美国"三位一体"核力量现代化综述

宋　岳,蔡　莉,赵　松

(中国核科技信息与经济研究院,北京 100048)

摘要:核武器是美国维持超级大国地位、称霸世界的战略支柱。美国正在进行历史上最大规模的"三位一体"核力量现代化,大幅升级改进现役装备,全面研制新型装备。陆基核力量重点加强安全、可靠性,海基核力量重点提高灵活性和生存能力,空基核力量重点强化突防和打击能力。坚持"三位一体"力量结构,将新技术纳入装备现代化,未来二十年美国核力量将继续保持领先水平。

关键词:美国;核力量;现代化

1　美国"三位一体"核力量结构规模

美国"三位一体"核力量主要包括:由陆基洲际弹道导弹、战略核潜艇及装载的潜射弹道导弹、战略轰炸机及携带的核航弹或巡航导弹组成的战略核力量;由机载核航弹和潜艇载低威力潜射弹道导弹组成的非战略核力量。

核弹头。库存总数约 5 550 个,其中部署约 1 800 个(战略 1 700 个,非战略 100 个),未部署约 2 000 个,退役待拆解约 1 750 个。现役核弹头共 7 个型号。其中陆基 2 个型号(W78、W87-0),海基 2 个型号(W88、W76-1/2),空基 3 个型号(W80-1、B61-3/4/7/11、B83)。

运载系统。陆基 400 枚"民兵"-Ⅲ洲际弹道导弹,每枚装载一个核弹头(W78、W87-0),部署在 450 处发射井中。海基 14 艘"俄亥俄"级战略核潜艇,每艘携带 20 枚"三叉戟"-Ⅱ D5 潜射弹道导弹,每枚装载 3~4 个核弹头(W76-1/2、W88)。空基 20 架 B-2A 和 46 架 B-52H 战略轰炸机执行核任务,每架 B-2A 最多可携带 16 个核航弹(B61-7/11、B83),每架 B-52H 最多可携带 20 枚装载核弹头(W80-1)的 AGM-86B 空射巡航导弹。此外,美国还在欧洲部署了约 100 个非战略核航弹(B61-3/4),由 F-15E、F-16 以及北约战机携带。

2　美国"三位一体"核力量升级换代

2.1　陆基核力量增强安全、可靠性

启动核弹头改造项目。在现役 W87-0 核弹头基础上,启动 W87-1 改造项目,核物理设计不变,采用新工艺重新生产钚弹芯;以钝感高能炸药替代常规高能炸药,换装新的引爆控制系统;计划 2030 年开始交付,配置于"陆基战略威慑"系统。

升级"民兵"-Ⅲ导弹。进入 21 世纪以来,不断对其进行升级、改造,如替换制导组件、末助推段推进系统、发动机推进剂和第三级等,替换再入飞行器,升级导弹引信,延长导弹服役期的同时提高了导弹的打击精度和安全、可靠性。

研制新型"陆基战略威慑"系统。目前处于"工程与制造开发"阶段,计划 2029 年形成初始作战能力;新导弹将携带 W87-0 和 W87-1 两型核弹头;采用先进的推进系统和制导技术,运载和突防能力更强,打击精度更高;采用升级改进的发射井和指挥控制系统,核打击响应性和生存性提高。

2.2　海基核力量提高灵活性与生存能力

实施多个核弹头延寿、改造、改型和新研项目。一是 W76-1 延寿项目,将弹头使用寿命从最初设

作者简介:宋岳(1989—),男,辽宁人,工程师,理学硕士,现在主要从事核科技情报工作

计的 20 年延长到 60 年,已完成。二是 W76-2 改造项目,应特朗普政府"发展低当量潜射弹道导弹"的要求,对少量 W76-1 进行低当量改造,已完成。三是 W88 改型 370 项目,升级解保、引信和点火系统以及常规高能炸药,更换有限寿命部件,计划 2022 年开始交付。四是 W93 新研项目,2021 年启动,系美国暂停核试验后首个全新型号核弹头。

延长"俄亥俄"级战略核潜艇和"三叉戟"-Ⅱ D5 导弹服役期。"俄亥俄"级战略核潜艇服役期从 30 年延长至 42 年。"三叉戟"-Ⅱ D5 导弹延寿项目将升级制导系统、电子系统以及火箭发动机在内的多个部分,升级后的新导弹 2017 年开始服役;海军已决定对"三叉戟"-Ⅱ D5 导弹实施第二轮延寿,以确保导弹能够服役到 21 世纪 80 年代。

研制新型"哥伦比亚"级战略核潜艇和海基核巡航导弹。首艇 2021 年开始艇体建造,计划 2031 年服役;共建造 12 艘,寿期 42 年;每艘可携带 16 枚"三叉戟"-Ⅱ D5 潜射弹道导弹;新潜艇采用全寿期核反应堆,战略值班时间增多;采用全电推进及减震降噪技术更加安静,生存能力提升;尾部采用 X 形设计,操纵安全性增强。根据 2018 年《核态势评估》报告强化非战略核能力的要求,美海军正在开展新型海基核巡航导弹的方案论证工作,计划 2022 年启动研制项目,7~10 年部署,可能由"弗吉尼亚"级攻击型核潜艇搭载。

2.3 空基核力量强化突防和打击能力

推进 B61-12 和 W80-4 核弹头延寿计划。B61-12 延寿计划将整合并替换 B61-3/4/7/10 四个型别,对核与非核部件进行复用、修复或替换;爆炸威力可调,集战略与非战略核打击任务于一体;计划 2022 年开始交付;将由 B-2A 和未来的 B-21 战略轰炸机以及 F-15E 和 F-35A 在内的多型战机携带。W80-4 延寿计划旨在替换 W80-1,将按原有设计重新生产钝感高能炸药,广泛使用为其他核弹头延寿开发的非核组件;计划 2024 年开始交付,将由新一代远程防区外空射巡航导弹搭载。

持续升级现役两机一弹。近年来,不断改进 B-2A、B-52H 战略轰炸机和 AGM-86B 空射巡航导弹,重点升级轰炸机航电和指挥控制系统,提升突防和联合作战能力;延长导弹服役期,强化远程精确打击能力。

研制新型 B-21 战略轰炸机和远程防区外空射巡航导弹。美空军计划采购 80~100 架新型 B-21 战略轰炸机,2025 年具备初始作战能力;B-21 将采用先进隐身材料、高度信息化组网等,具有更强的生存和联合作战能力;核常兼备、武器载荷灵活。远程防区外空射巡航导弹项目正处于"技术成熟与风险降低"阶段,计划 21 世纪 30 年代初开始服役,共采购 1 000~1 100 枚;新导弹核常兼备,速度快、精度高、隐身效果好,远距离快速打击和突防能力增强;将由 B-52H 和 B-21 战略轰炸机携带。

3 美国"三位一体"核力量发展特点

3.1 坚持核力量"三位一体"结构

美国"三位一体"核力量结构长期保持稳定状态,陆、海、空基核弹头比例分别为 20%、50%、30%。"三位一体"各具优势:陆基快速响应能力强,400 枚井基洲际弹道导弹采取"预警发射"模式,可快速实施核反击作战。海基生存能力强,战略核潜艇舰队长期处于威慑巡逻状态,难以发现和追踪。空基展示威慑的能力强,可灵活部署和召回,提供多样化的威力选项。"三位一体"功能互补,协同交叉,共同提供了生存、突防、快速响应、威慑信号传递、武器多样化等能力,能够确保核力量在遭受攻击时的生存和反击。从美核战略演变和发展计划看,核力量现代化中"三位一体"结构未来几十年不会改变。

3.2 新技术促进装备更新换代

美国现役装备大多是 20 世纪七八十年代产品,有的甚至是 50 年代产品。虽然不断实施延寿与改造,基本技术水平无法根本改变。此次现代化则大量采用近年成熟和发展起来的现代技术,有更新换代之意。如新型"哥伦比亚"核潜艇首次采用全寿期核反应堆及全电推进技术,战备时间延长,生存能力提升。新型 B-21 战略轰炸机采用先进隐身材料、高度信息化组网等,具有更强的生存和联合作战能力。新型"陆基战略威慑"系统则从设计思想上首次提出"模块化开放系统"架构,打破了对传统战略武器研发模式的固有认知,预留了对新技术应用的可拓展性,新能力的适应性,以及未来使用场景的灵活性。此外,美国本轮核武器现代化将大幅拓展先进的数字化技术和自动化技术应用,以提高武器性能。

3.3 未来十年将取得重大突破

2019 年,美国会预算办公室发布《2019—2028 年美国核力量预算投入》报告,指出未来十年需要投入近 5 000 亿美元用于核力量运行、维护和现代化。该报告比 2017 年版报告估算的 4 000 亿美元增长 24%,原因是新型核武器及其运载系统逐渐进入采购阶段、核武器综合体现代化工作逐步推进等。相信无论美政府如何更迭,核力量现代化是必然趋势。预计 21 世纪 30 年代,以"陆基战略威慑"系统、"哥伦比亚"级核潜艇、B-21 战略轰炸机为代表的美国新型"三位一体"战略核力量将形成,核武器将继续保持世界领先水平。

4 小结

"三位一体"核力量是美国国家安全的基石,是其实施核威慑战略的主要依托。美国持续推进"三位一体"核力量现代化,升级改进现役装备的同时研制下一代替换装备,全面强化生存和打击能力,重点提升安全可靠性和灵活性,核威慑可信性和有效性将进一步提升。

参考文献:

[1] United States Nuclear Weapons, 2021 [R]. 2021.

[2] Congressional Research Service. U. S. Strategic Nuclear Forces: Background, Developments, and Issues [R]. 2020.

A review of the United States nuclear triad modernization

SONG Yue, CAI Li, ZHAO Song

(China Institute of Nuclear Information & Economics, Beijing 100048, China)

Abstract: Nuclear weapons are the strategic pillar for the United States to maintain its status as a superpower and dominate the world. The United States is modernizing its nuclear triad the largest scale ever, substantially upgrading and improving its equipment in service and comprehensively developing new equipment. The land-based nuclear forces will focus on enhancing safety and reliability, the sea-based nuclear forces on enhancing flexibility and survivability, and the air-based nuclear forces on strengthening penetration and strike capabilities. By adhering to nuclear triad structure and incorporating new technologies into equipment modernization, the United States nuclear forces will continue the leading level in the next two decades.

Key words: the United States; nuclear forces; modernization

美国核弹头现代化进展及未来发展构想

宋　岳，赵　松，蔡　莉

(中国核科技信息与经济研究院,北京 100048)

摘要：2020 年 12 月,美国国家核军工管理局发布 2021 财年《库存管理计划》,进一步披露核弹头现代化进展及未来发展构想,其中已完成项目 2 项,正在推进项目 4 项,未来发展构想 6 项。暂停核试验后,美国对核弹头改型、延寿、改造甚至新研的能力不断提高。美国以核力量绝对优势巩固其霸权地位的做法始终未改变。

关键词：美国；核弹头；现代化

1　美国核武库基本情况及核弹头现代化概念

1.1　核武库基本情况

截至 2021 年 1 月,美国核弹头总数约 5 550 枚,其中部署约 1 800 枚(战略核弹头 1 700 枚,非战略核弹头 100 枚),未部署约 2 000 枚,退役待拆解约 1 750 枚。现役核弹头共 7 个型号、11 个型别,其中陆基 2 型号、2 型别(W78、W87-0),海基 2 型号、3 型别(W88、W76-1/2),空基 3 型号、6 型别(W80-1、B61-3/4/7/11、B83)。

1.2　核弹头现代化概念

美国库存核弹头均为 20 世纪 80 年代或更早生产,平均寿命超过 30 年。为确保暂停试条件下核武库的安全可靠有效,美国从 1995 年开始实施《库存管理计划》,采用三种方式对核弹头进行现代化升级：

改型(ALT),指有限范围内的改动,不改变弹头的作战能力；能够解决已知缺陷和部件过时问题。

延寿(LEP),指通过替换老化部件对弹头进行翻新；延长使用寿命的同时提高安全性和安保性,并修复缺陷。

改造(MOD),指改变弹头作战能力的更加全面的现代化升级,可以提高弹头的安全裕量；替换有限寿命部件,并解决已知缺陷和部件过时问题。

2　核弹头现代化进展及未来发展构想

2.1　近年已完成的项目

W76-1 延寿。对 W76-0 进行翻新,将弹头使用寿命从最初设计的 20 年延长到 60 年,不改变作战任务和军事能力,已于 2018 年完成。

W76-2 改造。应 2018 年《核态势评估》报告“发展低当量潜射弹道导弹”的要求,对少量 W76-1 进行低当量改造,已于 2020 年完成。

2.2　正在推进的项目

W88 改型 370。升级 W88 的解保、引信和点火系统以及常规高能炸药,增加避雷连接器,更换包括气体传输系统和中子发生器在内的有限寿命部件；计划 2021 年开始交付,2026 年完成生产；将继续部署于“三叉戟”-ⅡD5 潜射弹道导弹。

B61-12 延寿。整合并替换 B61-3/4/7/10 四个型别(B61-10 已于 2016 年退役),将继续使用 B61-

作者简介：宋岳(1989—),男,辽宁人,工程师,理学硕士,现在主要从事核科技情报工作

4 的钚弹芯,并对核与非核部件进行复用、修复或替换;有 3 百吨、5 千吨、1 万 t、5 万 t 四种爆炸当量,集战略与非战略核打击任务于一体;计划 2021 年开始交付,2026 年完成生产;将由 B-2A 和 B-21 战略轰炸机以及 F-15E 和 F-35A 在内的多型战机携带。

W80-4 延寿。替换 W80-1,将按原有设计重新生产钝感高能炸药,广泛使用为其他核弹头延寿开发的非核组件;计划 2024 年开始交付,2031 年完成生产;将由新一代远程防区外空射核巡航导弹搭载。

W87-1 改造。替换 W78,核物理包和再入体的设计与 W87-0 相似,将采用新的铸造工艺重新生产钚弹芯,以钝感高能炸药换装常规高能炸药;计划 2030 年开始交付,2038 年完成生产;将部署于"陆基战略威慑"系统(新一代陆基洲际弹道导弹)。这是美国首个不经核试验鉴定、采用新工艺新生产钚弹芯并同时大幅改动主炸药和引爆控制系统的核弹头现代化项目。

2.3 为未来设想的项目

海基巡航导弹弹头。2018 年《核态势评估》报告要求"重新开发现代化的、具备核能力的海射巡航导弹"。美国国家核军工管理局正与国防部合作开展海射巡航导弹弹头的方案论证工作,计划 2029 年开始生产。由于美现役仅空基 W80-1 一型巡航导弹弹头,因此海基巡航导弹弹头可能在 W80-1 及其延寿型号 W80-4 的基础上进行改进。

海基 W93。2020 年 2 月,美国国家核军工管理局首次提出 W93 项目。2021 财年《国防授权法案》批准拨款 5 300 万美元用于该弹头研发。这是美国暂停核试验后,提出并研发的首个全新型号核弹头。此前,外界普遍猜测 W93 可能是现役海基 W76 或 W88 的替换型号。美国国家核军工管理局在 2020 年 5 月提交国会的文件中指出,W93 是一种新型核弹头,是对现有海基能力的补充。2021 财年《库存管理计划》也明确提出了 W76 和 W88 各自的现代化替换项目,再次表明 W93 不是对现有海基型号的替换,而是一种全新型号。

未来海基战略弹头。用于替换海基 W88。

潜射弹头。用于替换 W76-1/2。根据 2018 年《核态势评估》报告的要求,W76-2 低威力潜射弹道导弹弹头是一种为应对当前威胁的快速应急选项,长期而言美国将部署海射巡航导弹。因此尚不确定潜射弹头会否保留类似 W76-2 的低威力选项。

未来陆基战略弹头。用于替换陆基 W87。鉴于 W87-1 尚处于可行性研究阶段,2030 年才开始交付,因此陆基战略弹头很可能用于替换老化的 W87-0。

未来空投弹头。B61-12 的后续型号,之前也被称为 B61-13。

关于这些项目,2021 财年《库存管理计划》明确表示,"这是为 21 世纪 30 至 40 年代规划的"。

3 小结

3.1 美国核弹头现代化进程表明其核武器设计能力持续发展

1992 年暂停核试验和停止生产新核武器后,由于核武库中每种型号弹头都经过核试验验证,在一个时期内,美国核武器延寿及维护有效性的途径主要是更换有限寿命部件;后随着核武器技术发展,为确保核武器安全安保可靠,提高作战性能,美国敢于更换主炸药及引爆控制系统、采用超级引信等;下一步计划不经核试验鉴定,采用新工艺新生产钚弹芯;未来更是考虑研制新型号。这表明美国依赖高科学置信度数值模拟、实验室精密试验、次临界实验等手段发展核武器的技术能力正不断提高。

3.2 部分计划能否顺利实施面临较大不确定性

民主党一贯反对发展新型核武器。奥巴马政府曾在 2010 年《核态势评估》报告中提出"不新研核弹头、不对现有核武器增加新军事能力、不新增核武器作战任务"的"三个不"政策。拜登在竞选期间明确表示,"美国不需要新的核武器。在《库存管理计划》支持下,当前的核武库足以满足威慑和盟友的需求"。未来,美国国家核军工管理局新提出的多个新型号弹头能否得到支持尚存在不确定性。然而,美国以核力量绝对优势巩固其霸权地位的做法不会改变。我应对此保持高度警惕。

参考文献:

[1] U.S. Department of Energy. Stockpile Stewardship and Management Plan for fiscal year 2021 [R]. 2021.

[2] United States Nuclear Weapons,2021 [R]. 2021.

U.S. nuclear warhead modernization progress and future development conception

SONG Yue,ZHAO Song,CAI Li

(China Institute of Nuclear Information & Economics,Beijing 100048,China)

Abstract: In December 2020,the U. S. National Nuclear Security Administration released its Stockpile Stewardship and Management Plan for fiscal year 2021,which further disclosed its progress of nuclear warhead modernization and future development plans. Among them,two projects have been completed,four are in progress,and six are in future development plans. Since the moratorium on nuclear tests,the United States has been steadily improving its ability to alter,modify and even redevelop nuclear warheads. The United States has never changed its practice of consolidating its hegemony with the absolute superiority of nuclear force.

Key words: the United States;nuclear warhead;modernization

美国拟恢复在国际核能市场的竞争优势

赵　畅,郭慧芳,宋　岳,赵　松,蔡　莉

(中核集团战略规划研究总院有限公司,北京 100048)

摘要:2020 年 4 月,美国能源部发布《恢复美国的核能竞争优势——确保美国国家安全的战略》,表明了对开发下一代技术和先进核燃料的支持,提出了行动建议及相关计划,标志着美国从政府层面恢复核能产业竞争力的决心。

关键词:核能;国际市场;竞争优势

2020 年 4 月 23 日,美能源部发布《恢复美国核能竞争优势——确保美国国家安全的战略》(以下简称《战略》)。《战略》包括美核能现状、战略手段、国家安全利益等方面的内容,对美国整个核燃料供应链进行全面评估,调查了包括铀矿开采、铀转化、铀浓缩、核电以及行政监管方面的情况,系统分析了美国国内整个核能领域产业和技术发展态势,研究提出了振兴美国核能产业、恢复美国核能领导地位的战略建议。

1　《战略》发布背景

2019 年 7 月 12 日,美国总统特朗普签署一项备忘录,决定组建由总统国家安全事务助理和经济政策助理担任联合主席的"美国核燃料工作组"(NFWG)。工作组由国务卿、财政部长、国防部长、内政部长、商务部长、能源部长等政要和白宫管理与预算办公室主任、科技政策办公室主任等指定人员组成,其任务主要是全面评估国内核供应链,审查核燃料生产现状,研究恢复和扩大国内核燃料生产的国家战略。

NFWG 成立之后以跨机构合作的方式,在全面评估和系统分析的基础上,明确以恢复美国核能领导地位以恢复美国核能竞争优势为战略指导,研究形成了《战略》。

2　《战略》内容要点

2.1　美核能领域全球领导地位已被替代

《战略》指出,美国在核能领域的全球领导地位已经被俄罗斯和中国等国的国有企业取代。由于较长时间忽视对本国核能产业的支持,美国生产本国核燃料的能力濒于丧失,美国商业核电行业(从铀矿开采到发电)面临着破产的风险,威胁着美国家利益和国家安全。同时,美国在全球的能源主导权受到冲击,俄罗斯以能源作为胁迫"武器",成为核能市场的领导者,有着 1330 亿美元的反应堆国外订单,并计划在 19 个国家承建超过 50 座反应堆;中国运用"掠夺性"经济作为治国手段,在国外已有在建反应堆 4 座,酝酿在多个国家另建 16 座反应堆;而美国却没有任何国外订单,没有进入到全球新建核反应堆市场。

外国国有企业都是按照各自国家战略经济和外交政策目标运营,美国核能工业要同时面对某些国家行为者和来自这些国家国有企业的竞争。美国商务部估计未来十年内该市场价值将达 5 000～7 400亿美元。美国不应该认为其核反应堆行业是在一个真正自由的全球市场中运营,并任凭其自生自灭。

2.2　核能与国家安全紧密相关

当前,部分核大国已经考虑将高超声速技术纳入核武器库,俄罗斯已宣称能够在陆基"先锋"、空

作者简介:赵畅(1995—),女,研究实习员,现主要从事军控方面工作

射"匕首"和海基"锆石"等高超声速武器上配装核弹头;法国在 2019 年明确提出将发展高超声速核巡航导弹;美军中有多名高官呼吁要实现高超声速武器核武化,明确支持发展高超声速核武器,很有可能促使美国打破原来将高超声速武器作为常规武器的定位。配装核弹头的高超声速武器,将促使核作战模式跨越式升级,进一步提升核武器的战略威慑能力。高超声速核武器的出现将对全球战略稳定产生重大影响,核误判的风险加大,常规战争升级为核战争的门槛会降低,危机管控机制更趋复杂化。

2.3 制定恢复美国核能竞争优势的战略规划

《战略》认定保持美国核企业的整体资产和投资及振兴核电行业以重获美国的全球核领导地位符合美国国家安全利益。意识到维护一个强大的核能产业以支持美国的商业和国防需求对国家安全至关重要,美国需要一个强大的民用核工业来确保国防安全,因此考虑了四个不同方面的政策以创造新的商业需求。

一是恢复美国核能领导地位的战略,旨在摆脱困境及恢复美国的相对核能优势。该战略将降低燃料循环的风险、确保国家安全、恢复美国在技术和核不扩散标准方面的国际领导地位,从而重振美国核工业,在全球核市场上扩大竞争力。

二是建立一个充满活力且自给自足的美国核能产业。政策建议指出,核燃料循环各个阶段的相互依赖性,使得从国内铀矿开采与下游出口行业的关系密不可分,更与核燃料循环整个前端的良性发展息息相关。为了防止铀矿开采、加工和转化行业在短期内崩溃,必须重视支持当前核燃料循环前端的所有运营环节。

三是为了在能源格局中更广泛的利用清洁、可靠、有弹性的核能资源,加大对工业复兴的支持力度。承诺发展良性的商用和民用核电行业,以吸引私人投资。通过有重点且谨慎执行的行动,改善从铀矿开采到反应堆运行等核电行业的长期前景,重振和壮大核电行业的发展。

四是提出对行政、监管和立法提出政策调整目标。如立即采取行动支持国内铀矿开采商,并恢复整个核燃料循环前端的生存能力以减少损失;大幅减少不必要的许可和监管负担、公平对待国内企业的竞争环境以助推国内核产业振兴;在技术和标准方面引领世界以恢复美国在下一代核技术方面的领导地位;积极拓展竞争空间并挑战竞争对手以增强出口竞争力。政府近期的行动重点是助力重振美国的铀矿开采、激励日渐衰落的核燃料子行业、振兴美国的潜在能力、恢复和保持美国的技术优势,并推动美国相关行业的出口。调整政策的同时要关注国内外安全利益、最大程度地弥补财政漏洞、提升核能发电的能力,并确保铀的国防需求。

2.4 提出振兴和壮大美国核能工业的主要措施

一是建立铀储备。在 2021 财年预算中为美国铀矿开采和转化服务的竞争性采购提供资金,同时考虑解决铀矿开采部门和铀浓缩的资金压力;为解决过度依赖进口铀产品,支持形成美国核燃料循环的战略能力,建立新的铀储备。最终目标是为美国和盟国建立适当保障措施,防止其他国家不公平干预市场或其他干扰,为未确定战略性用途提供铀储备。

二是增加市场的确定性,消除不必要的监管负担。终止能源部的铀交易,重新评估冗余铀库存管理政策;采取行动为能源行业创造一个公平的竞争环境,以提高整个能源市场的竞争力;精简监管改革和土地使用权审批程序;延长《俄罗斯中止协议》以防止在美国市场出现铀倾销;出于国家安全考虑,可停止进口俄罗斯或中国制造的核燃料。目标是降低国内铀开采、转化、浓缩和燃料制造的成本,确保在其他国家国有企业主导的全球市场中长期生存。

三是引领技术发展和标准建立。资助耐事故燃料的研发,完成高丰度低浓铀研发和示范项目,资助铀矿水冶和地浸技术发展;支持国家反应堆创新中心和多功能试验反应堆建设;资助美国先进核反应堆技术的研发和示范;示范如何使用小型模块化反应堆(SMR)和微型反应堆为联邦设施供电。

《战略》建议利用美国联邦政府的购买力来拉动需求。如国内电力的购买,国防安全重要设施专用电力的购买;先进核反应堆技术因其规模和安全特性也会拉动需求,下一代核反应堆可能是直接向军事设施和其他国家安全基础设施提供弹性和可靠的离网电力的理想选择。

四是采取措施增强美国的出口竞争力。设置专门负责核出口的高级职位；建立类似军工的核工业基地；资助研发国际销售的商用燃料替代品；提高出口办理效率；扩大民用核能国际合作计划；金融机构支持民用核工业与国外政府进行融资竞争；推动重新进入研究反应堆的供应市场。

3 小结与启示

核能产业的良性发展对确保国家安全的重要性已成为特朗普政府的普遍共识。特朗普 2017 年上台后，一直积极推动核能工业振兴，在 2017 年 3 月 28 的总统令中将核电作为促进美能源独立的重要手段；2017 年 6 月 29 日表示要振兴和壮大核能产业。在特朗普的支持和推动下，美国会通过了促进核能发展的法案，能源部发布了《先进核反应堆开发部署愿景与战略》，统筹规划核能发展。此次发布的《恢复美国核能竞争优势战略》，是美国从总统至国务卿、财政部、国防部、内政部、商务部、能源部等所有与核能工业发展相关的部门达成的共同意见。

《恢复美国核能竞争优势战略》报告通篇以俄罗斯和中国为大国战略竞争对手，从现状分析、国家利益和安全，到恢复美国核能竞争优势的战略思考、政策调整和行动举措，强调跨机构合作、多部门协同，内容和步骤比较具体。我应认真分析，统筹谋划，综合施策，沉着应对，筑牢技术和产业发展成就，为保证国家安全作出更大贡献。

参考文献：

［1］ U.S. department of energy. RESTORING AMERICA'S COMPETITIVE NUCLEAR ENERGY ADVANTAGE ［R］.

［2］ U.S. department of energy. Building a Uranium Reserve：The First Step in Preserving the U.S. Nuclear Fuel Cycle［R］.

［3］ UNITED STATES DEPARTMENT OF STATE FISCAL YEAR 2021 Agency Financial Report［R］.

［4］ U.S. department of defense. NUCLEAR POSTURE REVIEW REPORT［R］. 2018.

The United States intends to restore its competitive edge in the international nuclear energy market

ZHAO Chang，GUO Hui-fang，SONG Yue，ZHAO Song，CAI Li

(China Institute of Nuclear Industry Strategy，Beijing 100048，China)

Abstract：In April 2020，the U.S. Department of Energy released the "RESTORING AMERICA'S COMPETITIVE NUCLEAR ENERGY ADVANTAGE—A strategy to assure U. S. national security". The strategy demonstrates support for the development of next-generation technologies and advanced nuclear fuels，proposes actions and plans，and marks the U. S. government's commitment to restoring competitiveness in the nuclear energy industry.

Key words：nuclear energy；international market；competitive edge

美国加速研制高超声速武器

赵　畅,宋　岳,赵　松,王　超,许春阳

(中国核科技信息与经济研究院,北京 100048)

摘要:近年来,美国加快高超声速武器发展,其规划部署、资源配置和战略动态日渐清晰。高超声速武器拥有特殊的飞行空间和优良的机动新能,能够远距离突防,快速抵达目标发起精准突击。这将对未来战争模式产生影响并可能对核战略稳定产生冲击。

关键词:高超声速武器;研发;核战略稳定

近年来,美国加快高超声速武器发展,规划部署、资源配置和战略动态日渐清晰。高超声速武器将对未来战争模式产生变革式影响并可能对核战略稳定产生冲击,对我国家安全构成战略性新威胁,需高度重视。

1　美加速研制高超声速武器

高超声速武器是一种能够在临近空间利用空气特性机动、高超声速(Ma 大于 5)飞行,它能够快速响应、超强突防、灵活隐蔽,在军事上兼具战略威慑和实战应用价值。

自 2019 年 2 月宣布退出《中导条约》后,美国调整力量和资源,加快发展高超声速武器。在经费投入上,高超声速领域的经费持续增加,2022 财年的拨款预算达 38 亿美元,比特朗普政府 2021 财年的 32 亿美元高出近 20%;在项目布局上,并行开展型号和预研工作,先由在役导弹与较为成熟的弹头设计对接,以最快速度定型,同时加强科技攻关,以期突破更先进的高超声速技术;在型号研制上,突出体系化推进,优先部署高超声速助推滑翔导弹,继而发展楔形的助推滑翔弹头和高超声速巡航导弹。

1.1　美加速研制第一代高超声速武器

2020 年 3 月 19 日,美军在夏威夷考艾岛太平洋靶场及附近海域,进行了代号为"FE-2"的"通用高超声速滑翔体"(C-HGB)第二次飞行试验,该滑翔体由改进的"北极星-A3"助推器发射,持续飞行 3 200 km 后准确击中目标区,整个飞行时间超过 10 min。美国防部认为,这次试验验证了滑翔体系统设计的合理性和动力、飞行控制等关键技术,为陆军、海军快速研制并部署高超声速武器奠定了技术基础,是美军发展高超声速武器的重要里程碑。

C-HGB 项目是美国防部于 2018 年 10 月确定的,是美军的重点装备研发计划,将分别支持陆军"远程高超声速武器"(LRHW)、海军"中远程常规快速打击武器"(IRCPS)的研制,意在利用成熟技术定型部署,力求 2025 年前后初步形成陆海基快速打击能力。上述两型武器由 C-HGB 和两级助推火箭组成,高超声速滑翔体采用升阻比较低的锥形回转体外型,射程可达 2 200～6 000 km,可投送大于 400 kg 的战斗部,圆概率偏差小于 10 m。

同期内,美空军以"战术助推滑翔"(TBG)项目为基础,推进"空射快速响应武器"(ARRW)项目。ARRW(武器代号为 AGM-183)配装 TBG 楔形助推滑翔弹头,速度高达 20 Ma。在被助推火箭将弹体加速至高超声速时,TBG 弹头与火箭分离,此后的飞行弹道自主控制,可在命中目标前对轨迹实施机动,射程约为 1 800 km。

据美国防部 2021 财年预算计划,陆军计划从 2021 年第三季度开展飞行试验,预计在 2023 年实现高超声速导弹部署;海军计划 2024 年前完成飞行试验,开始武器原型验证,并与"弗吉尼亚"级攻击型核潜艇适配;空军计划在 2021 年完成三次飞行试验,并开始制造 ARRW 导弹。

1.2 美强化先进技术攻关和装备部署

美国防部正在加强对陆基高超声速导弹机动发射平台（Op－Fires）、潜射"海龙"高超声速导弹、吸气式高超声速巡航导弹（HAWC）和先进全速域发动机（AFRE）等多个项目技术攻关，未来4年拟安排40次飞行试验，其中约10次是采用超燃冲压发动机的吸气式飞行试验；开展高超声速武器生产能力及未来需求的综合评估，实现高超声速武器体系化推进。

为加快形成作战能力，美陆军已建立首个高超声速导弹连，链接野战炮兵数据系统，为及早展开培训和演练创造条件；美国海军正在对部分"弗吉尼亚"级攻击核潜艇加装名称为"弗吉尼亚载荷模块"的新装置，有28个导弹发射管，可发射IRCPS等高超声速导弹，可对3 000 km以内的目标实施攻击，力求在2025年前完成部署。

2 高超声速武器已上升为影响战略稳定的因素

2.1 将对未来战争形态产生深刻影响

高超声速武器将对交战规则和未来战争形态产生颠覆性影响。它能够融入"观察—判断—决策—行动"杀伤链，连续获取高动态目标信息，使交战节奏加快，战争或以极短时间决胜负，或使纵深、机动、加固、缓冲和屏障等作战要素趋于失效。它多变的飞行空域和优良的机动性能，凸显高技术兵器与信息、数据、机器学习与自主技术的密切关系，战争形态加速向"决策中心战"演变；它对目标实施穿透性攻击的能力优势，即可作为摧毁战略基础设施和重要军事目标的体系破击手段，也可成为以"非核"方式削弱对方核力量、占据绝对军事优势的新选项；而配装核弹头的高超声速武器，将促使核力量跨越式升级，战略格局会发生新变化。

2.2 高超声速技术正被用于核武库

高超声速技术日臻成熟，部分核大国已经或正在考虑将高超声速技术用于核武器现代化进程。俄罗斯已宣称能够在陆基"先锋"、空射"匕首"和海基"锆石"等高超声速武器上装载核弹头；法国在2019年明确提出将发展高超声速核巡航导弹；美军方的多位高层官员已多次呼吁将高超声速技术用于美国核武库。2020年8月12日，美国空军向工业界发布征询表示，未来的"陆基战略威慑系统"（GBSD）洲际战略弹道导弹具备对接高超声速技术的开放架构。美国智库在对大国核力量的新一轮净评估中，将重新论证高超声速技术纳入美国核武库的必要性，很有可能促使美国打破原来将高超声速武器只作为常规武器的定位。一旦打破这一定位，其他有核国家将会跟进，高超声速核武器化将进一步扩散。

2.3 加剧导弹攻防体系能力的比拼

军事对抗的攻与防是对立统一关系，在矛与盾的较量中，战略平衡在力量抵消与反抵消的博弈中呈螺旋式演进。面对高超声速武器形成的新战略威慑力，大国攻防体系将陷于失衡的状况，美国防部于2018年设立高超声速防御专项。首先，对现有导弹预警系统进行升级改进，启动"高超声速和弹道跟踪传感器系统"（HBTSS）项目，发展对高超声速目标的天基全程跟踪能力；其次，同步开展拦截武器方案和涵盖全杀伤链的部件级关键技术预研，旨在远期最终实现对高超声速武器的拦截；第三，提出对敌射前即摧毁的先发制人策略，形成主被动相结合、攻防一体的导弹防御能力。俄罗斯也将高超声速武器拦截技术作为新一代空天防御系统的发展重点。同时，美俄都在探索利用定向能技术拦截来袭高超声速目标的可能性。

3 高超声速武器发展引发的问题与思考

在百年变局和中美博弈背景下，大国战略安全竞争持续加剧，高超声速、网络和外空等新战略力量兴起，我应与时俱进、守正创新，密切跟踪国际态势和主要国家政策走向。

3.1 高超声速核武器将列入后续核裁军议程

《新削减战略武器条约》正式延期后,美国和俄罗斯双方已正式启动双边战略稳定对话。当前美国对启动后续核裁军谈判持积极态度,并继续在两个方面提出要求:一是要中国加入核裁军谈判之中;二是要求俄罗斯将包括高超声速在内的最新核武器纳入条约限制范围。其动因是要通过军控迟滞或抵消俄罗斯等国在高超声速武器方面的优势。2020年11月,俄罗斯外交部长拉夫罗夫称,可以将"先锋"高超声速武器和"萨尔玛特"战略导弹系统纳入削减战略武器谈判内容,由此看来,俄罗斯也有与美国在战略稳定框架内达成有关协议的主动意向。

3.2 国际社会呼吁制定高超声速军控国际规则

近几年,联合国机构及部分成员国分别发布了有关高超声速武器规则方面的研究报告。其主要内容是呼吁将高超声速武器纳入当前的国际军控和裁军机制;以积极合作的方式确定并寻求处理与之有关的风险,如建立透明度、互相信任和出口管制等在政治方面具有约束力的措施,以减少国与国之间的威胁;也有建议借鉴《核不扩散条约》的形式,建立一个具有法律约束力的多边国际制度。

3.3 启示与思考

随着美军高超声速武器的研制与装备,将与前述结合形成对我更强的威慑能力和实战打击能力,我国家安全面临新的战略性威胁。我应未雨绸缪,客观分析形势,认真研究应对策略。

在战略安全层面,重视和警惕新的军事技术和武器装备对未来战争模式带来的影响,高度关注高超声速武器配装核弹头的趋势和潜在影响。

在装备技术方面,统筹规划,周密部署。持续夯实我科技研发,拓宽思路,开发新技术。

在攻防对抗方面,我需研究如何防御对手采用高超声速武器对我实施攻击的手段,有重点、有选择的发展高超声速武器拦截技术与能力。同时,关注美国将拦击高超声速武器纳入导弹防御体系的动向,以多策并举,有效提升我高超声速武器的突防能力。

参考文献:

[1] 王群.当代中国战略安全与军控外交[M].北京:世界知识出版社,2017.

[2] 《新时代的中国与世界》白皮书[R].

[3] 中国现代国际关系研究院.国际战略与安全形势评估(2020—2021)[M].北京:时事出版社,2020.

[4] 主要国家核态势走向研究[M].中国原子能出版社.

[5] 习近平总书记在庆祝中国共产党成立100周年大会上的讲话[R].2021.

[6] LELE A. Disruptive Technologies for the Militaries and Security[M]. Singapore.

The United States accelerates its development of hypersonic weapons

ZHAO Chang, SONG Yue, ZHAO Song, WANG Chao, XU Chun-yang

(China Institute of Nuclear Information and Economics,100048,China)

Abstract: In recent years, the United States has accelerated the development of hypersonic weapons, and its planning, deployment, resource allocation and strategic dynamics have become increasingly clear. Hypersonic weapons have special flight space and excellent mobile new energy, which can penetrate long distance, quickly reach the target and launch precise assault. Hypersonic weapons will have an impact on future warfare patterns and may have an impact on nuclear strategic stability.

Key words: hypersonic weapons;R&D;nuclear strategic stability

境外乏燃料管理政策研究

刘洪军,石安琪,张红林,李言瑞,石　磊

(中核战略规划研究总院有限公司,北京 100048)

摘要:乏燃料的安全管理是保障核电运行安全和可持续发展的基础。目前全球具备商业后处理能力的国家为法国、俄罗斯、英国、日本等国家,这些国家在乏燃料的管理实践中极少有事故发生,这说明乏燃料的安全管理是可能的。本文通过分析法国、日本、美国和俄罗斯乏燃料管理及国际组织关于乏燃料管理相关活动的规定,借鉴上述国家的乏燃料管理经验,从我国乏燃料处理处置的实际出发,提出我国对境外乏燃料管理的重点内容,提出相关政策建议,以期对推进我国乏燃料管理政策法规的制定提供支持。

关键词:境外;乏燃料;管理政策

乏燃料的安全管理是保障核电运行安全和可持续发展的基础。国际上,乏燃料管理一般分为三种方式,分别是一次通过,乏燃料后处理再循环,贮存待定。目前全球具备商业后处理能力的国家为法国、俄罗斯、英国、日本等国家,其中法国、俄罗斯两国具备提供后处理商业服务能力。为国外提供乏燃料后处理服务可以解决发展核电国家的后顾之忧,提升本国核电出口竞争力,乏燃料管理政策在一定程度上促进核电出口[1-4]。

我国在相关法规中并没有明确境外乏燃料管理的相关内容。境外乏燃料管理主要是乏燃料处理处置,包括是否具备成熟的后处理能力、是否执行废物返回政策,尤其是后者,是为境外乏燃料提供管理服务的核心。随着我国各种类型乏燃料卸出量的增加和将来后处理能力的形成,以及未来我国核电"走出去"伴随着境外乏燃料管理的需求可能性[5],我国需要从法规政策上明确是否可以为他国提供后处理服务、是否可以将我国部分乏燃料进行境外后处理。此外,未来随着我国核电"走出去",海外核电产生乏燃料管理也需要政策明确。

1　境外乏燃料管理现状

1.1　国际乏燃料管理有关政策

国际法规体系为乏燃料跨国、跨境管理提供了基本的行为指南。为加强乏燃料和放射性废物的安全管理,1997 年 9 月 5 日,《乏燃料管理安全和放射性废物管理安全联合公约》(以下简称《公约》)于维也纳签订,2001 年 6 月 18 日生效。《公约》的目的是通过加强缔约国的管理和国际合作,包括适当与安全相关的技术合作,从而在世界范围内实现和保持高安全水平的乏燃料和放射性废物管理;规定任何国家都有权禁止外国乏燃料和放射性废物进入其领土;规定每一缔约方应确保乏燃料或放射性废物管理安全,首要责任由有关许可证的持有者承担,并应采取适当步骤确保此种许可证的每一持有者履行其责任;如果无此种许可证持有者或其他责任方,此种责任由对乏燃料或对放射性废物有管辖权的缔约方(国家)承担。

1.2　主要国家乏燃料管理实践及有关政策

1.2.1　法国

法国一直坚持闭式燃料循环路线,将后处理回收的钚制成混合氧化物(MOX)燃料,供快堆和压水堆核电站使用。法国除承担本国内的乏燃料后处理任务之外,还承担大批来自德国、日本、比利时、荷兰、瑞士等国的乏燃料后处理任务。法国建设阿格后处理厂 UP3 设施时,与日本、比利时等国际客

作者简介:刘洪军(1990—),男,硕士,工程师,现主要从事核燃料循环相关政策研究

户签约合同,明确国际客户承担 UP3 设施的全部投资和最初 10 年的运行费,后处理价格按成本加固定利润计算,其中利润约占总费用的 25%。法国通过利益绑定的方式,有效减少资金压力,平摊投资风险,进一步促进法国后处理产业的稳定发展[6-7]。

对于乏燃料的进出口,《环境法典》规定:禁止在法国处置来自国外的放射性废物,通过加工来自国外的乏燃料和放射性废物而产生的放射性废物同样禁止在法国处置。只允许用于加工、研究或在其他国家之间转移的乏燃料或放射性废物进入法国境内。根据政府间的协议,允许进口用于加工的乏燃料或放射性废物,但加工这些物质所产生的放射性废物不得超过协议规定在法国存储的日期。协议规定了接收和处理这些物质的预计时间,并针对在加工过程中分离出的放射性物质,视情况规定了后续安排。

1.2.2 英国

自 1956 年建成首个核电站开始,英国就启动了乏燃料后处理计划,一直以来坚持乏燃料后处理政策,在核废物管理与处置等方面拥有较丰富的工业基础和技术。然而英国政府并未对核燃料循环后段政策作出强制性规定,而是本着尊重核设施业主意愿的原则,以市场为导向,由业主自行决定适当的管理策略[8]。

英国 Thorp 厂采用类似法国 UP3 的方式建设和运营,该后处理厂的建设资金来自企业自筹,通过商业化合同的方式开展业务。1971—2003 年采用"投资换处理量"模式运营 Thorp 厂,由英国核燃料有限公司负责运行,由政府管控和监督。通过商业合同委托国有专业公司经营。从 1995 年开始,英国接收了来自日本和欧洲大陆的乏燃料。2010 年,英国将乏燃料后处理产生的废物首次运送给境外客户。为了避免英国成为核废物的净进口国,英国核退役管理当局计划采取"虚拟后处理"技术,将废物的放射当量分配给客户,视同完成后处理,然后将废物归还给客户。

英国 Thorp 后处理厂基于经济性等市场因素的考虑于 2018 年关闭,剩余和新产生乏燃料将改为一次通过。同时英国政府认为,只要后处理方案可行且乏燃料具有可预见的未来实际用途,就不应将其归类为废物。

1.2.3 日本

日本乏燃料管理采取闭式燃料循环策略,从而达到合理、高效利用核能的目标,同时确保安全、核不扩散、环境保护、经济可行性。乏燃料在具备后处理能力范围内进行处理,超出后处理能力的乏燃料将被长期贮存[9-10]。

根据日本乏燃料管理现状,乏燃料管理实施成本由核电站运营单位征集并支出,乏燃料再加工制成的 MOX 也返回核电站反应堆,因此可以认为日本乏燃料归属于业主单位,与乏燃料安全管理有关活动费用原则上由运营者支付,乏燃料运输费直接由运营者向委托的相关单位按工作事项支付。自 1969 年以来,日本的电力公司一直将乏燃料送至英国和法国的后处理公司进行处理,2001 年 7 月起日本停止向外国后处理厂出口乏燃料。2005 年,后处理作业结束。根据合同,英法需把乏燃料后处理产生的高放废物返还给日本。2007 年,在法国后处理产生的高放废物玻璃固化罐已运输完毕。

1.2.4 美国

美国目前坚持"一次通过"的政策,并不具备乏燃料商业后处理能力,对乏燃料管理采取中间贮存并直接处置的策略,选定尤卡山作为乏燃料处置厂址。但美国一直没有停止后处理相关研究,仍然保持着很高的后处理技术研究水平、发展能力和随时实现工业化的实力[11]。

2006 年 2 月,美国宣布实施全球核能伙伴计划(GNEP),开展了包括境外乏燃料管理在内的核燃料循环研究。根据该计划,美国将与其他拥有先进核技术的国家合作开发具有防扩散功能的新型核燃料循环技术。

1.2.5 俄罗斯

俄罗斯一直坚持乏燃料后处理政策。2006 年 1 月,俄罗斯批准了《乏燃料与放射性废物安全管理联合公约》,即俄罗斯必须在该公约框架下履行乏燃料与放射性废物管理责任和义务。俄罗斯《原子能应用法》规定,进口乏燃料进行临时贮存和后处理,应遵守《环境保护法》等规定,并符合相关程序要求。同时,必须经过国际环境和项目审查,才可进口乏燃料[12]。

根据 2011 年 11 月提出的《2030 年前核材料与设施生命周期终结段发展战略》任务中,俄罗斯原子能公司将打造利润丰厚的国际乏燃料商业处理业务列为最优先选项。其目的是未来在行业内成为具有全球影响力的重要角色,业务将专注于向新入市核能国家提供燃料租赁服务,为运行 VVER 反应堆国家提供乏燃料后处理及后处理技术转让服务。目前俄罗斯正在为乌克兰、保加利亚等 VVER 出口国提供乏燃料贮存、后处理等服务。根据 WNN 报道,俄罗斯提出的"租赁核燃料"概念,是通过一揽子合作协议,为出口国提供燃料供应、乏燃料后处理、高放废物处置等核燃料循环服务。

2 我国乏燃料管理政策及境外乏燃料后处理需求

2.1 乏燃料及放射性废物进出口相关法律

我国与乏燃料进出口相关的法律包括:《中华人民共和国核出口管制条例》《中华人民共和国核两用品及相关技术出口管制条例》《核进出口及对外核合作保障监督管理规定》《进口民用核安全设备监督管理规定》等,乏燃料后处理受到上述法律法规的严格管控。

《放射性污染防治法》规定,禁止将放射性废物和被放射性废物污染的物品输入中华人民共和国境内或经境内转移。《放射性污染防治法》规定,放射性废物是指含有放射性核素或者被放射性核素污染,其浓度或者比活度大于国家确定的清洁解控水平,预期不再使用的废弃物。因此,对于乏燃料,若预期进行后处理及再循环利用的乏燃料,将不被归类为放射性废物;若预期不进行后处理及再循环利用或已经明确将被直接处置的乏燃料,属于放射性废物。

2.2 境外乏燃料管理需求

2.2.1 国外乏燃料后处理需求

据统计,目前全球累计卸出乏燃料超过 45 万 tHM,其中不足 1/3 被后处理,超过 2/3 暂存,且每年新产生约 10 000 t 乏燃料,全球正面临如何管理乏燃料的问题。理论上任何产生乏燃料的国家,都存在境外乏燃料管理的需求,一是希望转移乏燃料处理处置责任;二是本国不具备乏燃料处理处置技术、能力或处置自然条件的国家或地区。三是本国乏燃料处理处置经济性不高的国家或地区。

2.2.2 台湾乏燃料后处理需求

迄今台湾三座在役核电厂所产生的乏燃料几乎都处于在堆贮存状态,并且在堆乏燃料水池的贮存容量已接近饱和状态[13]。因此,中国台湾核能管理当局正在考虑寻找新的乏燃料管理途径,以解决目前出现的乏燃料贮存问题。中国台湾曾经考虑乏燃料后处理的处置策略,但是由于政治因素及美国的干涉而不得不放弃。台湾现行的管理策略为"近期水池贮存、中期干式贮存、远期最终处置。"台电公司经评估各种乏燃料的管理方式后,决定实行在国外已有实际使用经验的干式贮存技术,以维持核能电厂的正常营运,并顺利衔接将来的最终处置。

3 面临的问题与挑战

目前我国缺少境外乏燃料管理有关的政策与法律法规,与后处理有关的责、权、利的界定不清,特别是针对境外乏燃料贮存、后处理及高放废物处置等环节。我国坚持闭式燃料循环政策,对乏燃料进行后处理并回收利用资源,但没有明确是否可以在境外进行乏燃料后处理,何种乏燃料、在何种情况下可以在境外进行后处理(譬如 VVER、EPR 等国内非主流乏燃料)。针对境外乏燃料在我国进行处理和处置的问题,目前法规中仅明确了禁止境外放射性废物输入我国,对于乏燃料是否属于放射性废物,是否可以开展境外乏燃料后处理商业服务,是否必须采取"三返回"的方式等,现有政策及法律法规基本空白。

租赁核燃料服务能否实现的关键是,提供租赁服务的费用标准如何确定,使得承担乏燃料处理处置的责任与提供的资金成本相平衡、可承受。目前,采取核燃料租赁方式的乏燃料管理模式尚缺乏可借鉴的国际实践经验。公众接受对乏燃料和放射性废物管理仍然是一项挑战。

4 境外乏燃料管理相关建议

（1）法律中明确境外乏燃料管理政策

建议借鉴法国等国际乏燃料管理成熟经验，结合我国实际，尽快制定《原子能法》《乏燃料管理条例》等乏燃料管理法律法规。建议制定放射性废物清单，明确"基于技术与经济性等考虑，可通过后处理循环利用的乏燃料属于资源，而不是废物"，明确"可以采取'三返回'的方式，开展境外乏燃料后处理商业服务"。

（2）完善境外乏燃料相关监管机制

针对进口及出口乏燃料的管理，应当在法规中进一步明确相关监管体制及规则。要建立国家管理系统，明确监管体系与监管机构；要严格界定进出口乏燃料产生方以及提供服务方的各自权利和义务。基于"三返回"原则，境外输入进行乏燃料管理活动所具备的放射性，要等当量返回原产国，对乏燃料及产生的高放废物在中国境内停留时间要有明确规定。如果处理后高放废物超过规定期限需额外暂存，则需另外收取暂存费。针对进出口乏燃料活动，建立针对性的过境运输、海关进出口支撑性法律法规。

（3）收费机制

针对境外乏燃料管理，在放射性废物等当量返还、不产生多余的放射性的前提条件下，可参照英法国家"成本＋利润"的方式。成本要包括后处理大厂建设运营、运行期间产生放射性废物处理处置、后处理大厂退役等全寿期成本。相关部门国家机构与乏燃料管理活动企业，要共同制定收费标准。后处理设施营运单位要设立专用账户预提退役活动的准备金，接受国家监管。

参考文献：

[1] 毛继军.核电闭式燃料循环启示录[J].能源,2019(09):82-85.

[2] 刘敏,韩绍阳,石磊,等.中国台湾核电放射性废物管理及对大陆的启示[C]//《环境工程》编委会、工业建筑杂志社有限公司.《环境工程》2019年全国学术年会论文集(下册).北京:《环境工程》编辑部,2019:6.

[3] 贾梅兰,刘敏,李澎,等.日本乏燃料的安全管理及对我国的启示[J].核安全,2019,18(04):33-40＋94.

[4] 刘群,张红林,韩绍阳.核电站乏燃料管理资金研究[J].中国电业,2019(08):82-83.

[5] 刘群,张红林,韩绍阳.国外核电站乏燃料管理策略调研分析[J].中国电业,2019(04):77-79.

[6] 陈思喆.主要核电国家乏燃料贮存政策与体系[J].国外核新闻,2017(09):29-31.

[7] 张国庆.俄罗斯的乏燃料与放射性废物管理[C]//中国核学会.中国核科学技术进展报告(第四卷):中国核学会2015年学术年会论文集第8册.北京:中国原子能出版社,2015.

[8] 陈长河.主要核电国家乏燃料安全管理策略分析[J].中国核工业,2014(10):40-43.

[9] 王海丹,伍浩松.法国的乏燃料与放射性废物管理[J].国外核新闻,2013(11):27-32.

[10] 张国庆,孙东辉.中国台湾乏燃料管理现状分析[C]//中国核学会.中国核科学技术进展报告(第三卷):中国核学会2013年学术年会论文集第5册.北京:中国原子能出版社,2013.

[11] 袁达松.核安全管理国际经验及启示[J].环境保护,2013,41(Z1):44-47.

[12] 刘敏,袁帅.英国放射性废物管理及对我国的启示[C]//中国核学会辐射防护分会,中国环境科学学会核安全与辐射环境安全专业委员会."二十一世纪初辐射防护论坛"第十次会议:核与辐射设施退役及放射性废物治理研讨会论文集.2012.

[13] 蒋俊彦,梁利明.国外乏燃料管理之经验教训[J].中国核工业,2011(10):34-37.

[14] 王政.十个国家的乏燃料管理政策[J].国外核新闻,2011(08):17-21.

[15] 伍浩松.英国重新审视乏燃料后处理战略[J].国外核新闻,2010(04):31.

[16] 闫淑敏.法电对乏燃料的管理[J].国外核新闻,2010(02):27-28.

[17] 栾洪卫,徐俊峰,景继强.核电站乏燃料后处理现状和发展趋势浅析[J].科技信息(学术研究),2008(34):304-305.

Research on overseas spent fuel management policy

LIU Hong-jun, SHI An-qi, ZHANG Hong-lin, LI Yan-rui, SHI Lei

(China Institute of Nuclear Industry Strategy, Beijing 100048, China)

Abstract: The safe management of spent fuel is the basis for ensuring the safety and sustainable development of nuclear power operations. At present, the countries that have commercial reprocessing capabilities in the world are France, Russia, the United Kingdom, Japan and other countries. There are few accidents in the management practice of spent fuel in these countries, which shows that the safety management of spent fuel is possible with reasonable system and proper management. This study analyzes the spent fuel management regulations of France, Japan, the United States, and Russia and international organizations on spent fuel management related activities, draws on the spent fuel management experience of the above-mentioned countries, and from the reality of spent fuel treatment and disposal in China, analyzes and puts forward the key contents of China's spent fuel management abroad, and puts forward relevant policy suggestions, so as to promote China's spent fuel management Support the formulation of policies and regulations.

Key words: overseas;spent fuel;management policy

美国核武器联合体核心能力建设研究

郭慧芳,赵　畅,李宗洋

(中核战略规划研究总院,北京 100048)

摘要:美国国家核军工管理局负责管理的核武器联合体通过恢复钚弹芯生产、提高氚产量、重启锂加工等措施积极推进核武器现代化计划,加强关键技术和军工工程能力建设,为美国核武器能力建设、核威慑力量现代化、核武器库存的安全性与可靠性、维护美国核威慑的安全提供了重要保障。本文从美国核武器联合体的发展现状、核心能力、未来优先发展任务等方面开展了研究。

关键词:美国;核武器联合体;核威慑

核力量是美国国家安全的基石,是威慑战略的关键要素。美国国家核军工管理局依托于国家核军工实验室、核武器制造设施、内华达国家核军工场址等核武器联合体,开展核材料生产、核与非核部件制造、核弹头组装和拆卸,科学研究与分析等工作,以确保美国核武器库存的可靠性与安全性。核武器联合体通过恢复钚弹芯生产能力、提高氚产量、重启锂加工能力,以及重建铀生产设施满足美国军事需求。

1　发展现状

美国核武器联合体(国家核军工管理局称之为"核军工企业")归政府所有,各承包商负责运营,主要由国家核军工管理局总部(位于华盛顿特区和新墨西哥州的阿尔伯克基)、3 个国家核军工实验室,4 个核武器生产设施,以及一座核试验场址构成。此外,还包括两座支撑设施,分别是田纳西河流域管理局(TVA)的沃茨巴核反应堆和新墨西哥州的废物隔离试验厂,二者对于维持库存安全至关重要,前者用于产氚,后者负责管理、隔离和贮存其他场址弹头作业产生的含钚废物(见图 1)。

图 1　美国核军工企业分布

(1)国家核军工实验室:洛斯阿拉莫斯国家实验室、劳伦斯利弗莫尔国家实验室、桑迪亚国家实验室。

(2)核武器制造设施:堪萨斯城国家核军工园区、潘特克斯工厂、萨凡纳河场址、Y-12 国家核军工联合体。

作者简介:郭慧芳(1982—),女,内蒙古人,副研究馆员,硕士,现主要从事核情报研究工作

（3）国家核军工场址：内华达国家核军工场址。

美国核军工实验室、核武器制造设施和试验场址为保持美国安全、安保和有效的核威慑作出了重要贡献。国家核军工实验室的主要任务是发展和维持核武器的设计、模拟、建模和实验能力，以确保在不进行核爆炸试验的情况下，通过科学手段评估，获得确保核武器安全、可靠的数据，以保障核武库的可信度；4座核武器制造设施负责生产和组装核武器材料和部件，以实现核武库的延寿计划，其中潘特克斯厂和 Y-12 负责拆除退役核武器，并贮存钚和高浓铀；美国于 1992 年停止核试验，内华达国家核军工场址作为核爆炸试验场址，至今仍保留核武器库存管理计划所需要的关键设施；新墨西哥州的废物隔离试验厂管理诸如洛斯阿拉莫斯国家实验室、萨凡纳河场址和潘特克斯厂产生的钚（超铀）废物。

2 核武器联合体核心能力

2.1 国家核军工实验室

2.1.1 洛斯阿拉莫斯国家实验室（LANL）

源于"曼哈顿计划"、位于新墨西哥州的洛斯阿拉莫斯国家实验室（LANL）成立于 1943 年，是美国核武器计划的诞生地。该实验室负责开展核武器相关的研发、设计与评估，拥有"设计、模拟、建模和实验"能力，以及通过监测数据、实验和计算机模拟对弹头进行定期评估，在无需进行核试验的情况下确保核武库的安全。

现役 B61、W76、W78 和 W88 弹头由洛斯阿拉莫斯国家实验室设计，其中 B61 部署到各种战略和战术飞机上、W78 部署在"民兵"Ⅲ洲际弹道导弹上，以及 W76 和 W88 部署在携载"三叉戟"导弹的核潜艇上。目前，该实验室正与桑迪亚国家实验室合作对 W76 弹头、B61-12 重力核弹和 W88 弹头开展延寿和改型计划，旨在更换现有弹头的老化部件，确保美国核"三位一体"战略核威慑力量安全、安保和有效。

该实验室拥有中子散射、射线照相等能力，以及钚研发设施和弹芯制造能力，是一个综合的钚研发和制造活动的卓越中心。拥有的设施包括洛斯阿拉莫斯中子科学中心（LANSCE）、双轴闪光 X 光照相流体动力学试验设施（DARHT）和 TA-55 钚设施。到 2030 年，洛斯阿拉莫斯国家实验室每年将生产 30 枚钚弹芯。该实验室正协助美国国家航空航天局建造"2020 火星漫步者"探测器，其放射性同位素电池将为探测器提供电源。

作为美国能源部的高级实验室，该实验室还负责执行美国能源部的其他任务，包括国家安全、科学、能源和环境管理，还承担国防部、情报机构和国土安全部等部门的工作，为美国在核安全、情报、国防、应急响应、防扩散、反恐、能源安全、新威胁和环境管理方面作出了重要贡献。此外，通过与政府机构、实验室和大学之间开展合作，为美国提供了最前沿的科技成果。

2.1.2 劳伦斯利弗莫尔国家实验室（LLNL）

劳伦斯利弗莫尔国家实验室成立于 1952 年，主场址位于加州利弗莫尔（200 号场址），实验测试场址位于加州特雷西（300 号场址），在核武器研究和开发方面与洛斯阿拉莫斯国家实验室既是合作伙伴，又是竞争对手。该实验室拥有"设计、模拟、建模和实验"能力，以及通过监测数据、实验和计算机模拟对弹头进行定期评估，在无需进行核试验的情况下确保核武库的安全。

该实验室设计了美国第一枚潜射弹道导弹核弹头和第一枚多弹头分导式弹头，并设计了现役 B83 核弹、W80 和 W87 核弹头，以及负责 W80-4 巡航导弹核弹头延寿计划和牵头设计第一枚互用弹头（IW1）。

该实验室共运行着国家核军工管理局 7 个重要设施，包括世界上最大、能量最高的激光发射装置——国家点火装置、利弗莫尔超级计算中心、高能炸药应用设施、封闭点火设施、闪光 X 射线，以及钚超级数据块。核心能力包括高性能计算、高能量密度物理研究、钚研究与开发、流体力学和武器工程环境试验、先进制造与材料科学以及氚靶件开发与制造。

2.1.3　桑迪亚国家实验室(SNL)

桑迪亚国家实验室成立于 1949 年,位于新墨西哥州的阿尔伯克基,从事与核武器有关的非核部件开发,主场址建有执行管理办公室和大型实验室,托诺帕试验靶场(TTR)和武器评估测试实验室(WETL)也由桑迪亚国家实验室管理和运行。

桑迪亚国家实验室设计、开发和测试核武器所需的非核部件,负责美国核武器系统集成,包括与美国国防部核运载工具的集成,还参与延寿计划和改型计划,包括 W76-1 延寿计划、B61-12 延寿计划、W88 改型 370、W80-4 弹头延寿计划,还生产一些特殊部件,如中子发生器、抗辐射加固微电子器件,为电池和高爆部件生产提供支撑,并对美国核武器中非核部件进行年度安全、安保和可靠性评估。

桑迪亚国家实验室运行着许多专业的测试设施,包括 Z 装置,这是一座重要的核爆炸模拟设施,被称为"世界上最强大、最高效的实验室辐射源",利用与高电流相关的高磁场来产生高温、高压 X 射线,产生用于验证计算机物理模型的关键数据。

近期,为防止核武器系统遭到技术威胁,美国桑迪亚国家实验室为借助脉冲电源确保核武器系统生存能力和灵活性的研究投入 4 000 万美元,以加强美国的应对能力,以维持摄止敌对军事行动的有效威慑。

2.2　核试验场址——内华达国家核军工场址(NTS)

内华达州国家核军工场址位于拉斯维加斯西北约 104 km,占地约 3 366 km²,1955 年更名为内华达试验场,2010 年改称内华达国家核军工场址。该场址于 1951 年 1 月 27 日进行了首次大气核试验。1963 年美国签署《部分禁止核试验条约》后结束大气层核试验,但地下核试验一直持续到 1992 年。1945—1992 年美国共进行 1 054次核试验,是核试验最多的国家。美国于 1996 年签署《全面禁试条约》,条约规定缔约国不再进行任何核武器爆炸试验或任何其他核爆炸,成为军控领域的重要里程碑。

目前美国通过国家点火装置、超级计算机等科学手段开展次临界实验和其他库存管理计划,以确保核武库的安全性和可靠性。

2.3　生产设施

2.3.1　堪萨斯城国家核军工园区

堪萨斯城国家核军工园区最初被称为堪萨斯城工厂,位于密苏里州堪萨斯市,2013 年移至堪萨斯城国家核军工园区,是美国主要的非核部件制造基地,为国防部和其他国家安全机构的产品设计、生产和测试提供支持。

第二次世界大战期间曾为海军战斗机制造飞机发动机,1949 年开始生产核武器非核部件。现负责生产核武器非核机械部件、电子和工程材料部件,以及评估和测试无核部件。作为美国核武库非核组件制造商,非核部件中约 85% 由堪萨斯城生产,其余由洛斯阿拉莫斯国家实验室、Y-12 国家核军工联合体和桑迪亚国家实验室生产。

2.3.2　萨凡纳河场址(SRS)

萨凡纳河场址建于 20 世纪 50 年代初期,1953—1988 年运行期间,共有 5 座反应堆用于生产美国核武器所需的 ³H 和 ²³⁹Pu,此外该场址还运营了许多辅助设施,包括两座化学分离后处理厂、一座重水提取厂、一座核燃料和靶件制造设施,一座氚提取设施和几座废物管理设施。该场址在 1992 年重启一段时间后,美国能源部于 1993 年宣布永久关闭。20 世纪 80 年代,该场址的工作从核材料生产转向废物管理和环境修复,包括国防废物处理设施的运营。

萨凡纳河场址是核武器联合体中唯一具有提取、回收、纯化和再利用氚的设施,还为美国大部分剩余钚提供临时贮存,并负责冗余钚处置计划。美国能源部计划将从核武器中提取的多余钚与铀混合,预计将在混合氧化物燃料制造设施(MFFF)制造用于商业核反应堆的混合铀钚氧化物燃料。该设施始建于 2007 年,但面临延误和成本上升的问题。特朗普政府在 2018 财年向国会提出申请,提议终止 MOX 项目并采取稀释和处置战略作为替代方案。因此,能源部将用其他材料稀释冗余钚并在废物隔离中间工厂进行处置。2018 年 5 月,国家核军工管理局宣布计划"重新利用南卡罗来纳州萨凡纳河厂区的混合氧化物燃料制造设施来生产钚弹芯",以满足 2018 年《核态势评估》中 2030 年每年至少生产 80 枚钚弹芯的要求,其中每年分别在洛斯阿拉莫斯国家实验室和萨凡纳河场址至少生产 30 枚和 50 枚。除此之外,萨凡纳河场址正在开展美国能源部环境管理计划,负责环境修复、废物管理和设施退役等工作,预计将于 2065 年完成。

2.3.3 潘特克斯厂

第二次世界大战期间,潘特克斯工厂曾作为陆军弹药厂,负责组装炮弹和炸弹。第二次世界大战后关闭,但 1951 年重新开放,主要从事核武器、高能炸药和非核部件装配。1975 年以来,该厂一直是美国唯一组装和拆卸核武器的设施。冷战期间,潘特克斯厂将拆除弹头后的核武器部件退还至洛基弗拉茨核武器厂或 Y-12 国家核军工联合体。由于洛基弗拉茨核武器厂于 1992 年关闭,潘特克斯厂目前贮存有数千枚冗余钚。作为延寿计划的一部分,潘特克斯厂进行业务转型,由核武器组装转为弹头翻新、退役武器拆除,以及高能炸药部件开发、测试和制造。

2.3.4 Y-12 国家核军工联合体

美国能源部在橡树岭保护区有三个重要场址,Y-12 国家核军工联合体是其中之一,另外两个场址是橡树岭国家实验室(也称为 X-10)和 K-25 气体扩散厂。作为曼哈顿计划的一部分,Y-12 厂建于 1943 年,主要任务包括利用电磁法从天然铀中分离 ^{235}U,并制造核武器所需的铀和锂部件,翻新、更换和升级武器部,贮存高浓铀,为海军反应堆提供高浓铀等。由于 Y-12 老化的铀浓缩设施难以满足现代核安全要求,且运行和维护费用不断增加。国家核军工管理局于 2004 年首次提出新建一座铀加工设施,计划在不影响铀浓铀生产任务的前提下,投资 65 亿美元更换老化的基础设施,淘汰核安全风险最高的 9212 大楼,预计该项目将于 2025 年年底前完工。

3 未来发展优先任务

3.1 维护国家核威慑的安全、安保和有效性

(1)目前正在进行的核武器库存活动(见图 2)

① W88 改型 370:该计划将更换弹头的解保、引信和点火(AF&F)子系统并解决老化问题。2020 财年交付 W88 改型 370(更换传统高能炸药)首个产品装置,并在 2024 财年完成改型计划。

② B61-12 延寿计划:该计划将翻新或更换核弹的所有核与非核部件,以提高 B61 的使用寿命至少 20 年,并提高其安全性和有效性。2020 财年交付 B61-12 重力核弹首个产品装置,并在 2024 财年完成生产。

③ W80-4 延寿计划:该计划是对 W80-1 的延寿改型,同时提高了其安全性、安保性和可靠性。2025 财年完成 W80-4 弹头首次生产,2031 年完成延寿计划。

④ W87-1 改型计划:该弹头将被部署在"陆基战略威慑"导弹上,2030 财年开始取代搭载在现有"民兵"Ⅲ导弹上的 W78 弹头。

(2)未来库存计划(见图 2)

① W93 弹头计划:该弹头是美军近几十年来设计的第一种新型弹头,计划在 21 世纪 30 年代部署,以取代美国海基核力量现役 W76 和 W88 两个弹头系统。这是专为海军潜射弹道导弹而设计的弹头,可能会使用新的 Mk7 再入飞行器。W93 弹头计划得到核武器委员会和国防部副部长的肯定,用于保障美战略司令部所需的海军"三叉戟"Ⅱ D5 潜射弹道导弹替换方案。

② 海基巡航导弹:美国正在积极推进潜射低当量核巡航导弹,国防部正在对这种武器进行替代方案分析(AOA),五角大楼计划在 2022 财年预算提案中为新型核巡航导弹制订发展计划,并在 7～10 年内进行部署。常规的"战斧"巡航导弹的射程约为 1 250～2 500 km,而新型潜射核巡航导弹的射程可能会更长,其核弹头可能是 W80-4 的改进型。

3.2 国家核军工基础设施现代化,加强关键技术和工程能力建设

国家核军工管理局正在对现有基础设施进行现代化改造,并新建设施,以确保军工联合体的关键

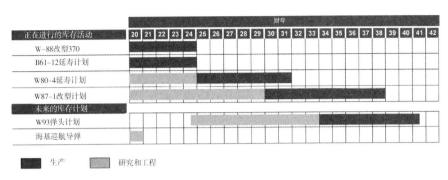

	财年																						
正在进行的库存活动	20	21	22	23	24	25	26	27	28	29	30	31	32	33	34	35	36	37	38	39	40	41	42
W-88改型370																							
B61-12延寿计划																							
W80-4延寿计划																							
W87-1改型计划																							
未来的库存计划																							
W93弹头计划																							
海基巡航导弹																							

■ 生产　■ 研究和工程

图 2　核武器现代化项目

能力,如铀浓缩、足够的钚弹芯生产、锂加工、氚生产,从而为未来核武器库存提供可靠保障。

(1)化学和冶金研究大楼重置项目:可确保长期的锕系元素化学和材料表征达到或超过当前安全和环保标准,预计 2022 财年完成。

(2)铀加工设施项目(CMRR):可确保国家核军工管理局的铀浓缩能力长期可靠、安全,预计 2026 财年建成。

(3)锂加工设施项目(UPF):可确保氚生产和武器延寿计划,预计 2027 财年建成。

(4)提氚设施项目(TFF):有助于提高美国的产氚能力,预计 2031 财年建成。

(5)萨凡纳河钚加工设施项目(SRPPF):有助于提高钚弹芯产量,通过对现已关闭的混合氧化物燃料制造设施进行改造,以执行钚弹芯生产任务。到 2030 年,该工厂将每年将至少生产 50 枚钚弹芯,预计 2027 财年完成。

(6)国内铀浓缩项目(DUE):美国政府目前没有铀浓缩能力,国家核军工管理局正在进行国内铀浓缩替代方案分析。通过掺混库存中的高浓铀燃料来生产低浓铀燃料,以支持氚生产任务,预计 2041 财年完成。

4 结论

为确保核武器能力满足于美国国家核军工任务需求,国家核军工管理局计划恢复核武器部件和材料生产,包括恢复钚弹芯生产能力,增加氚生产,重启锂加工能力,并重建一些铀生产能力(开发国内铀浓缩能力)。未来的发展愿景是对国家核战略防御需求做出积极响应,为国家核军工发展提供现代化基础设施保障,确保所有武器安全可靠,以慑止对美国的各种威胁。

参考文献:

[1] United States Government Accountability Office. MODERNIZING THE NUCLEAR SECURITY ENTERPRISE [R]. 2019.

[2] CRS. The U.S. Nuclear Weapons Complex: Overview of Department of Energy Sites[R]. 2020.

[3] Nuclear Weapons Complex Consolidation (NWCC) Policy Network. Transforming the U.S. Strategic Posture and Weapons Complex for Transition to a Nuclear Weapons-Free World[R]. 2009.

[4] CRS. Nuclear Weapons Complex Reconfiguration: Analysis of an Energy Department Task Force Report [R]. 2006.

[5] United States Government Accountability Office. NUCLEAR WEAPONS Views on Proposals to Transform the Nuclear Weapons Complex[R]. 2006.

Study on critical capabilities of the U.S. nuclear security enterprise

GUO Hui-fang, ZHAO Chang, LI Zong-yang

(China Institute of Nuclear Strategic Planning, Beijing 100048, China)

Abstract: Nuclear forces are the cornerstone of U. S. national security and key elements of its deterrence strategy. Administered by the National Nuclear Security Administration (NNSA), Nuclear Security Enterprise provides an important guarantee for nuclear weapons production, the modernization of nuclear deterrence, the security and reliability of nuclear weapons stockpile and maintenance of the safety of U.S. nuclear deterrence by actively promoting nuclear weapons modernization plans including restoring plutonium pit production, increasing tritium production, restarting lithium processing, and strengthening key technology and military engineering capabilities. This paper conducts studies from the status of the Nuclear Security Enterprise, key capabilities and future priority tasks.

Key words: U.S.; nuclear security enterprise; nuclear deterrence

国外核领域 3D 打印技术发展综述

郭慧芳,李宗洋,仇若萌

(中核战略规划研究总院,北京 100048)

摘要:近年来,国际社会高度重视 3D 打印技术的发展,国外主要国家稳步推进相关科研攻关。核领域 3D 打印技术在反应堆堆芯设计、零部件快速研发迭代、核级材料的应用研发等方面不断取得关键性突破,为核工业复杂反应堆组件和其他零部件的生产提供了技术支撑,并为核电设备的高质量、高效率、低成本制造开辟了一条新的道路,在核领域具有不可忽视的潜力。

关键词:3D 打印技术;核领域;发展

3D 打印技术(也称为增材制造技术)自 20 世纪 80 年代以来迅猛发展,在近 10 年来几乎掀起了一场制造业的革命。作为一种新兴的快速成型技术,3D 打印技术以数字模型文件为基础,以计算和网络技术为支撑,利用生产设备和技术数据日益自动化和数字化的特点,使用塑料、橡胶、金属和其他材料(如各种高科技复合材料)等可粘合材料,通过逐层打印的方式来构造形状高度复杂的物体,直接从 3D 模型转换为零件的制造过程有助于简化生产工艺、降低成本,提高质量和设计灵活性,并消除传统的制造限制,具有经济、便捷、高效等优点。与传统制造技术相比,可实现个性化、复杂化、批量化的设计,加速产品设计周期和迭代效率,提高成本效益,拥有全新的发展空间与应用前景。目前,3D 打印技术在核工业、航空航天、汽车、工业设计、土木工程,以及其他领域都有研究和应用。

1　国外核领域 3D 打印技术发展现状

核工业正处于充满挑战的时代,建造大型核电站的成本持续上升,还存在一些与其复杂结构、安装,以及安全规定、维修和其他高成本的风险。此外,随着核电站的老化,一些原始零件的设计方案已很难获取,甚至制造公司已不复存在,因此寻找替换零件变得极其困难。近年来,核电领域逐渐采用 3D 打印技术来探索核电站备件和零部件的制造,为当前和未来的核电站发展注入重大的创新活力,无需重新开始制作模具。

1.1　设计核反应堆堆芯,推进先进核能系统部署

美国橡树岭实验室利用其在制造、材料、核科学、核工程、高性能计算、数据分析等的先进技术和经验,推出"转型挑战反应堆"(TCR)示范计划(见图 1),为加快设计、建造和部署先进核能系统开辟了新的道路。首堆预计 2023 年建成,将成为世界上首个先进、全尺寸、集成传感器和控制装置的 3D 打印核反应堆。

TCR 是一种先进的气冷反应堆,反应堆组件为六边形,使用氮化铀三层各向同性碳包覆(TRISO)燃料、氦冷却剂和氢化钇慢化剂,核反应堆堆芯结构使用 3D 打印技术制造,从而以较低的成本,快速、安全地生产高度优化的反应堆系统。生产 TCR 堆芯的各个部件需要 8~24 h,整个堆芯可在几周内完成打印。在此过程中,机器视觉算法可从红外热像仪和嵌入式集成传感器中获取数据,便于确定部件是否存在缺陷。

作者简介:郭慧芳(1982—),女,内蒙古人,副研究馆员,硕士,现主要从事核情报研究工作

图 1　美国能源部橡树岭国家实验室"转型挑战反应堆"示范计划

2020 年 12 月初,作为 TCR 的一部分,橡树岭国家实验室与田纳西谷管理局联合制造的 3D 打印燃料组件通道紧固件(见图 2)将于 2021 年初首次安装到美国布朗斯弗里核电站。沟槽紧固件传统上由铸件制成,需要精密加工。3D 打印技术按照电脑设计的模型层层堆积材料,形成精确的形状,不需要后面的雕刻或加工,这种制造零部件的方法将有助于降低成本,并保持核电站的安全性和可靠性[1]。

图 2　3D 打印燃料组件通道紧固件

1.2　各国核能公司稳步推进核电厂零部件原型设计,实现产品快速研发迭代

由于核领域的特殊性,核电厂所用零部件必须满足坚固、可靠、耐高温等安全条件,且需要经过比其他任何行业更多的监管和质量认证工作。

GE 日立核能公司(GEH)。美国南卡罗来纳州威尔明顿的 GEH 是 3D 打印技术领域的重要先驱,也在先进反应堆和核设施领域处于领先地位。2016 年美国能源部(DOE)选定 GHE 承担一项耗资 200 万美元的 3D 打印研究项目。GHE 在先进制造工厂(AMW)利用 SLM 3D 打印技术为核电站设计了更换部件的金属样品(见图 3),改进了杂物滤网,显著降低了碎片接触燃料棒的概率,提高了燃料利用率和可靠性,并降低了燃料成本[2-3]。3D 打印为 GEH 加速产品设计迭代周期,加快生产进度、减少废物、降低制造成本,以及提高产品性能提供了重要技术保障。

欧洲西门子公司。全球领先的科技巨头、欧洲最大的制造和电子公司西门子于 2017 年取得跨行业的突破,采用 3D 打印技术完成了斯洛文尼亚核电站直径为 108 mm 的金属叶轮替换零件(自 1981 年以来一直在用,但工厂已不再生产,见图 4),并首次成功将 3D 打印部件安装在核电站消防泵上并实现持续安全运行,满足了核领域安全性和可靠性的严格要求,可使核电厂继续运行并达到其预期寿命[4]。西门子的这一成就成为核行业 3D 打印技术的重大创举。

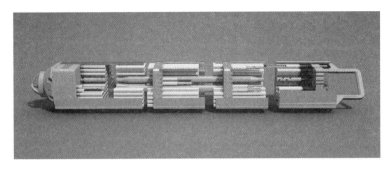

图 3　GNF2 核燃料组件

图 4　3D 打印金属叶轮

美国 BWX 技术公司(BWXT)。BWXT 公司利用其独特的设计理念和先进的制造能力,与橡树岭国家实验室合作开发了新的 3D 打印技术,用于设计和制造由高温合金和难熔金属制成的核反应堆部件,这些部件既可用于当前的反应堆和先进反应堆,也适用于耐事故燃料。2020 年,BWXT 已完成了部件级资质认证,验证了 3D 打印技术用于制造镍基超级合金和耐高温金属合金制成核部件的能力[5-6],有助于进一步加快先进反应堆的开发,提高部件的安全裕量和耐事故性,降低核能系统的成本,提高反应堆的功率和寿命。

西屋电气公司(Exelon)。西屋电气公司为全世界的公用事业/业主提供广泛的核电站产品和服务,包括先进的核电站设计、核燃料、服务和维护,以及仪表和控制系统。该公司拥有 316L 不锈钢合金和铬镍铁合金 A718 的增材制造技术经验[6],这些合金是核领域应用的理想材料(见图 5)。作为核能领域推进 3D 打印技术的新成员,西屋电气在 Exelon Byron 1 号核电站停堆换料期间成功安装了 3D 打印的顶针堵漏装置[7],这也是西屋电气率先在全球商业核反应堆使用的 3D 打印部件。

图 5　3D 打印的顶针堵漏装置

NOVA TECH 公司。NOVA TECH 公司使用 Inconel-718 合金 3D 打印核电系统的先进组件,如沸水反应堆(BWR)下部连接板,用于固定燃料棒底端(见图 6)。Inconel-718 合金是含铌、钼的沉淀硬化型镍铬铁合金,在 650 ℃以下时具有高强度、良好的韧性以及在高低温环境均具有耐腐蚀性[8]。

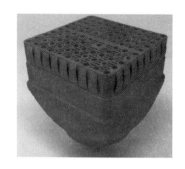

图 6　3D 打印的 BWR 燃料组件的下部连接板

1.3　核级材料的应用开发

核电装备主要是金属材料的应用,由于核电站设备用核级材料对其耐辐射性、服役稳定性、可靠性和成形制造工艺成熟性有更为特殊的要求,这对 3D 打印技术未来在核电领域的应用提出了更高的挑战。2020 年年初,瑞典 3D 打印公司 Additive Composite 和 Add North 3D 共同开发了一种适用于核工业辐射屏蔽应用的新型聚合物复合材料。该材料名为 Addbor N25,由碳化硼和共聚酰胺基质组成。碳化硼是已知的最硬的材料之一,可有效吸收中子,实现辐射屏蔽功能(见图 7)。据悉,碳化硼占复合材料重量百分比 25%,打印工作温度范围为 250～270 ℃,拉伸强度为 50～58 MPA,弯曲强度为52～81 MPA[9]。

图 7　使用 Addbor N25(碳化硼复合材料)打印的部件

1.4　放射性废物处理,为核不扩散提供有力保障

放射性废物管理是核电行业面临的另一项挑战,3D 打印使工程师能够开发废物回收系统的新设计,从而帮助应对这一挑战。2019 年,美国能源部位于伊利诺伊州的阿贡国家实验室通过深入研究,利用 3D 打印的材料解决核废料的问题,促进敏感材料的回收利用。研究人员使用 3D 打印技术进行核废物分离,更有效地回收乏燃料,2020 年使可回收利用的核燃料废物数量从原来的 95% 增加到97%,只有 3% 作为长期废物贮存,极大地减少了核废物贮存量和构成危害的时间,为防止核扩散提供了重要保障[10]。

2　结论

核燃料元件、设施部件、核能系统等制造是集设计与加工为一体的系统工程,结构复杂、工序多样,利用 3D 打印技术可快速、高效地制造传统工艺无法实现的产品,加快从原型到生产过渡的步伐,缩短研发周期,大幅降低设计与制造成本,为核能技术的快速部署提供新的模式,从根本上改变核能产业的制造方式,保障核工业的供应链,为核电设备的高质量、高效率、低成本制造开辟了一条新的道路,在核领域具有不可忽视的潜力。未来几年,3D打印技术创新将带来全新变革,助力核技术克服当前挑战,并进一步提高核电安全性和可持续性。

参考文献:

[1] DOE. The Transformational Challenge Reactor (TCR)[EB/OL].[2020-07-05]. https://www.energy.gov/ne/transformational-challenge-reactor-tcr.

[2] Tim Brown. GE Hitachi to head $2m nuclear 3D printing research project for DOE,2016[EB/OL].[2020-09-16]. https://www.themanufacturer.com/articles/ge-hitachi-to-lead-2m-3d-printing-nuclear-tech-research-project-for-doe/.

[3] Michael Molitch-Hou. GE to 3D Print Replacement Parts for Nuclear Power Plants,2016[EB/OL].[2020-08-25]. https://www.engineering.com/3DPrinting/3DPrintingArticles/ArticleID/12510/GE-to-3D-Print-Replacement-Parts-for-Nuclear-Power-Plants.aspx.

[4] First-of-its-kind 3D printed nuclear fuel component to enter use[EB/OL].[2020-07-16]. https://www.world-nuclear-news.org/Articles/First-3D-printed-nuclear-fuel-components-to-enter.

[5] COREY CLARKE. SIMENS 3D PRINTS FOR NUCLEAR POWER PLANT. 2017[EB/OL].[2020-09-20]. https://3dprintingindustry.com/news/siemens-3d-prints-part-nuclear-power-plant-107666/.

[6] BWXT announces advances in 3D printing of reactor components. World Nuclear News,2020[EB/OL].[2020-08-20]. https://www.world-nuclear-news.org/Articles/BWXT-announces-advances-in-3D-printing-of-reactor.

[7] Yosra K. Westinghouse successfully installed metal 3D-printed thimble plugging device in Exelon's Byron Unit 1 nuclear plant[EB/OL].[2020-09-10]. https://3dadept.com/westinghouse-successfully-installed-metal-3d-printed-thimble-plugging-device-in-exelons-byron-unit-1-nuclear-plant/.

[8] James Conca. 3D Printing Has Entered The Nuclear Realm,2020[EB/OL].[2020-07-21]. https://www.forbes.com/sites/jamesconca/2020/05/09/3d-printing-has-entered-the-nuclear-realm/? sh=535ca867d347.

[9] Application Spotlight:How 3D Printing Supports Innovation in the Nuclear Power Industry[EB/OL].[2020-08-15]. https://amfg.ai/2020/06/17/application-spotlight-how-3d-printing-supports-innovation-in-the-nuclear-power-industry/.

[10] 赵飞云,贺小明. 3D打印技术对核电设计与制造影响的基本思考.机械设计与研究[J].2016,32(1):88-91.

Overview of the development of 3D printing in foreign nuclear industry

GUO Hui-fang,LI Zong-yang,QIU Ruo-meng

(China Institute of Nuclear Strategic Planning,Beijing 100048,China)

Abstract: In recent years,the international community has attached great importance to the development of 3D printing technology,and the related research have been steadily promoted in major foreign countries. 3D printing in nuclear field has continuously made key breakthroughs in the design of reactor cores,rapid development of nuclear parts and components,and application of nuclear-grade materials. It provides technical support for the production of complex nuclear reactor components and other parts,and paves the way for the high-quality,high-efficiency,and low-cost manufacturing of nuclear equipment,which has great potential in nuclear industry.

Key words: 3D printing;nuclear industry;development

国外铀钼合金燃料技术发展分析

赵　松,宋　岳,蔡　莉

(中国核科技信息院经济研究院,北京 100048)

摘要:铀钼合金燃料是美国、俄罗斯、韩国等国正在重点研发的一种先进的金属核燃料,铀钼合金燃料技术的研究主要包括:铀钼合金熔炼,铀钼 γ 相合金粉末制备(或合金薄片轧制),铀钼(铝基或硅)弥散燃料板制造工艺,铀钼合金与基体材料、包壳材料和阻挡材料(诸如铝、铅、锌、镁等)的相容性研究,硅添加到铝基体中对铀钼合金/铝反应的影响以及铀钼合金燃料成分分析及无损检测方法等研究。近年来,铀钼合金燃料相关研发工作频获进展,使这种燃料技术日趋成熟,并有望于反应堆辐照试验后逐步投入应用。本文将梳理国外铀钼合金燃料研发有关情况,分析其在研究堆或空间堆中的应用及潜在军事应用,全面反映国外铀钼合金燃料技术的发展情况。

关键词:铀钼合金;弥散型;单片型;燃料辐照试验

1　主要背景

高密度铀钼合金燃料能够显著提升研究堆性能和空间堆动力水平,还可用于未来军用可移动小堆,具有重要的战略价值,是美国、俄罗斯、韩国等国正在重点研发的一种先进的金属核燃料。近年来,相关研发工作频获进展,使这种燃料技术日趋成熟,并有望于未来几年投入应用,我需密切关注,分析研判其发展与应用趋势。

铀钼合金(U-Mo)是以铀钼合金(粉体或箔片)制备燃料板(或燃料棒)的一种金属型核燃料,作为一种典型的金属型核燃料材料,重点需要克服辐照肿胀、高温膨胀等不利因素[1]。多年的研究表明它具有良好的综合性能和巨大的发展潜力。

1.1　优势与应用

在"研究堆低浓化计划"(RERTR)[2]的倡导下,铀钼合金燃料逐渐成为国际上新一代研究堆燃料的主要研究方向之一,它的突出特点是铀密度和热导率远高于传统研究堆使用的二氧化铀和硅化铀燃料。铀钼合金燃料的优势主要包括:一是使用低浓度铀钼燃料即可在研究堆上实现高通量,是提高研究堆性能和研究堆低浓化的优选方案;二是导热性能好,有利于提高反应堆运行安全性,目前还在探索用于核电站耐事故核燃料(或称事故容错燃料);三是乏燃料易于后处理。

同时,铀钼合金还是一种优秀的空间堆燃料。使用铀钼合金燃料的苏联千瓦级空间堆性能出色,在 BUK 型电源等[3]军事卫星电源方面有过成功应用。美国航空航天局发布的《空间核动力技术路线图》[4],按功率等级对空间堆技术途径进行了分析,其中,1～4 kW 电功率建议采用铀钼合金燃料、液态金属热管冷却、温差发电;1～10 kW 电功率采用铀钼合金燃料、液态金属热管冷却、斯特林发电。美国最新研制并成功测试的"Kilopower"千瓦级空间堆(地面样机)就以铀钼合金为燃料,输出功率比当前空间放射性同位素电池提高 1～2 个数量级[5],可大幅提升其开展星际探索和火星探测等太空活动的能力。

除了空间探索,铀钼合金燃料还可用于具有显著军事应用前景的特种小堆,为其提供持续、安全、高效的能量保障。在军用可移动微堆方向,美国能源部洛斯阿拉莫斯国家实验室设计的 MegaPower 采用平均富集度为 12.5% 的铀－钼合金燃料,电功率为 2.25～17.5 MW,换料周期为 12 年,使用二氧化碳闭式布雷顿系统。该设计相对较为成熟,反应堆部件的技术成熟度达到 6 级以上,可在五年内进行概念演示。2020 年 3 月 9 日,美国防部已启动军用微型可移动反应堆"贝利"研发计划,相关进展值得关注。在特种核动力新型武器方向,铀钼合金燃料或可用于长航时巡航导弹需求的核动力系统,使

作者简介:赵松(1990—),男,山东人,工程师,硕士,现主要从事情报研究

其航时长、航程远,能够机动变轨,可突破反导系统的拦截,具有极强的突防能力。

1.2 技术路线

目前,铀钼合金燃料分弥散型和合金单片型两条技术路线。弥散型是把铀钼合金粉末颗粒弥散于铝基体中,然后包在一个铝合金包壳内(俄罗斯采用棒状结构,其他国家采用板型结构),如图 1 所示;合金单片型是直接把一整片铀钼合金包在一个铝合金包壳内,如图 2 所示①。两种燃料的估计最大铀密度分别为 8.5 gU/m³ 和 15.9 gU/m³,远高于当前硅化铀弥散燃料 4.3 gU/m³ 的铀密度。

为适应不同的反应堆运行环境,弥散燃料可通过改变铀钼合金粉末在铝基体中的体积比来调节燃料中的铀含量,单片燃料可通过改变铀钼合金片的厚度来调节铀含量。弥散燃料在结构上类似于现有燃料,如铝基硅化铀弥散燃料,可较好地借鉴当前成熟的燃料制造工艺;单片燃料的制造过程涉及更多新工艺,难度比弥散燃料大得多。弥散燃料的铀密度可满足绝大多数高性能研究堆的低浓化需求,而单片燃料能满足所有高性能研究堆的低浓化需求,并且可满足今后相当长时期内任何高性能研究堆的性能要求。

早期的研发重点是弥散燃料。到了 21 世纪初,弥散燃料出现肿胀及燃料与基体化学反应等新问题,加之其无法解决所有高性能研究堆的低浓化问题,美国将研究重点转向单片燃料,其他国家则重点解决弥散燃料出现的新问题,它们的生产工艺、考核指标、实验方法都有很强的针对性。

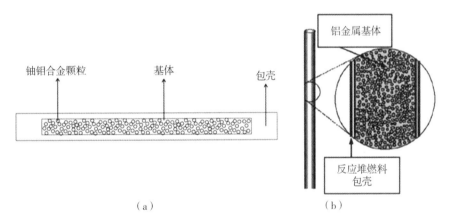

图 1 (a)板型弥散核燃料元件的横截面及(b)棒状弥散核燃料元件的示意图

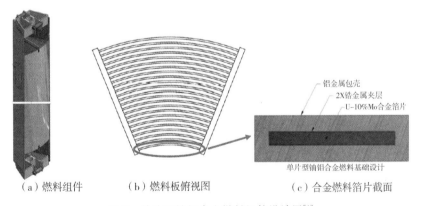

图 2 单片型铀钼合金燃料组件设计图[6]

---

① 各研究堆设计各异,采用的单片型铀钼合金燃料元件形态也有所不同,例如,密苏里大学研究堆等采用扇形元件、麻省理工学院反应堆使用菱形元件,但是其低浓化的核心均是采用铀钼合金箔片取代之前的燃料板,详细的燃料元件设计请参阅文献[6]。

2 技术发展

铀钼合金燃料技术相关研究主要有:铀钼合金熔炼,铀钼γ相合金粉末制备(或合金薄片轧制),铀钼(铝基或硅)弥散燃料板制造工艺,铀钼合金与基体材料、包壳材料和阻挡材料(诸如铝、铅、锌、镁等)的相容性研究,硅添加到铝基体中对铀钼合金/铝反应的影响以及铀钼合金燃料成分分析及无损检测方法等研究。近年来,铀钼合金燃料技术日趋成熟,相关研发工作频获进展。

2.1 弥散型铀钼合金燃料将在未来几年投入使用

韩国、俄罗斯和欧盟正在主攻弥散型燃料技术。其中,韩国和俄罗斯进度较快,已率先完成全尺寸先导燃料组件的辐照试验[①],计划未来几年投入工程应用。

韩国的弥散燃料采用铝硅基体,最大铀密度为 8 g/cm³。2 根全尺寸试验组件于 2017 年 4 月在美国先进试验堆中结束辐照试验并取得成功,试验组件在结构完整性和燃料性能方面表现稳定。正在开展辐照后检验,以便为燃料认证工作[②]提供更多信息。2019 年 5 月,韩国批准建造一座新的 15 MW 研究堆(KJRR),预计 2024 年完成建设,将用于生产医疗和工业用途的放射性同位素,该研究堆有望成为全球首座使用铀钼合金燃料的研究堆。但是,受制于韩国内反核运动,其研究进度与设施建造工程面临很大不确定性。

俄罗斯的弥散燃料采用铝基体,最大铀密度为 5.4 g/cm³,应用对象是中通量研究堆。全尺寸试验组件(铀钼合金燃料芯块,2 种包壳材料分别为镀铬锆合金或铬镍合金)辐照试验于 2019 年 10 月结束,燃料组件均未出现燃料棒几何形状变化和包壳材料表面损伤问题。目前,俄罗斯正开展进一步的辐照后检验,相关结果将被用于确定最佳的材料组合。俄罗斯还计划 2020 年利用商业核电机组对铀钼合金燃料进行辐照测试[7]。

欧洲的研发活动由法国、德国、比利时三国共同实施。2019 年启动燃料认证工作,正在进行辐照试验工作,预计持续到 2025 年才能完成[8]。当前面临的主要问题是铀钼合金颗粒包覆工艺尚达不到大规模生产的要求。

2.2 单片型铀钼合金燃料研发进入认证阶段

目前,只有美国开展了单片型铀钼合金燃料研发活动[③],牵头的是阿贡国家实验室,爱达荷国家实验室、橡树岭国家实验室、Y-16 工厂还有若干燃料技术公司都有参与。目前,研发计划已进入关键的燃料认证阶段,并计划在 2025 年完成认证后大规模推广使用[8]。

铀钼合金的制备工艺不再赘述,相关工艺参数性能等请参阅美国阿贡国家实验室的《铀钼燃料手册》[9]。单片型铀钼合金燃料制造工艺流程如图 3 所示:首先,采用真空感应熔炼的方法,按一定比例混合高浓铀、贫铀、钼金属铸造铀钼合金铸锭[④];然后,对铸锭进行均质化处理,最大程度降低合金铸锭的化学偏析(即保证合金中铀钼质量分布的均匀性);此后,将合金铸锭和锆金属薄板(用作中间层)一起包裹在低碳钢罐中,675 ℃至少预热 1 h 后进行多次热轧至总压下率 75% 左右,同温退火 45 min;接着,热轧后去罐、清洗、存储;最后阶段,冷轧至 0.25～2 mm 厚度以后,在 650 ℃下真空退火并进行气体淬火;最后使用 A6061-铝覆层对合金燃料箔片进行热等静压,产出单片型铀钼合金(钼的质量分数 10%)燃料板。

---

① 核燃料辐照试验的顺序一般为:微型、小尺寸燃料板测试—全尺寸燃料板测试—燃料元件(组件)测试(系列)。

② 核燃料认证需要开展在正常运行和事故条件下燃料行为的分析、辐照后检验、质量保证和质量控制、燃料建模和计算机程序验证、经济性分析和其他方面(例如环境问题、与后端要求的关系)。

③ 美国国内弥散型铀钼合金燃料的研发也在进行,最新资料(OSTI 相关会议文集摘要)显示,美国有关机构正在编制《关于弥散型铀钼合金燃料的指导手册》。

④ 美国无铀浓缩能力,故采用高浓铀掺混的方法生产高丰度低浓铀,经济性差。

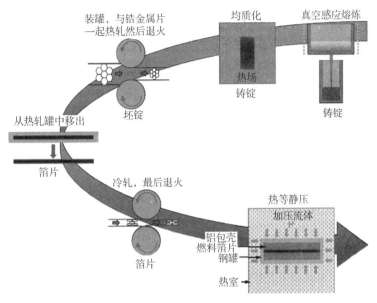

图 3 美国单片型铀钼合金燃料制造工艺示意图[10]

工艺流程面临的挑战主要有合金箔中^{235}U和钼的均匀性困难、脆性沿晶断裂等,对此,美国开展了利用集成计算材料工程学进行整个工艺流程的建模与优化,相关资料请参阅美国西北太平洋国家实验室的《用集成计算材料工程对 U－10wt％Mo 合金燃料的工艺模拟》[11]。我们判断,尽管美国单片型铀钼合金燃料生产工艺仍面临一定问题,成型燃料板产出率较低,但是其产能和质量标准已经能够满足燃料辐照试验与认证所需。

目前,美国正在筹划单片型铀钼合金燃料元件辐照试验第一阶段(ET-1),收集整理各研究堆运行的历史数据、各型尺寸燃料板辐照数据,结合未来各研究堆的运行需求,进行后续辐照试验方案设计。计划 2022 年前持续开展微缩和全尺寸燃料板辐照试验,2022—2024 年开展示范组件试验工作,2025年获得燃料合格证书后进行大规模推广应用。

3 总结与建议

高密度铀钼合金燃料能够显著提升研究堆性能和空间堆等的动力水平,是美国、俄罗斯、韩国等国正在重点研发的一种先进的金属核燃料。近年来,铀钼合金燃料技术日趋成熟,相关研发工作频获进展。其中,弥散技术已趋于成熟,预计在未来两三年内俄罗斯和韩国将完成燃料认证工作;欧盟正面临铀钼合金颗粒包覆工艺瓶颈问题,进展滞后。单片技术方面,预计美国将在未来六七年内完成燃料认证并投入使用,但是存在以下风险:成型燃料板产出率较低,并且成本高。这是由于美国几乎丧失了铀浓缩能力,不得不采用高浓铀掺混的方式生产低浓铀,造成了分离功的极大浪费。此外,通过研究国外铀钼合金燃料技术的发展情况,我们分析提出以下几点建议。

3.1 较为成熟的弥散燃料板路线宜作为我重点方向

铀钼合金燃料技术具有典型的需求导向性,美国之所以选择单片型技术路线,很大程度上也是由于其国内对燃料设计与高性能的需求。我国已掌握改进型(铀－钼)－铝弥散燃料板制造工艺,积累了一定研究基础和经验,建议我国相关单位以较为成熟的弥散燃料板路线为重点,进行铀钼合金燃料的研发工作,并根据应用需求,探索掌握单片型铀钼合金燃料技术。

3.2 密切关注国际应用进展,强化我相关设计与应用

铀钼合金燃料也是金属型耐事故核燃料的重要发展路线之一。目前,铀钼合金燃料弥散技术已

趋于成熟,预计在未来两三年内完成燃料认证工作,韩、俄研发这种燃料除自用外还计划作为耐事故核燃料出口国际市场。我应继续加强铀钼合金燃料等耐事故核燃料的先进设计与研发,并加快其应用部署,以提升我相关反应堆的安全裕量、运行灵活性和运行效率。铀钼合金燃料还是未来其他军事用途的可移动小堆的优选燃料设计之一,具有重要的战略价值。我须密切关注国际相关进展,结合国内小堆与燃料设计经验,开展依托于铀钼合金燃料等先进燃料的可移动小堆的需求论证、可行性与经济性分析、堆芯设计等研究和规划,切实提升我相关装备和设施电力供应的可靠性、安全性、灵活性。

3.3 系统论证燃料研发与应用需求,推进工程应用

高铀密度铀钼合金燃料优点突出,对提升我研究堆和空间堆技术水平,增强军、民核技术实力意义重大。我已掌握改进型(铀－钼)－铝弥散燃料板制造工艺,积累了一定研究基础,但在燃料设计和性能分析评价方面与国外尚存差距。建议加强核、航天、材料、医药等学科领域交流与合作,以论证规划特种同位素材料生产与研究堆、深空探索工程所需空间堆等为牵引,系统性探讨燃料研发与应用需求,并加快开展针对相应堆型应用的铀钼合金燃料设计、制备及性能分析评价等方面的研究,进一步提升材料成熟度,尽快实现这种先进燃料的工程应用。

参考文献:

［1］ 李冠兴,武胜.核燃料［M］.北京:化学工业出版社,2007.

［2］ Meyer M K. US-RERTR Advanced Fuel Development Plans 1999［R］. United States N. p., 1998.

［3］ 苏著亭,杨继材,柯国土.空间核动力［M］.上海:上海交通大学出版社,2015.

［4］ NASA. Technology Roadmaps—TA3: Space Power and Energy Storage［R］. NASA Technical Report,2015:5-7.

［5］ Gibson M A, Oleson S R, Poston D I, et al. NASA's Kilopower reactor development and the path to higher power missions［R］. NASA Technical Report, NASA/TM-2017-219467,2016.

［6］ N.E. Woolstenhulme, R.B. Nielson. DDE Design Status Report［R］. 2011.

［7］ 伍浩松,戴定.俄完成耐事故燃料首次辐照测试［J］.国外核新闻,2019(11):25.

［8］ 卢彬.国际社会大力提升核电安全性［J］.中国能源报,2019(04):29.

［9］ REST J, KIM Y S, HOLMES G L. U-Mo Fuels Handbook［R］. 2006.

［10］ HILL, ANN M, LAWRENCE,et al. Historical Review of Stress Corrosion Cracking in Concentrated Uranium-Molybdenum Alloys［R］. LA-UR-18-28445,2018.

［11］ Process Modeling of U-10wt% Mo Alloys Using Integrated Computational Materials Engineering［R］. PNNL-28640, 2019.

［12］ HARDTMAYER D E. Developing the Irradiation Plan for U-10Mo LEU Fuel Qualification for the Advanced Test Reactor［R］. INL/CON-19-56610-Revision-0. 2019.

Research on the development of uranium-molybdenum alloy fuel technology

ZHAO Song, SONG Yue, CAI Li

(China institute of nuclear information & economics, Beijing 100048, China)

Abstract: Uranium-molybdenum alloy fuel is an advanced metal nuclear fuel that the United States, Russia, South Korea and other countries are focusing on. The research of uranium-molybdenum alloy fuel technology mainly includes: uranium-molybdenum alloy smelting, uranium-molybdenum γ-phase alloy powder preparation (or alloy sheet rolling), uranium-molybdenum (aluminum-based or silicon) dispersion fuel plate manufacturing process, uranium-molybdenum alloy and matrix materials, Compatibility study of cladding materials and barrier materials (such as aluminum, lead, zinc, magnesium, etc.), the influence of silicon added to aluminum matrix on the reaction of uranium-molybdenum alloy/aluminum, and the analysis of uranium-molybdenum alloy fuel composition and non-destructive testing methods And so on. In recent years, frequent progress has been made in the research and development of uranium-molybdenum alloy fuel, which has made this fuel technology increasingly mature and is expected to be gradually put into application after the reactor irradiation test. This article will review the research and development of foreign uranium-molybdenum alloy fuel, analyze its application in research reactors or space reactors and potential military applications, and fully reflect the development of foreign uranium-molybdenum alloy fuel technology.

Key words: uranium-molybdenum alloy;dispersion fuel;monolithic foil;fuel irradiation test

从洛斯阿拉莫斯实验室核泄漏事故看美国^{238}Pu 生产

赵　松,赵　畅,宋　岳

(中国核科技信息院经济研究院,北京 100048)

摘要: 2020 年 6 月 8 日,美能源部洛斯阿拉莫斯国家实验室的钚设施发生^{238}Pu 氧化物泄漏与污染事故,导致 1 名员工遭受大量放射性沾染。此次核泄漏是该实验室近年来后果较为严重的一次事故,加剧了外界对实验室核安全的担忧。事故前,美国能源部逐年加大对^{238}Pu "供应项目"的资金投入,已经实现燃料芯块压制与测量的自动化,突破了现阶段靶件全面生产这一关键瓶颈,并对化学工艺流程进行了一定优化。此次事故可能表明美国已如期实现 400 g 的年产量阶段性目标,实验室^{238}Pu 存储任务压力加剧。

关键词: 洛斯阿拉莫斯;核泄漏事故;^{238}Pu 供应项目

1　洛斯阿拉莫斯此次核泄漏事故概况

2020 年 6 月 8 日,美能源部洛斯阿拉莫斯国家实验室的钚设施发生^{238}Pu 氧化物泄漏与污染事故。此次^{238}Pu 氧化物粉末操作使用的是配有三层手套的、可开展多类型作业的大型手套箱。2019 年11 月,该手套箱经过维护升级,更换了全部手套,并将部分端口改进为穿通式手套口。这种手套比普通的含铅手套触感更佳、灵活性更好,并且里面有橙色夹层设计,当露出橙色时可预警手套存在破损风险,需要及时更换。受工作环境、使用频次、操作材料种类等因素的综合影响,手套的设计寿命最长为数年,最短 2 个月。

事故起因是工作人员使用存在破损风险的手套箱手套称重和包装^{238}Pu 氧化物粉末,该手套原定于次日更换。根据洛斯阿拉莫斯事故报告(NA-LASO-LANL-TA55-2020-0012),6 月 2 日例行检查发现,14 副手套箱手套出现磨损,定于 6 月 9 日更换。6 月 8 日,手套箱房间里 6 名工作人员从事手套箱作业,9 名工作人员从事其他工作,当最后 1 名员工完成手套箱称重和包装^{238}Pu 氧化物粉末时,房间报警器报警,显示有放射性泄漏。所有工作人员立即撤离并接受了放射性污染测定,其中 1 名员工体表和鼻腔检测到^{238}Pu 污染,其他 14 名未检测到。6 月 10 日,放射性控制技术人员进入房间调查污染源,在 4 只手套上检测到污染,其中一只左手手套拇指区域发现缺口。

事故发生后,实验室已更换被污染手套、进行放射性清污工作,并对外宣称此次事故不对公共健康和安全构成威胁。

1.1　洛斯阿拉莫斯曾多次发生钚操作违规事件与事故

洛斯阿拉莫斯国家实验室是美国三大核武器实验室之一,承担着设计研制核武器、存储处理军用核材料、制造钚弹芯等核心任务。该实验室的钚设施是美国目前唯一具有完整的钚材料处理和钚弹芯制造能力①的设施,目前存储与处理的核材料包括武器级^{239}Pu、空间放射性同位素热源材料^{238}Pu、军用氚、高浓铀以及少量其他超铀核素。其中,武器级^{239}Pu 和热源材料^{238}Pu 为固体(金属或粉末)、熔融金属或溶液形态。

洛斯阿拉莫斯国家实验室长期存在核安全隐患,后处理设施临界事故、材料运输方式违规、钚弹芯滞留、放射性泄漏等钚操作相关的违规事件与事故频发。美国能源部 2017 年核设施风险评估报告显示,"2005—2016 年,洛斯阿拉莫斯收到未经公布的、针对钚违规操作相关问题的报告超 40 次"。对

作者简介:赵松(1990—),男,山东人,工程师,硕士,现主要从事情报研究

　① 洛斯阿拉莫斯实验室目前新制造的钚弹芯仅用于研究用途。

此,能源部国家核军工管理局曾表示,"希望承包商能以安全的方式进行工作,以保证雇员、设施和公众的安全"。

近年来最严重的 1 次违规事件是发生于 2011 年 8 月的钚棒放置危险临界事件,引发内部和外界的广泛担忧和批评,并导致大批实验室工程师因不满而辞职。2013 年 6 月,由于临界安全等关键安全性和操作行为规范等方面的缺陷,钚设施暂停核材料操作。此后的分析评估表明,钚设施存在以下问题:管理层对临界安全等关键安全性的承诺和认知存在薄弱环节,发现问题的流程效率低下,安全工程师配置以及专业知识的流失威胁关键安全性计划的可行性。

2016 年 9 月,钚设施经过安全性改进与抗震设计加固后,开始重启高风险的钚操作等工作。然而,由于核军工生产与科研任务繁重,老化严重、容量有限、人员短缺的钚设施仍旧面临严峻的安全风险。

1.2 洛斯阿拉莫斯事故频发主要原因分析

洛斯阿拉莫斯国家实验室隶属美国能源部/国家核军工管理局,管理和运行则交由加州大学等机构组成的三方国家安全公司负责。由于私营公司对绩效的严苛追求以及安全规范的缺失,钚设施甚至是整个洛斯阿拉莫斯国家实验室存在很高的核安全风险。

核军工生产任务繁重也是洛斯阿拉莫斯钚操作相关事故频发的重要原因。美 2018 年《核态势评估》报告要求,"美国将在 2030 年前具备年产 80 枚钚弹芯的能力",其中,洛斯阿拉莫斯钚设施 30 枚,萨凡纳河钚加工设施 50 枚。新钚弹芯将用于 2030—2037 年部署的"战略威慑"陆基洲际弹道导弹配装的 W87-1 核弹头。为保障核武器现代化的顺利推进,洛斯阿拉莫斯正寻求建立武器用钚弹芯制造能力。根据美国能源部 2021 财年预算申请,未来五年,钚现代化和前期计划支出的预算申请激增,平均每年约 18 亿美元。

为加快实现年产 30 枚钚弹芯能力的目标,洛斯阿拉莫斯采取的策略是多班次运营钚设施,正在改进入口、更衣室、培训设施等,并计划未来五年额外聘用 1 400 名钚操作相关人员。与此同时,实验室还在规划新建更多的模块化生产设施,但受制于场地有限、地震风险、废物处置能力不足、安全工程师短缺等原因,新生产设施面临成本激增、建设延期的风险。

除了制造钚弹芯,洛斯阿拉莫斯国家实验室还是美国能源部和国家航空航天局的"^{238}Pu 供应项目和放射性同位素电源生产计划"的主要参与者之一,负责存储由橡树岭国家实验室生产的二氧化钚粉末,并用其制造放射性同位素电源的 ^{238}Pu 燃料盒。此外,^{238}Pu 的放射性约为武器级钚的 260 倍,对防护设备、人员和措施的要求更甚。

洛斯阿拉莫斯钚设施一身二任,两大核心任务同期倍增,面临极大的运行压力和安全风险。

2 美国能源部 ^{238}Pu "供应项目"

美国能源部 2011 年底建立了 ^{238}Pu 生产的"供应项目"为国家航空航天局所需的放射性同位素电源提供燃料。能源部目标是形成每年 1.5 kg 的最大生产能力,最早可在 2023 年完成,最晚可在 2025 年完成。"供应项目"由能源部技术集成办公室负责,爱达荷和橡树岭等国家实验室协调开展。^{238}Pu 生产流程目前均在橡树岭国家实验室进行,主要有三大步骤:首先,将二氧化镎和铝粉末混合压制成(铅笔橡皮大小)芯块,并(52 块左右)填入铝金属陶瓷管密封压制镎靶件;其次,将镎靶件载入高通量同位素反应堆(正在规划使用先进试验反应堆)进行数轮(3 或 6)周期辐照,把 ^{237}Np 转化为 ^{238}Pu;最后取出镎靶件进行化学工艺处理,分离 ^{238}Pu 与 ^{237}Np 及工艺副产品,最终 ^{238}Pu 将被转化为氧化物形式以便供放射性同位素电源使用,未转化的 ^{237}Np 再循环后重新制造靶,其他废物送去处置。

2.1 ^{238}Pu 生产瓶颈分析

由于为"供应项目"新建化学工艺生产设施极为昂贵且可行性差,能源部主要依靠现有设施、设备和经验证过的工艺进行 ^{238}Pu 的生产。因此,^{238}Pu 的产能存在多个限速因素。

(1)工时受限

^{238}Pu 生产使用的热室同时也开展其他同位素的科研生产工作。二氧化镎和铝粉末混合压制芯

块,是在手套箱内手工完成的,使用的压力机是 20 世纪 20 年代用来处理铱材料而建造的。压制一块芯块的时间为 35 min,每年最多能制造 40 个镎靶件,生产的 ^{238}Pu 将局限在 120～150 g。要达到每年生产 400 g ^{238}Pu 的阶段性目标,并制造一定数量的靶件达到全面生产的水平,能源部每年必须制造 128 个靶件,也就是每 6 min 压制一块芯块。

（2）化学工艺亟需完善和扩大规模

从辐照过的靶中提取新 ^{238}Pu 的化学工艺仍在完善中,目前已构成"供应项目"的瓶颈。能源部仍在继续开发 ^{238}Pu 和镎及其他材料分离的化学工艺,正在探索的化学工艺方法包括镎的有效回收、^{238}Pu 同位素转化为氧化物、减少放射性液体废物等。能源部称,化学处理无法以线性方式成比例放大,因此,需要开发化学工艺模型,来找出瓶颈,协助改进生产工艺。

另一方面,橡树岭目前的技术人员数量,仅能满足单批次处理辐照靶并提取 ^{238}Pu 的要求,要达到阶段性生产目标和最终生产目标,需要同时处理多批辐照靶,能源部就必须增加人员和设备,扩大工艺规模。特别是,要达到 400 g 的年产量阶段性目标,橡树岭就需要每年增加投入 300～400 万美元,用于人员投入和工艺改进。要达到 1.5 kg 的最终年生产目标,还需要更多人员和经费投入。新聘用人员需要接受 2 年时间的培训才能使用专业化的工艺设备。此外,橡树岭还需要改进化学工艺基础设施,如增加贮存容器、转移线路、手套箱等。

（3）反应堆辐照位置有限

最终能否达到 1.5 kg 的年产量目标,取决于高通量同位素反应堆和先进试验堆内是否有空位对镎靶件进行辐照。先进试验堆将于 2020—2021 年停堆维护,之后才能评估与审批其生产 ^{238}Pu 的资格与能力。此外,因为先进试验堆堆内的辐照位置竞争很激烈,向 ^{238}Pu 生产开放的程度是有限的。特别是,9 个最适于照射镎靶件的堆内位置可能仅有 3 个可用于生产 ^{238}Pu。现阶段,镎靶件照射只能采用高通量同位素反应堆,为不影响其他科研生产活动,堆内照射位置受到限制,每年最多可生产约 600 g ^{238}Pu。

（4）镎靶件需技术鉴定或重新设计

尽管目前的镎靶件设计可以满足生产目标,但还未针对在先进试验堆内辐照进行技术鉴定。而先进试验堆内辐照对于达到最终 1.5 kg 的年生产目标必不可少。此外,能源部还在寻求研究一种能提高 ^{238}Pu 产量的新靶件设计。完成相关研发工作后可支持有关是否使用新靶件的决策。首先橡树岭将小规模测试并评价新的靶件设计,测试成功后,将进行原型靶件测试。

2.2 解决措施

针对 ^{238}Pu 生产流程中存在的瓶颈,美国能源部采取了或计划进行一系列改进及过程优化措施,以提高 ^{238}Pu 生产效率及产量。

（1）燃料芯块压制与测量自动化

通过采购装配一些现代化、自动化的新设备,橡树岭国家实验室于 2017 年和 2019 年分别实现了手套箱内燃料芯块的自动化测量和压制,提高了生产效率,降低了人员受到的照射。通过模具及机械传动装置,自动化压制系统可在手套箱内混合压制二氧化镎和铝粉末,将燃料芯块的产能提升到每周 275 块;自动化测量系统每小时可测量 52 块燃料芯块的重量、高度和直径,并将符合规格的芯块运至靶件装填相关位置等待冲压与密封。至此,镎靶件生产自动化程度已得到大幅提升,为实现 2019 年 400 g 的年产量阶段性目标奠定了基础。

（2）化学工艺优化与规模扩大[1]

橡树岭已对 ^{238}Pu 生产的化学工艺进行了一定的优化,例如,将溶剂萃取步骤从单循环改为双循环,并添加阴离子交换步骤进一步纯化 ^{238}Pu;取消亚硝酸钠作为镎钚分离的还原剂,这消除了镎回收时钠的分离及降低了废物产生量。尽管改进后的化学工艺生产的 ^{238}Pu 纯度及杂质含量符合要求,但整个工艺流程包含约 40 个步骤,耗时约 230 天,难以满足规模放大及批量生产的要求。橡树岭计划于 2019 年下半年扩增离子交换柱的尺寸,到 2020 年逐步并行 3 条化学工艺生产线,届时耗时将缩减到 90 天,最终 1.5 kg 的年生产目标时化学工艺流程耗时将缩减到 55 天。

(3)固定铍反射层的重新设计[2]

高通量同位素反应堆的主要功能有冷/热中子散射、同位素生产、材料辐照及测试,装有约9.4 kg ^{235}U(U_3O_8-Al 高浓铀燃料),功率 85 MW,运行周期通常为 24~26 d,稳定热中子通量峰值水平约为 2.5×10^{15} 个/($cm^2 \cdot s$)。固定铍反射层是高通量同位素反应堆的重要组成部分,含有可装载辐照靶件的 22 个垂直实验装置,约 20 年(125~135 个周期)更换一次,最近一次更换将于 2023 年进行。

重新设计的固定铍反射层涉及 ^{238}Pu 生产的主要改进有:增加了 6 个垂直实验装置,并优化了它们的规格与布局提高了其通用性;增强了热结构性能,散热更均衡。据估计,2023 年采用改进后的固定铍反射层进行辐照,正常工况年均可辐照靶件数提升到 253 个,^{238}Pu 的产量将提升到 1.105 kg(提升 63%);满载工况年均可辐照靶件数提升到 327 个,^{238}Pu 的产量将提升到 1.393 kg(提升 22%)。

3 小结

此次核泄漏事故发生在美国新冠疫情期间,事故起因是工作人员使用了存在破损风险的手套箱手套。深层次的原因是洛斯阿拉莫斯国家实验室为满足美国核武器现代化和太空计划的需要,正寻求急速提升武器用钚弹芯制造能力,同期承担的 ^{238}Pu 储存与空间放射性同位素电源制造任务加剧,增加了实验室核安全风险。安全是核工业的生命线。美国拥有世界上最强大的核武库,仍在大力推进核武器现代化,谋求绝对战略安全优势,既破坏全球战略稳定,也增加核安全隐患,我应密切关注。

事故前,美国能源部逐年加大对 ^{238}Pu"供应项目"的资金投入,(每年投入 1 700 万美元以上),已经实现燃料芯块压制与测量的自动化,突破了现阶段靶件全面生产这一关键瓶颈,并对化学工艺流程进行了一定优化。此次事故可能表明美国已如期实现 400 g 的年产量阶段性目标,^{238}Pu 存储压力加剧。下阶段,美国将通过化学工艺进一步优化与规模扩大,以及更换新固定铍反射层,^{238}Pu 的产量有望达到每年 1 kg 以上。然而,最终能否达到 1.5 kg 的年产量目标,仍然取决于先进试验堆能否对镎靶件进行辐照。

参考文献:

[1] DE PAOLI D, et al. PROCESS DEVELOPMENT FOR PLUTONIUM-238 PRODUCTION AT OAK RIDGE NATIONAL LABORATORY[R]. Nuclear and Emerging Technologies for Space, American Nuclear Society Topical Meeting. Richland, WA, February 25-February 28, 2019.

[2] CHANDLER D, CROWELL M W, ROYSTON K E. INCREASED PLUTONIUM-238 PRODUCTION VIA HIGH FLUX ISOTOPE REACTOR PERMANENT BERYLLIUM REFLECTOR REDESIGN[R]. Nuclear and Emerging Technologies for Space, American Nuclear Society Topical Meeting. Richland, WA, February 25-February 28, 2019.

From the perspective of the Los Alamos laboratory nuclear accident, analyze the production of plutonium-238 in the United States

ZHAO Song, ZHAO Chang, SONG Yue

(China institute of nuclear information & economics, Beijing 100048, China)

Abstract: On June 8, 2020, a plutonium-238 oxide leak and pollution accident occurred at the plutonium facility of the Los Alamos National Laboratory of the US Department of Energy, which caused a large amount of radioactive contamination to one employee. The nuclear leak is an accident with more serious consequences for the laboratory in recent years, and it has aggravated the external concerns about the laboratory's nuclear safety. Before the accident, the U.S. Department of Energy increased its investment in the plutonium-238 "supply project" year by year. It has realized the automation of fuel pellet suppression and measurement, breaking through the key bottleneck of full-scale target production at this stage, and improving chemical process optimizations have been made. The accident may indicate that the United States has achieved the annual output of 400 grams as scheduled, and the pressure on the laboratory's plutonium-238 storage mission has increased.

Key words: los alamos national laboratory; nuclear accident; plutonium-238 supply project

美国放射性同位素电源研发路线分析

袁永龙,赵学林,张馨玉

(中国核科技信息与经济研究院,北京 100048)

摘要:放射性同位素电源是一种高度可靠的电源,能够长期为执行太空任务的航天器提供安全、可靠、稳定的电能和热能,是执行深空探测任务航天器的理想电源选择。美国是世界上最早开始研发放射性同位素电源的国家,已有 8 型近 50 个放射性同位素电源在各类航天器上得到了应用,整体技术水平和应用经验都处于世界前沿。本文在梳理美国放射性同位素电源的发展历程和主要型号的基础上,重点介绍了其最新应用的多任务放射性同位素电源的技术特点、关键技术参数和应用情况。2020 年 12 月,美国发布《太空核动力与核推进国家战略备忘录》,明确提出要在 2030 年前至少开发出一种具有更高燃料效率、更大比能量和更长运行寿命的新一代放射性同位素电源,其正在研发的 eMMRTG 采用方钴矿热电材料,在输出功率和系统效率上都较 MMRTG 有所提升,本文通过分析美国在 eMMRTG 研发方面的最新进展和发布的相关政策计划,总结出美国未来放射性同位素电源的发展趋势,为我国放射性同位素电源的研发提供参考。

关键词:深空探测;太空核动力;放射性同位素电源;热电材料

　　太空探索任务需要安全、可靠、长寿的电力系统为航天器及其科学仪器提供电能和热能,执行深空探测任务的航天器由于远离太阳或处于阴影区,无法获得充足的光照且周围环境温度极低,锂离子蓄电池和太阳能电源的使用受到很大限制[1]。放射性同位素电源(RTG)是 20 世纪 50 年代后期发展起来的一种电源系统,与常规电力系统相比,具有体积小、结构紧凑、寿命长、工作可靠性强和几乎不受太空环境影响等优点,可为执行太空探索任务的航天器及其科学设备长期提供安全、稳定、可靠的电能和热能[2]。美国是世界上最早开始研发放射性同位素电源的国家,整体技术水平和应用经验都处于世界前沿。

　　进入 21 世纪以来,我国航天事业发展迅速,先后开展了探月工程和火星探测任务。随着我国不断向深空迈进,对空间电源的要求也会不断提高,放射性同位素电源作为执行深空探测任务航天器的理想电源选择,有望在我国未来的深空探测任务中发挥更大的作用。鉴于此,本文在梳理美国放射性同位素电源的发展历程和主要型号的基础上,重点研究了其最新应用的多任务放射性同位素电源(MMRTG)的主要技术特点以及发展计划,总结出放射性同位素电源未来技术发展趋势,为我国放射性同位素电源的研发提供参考。

1　放射性同位素电源技术原理及特点

　　放射性同位素电源通过热电转换装置将^{238}Pu 等长寿命放射性同位素的衰变热转化为电能,输出功率通常在几十瓦到数百瓦之间,适合于功率需求较小的太空探索任务和航天器[3]。在结构上放射性同位素电源没有可能出现故障或磨损的可活动部件,基本不受宇宙射线和太空环境的影响,被视为一种高度可靠的电源,是执行深空探测任务航天器的理想电源选择[4]。放射性同位素电源的结构主要包括三部分:含有放射性同位素燃料的热源,将衰变热转化为电能的热电转换装置,外壳及散热器(见图 1)。

　　热源由内部的放射性同位素燃料芯块和外部极其坚固的燃料盒构成,决定着整个电源的性能、结构特点和经济性,不仅要满足电源的功率需求,更重要的是要确保电源的辐射安全要求。燃料的种类和形式对电源的功率密度有着重要的影响,^{90}Sr、^{238}Pu、^{241}Am、^{60}Co 等很多放射性同位素均可用作放

作者简介:袁永龙(1994—),男,山西朔州人,研究实习员,硕士研究生,从事情报研究工作

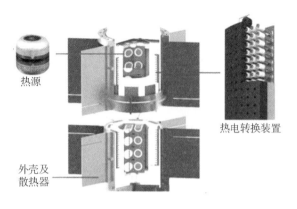

热源

热电转换装置

外壳及
散热器

图 1 RTG 结构

射性同位素电源的燃料，^{238}Pu 是目前最为理想和使用最多的电源燃料，半衰期为 87.7 年，以 ^{238}Pu 为电源燃料的放射性同位素电源热功率每年降低约 0.787%。美国研制的放射性同位素电源基本采用 ^{238}Pu 作为电源燃料。

热电转换技术是放射性同位素电源的关键技术之一，热电材料的性能以及热电材料热端和冷端的温差直接影响着整个电源的能量转换效率，按热端工作温度划分，热电材料可分为低温（如碲化铋及其合金，热端工作温度在 300 ℃ 以下）、中温（如碲化铅及其合金，热端工作温度在 300～700 ℃）和高温（如硅锗合金，热端工作温度在 700 ℃ 以上）热电材料[5]。

2 美国发展情况

20 世纪 50 年代后期，美国启动"核辅助电源系统"计划（即 SNAP 计划），开始研发放射性同位素电源和核反应堆电源。1961 年，美国成功发射了世界上第一个装备放射性同位素电源 SNAP-3B 的航天器——子午仪-4A 导航卫星。截至 2021 年，共计有 8 型近 50 个放射性同位素电源在国防部发射的导航卫星、通信卫星和国家航天局发射的气象卫星、深空探测器、火星车等航天器上得到了应用，实现了很多前所未有的科学发现[6]。各装备有 3 台 MHW-RTG 的旅行者 1 号和旅行者 2 号已在太空中飞行了超过 40 年时间，装备有 1 台 GPHS-RTG 的"新地平线"号探测器已在太空中飞行了超过 15 年，充分说明了放射性同位素电源在太空探索任务中的可靠性（见表 1）。

表 1 美国 RTG 型号及应用情况

航天器	RTG 型号（数量）	初始电功率/We	发射日期
子午仪-4A	SNAP-3B(1)	2.7	1961-06
子午仪-4B	SNAP-3B(1)	2.7	1961-11
子午仪-5BN-1	SNAP-9A(1)	25.2	1963-09
子午仪-5BN-2	SNAP-9A(1)	26.8	1963-12
雨云-3	SNAP-19B(2)	28.2	1969-04
先驱者 10 号	SNAP-19(4)	40.7	1972-03
先驱者 11 号	SNAP-19(4)	39.9	1973-04
海盗 1 号	SNAP-19(2)	42.3	1975-08
海盗 2 号	SNAP-19(2)	43.1	1975-09
TRIAD-01-1X	Transit-RTG(1)	35.6	1972-09
阿波罗 12 号	SNAP-27(1)	73.6	1969-11

航天器	RTG 型号（数量）	初始电功率/We	发射日期
阿波罗 14 号	SNAP-27(1)	72.5	1971-01
阿波罗 15 号	SNAP-27(1)	74.7	1971-07
阿波罗 16 号	SNAP-27(1)	70.9	1972-04
阿波罗 17 号	SNAP-27(1)	75.4	1972-12
旅行者 2 号	MHW-RTG(3)	159.2	1977-08
旅行者 1 号	MHW-RTG(3)	156.7	1977-09
LES-8	MHW-RTG(2)	153.7	1976-03
LES-9	MHW-RTG(2)	154.2	1976-03
"伽利略"号木星探测器	GPHS-RTG(2)	288.4	1989-10
"尤利西斯"号太阳探测器	GPHS-RTG(1)	283	1996-12
"卡西尼"号土星探测器	GPHS-RTG(3)	295.7	1997-10
"新地平线"号冥王星探测器	GPHS-RTG(1)	249.6	2006-01
"好奇"号火星探测器	MMRTG(1)	113	2011-11
"毅力"号火星探测器	MMRTG(1)	110	2020-07

注：表中数据均来源于美国宇航局和美国能源部官方网站。

随着太空飞行任务对电源功率需求的增大，美国在不断地改进放射性同位素电源的热源和热电转换等技术。早期的热源燃料使用的是金属钚，后来逐渐发展到使用 PuO_2 微球、PuO_2-Mo 陶瓷、PuO_2 陶瓷片、热压氧化钚等，燃料的物理化学性能和安全性能不断提高[7]，热源的结构也从单体结构变为模块化结构。由于 ^{238}Pu 价格昂贵、供应有限，美国自 20 世纪五六十年代起一直致力于研究更高效的热电转换技术和更先进的热电材料，RTG 的热电转换效率由最初 SNAP-3B 的 4% 左右提高到 7% 左右，输出电功率由最初的仅 2.7 We 提高到近 300 We[8]。

3 多任务放射性同位素电源（MMRTG）

2003 年 1 月，美国总统布什批准 NASA 提出的"普罗米修斯"计划，计划中包括开发改进型放射性同位素电源，即后来的 MMRTG[9]。MMRTG 采用了灵活的模块化设计方法，在设计过程中采用了很多成熟的技术，在行星表面高温和各种大气层环境下，以及深空强辐射场环境下，性能非常稳定，可满足多种任务需求。2011 年发射的"好奇号"火星探测器是首个装备 MMRTG 的航天器。

3.1 技术特点

MMRTG 翼展直径约 64 cm，高 66 cm，重约 45 kg，核心部分包括 8 个通用热源（GPHS）模块和 16 个热电转换模块，设计寿命 17 年（包括发射前 3 年的燃料储存期）。

MMRTG 使用的热源技术与 GPHS-RTG 相同，热源部分由 8 个通用热源模块组成，内部共装有 4.8 kg 二氧化钚燃料，任务开始（EOM）时产生的热功率约 2 000 Wt[10]。热源模块采用薄金属衬垫密封，与热电转换模块隔离，^{238}Pu 衰变产生的氦气被直接排放到外部环境。热源外围除与热电模块接触的部分外，全部由 Min-K 材料制成的保温系统包裹，以减少热量损失。热源模块产生的热能除转变为电能外，多余的部分可用于维持航天器及其他仪器的正常工作温度。

MMRTG 的每个热电模块由 48 个碲化物基热电材料（与 SNAP-19 RTG 使用的热电材料一样）制成的热电偶组成，热电偶通过串—并联的方式连接，提高了可靠性。每个热电模块通过弹簧压紧，以增强热源与热电模块间的热传导和热电模块冷端、热端间的热传导[11]。与 GPHS-RTG 类似，

MMRTG 的外壳以及 8 个散热片都是由铝制成。MMRTG 主要技术参数如表 2 所示。

表 2 MMRTG 主要技术参数[12]

技术指标	参数
通用热源模块(GPHS)	8 个
热电偶	768 个
热电材料	PbTe/TAGS
任务开始时输出功率	>110 We
任务开始时比功率	2.8 W/kg
任务开始时系统效率	6%
任务结束时输出功率	60 W
负载电压	30 V
热电转换模块热端工作温度	525 ℃
热电转换模块冷端工作温度	100~200 ℃
散热片根部温度	157 ℃
工作寿命	≥14 a

为在事故发生时最大程度地降低核物质的释放和扩散,MMRTG 采取了多层安全保护措施,包括:采用二氧化钚陶瓷燃料作为热源;燃料包壳由金属铱制成,抗冲击、耐腐蚀、耐高温(熔点 2 400 ℃);保护燃料包壳的石墨套管以及石墨套管外由碳纤维材料制成的坚固套筒,抗冲击,再入大气层时抗烧蚀[13]。

3.2 应用情况

2011 年 11 月成功发射的"好奇"号火星车是首个装备 MMRTG 的航天器(见图 2),2012 年 8 月,"好奇"号成功登陆火星。2020 年 7 月,装备有 1 台 MMRTG 的"毅力号"火星车成功发射升空,2021 年 2 月成功登陆火星。美国计划于 2026 年发射的"蜻蜓"号木卫六探测器仍将使用 MMRTG 提供电能。

4 美国放射性同位素电源发展趋势

放射性同位素电源虽然有诸多优点,但其功率较小、能量转换效率较低,只有不到 10%,这限制了其在太空探索任务中的应用。因此,开发更先进的热电材料和热电转换技术,提高电源的整体能量转换效率一直以来都是 RTG 的重要发展趋势。日前,全球钚燃料供应紧张,提高 RTG 的能量转换效率不仅可以提高电源的输出功率,同时也可以减少对 ^{238}Pu 的使用,降低成本。2020 年 12 月,美国发布《太空核动力与核推进国家战略备忘录》,计划在 2030 年前至少开发出一种具有更高燃料效率、更大比能量和更长运行寿命的新一代放射性同位素电源,意图改善进入 21 世纪以来放射性同位素电源在太空探索任务中使用频次极低,新型电源型号研发缓慢的现状[14]。

图 2 "好奇"号火星车装备的 MMRTG

4.1 eMMRTG

近年来,美国正在研发一种增强型多任务放射性同位素电源(eMMRTG)。eMMRTG 对

MMRTG进行了一些低风险的改进，主要包括[15]：(1)热电模块使用方钴矿(SKD)热电材料和气凝胶绝缘材料；(2)任务初期热电偶的热端工作温度提高到600 ℃；(3)在热源金属衬垫内侧增加一层高辐射率涂层；(4)可能对热源两端的隔热支撑系统进行特殊处理。

美国喷气推进实验室长期以来在NASA的支持下，与泰里达因能源系统公司和洛克达因公司合作开发先进的热电材料。Jeff Houtmann在研究中指出，复合填充方钴矿材料($Ba_{0.08}La_{0.05}Yb_{0.04}Co_4Sb_{12}$)是提高MMRTG能量转换效率的理想热电材料[16]。eMMRTG将使用方钴矿热电材料代替MMRTG使用的PbTe/TAGS热电材料，相较于MMRTG，eMMRTG在任务开始时的输出功率将提升约25%，达到145 We。更重要的是，这种方钴矿热电材料的性能预期衰退较慢，因此eMMRTG在任务结束时的输出功率预计比MMRTG高出50%。eMMRTG主要技术参数如表3所示。

表3 eMMRTG主要技术参数[17]

技术指标	参数
通用热源模块(GPHS)	8个
热电偶	768个
热电材料	SKD
任务开始时输出功率	约145 We
任务开始时系统效率	8%
任务开始时比功率	>3.6 W/kg
任务结束时(14年)输出功率	>90 W
热电转换模块热端工作温度	600 ℃
热电转换模块冷端工作温度	100～200 ℃

4.2 动态放射性同位素电力系统

美国已经应用的RTG均采用静态能量转换技术，能量转换效率较低，动态能量转换技术相比于静态能量转换技术，能大幅提高电源的能量转换效率。

目前，NASA格伦研究中心正在进行动态放射性同位素电力系统(DRPS)项目，开发用于未来放射性同位素电源系统的动态能量转换技术。2016年，NASA分别授予美国超导公司、Sunpower公司、Creare公司合同，开发新型动态能量转换装置，合同包含设计、建造、测试3个阶段。目前，3家公司已基本完成原型机的设计和建造，2020年10月，Sunpower公司已向格伦研究中心交付了两台斯特林转换器原型机，所有原型机将在NASA的设施内进行验收测试、性能验证和环境测试等一系列测试和验证。

美国超导公司开发的柔性斯特林能量转换器(FISC)采用柔性轴承，以实现无磨损运行，FISC发电机注重模块化设计，可安装2～4个GPHG模块，初期输出功率为107～237 We。Sunpower公司开发的斯特林能量转换器(SRSC)基于先进斯特林转换器(ASC)技术，采用气体轴承来保证无磨损运行，SRSC发电机中心装配有4个GPHS模块。Creare公司开发的能量转换器(TBC)基于布雷顿循环技术，采用液体动压轴承，TBC发电机安装有两个TBC[18]。

5 总结与展望

放射性同位素电源相较于太阳能电池有着独特的优势，是执行深空探测任务航天器的理想电源选择，可为航天器及其科学设备长期提供安全、稳定、可靠的电能和热能。但放射性同位素电源热电转换效率较低，功率较小，这限制了其在太空探索任务中的应用，因此，提高系统整体能量转换效率和功率密度一直以来都是放射性同位素电源的重要发展方向。近年来，美国积极推动太空探索计划，加快先进动态能量转换技术和高性能热电材料的研发,并明确提出要在 2030 年前至少开发出一种具有更高燃料效率、更大比能量和更长运行寿命的新一代放射性同位素电源。

随着我国航天事业不断加快向深空迈进的步伐,对空间电源的要求会越来越高,放射性同位素电源有望在我国未来的深空探测任务中发挥更加重要的作用。

参考文献:

[1] 牛厂磊,罗志福,雷英俊,等.深空探测先进电源技术综述[J].深空探测学报,2020,7(1):24-34.

[2] 伍浩松.美国空间放射性同位素电力系统发展概述[J].国外核新闻,2012(10):28-32.

[3] 连培生.原子能工业[M].北京:中国原子能出版社,2002:195.

[4] 郑海山,赵国铭.放射性同位素温差电池的空间应用及前景分析[J].电源技术,2003,37(07):1278-1280.

[5] 张建中,任保国,王泽深,等.放射性同位素温差发电器在深空探测中的应用[J].宇航学报,2008(02):644-647.

[6] 许春阳.美国空间核动力技术与装备发展动向分析[C]//中国核学会.中国核科学技术进展报告(第五卷):中国核学会 2017 年学术年会论文集第 9 册.北京:中国原子能出版社,2017.

[7] 苏著亭,杨继材,柯国土.空间核动力[M].上海:上海交通大学出版社,2016.

[8] O'BRIEN R C. Radioisotope and nuclear technologies for space exploration[D]. Leicester:Physics Research In the Department of Physics Astronomy University of Leicester,2010.

[9] 章民.美国"普罗米修斯"计划与太空核动力[J].国外科技动态,2006,000(005):4-13.

[10] Hammel T,Bennett R,Otting W,et al.Multi-Mission Radioisotope Thermoelectric Generator(MMRTG)and Performance Prediction Model[C]// International Energy Conversion Engineering Conference,2009.

[11] Cataldo R L,Bennett G L.U.S. Space Radioisotope Power Systems and Applications:Past,Present and Future [M].InTech,2011.

[12] Multi-Mission Radioisotope Thermoelectric Generator(MMRTG)[EB/OL].[2020-08-22].https://mars.nasa.gov/internal_resources/788.

[13] Ryan Bechtel. Multi-Mission Radioisotope Thermoelectric Generator(MMRTG)[EB/OL].[2020-09-21].https://www.nasa.gov/sites/default/files/files/4_Mars_2020_MMRTG.pdf.

[14] 许春阳.美国建立空间核动力发展最新政策体系(内部报告)[R].北京:中国核科技信息与经济研究院,2020.

[15] Tom Hammel,Bill Otting,Russell Bennett,et al.The enhanced MMRTG- eMMRTG- Boosting MMRTG Power Output[EB/OL].[2020-10-12].https://anstd.ans.org/wp-content/uploads/2015/07/1015.pdf.

[16] Jeff Houtmann.Enhancing NASA's Multi-Mission Radioisotope Thermoelectric Generator Using Highly Efficient Thermoelectric Materials[J].MANETO,2020,3(1).

[17] Enhanced Multi-Mission Radioisotope Thermoelectric Generator(eMMRTG)Concept [EB/OL].[2020-08-15]. https://rps.nasa.gov/resources/56/enhanced-multi-mission-radioisotope-thermoelectric-generator-emmrtg-concept/.

[18] Dynamic Radioisotope Power Systems(DRPS)[EB/OL].[2020-08-21]https://www1.grc.nasa.gov/research-and-engineering/thermal-energy-conversion/rps-program/.

Analysis of the research and development roadmap of radioisotope thermoelectric generator in the United States

YUAN Yong-long, ZHAO Xue-lin, ZHANG Xin-yu

(China Institute of Nuclear Information and Economics, Beijing 100048, China)

Abstract: Radioisotope thermoelectric generator is a highly reliable power system, which can provide safe, reliable and stable electric and heat for spacecrafts for a long time. It is regarded as an ideal power system for spacecrafts. The United States is the first country in the world to develop Radioisotope thermoelectric generator, and its overall technical level and application experience are at the leading edge of the world. As of 2021, the United States has launched nearly 50 RTGs of 8 types on various space systems. Based on the history of RTG and major RTG types in the United States, the paper mainly introduces the technical characteristics, key technical parameters and application of MMRTG. In December 2020, the White House released "Memorandum on the National Strategy for Space Nuclear Power and Propulsion". It sets a goal of developing one or more next-generation RPS systems to meet the goals of higher fuel efficiency, higher specific energy, and longer operational lifetime for the required range of power by 2030. The eMMRTG uses SKD materials, which improves the output power and system efficiency compared with MMRTG. By analyzing the latest progress of eMMRTG and related policies and programs issued by the United States, the paper summarizes the development trend of RTG in the United States, and provides reference for the research and development of RTG in China.

Key words: deep space exploration; space nuclear power; radioisotope thermoelectric generator; thermoelectric material

新《档案法》实施后对铀矿冶档案管理工作的思考

唐利雷

(核工业北京化工冶金研究院,北京 101149)

摘要: 新修订的《中华人民共和国档案法》(以下简称新《档案法》),自 2021 年 1 月 1 日起正式施行。经过全面修订的新《档案法》,总结了多年来档案工作经验,破解了制约档案事业发展的瓶颈问题,为推进档案工作创新、高质量地发展提供了法制保障。笔者根据新《档案法》中档案工作增加的内容,结合铀矿冶档案管理工作的实践,对如何加强铀矿冶科技档案的管理工作进行了思考,提出了加强铀矿冶档案工作的建议:健全档案管理责任制度,加强制度考核手段,按照新《档案法》要求逐级建立各级档案工作责任制等管理制度;加强信息化建设,在铀矿冶档案管理中充分运用现代科技手段,把建设智慧档案馆作为下一步工作的重点;构建档案安全管理体系,筑牢铀矿冶档案安全新防线,运用现代化技术手段,做好传统载体和电子化载体的保管;提高档案的利用率,充分发挥铀矿冶档案的作用,结合新技术、新手段,发挥档案的教育作用;提高档案从业人员职业能力水平,掌握信息化技术,适应现代化档案管理的需要。

关键词: 新档案法;铀矿冶;档案管理

　　档案是指过去和现在的机关、团体、企业事业单位和其他组织以及个人从事经济、政治、文化、社会、生态文明、军事、外事、科技等方面活动直接形成的对国家和社会具有保存价值的各种文字、图表、声像等不同形式的历史记录[1]。档案工作为经济建设和科学研究服务,随着社会经济的发展,其价值越来越重要。国家早在 1987 年就颁布了《中华人民共和国档案法》,使档案工作有法可依,为了使档案工作适应社会经济的发展和科学技术的进步,在 1996 年、2016 年进行了 2 次修正,在 2020 年进行了全面修订,特别是 2020 年修订后的档案法,从资源保障、技术手段等多个方面对档案工作进行了具体的规定,笔者根据修订后的《档案法》中对档案工作增加的内容,结合铀矿冶档案管理工作的实践,对如何加强铀矿冶档案的管理工作进行了思考,提出了加强铀矿冶档案工作的建议。

1　健全档案工作责任制度,强化制度考核手段

　　较 2016 年版的《档案法》,2020 年的新《档案法》在十二条新增加一条"按照国家规定应当形成档案的机关、团体、企业事业单位和其他组织,应当建立档案工作责任制,依法健全档案管理制度"。依法明确了档案管理工作中需要明确责任制健全各种制度,也说明责任制和管理制度对档案工作的重要性。对照我院的档案管理工作,虽然明确了档案管理的领导责任和管理岗位责任,但是还没有对所有档案相关人员均提出责任制,也存在有责任但不明确的情况。我院的档案责任制,应该包括分管档案的公司领导、档案主管部门领导和档案管理岗位的工作人员,也应该包括形成档案的部门的领导和科研人员,在我院,还没有建立档案形成部门的责任制,存在业务部门部分领导档案意识不强,对档案管理甚至有抵触思想的情况,档案产生部门的从业人员甚至存在把档案管理当作负担,在档案产生的过程中至归档前,没有依法保存好档案,需要档案管理人员去现场催要。由于没有考核力度,没有与绩效挂钩,虽然有责任,但做得好与坏,并没有实际的奖罚措施,也给档案管理工作带来了难度。因此,建议在铀矿冶的档案管理工作中,要建立所有档案相关人员的档案责任制,并提高到法律的高度,并强化对档案相关人员的考核。

作者简介: 唐利雷(1971—),女,湖南株洲人,学士,副研究馆员,现主要从事档案管理工作

2 加强信息化建设,在铀矿冶档案管理中充分运用现代科技手段

我国的科技水平日新月异,信息化、数字化已经渗透到各行各业,新《档案法》最大的亮点,就是新增加了第五章"档案信息化建设"。在第五章中,采用了7条(第三十五条至四十一条)来规定如何从事"档案信息化建设",要求"档案馆和机关、团体、企业事业单位以及其他组织应当加强档案信息化建设,并采取措施保障档案信息安全""积极推进电子档案管理信息系统建设,与办公自动化系统、业务系统等相互衔接",充分说明了信息化建设对档案管理工作的重要性。同时明确了"电子档案与传统载体档案具有同等效力",要加强"采取措施保障档案信息安全",推动"档案数字资源跨区域、跨部门共享利用"。

与新《档案法》的信息化要求相比,我院的档案信息化管理工作还有很长的路要走。我院的档案管理还停留在传统载体的阶段,查阅档案以纸质档案为主,有些年代久远的档案已发黄发脆,亟需抢救性数字化。之所以没有开展档案信息化建设,究其原因,一是部分领导对档案信息化工作不重视,认为档案信息化建设只有投入,没有产出,导致信息化工作没有提上议事日程;二是缺少专业的信息化档案管理人员,从客观上也妨碍了档案信息化的开展。新《档案法》颁布后,铀矿冶档案工作信息化建设有法可依,我们应该把建立智慧档案馆,作为我院档案管理下一步工作的重中之重。智慧档案馆包括档案库房环境系统、档案数字化资源及档案管理利用平台,要运用现代化技术如 RFID 技术、物联网、区块链等,促进档案管理在收集、管理、保存、利用整个生命周期良好的生态化发展。

3 构建档案安全管理体系,筑牢铀矿冶档案安全新防线

由于档案材料的唯一性和不可复制性,安全工作是档案管理工作的重中之重,在《档案法》中历来都重视档案管理的安全工作,规定对档案实体和信息内容采取有效保护措施,避免受到自然损害或人为侵害,并使其处于安全状态。在新《档案法》中,再次增加了对档案实体的安全防护工作,细化了档案保管应该单独配置"库房",这一点在我院的档案管理中早已做到,除了传统的"九防"以外,要求利用现代化的技术手段,例如配置动态监控、恒温恒湿系统、七氟丙烷消防灭火系统、漏水监测系统、防静电地板、除尘净化台等科学化管理设施,促进档案管理现代化,确保档案实体的安全。

新《档案法》中提出了要建设数字档案和加强档案信息化管理,这既是铀矿冶档案管理的新机遇,也对铀矿冶档案管理的安全防线带来了新的挑战。电子档案一方面有贮存、查阅便利、减少工作强度和传输方便的特点,但同时电子档案也需要依赖计算机、信息技术等存在,这就可能导致档案文件容易被篡改、大量信息同时被盗等风险,特别是铀矿冶科技档案很多属于涉密档案,对保密工作也带来了新的挑战。铀矿冶档案管理既要对传统载体的安全防护加强监管,也要适应电子档案和数字信息化的需要,增加数字防范措施,健全档案安全管理制度,提升技术防范手段,不仅是档案管理人员,所有与档案相关人员包括档案产生者和使用者,都应该提高安全管理意识。

4 提高档案的利用率,充分发挥铀矿冶档案的作用

档案具有凭证价值和情报价值,因此要充分发挥档案的科研价值、经济效益和社会效益,为社会经济的发展和科学研究服务。为了更好地发挥档案的作用,新《档案法》在二十七条将档案的开放时间由 30 年缩短到 25 年,并且在第二十八条明确规定"档案馆应当通过其网站或者其他方式定期公布开放档案的目录",在第三十四条新增规定"通过开展专题展览、公益讲座、媒体宣传等活动,进行爱国主义、集体主义、中国特色社会主义教育,传承发展中华优秀传统文化,继承革命文化,发展社会主义先进文化,增强文化自信,弘扬社会主义核心价值观"。这个新增的内容,既明确了要发挥档案的作用,也明确发挥作用的具体措施和方式,还明确了档案在推进中国特色社会主义进入新时代中应该起

到的教育作用。

铀矿冶的历史就是一部奋斗的历史,是鲜活的教育素材,但是很多铀矿冶档案都沉睡在历史中,新的一代年轻人不知我国老一辈的核工业建设者战斗的历程、奉献的精神,我们应该按照新《档案法》的要求,将封存的历史档案结合新技术、新手段,展现在受众面前,教育新一代的核工业从业人员,继承和发扬核工业精神。我院建成了科技展览馆,展现了我单位六十年来的奋斗历史,同时,应该在我院的网站上,开辟历史档案专栏,展示铀矿冶奋斗者的历史风貌,公布档案公开的目录,使铀矿冶档案在爱国教育、廉政教育、弘扬社会主义核心价值观发挥重要的作用。

5 提升档案从业人员职业能力水平,适应新技术在档案管理中的应用

相比 2016 年的《档案法》,新《档案法》中增加了对档案从业人员职业能力的要求,在第十一条中规定:"国家加强档案工作人才培养和队伍建设,提高档案工作人员业务素质。"档案工作人员应当具备相应的专业知识与技能,并明确增加了"档案专业人员可以按照国家有关规定评定专业技术职称"。这既对于广大档案从业者今后职称评审无疑是一大利好消息,但同时也说明了新《档案法》对档案从业人员的职业技能提出了更高的要求。

在以前,普遍对档案管理工作存在误区,认为档案管理就是登记保管资料,为档案查阅提供服务,这个岗位是个"轻松活儿",没有太多的技术含量,不需要太高的学历,有的单位甚至把档案管理岗位当成安排照顾的对象,这也是导致档案管理工作落后的一个重要原因。新《档案法》实施后,一方面要依法加强档案信息化工作,很多新技术都将应用到档案管理工作中来,铀矿冶档案管理人员要努力提高信息技术的素养,不断加强继续教育,掌握必要的信息化手段,跟踪最新的档案信息化技术,适应电子档案和数字档案馆管理的需要。同时铀矿冶档案人员也要提高铀矿冶专业素养,增加保密意识和提高保密技能,防止在铀矿冶档案信息化建设过程中泄密。

结语

从 1987 年颁布第一部《档案法》,到 1996 年的修正、2016 年的修正,时隔近 10 年才修正一次,但不到 4 年时间,又进行了全面修订,说明档案管理工作的重要性越来越得到社会的共识。新《档案法》虽然已经实施,但是应该加强宣贯工作,在我院的全体职员中进行宣传,提高全员特别是领导层的档案意识,同时,也应该与时俱进,充分利用新技术的进步,采用新的技术手段,做好铀矿冶的档案管理工作,充分发挥铀矿冶档案的作用,更好地为核工业事业服务。

参考文献:

[1]《中华人民共和国档案法》修订案[Z].2020.

[2] 杨玲.质的飞跃:档案法 2020 年修订内容解读[J].兰台内外,2020(8):8-9.

[3] 周秋萍.修订档案法对职业能力的新要求[J].浙江档案,2020(6):56-57.

[4] 祝云.贯彻落实新修订的《中华人民共和国档案法》开创新时代档案馆工作新局面[J].四川档案,2020,216(4):10-11.

Thoughts on the management of uranium mining and metallurgical archives after the implementation of the new "Archives Law"

TANG Li-lei

(Beijing Research Institute of Chemical Engineering and Metallurgy, Beijing 101149, China)

Abstract: The new revised "People's Republic of China" (hereinafter referred to as the new "Archives Law"), officially implemented from January 1, 2021. According to the content of the new "Archives Law", the author combines the management of the archives in the new "Archives Law", and thinks about how to strengthen the management of uranium mineral science and technology files, and propose recommendations to strengthen the work of uranium mineral archives: improvement of archives management responsibility system, strengthen system assessment methods; strengthen information construction, fully use modern technology tools in uranium unit management; build file safety management system, build uranium mineral file safety and new line; improve archives rate, give full play to the role of uranium mineral archives; improve the professional capacity level of archives employees, and strengthen new technologies in archival management.

Key words: new archives law; uranium mining and metallurgy; archives management

国际核燃料市场分析

石　磊,张红林,刘洪军,刘　群,刘京晶

(中核战略规划研究总院有限公司,北京 100048)

摘要:核燃料是核能可持续发展的物质与技术基础,具有政治特性、高敏感性、高技术性、军民两用性等特点。同时,核燃料加工产品及服务也是国际公认的商品,遵循市场规律。在日本福岛核事故后,全球新增核电装机速度不及预期,国际核燃料市场连续多年供大于求,市场价格长期进入下行通道,市场竞争日益激烈,先进核燃料供应商相继暂停或延缓了新建产能计划。在恶劣的市场环境下,2017 年美国梅特罗波利铀转化厂被迫宣布关闭停产,却抬高了国际铀转化市场价格,铀浓缩价格在 2019 年也有所回升。但是,由于目前全球核能发展势头仍不明显,且新冠疫情加大了其不确定因素,国际核燃料市场仍缺乏强大的需求牵引,预估未来一段时间市场仍将处于供大于求、竞争激烈的状态,核燃料价格上升空间有限,长期回暖可能性不高。

关键词:核燃料;国际市场;供需;价格

1　国际核燃料市场现状

1.1　铀转化

国际铀转化市场在过去十年,一直处于一个竞争激烈、环保压力大、供大于求、产能下降的状态。受 2011 年福岛核事故的影响,全球核电发展速度放缓,部分国家如德国、日本关停大量核电机组,导致全球核燃料市场萎缩,市场供大于求,价格下行。同样由于这次事故影响,铀转化厂这样的核化工设施受到的环保监管力度进一步加强,其生产运行需达到的环保标准进一步提高,导致铀转化生产成本有所提升,促使在供大于求的市场环境下铀转化商之间的竞争愈加激烈。在恶劣的市场环境下,2017 年美国梅特罗波利厂被迫宣布关闭停产。

2019 年,国际铀转化市场保持着供应充分的状态,一次供应产能总利用率仅为 52%,二次供应对全球市场的影响仍然存在。受到美国铀转化厂关停带来的全球总产能陡然下降的影响,国际铀转化市场价格开始回暖,并呈缓慢上升趋势。

1.1.1　一次供应

目前,国际上共有 4 家大型商业铀转化服务一次供应商:加拿大矿业能源公司(Cameco)、俄罗斯国家原子能集团公司(Rosatom)、法国欧安诺集团(Orano)与美国康弗登公司(Converdyn)。受到福岛核事故带来的全球市场需求萎缩的影响,2011 年起 Cameco、Rosatom 与 Converdyn 分别逐年降低了各自的产能(见图 1),其中美国 Converdyn 梅特罗波利厂 2017 年年初将额定产能由 15 000 降低为 7 000 tU(UF$_6$)/a,在 2017 年年底,梅特罗波利厂彻底停产。

根据 WNA 统计,2019 年国际主要铀转化供应商总额定产能为 4.7 万 tU(UF$_6$)/a,实际总产量为 2.45 万 tU(UF$_6$)/a,利用率为 52%(见表 1)。其中,法国 Orano 科莫海克斯(Comurhex)一期铀转化厂于 2017 年年底停产,科莫海克斯二期铀转化厂于 2018 年年底正式投产,额定产能为 1.5 万 tU(UF$_6$)/a,2019 年实际产量为 2 500 tU;加拿大 Cameco 可为轻水堆生产 UF$_6$,并为重水堆生产 UO$_2$,其中 UF$_6$ 的额定产能为 1.25 万 tU/a,2019 年实际产量 1 万 tU;美国 Converdyn 梅特罗波利厂额定产能为 7 000 tU(UF$_6$)/a,2019 年实际产量为 0;俄罗斯 Rosatom 的铀转化厂额定产能为 1.25 万 tU(UF$_6$)/a,2019 年实际产量为 1.2 万 tU(UF$_6$)。

作者简介:石磊(1989—),男,博士,副研究员,现主要从事核燃料产业政策、战略规划、市场分析研究

图 1　2011—2019 年国际铀转化供应商产能变化

表 1　2019 年国际主要铀转化供应商额定产能与实际产量

铀转化厂商	设计产能/(tU/a)	2019 年实际产量/(tU/a)	利用率
Cameco	12 500	10 000	80%
Rosatom	12 500	12 000	96%
Orano	15 000	2 500	17%
Converdyn	7 000	0	0%
总量	47 000	24 500	52%

来源:WNA The Nuclear Fuel Report (2019)。

1.1.2　二次供应

全球市场二次供应的来源主要包括三个方面,分别为政府库存、铀浓缩厂与商业库存。其中,政府库存主要来自美国能源部(DOE)的 UF_6 产品库存;商业库存主要来自核电商持有的 UF_6 产品库存;此外,部分国际铀浓缩厂通过低尾料丰度运行及尾料再浓缩,生产 UF_6 产品,此部分在全球市场二次供应份额占比近些年也越来越大。

近些年铀转化二次供应量在市场中占据重要地位,根据统计,二次供应平均每年占全球市场约 35%～50%,大量的二次供应占比将进一步加深市场供大于求的程度,导致铀转化市场价格,尤其是现货价格进一步下降。根据统计,2019 年全球市场二次供应的量约为 3.08 万 t。

1.1.3　市场价格

对于整个核燃料加工环节,铀转化技术比较简单,仅涉及铀的化学转换。转化设施的造价也远低于铀浓缩设施,因此铀转化产品的价格也低于其他核燃料产品。铀转化市场主要有两大供应区域:北美和欧洲,欧洲供应的铀转化价格普遍高于北美,因为欧洲铀浓缩供应商在欧洲购买铀转化服务的同时,还需要在北美购买铀转化服务,因此需要承担更高的运输费用。

根据统计,全球铀转化市场上的现货及长期合同价格从 2004 年到 2019 年一直处于波动较大的状态(见图 2)。对于现货价格,2004—2017 年,价格整体呈现逐年下降趋势,自 2017 年起,铀转化现货价格陡然上升,并在 2019 年达到历史最高点,年平均价格为 18.44 美元/kgU。这主要是受到美国ConverDyn 公司 Metropolis 铀转化厂 2017 年年底关停的影响,一定程度上刺激北美与欧洲客户大量积累铀转化库存,掀起了一起 UF_6 产品的采购高潮,抬高了铀转化市场价格。长期合同价格也同样受到影响,在 2017 年开始回升,2019 年长期合同平均价格为 18.34 美元/kgU。历史上看,铀转化长期合同价格比现货价格更高,但这次铀转化采购高潮促使 2019 年的现货价格首次高于了长期合同价格。

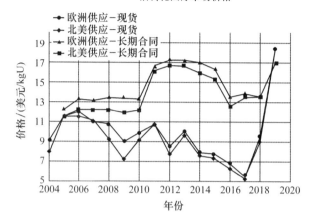

图 2　2004—2019 年全球市场铀转化价格

2019 年 1 月至 12 月,铀转化的价格呈现缓慢上升趋势(见图 3),北美供应的现货价格从 1 月份的 13.7 美元/kgU 上升为 12 月份的 22.36 美元/kgU,现货价格在一年内实现翻番。北美供应的长期合同价格从 1 月份的 15.2 美元/kgU 上升到 10 月份的 18.5 美元/kgU。

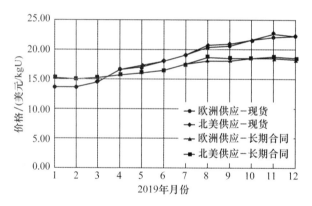

图 3　2019 年(每月的最后一个星期一)全球市场铀转化价格

1.2　铀浓缩

受福岛核事故及铀浓缩自身特性的影响,国际铀浓缩市场在过去十年,一直处于寡头垄断、供大于求、价格下行的状态。部分国际铀浓缩供应商通过降低尾料丰度与尾料再浓缩的方式,生产并向市场销售天然 UF_6 产品,获得替代收入。

2019 年,在供大于求的市场环境下,全球主要的铀浓缩供应商都放缓了提升产能的计划,甚至采取降低产能的方式来避免更换已达寿期的离心机设备。在 2019 年 3 月,美国政府取消了对法国采购低浓铀产品的反倾销关税令,为法国向美国出售铀浓缩产品带来利好政策,将影响美国铀浓缩市场供应格局。铀浓缩价格在 2019 年开始触底反弹,呈缓慢回升趋势。目前全球所有的铀浓缩一次供应商基本上采用的都是离心技术,由于离心铀浓缩厂的运行费用较低,为维持经济性而难以停产,因此当前市场已经丧失按需生产的灵活性。再加上供应过剩的市场形势,导致市场价格严重下滑,现已低于支撑投资新建铀浓缩厂所需的价格水平。在市场持续疲软的情况下,Orano、Rosatom 等企业纷纷采取节能、提高效率、剥离高成本项目、减少投资、限产减产、裁员等手段,想方设法降本增效。从市场竞争角度来看,供应商们经过长期激烈的价格战已经筋疲力尽,需要休养生息。国际巨头企业节能减产或许标志着核燃料产品价格已经触底,拐点或将在未来几年出现。

1.2.1 一次供应

由于铀浓缩技术具有战略敏感性以及资本密集性,一定程度上限制了铀浓缩供应商的加入门槛。目前,国际市场主要有 3 家商业铀浓缩服务供应商:欧洲铀浓缩公司(Urenco)、俄罗斯国家原子能集团公司(Rosatom)与法国欧安诺集团(Orano)。2013 年美国铀浓缩公司(USEC)的帕杜卡气体扩散厂关闭,退出铀浓缩一次供应市场,目前 USEC 转型为贸易中间商并更名为森图斯(Centrus)(见图 4)。

图 4 2011—2019 年国际铀浓缩商产能变化

根据 WNA 统计,2019 年国际主要铀浓缩供应商总额定产能约为 5.4 万 tSWU(见表 2)。其中,Rosatom 铀浓缩全球产能最大,约为 27 933 tSWU;其次是 Urenco,在英国、德国、荷兰、美国均建有浓缩厂,总产能约 18 414 tSWU;法国 Orano 产能约 7 500 tSWU。另外还有日本、巴西的铀浓缩供应商,2019 年总产能约为 55 tSWU。

表 2 2019 年全球市场主要铀浓缩供应商产能

铀浓缩厂商	额定产能/tSWU
Orano	7 500
Urenco	18 414
Rosatom	27 933
其他(日本、巴西等)	55
总量	53 902

1.2.2 二次供应

相比于铀转化,铀浓缩的二次供应量在全球市场的比重并不大。目前二次供应的一部分来源主要是因福岛核事故导致一些核电机组提前关停而滞留下来的商业库存,另一部分来源是美国能源部高浓铀(HEU)稀释后的低浓铀产品(LEU),后处理回收铀(RepU)与混合氧化物(MOX)燃料。

根据统计,2013—2018 年,全球市场铀浓缩二次供应量约为 9 000 tSWU/a,其中美国能源部 HEU 稀释后投入市场的量约为 1 000 tSWU/a。对于商业库存,Urenco 持有 2 500～3 500 tSWU,

Orano 持有 5 000~7 000 tSWU,Rosatom 持有约 5 000 tSWU。

1.2.3 市场价格

根据统计,国际铀浓缩市场的分离功现货价格在 2004—2019 年经历了大起大落(见图5)。2004—2009 年,价格从 109 美元/kgSWU 上涨至约 160 美元/kgSWU。然而从 2010 年开始,受到日本福岛核事故的影响,现货价格呈下降趋势,一直降至 2018 年的 36 美元/kgSWU。相比于现货价格,长期合同价格较高,但也是一直在走下坡路,从 2009 年的 162 美元/kgSWU 降至 2018 年的 42 美元/kgSWU。根据统计,近五年全球平均运行尾料丰度约为 0.13%,低于平均交易尾料丰度 0.23%。部分铀浓缩供应商(如 Rosatom)通过低尾料丰度运行和尾料再浓缩,利用过剩浓缩能力生产销售天然铀产品,以获得一项替代收入。

2019 年 1 月至 12 月,铀浓缩价格呈回升趋势,其中现货价格从 1 月的 43.1 美元/kgSWU 上升至 12 月的 47.8 美元/kgSWU(见图6)。可以判断,2018 年的 36 美元可能已触及国际主要铀浓缩供应商的生产成本,是供应商现货交易市场可承受的最低价格。

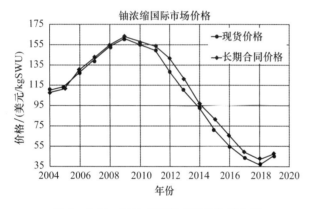

图 5　2004—2019 年国际市场铀浓缩价格

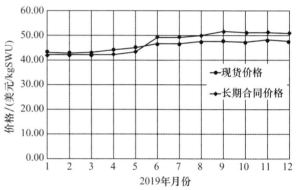

图 6　2019 年国际市场铀浓缩价格

1.3　燃料元件

核燃料元件制造与其他核燃料加工产品或服务相比,基本上属于完全不同的市场,其原因是由于元件制造并不单纯属于取决于价格的可替代商品。由于核燃料元件与反应堆自身的物理特性、用户的燃料循环策略等方面息息相关,因此全球大多数核燃料元件制造商同时也是反应堆供应商,为其设计的反应堆提供首炉和初期换料。全球的核反应堆主要是轻水堆和重水堆,因此核燃料元件制造主要服务于这两种堆型,并且以轻水堆燃料制造为主。

受三代核电拖期超概影响,国际核燃料企业普遍出现财务危机。为实现扭亏为盈,西屋电气公司(Westinghouse)2017 年申请破产重组,并于 2018 年 8 月被加拿大公司 Brookfield 收购。阿海珐集团于 2018 年通过重组正式更名为欧安诺集团,旗下反应堆与燃料元件产业被法国电力(EDF)收购,现成立为新的法马通公司(Framatome)。国际燃料制造行业的产业变革促使老牌核燃料企业进一步在市场中占据更有力的位置,市场的供需平衡正朝着均衡方向发展。

1.3.1 轻水堆燃料

以供应商来划分,目前全球大型轻水堆核燃料供应商有 3 家:法马通(Framatome)、西屋电气公司(Westinghouse)与环球核燃料公司(GNF),这三家企业分别在本土及其目标市场国建厂供应轻水堆燃料元件。同时,俄罗斯与韩国的燃料元件供应商的市场竞争力正逐渐提升,分别是俄原工产供集团(TVEL)与韩国核燃料公司(KNF)。此外,还有一些国家本土的燃料元件供应商包括西班牙燃料公司(ENUSA)、日本三菱重工(Mitsubishi)、日本核燃料工业公司(NFI)、巴西核工业公司(INB)、印度核燃料联合体(NFC)、伊朗燃料元件制造厂(Fuel Mfg. Plant)以及哈萨克斯坦。

根据统计,2020 年国际轻水堆燃料组件总产能约为 1.1 万 tU/a(见表 3)。其中,Framatome 在法国、德国、美国均建有元件厂,总产能为 3 250 tU/a;Westinghouse 在美国、英国、瑞士均建有元件厂,总产能为 2 150 tU/a;GNF 在美国与日本各建有元件厂,总产能为 1 730 tU/a;TVEL 产能为 1 450 tU/a;KNF 产能为 700 tU/a。按照地区划分的话,西欧国家与美国地区产能均为 3 500 tU/a,各占全球 32%;日本与东欧国家燃料组件产能分别是 1 604 tU/a 与 1 450 tU/a,分别占比 14%与 13%。韩国、巴西、印度和伊朗总产能份额占比为 9%。

表 3 2020 年国际主要核燃料元件供应商产能现状(吨铀)

地区	供应商	制造厂	额定产能/(tU/a)			燃料类型
			粉末	芯块	组件	
西欧	Framatome	Romans	1 550	1 400	1 400	PWR
		Lingen	800	650	650	BWR/PWR
	Westinghouse	Västerås	900	750	750	BWR/PWR/VVER
		Springfields	200	200	200	PWR/AGR
	ENUSA	Juzbado	0	500	500	BWR/PWR/VVER
	西欧总产能		3 450	3 500	3 500	
美国	Framatome	Richland	1 600	1 200	1 200	BWR,PWR
	GNF-A	Wilmington	1 200	1 100	1 100	BWR
	Westinghouse	Columbia	1 350	1 200	1 200	BWR/PWR/VVER
	美国总产能		4 150	3 500	3 500	
日本	GNF-J	Yokosuka	0	620	630	BWR
	Mitsubishi	Tokai-mura	450	440	440	PWR
	NFI	Kumatori	0	284	284	PWR
		Tokai-mura	0	250	250	BWR
	日本总产能		450	1 594	1 604	
东欧	TVEL Fuel Co.	Elektrostal	750[a]	750[a]	750	VVER/BWR/PWR
		Novosibirsk	700	700	700	VVER/PWR
	Kazatomprom	Ulba Met. Plant	472	108[b]	0[c]	n/a
	东欧总产能		1 922	1 558	1 450	
韩国	KNF	Daejeon	700	700	700	PWR
巴西	INB	Resende	160	120	240	PWR
印度	NFC	Hyderabad	25	25	25	BWR
伊朗	Fuel Mfg. Plant	Isfahan	30	30	30[d]	VVER
	总产能		10 887	11 027	11 049	

来源:UxC Fabrication Market Outlook 2020。

a:不包括 RMBK 与 FBR 反应堆、印度 PHWR 反应堆的粉末/芯块供应。

b:预测现有产能。

c:哈萨克斯坦计划与中广核在乌尔巴建造产能 200 tU/a 燃料组件制造厂。

d:伊朗额外为重水研究堆生产 10 tU/a 燃料组件,全球供应并不包括伊朗产能。

1.3.2 重水堆燃料

目前国际上有6个国家拥有重水堆核电站及重水堆核燃料元件厂,包括加拿大、韩国、印度、罗马尼亚、阿根廷和巴基斯坦。根据统计,2020年,国际重水堆核燃料组件总产能为4 440 tHM/a(见表4)。其中,加拿大产能最大,有两家公司生产重水堆燃料,总产能为2 400 tHM/a;其次是印度,为1 000 tHM/a。

表4 2020年国际主要核燃料元件供应商产能现状(吨铀)

国家	供应商	地址	产能		
			粉末	芯块	组件
加拿大	Cameco Fuel Manufacturing	Port Hope	2 800	1 200	1 200
	BWXT Canada	Toronto	—	1 300	—
		Peterborough	—	—	1 200
韩国	Kepco Nuclear Fuel	Daejeon	400	400	400
罗马尼亚	Fabrica de Combustibil Nuclear	Pitesti	200	200	200
阿根廷	CONUAR S.A.	Ezeiza	240	240	240
印度	Nuclear Fuel Complex	Hyderabad	1 200	1 000	1 000
俄罗斯	TVEL	Elektrostal	200	200	—
总计			5 040	4 740	4 440

来源:UxC Fabrication Market Outlook 2020。

1.3.3 市场价格

与铀转化与铀浓缩不同,核燃料元件不属于货架产品,更像是核反应堆的定制化产品,不同的堆型所需的元件不同,其价格也不同,而目前市场上能为同一种堆型提供专用元件的供应商数量也为数不多,因此国际市场并没有正式统计燃料元件的市场价格。

单以美国为例,根据统计,美国市场燃料元件价格2008—2012年一直呈现缓慢上升趋势(见图7),主要是受到锆英砂价格提升、劳动成本提高、燃料监管要求加大等因素的影响,抬高了燃料元件的制造成本。2012年至今,福岛核事故导致全球核燃料市场供大于求,加剧了燃料元件市场的竞争环境,促使燃料元件市场价格停止增长,甚至阶段性有所下降。2019年美国市场压水堆元件的平均价格为356美元/kgU,沸水堆元件的平均价格为384美元/kgU。

图7 2008—2019年美国市场燃料元件价格

2 国际核燃料市场展望

福岛核事故后,日本核电机组重启的步伐非常缓慢;德国、比利时等国放弃发展核电,不少机组提前关闭;韩国弃核,核电机组接连关闭;法国计划通过增加可再生能源发电比例将核电份额降至 50%;欧美等老牌核电国家在未来 10~15 年将迎来核电机组退役高潮;受到新冠疫情的影响,新兴国家核电发展速度将进一步放缓。这些因素都将导致国际核燃料市场需求预期不断下调,再考虑到过剩的一次供应产能与庞大的库存,预估未来一段时间内国际核燃料市场仍将处于供大于求、竞争激烈的状态。铀转化、铀浓缩国际市场价格虽有所回暖,但由于仍然缺乏强大的市场需求牵引,核燃料价格上升空间有限,长期回暖可能性不高。

2.1 铀转化

2019 年国际铀转化一次供应总产能利用率仅有 52%,二次供应在全球市场的占有份额仍然较大。因此,今后一段时间内,铀转化一次供应产能提升、新建项目的可能性不大,国际铀转化市场仍将处于供大于求的局面。未来随着铀转化商业库存的减少,二次供应的市场占比将逐年减少,对市场的影响也将变弱,届时市场供大于求的局面将有所改变。

2017 年年底美国康弗登铀转化厂的关停导致了铀转化国际市场价格的快速回暖,在 2019 年达到历史最高点,约 18.5 美元/kgU。由于美国转化厂停产,促使该厂大量购买铀转化现货产品以满足原有客户需求,其购买现货产品的量影响着未来中期铀转化的市场需求,从而影响着中期铀转化市场价格的走势。铀转化市场短期内仍将维持缓慢上升的走势,这样持续回暖的趋势将不会长久。尽管铀转化市场价格的提升一定程度上给采购方带来了心理影响,但近中期铀转化市场仍然处于一个供大于求的局面,未来短期内市场价格出现大幅提升或下降的可能性不大。

2.2 铀浓缩

2019 年,在国际铀浓缩市场供大于求的环境下,国际主要的铀浓缩供应商都放缓了提升产能的计划,甚至采取降低产能的方式来避免更换已达寿期的离心机设备。Rosatom 等铀浓缩供应商为了追求经济性,选择降低运行尾料丰度来维持铀浓缩设施的持续运行。同时基于铀浓缩厂离心机运行时间越长成本核算越低的特点,国际老牌铀浓缩公司市场议价空间更大,拥有绝对的抢占市场优势。因此,近期国际铀浓缩市场难以出现新的市场竞争者,铀浓缩市场将长期处在供大于求的局面。根据预测,全球铀浓缩一次供应商的分离功产能远远满足到 2025 年的全球市场需求,2008—2035 年,全球将有近 38 万 tSWU 的过剩供应量。

相比于铀转化,铀浓缩服务的附加值更高,市场价格也更高。随着福岛核事故后市场需求的萎缩,铀浓缩市场竞争也更加激烈。然而,寡头垄断带来的市场供应依赖度可能产生巨大影响,如果这些供应商的任何一座铀浓缩设施产量下降,将如同美国铀转化厂关停带来的影响一样,为铀浓缩市场价格带来波动。

根据 2019 年铀浓缩价格逐渐开始回暖,可以推断 36 美元可能已触及国际主要铀浓缩供应商的生产成本,是供应商现货交易市场可承受的最低价格。但由于仍然缺少强大的核燃料市场需求牵引,未来铀浓缩价格持续回暖的可能性不高。未来影响铀浓缩价格走势的主要因素是核电商、供应商及中间商持有的过剩铀浓缩库存。过去几年这些库存大约占据 10% 的铀浓缩市场需求,顶替了一次供应商的部分产能,从而拉低了分离功的市场价格。根据预测,2019—2021 年,全球铀浓缩库存每年约为 7 200 tSWU,仍然占据全球市场需求约 13%,一定程度上影响了未来分离功市场价格的持续回暖。如果一些提前关停的核电机组所持有的铀浓缩库存在全球市场中流动起来,也会阻碍未来分离功市场价格回暖。同时,目前全球主要的铀浓缩商都采用离心技术,不能做到按需生产,会进一步累积铀浓缩库存,影响未来铀浓缩市场价格的回暖。

2.3 燃料元件

目前燃料元件的国际市场主要被 Framatome、Westinghouse、GNF 这三家老牌国际供应商占据,共占国际市场约 64%。未来一段时间,由于国际核电发展速度放缓,燃料元件市场需求增长受限,预测 Framatome 等供应商的产能将不会有所变化,燃料元件的国际市场将维持产能过剩的局面。但随着俄罗斯、韩国等新兴燃料供应商的市场介入,将进一步加剧未来燃料元件的市场竞争局面。

近五年美国燃料元件市场价格趋于稳定,基于美国在全球市场中占据着较大份额,其价格一定程度上反映了国际燃料元件市场的趋势,预测未来一段时间燃料元件国际市场价格普遍不会出现大幅的上涨或下降。

未来影响燃料元件价格走势主要有以下几个因素:一是国际铀浓缩供应商相互合作、互换市场将加剧市场竞争力度,拉低市场价格,例如 GNF 与 TVEL 在欧洲及美国压水堆元件设计及供应的合作将为压水堆元件市场带来更加激烈的竞争。二是新兴燃料供应商对欧美市场的突破,目前韩国 KNF 正积极开发欧洲反应堆换料市场,如若韩国成功进入欧洲燃料市场,也将进一步加剧市场竞争;三是福岛核事故后,根据目前已经在部分国家实施的新的核安全要求,需要修改燃料元件的设计以获得反应堆运行许可,多余的元件设计费将由核电商买单,一定程度上提升了元件购买价格;四是众多国际核燃料元件商都在不断研发更新燃料元件以提高在反应堆中的安全性与稳定性,预计未来 5~10 年将实现耐事故燃料元件(ATF)的商业应用,或将进一步提升元件的国际市场价格。

致谢:

感谢原子能公司对研究工作的资金支持。此外,部分调研资料来自战略规划总院信息所同志的分享,在此一并表示感谢!

参考文献:

[1] WNA. The Nuclear Fuel Report 2019[R].

[2] UxC. Enrichment Market Outlook Q3 2020[R].

[3] EIA. Uranium Marketing Annual 2019[R].

[4] Euratom. Annual Report 2019[R].

[5] 伍浩松,戴定.美终止 MOX 燃料设施建设项目.国外核新闻,2018(6):22.

[6] UxC. Conversion Market Outlook Q3 2020[R].

[7] Orano. Annual Report 2019[R].

[8] Urenco. Annual Report 2019[R].

[9] UxC. Fabrication Market Outlook Q3 2020[R].

Study of the supply and demand in global uranium enrichment market

SHI Lei, ZHANG Hong-lin, LIU Hong-jun, LIU Qun, LIU Jing-jing

(China Institute of Nuclear Industry Strategy, Beijing 100048, China)

Abstract: Nuclear fuel is the fundamental material and technique for the sustainable development of nuclear energy, and it has the characteristics of political negotiation, high sensitivity, technical threshold and dual-use. At the same time, nuclear fuel products and services are internationally considered as commodities, which respect the global market rules. After the Fukushima nuclear accident in Japan, the global nuclear power development pace is lower than expected. As a consequence, the global nuclear fuel market has been oversupplied for many years, and the market price has entered the downward channel for a long time, which leads to the increasing competition in the market. Under the difficult market environment, the U.S. Metropolis conversion plant was forced to shut down in 2017, while raising the price of the global conversion market, and the price of enrichment also increased in 2019. However, due to the fact that the development of global nuclear energy is still not certain, plus the COVID-19 increasing its uncertainties, there is still no significant driving force for the global nuclear fuel market. It is estimated that the market will remain in a state of oversupply and fierce competition in the coming period. The room for nuclear fuel prices to rise is limited.

Key words: nuclear fuel; global market; supply and demand; price

俄罗斯核电发展现状及启示

郭慧芳,仇若萌,高寒雨

(中核战略规划研究总院,北京 100048)

摘要: 俄罗斯是传统的核电大国,始终将核电发展作为保障能源安全、经济发展和维持国际地位的重要战略决策。稳步促进本国核电发展、努力推动核电科研与管理创新,以及积极开拓国际市场成为近年来俄罗斯核电发展的重中之重。俄罗斯国家原子能公司统一负责整个核电产业的规划、发展与运营,这也为我国核电管理体制与技术创新,以及推行核电产业化的发展模式提供了值得借鉴的经验。本文从俄罗斯核电发展的历史概况、发展现状以及未来发展趋势方面进行了总结和分析,并提出核电发展的两点启示。

关键词: 俄罗斯;核电;创新;启示

俄罗斯核工业起源于苏联核工业,并在苏联核工业基础上得到继承和发展。在俄核工业发展过程中,虽然历经蓬勃发展、切尔诺贝利事故重创、经济萧条延缓发展、核电复苏等不同阶段,但核工业始终是俄战略性高科技产业,其定位和地位从未改变,在确保俄大国地位、能源安全、维护国家整体利益等方面发挥着不可替代的作用。俄罗斯作为世界核能大国,通过核电体制改革、管理模式优化、核电技术创新等手段,不断完善核电发展规划与技术路线,在做大做强核电产业、跻身世界核电大国行列做出了许多创举,并开创了全球首座浮动核电站的先河。历经 70 多年的发展,俄罗斯在和平利用核能领域取得举世瞩目的成就。

1　历史概况

1.1　机构设置(组织机构和研究机构)

(1)1922 年,苏联成立列宁格勒镭学研究所,成为重要的放射化学研究中心,主要从事镭工艺、放射性同位素、核燃料后处理工艺等研究。1930 年,成立列宁格勒技术物理研究所,主要开展原子核物理理论研究与核反应研究。

(2)1940 年 7 月,苏联科学院成立铀问题委员会,开展铀特性及如何利用其内部蕴藏的原子能量等基础性研究。1942 年,苏联政府召开原子能方面的会议,并开始组织力量实施核计划,筹建本国的核工业。1943 年 2 月,成立苏联科学院库尔恰托夫原子能研究所,从事动力堆、受控热核聚变、反应堆物理等研究工作。1945 年 8 月 20 日,苏联国家国防委员会发布第 9887cc 号决议[1],成立核计划最高权力机构"专门委员会",标志着苏联正式创建核工业。紧接着,委员会下设了具体负责科研和技术问题的技术委员会。同年 8 月 30 日,苏联通过了第 2227-567 号决议,成立苏联第一管理局,对从事与核能利用及原子弹制造相关的科研、设计院所和企业进行直接领导,成为苏联核工业发展史上首个核工业管理部门。

(3)1953 年 6 月 26 日,为了进一步加强核工业资源的管理、组织和协调,苏联政府撤销了存在了 8 年之久的国家国防委员会"专门委员会",于 1953 年 7 月 1 日在第一管理局(负责核相关业务)和第三管理局(负责火箭导弹业务)的基础上成立了苏联中型机械制造部,负责核工业体系的管理工作[2]。1956 年 4 月,苏联成立了和平利用原子能总局。

(4)1960 年,苏联将原子能总局改为原子能委员会。1986 年 4 月苏联切尔诺贝利事故后,为了提高对发展核动力的领导水平,有效管理核电站的建设和运行,1986 年 7 月苏联从能源部专门分出一个

作者简介: 郭慧芳(1982—),女,内蒙古人,副研究馆员,硕士,现主要从事核情报研究工作

机构——苏联原子能部,负责核电站的建设与发展。1989 年,在中型机械制造部和原子能部的基础上成立了苏联原子能工业部,除了管理苏联中型机械工业部所属的一切业务外,还管辖原属苏联电力部管辖的核电站。1992 年成立俄联邦原子能部,2004 年改名为国家原子能署(俄罗斯联邦原子能机构 FAEA)。

(5)2006 年,俄罗斯实行市场机制改革,充分发挥民营企业的作用。将一些民用核公司联合起来,组建一个具备国际竞争力的大型国有公司——俄罗斯原子能工业股份公司(AEP)。2007 年 12 月,俄罗斯撤销国家原子能署,正式批准组建国家原子能公司(Rosatom)(见表 1),统一管理军、民核工业,AEP 成为其全资子公司。通过一系列改革与调整,俄罗斯形成了"政企合一"的管理体制。作为俄罗斯整个核工业的大管家,Rosatom 拥有 360 多家子公司和研发中心,约 25.5 万名员工,采取企业集团化管理模式,板块化运作(见图 1)。从职能上,国家原子能公司肩负双重责任,既是企业主体,参与协调下属企业的市场经营活动,同时又行使核行业政府主管的职能,对内负责管理俄罗斯所有核资产,确保俄罗斯核技术处于全球领先地位,对外代表国家履行和平利用核能与核不扩散的国际义务。

表 1　机构设置

时间	机构	备注
1922 年	列宁格勒镭学研究所	放射化学研究中心,主要从事镭工艺、放射性同位素、核燃料后处理工艺等研究
1930 年	列宁格勒技术物理研究所	主要开展原子核物理理论研究与核反应研究
1940 年	铀问题委员会	开展铀特性及如何利用其内部蕴藏的原子能量等基础性研究
1943 年	苏联科学院库尔恰托夫原子能研究所	从事动力堆、受控热核聚变、反应堆物理等研究工作
1945 年(8 月 20 日)	专门委员会	标志着苏联正式创建核工业
1945 年(8 月 30 日)	苏联第一管理局	对从事与核能利用及原子弹制造相关的科研、设计院所和企业进行直接领导,成为苏联核工业发展史上首个核工业管理部门
1953 年	苏联中型机械制造部	撤销"专门委员会",在第一管理局(负责核相关业务)和第三管理局(负责火箭导弹业务)的基础上成立了苏联中型机械制造部,负责核工业体系的管理工作
1956 年	和平利用原子能总局	1960 年改为原子能委员会
1986 年	苏联原子能部	苏联从能源部专门分出一个机构,负责核电站的建设与发展
1989 年	苏联原子能工业部	在中型机械制造部和原子能部的基础上成立,除了管理苏联中型机械工业部所属的一切业务外,还管辖原属苏联电力部管辖的核电站
1992 年	俄联邦原子能部	主管俄罗斯境内所有的原子能企业
2004 年	国家原子能署(俄罗斯联邦原子能机构 FAEA)	前身是俄联邦原子能部
2006 年	俄罗斯原子能工业股份公司(AEP)	将民用核公司联合起来,组建了一个具备国际竞争力的大型国有公司
2007 年	国家原子能公司(Rosatom)	统一管理军、民核工业,采取企业集团化管理模式,板块化运作

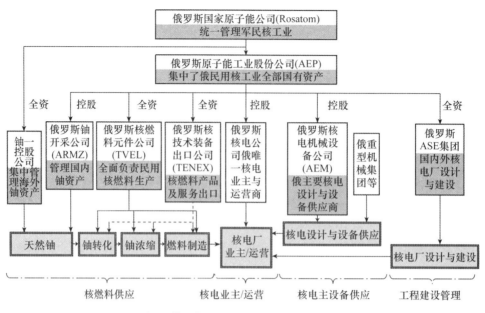

图 1　俄罗斯核电企业间关系与产业配置

1.2　核电发展历史

（1）核电起步阶段（20 世纪 50 年代至 60 年代）

俄罗斯核电工业始于 20 世纪 50 年代。1950 年 5 月 16 日,苏联部长会议正式通过了国内核电建设决议。1954 年苏联建成世界上第一座民用核电站——奥布宁斯克核电站（Obnisk）,成为人类和平利用原子能的典范,实现首次核能发电,标志着核电时代的到来。这座电功率只有 5 MW 的石墨水冷堆核电站的建成对世界核电发展起了巨大的推动作用。在此后的 30 年间,苏联主要发展了两种堆型,即石墨水冷堆和压水堆。切尔诺贝利核事故发生后,苏联不再发展石墨水冷堆核电站。

在大力发展热中子堆的同时,苏联也同时在研发新型快中子反应堆技术,这也是被国际公认的一种先进的三代核电技术。1955—1968 年,苏联先后投运一批功率不一的快中子实验堆,其中包括 БР-1、БР-5、改进型 БР-10（8MW）、БОР-60,取得了足够的实验数据,验证了快堆可实现核燃料增殖的假设,具有技术可行性和可靠性。60 年代,苏联快堆工程进入可行性验证阶段。苏联投入大量的人力、物力重点攻坚快堆技术,先后建造了大型零功率装置 BFC-1 和 BFC-2,以研究测试各种堆芯布置方案的增殖比,并模拟各种由不同富集度的铀钚混合物组成的快堆堆型,同时还模拟不同的控制棒和安全棒配置。1969 年,热功率为 60 MW 的 БОР-60 钠冷试验快堆在季米特洛夫格勒市的原子能反应堆研究所服役[3]。最初,该反应堆的设计寿命为 20 年,但是从 1988 年开始其运行期限不断被延期,其许可证的期限延长至 2020 年。

（2）蓬勃发展阶段（20 世纪 70 年代至 80 年代初期）

20 世纪 70 年代到 80 年代初期,受苏联经济发展对能源电力需求不断增加的影响,苏联核电蓬勃发展,核电规模出现大幅跃升。1973 年,苏联在哈萨克斯坦境内建成 150 MW БН-350 原型快堆,1980 年在俄罗斯别洛亚尔斯克核电站投运 560 MW БН-600 快堆。1981 年,苏联核电站的发电量为 860 亿 kWh,占国家总发电量的 6.5%。1982 年年底,核电总装机容量为 1.8 万 MW[4]。20 世纪 80 年代中期,苏联已有 23 座核反应堆投入使用,主要以 VVER-440、VVER-1000 和 РБМК-1000 堆型为主。

（3）近乎停滞阶段（20 世纪 80 年代中期—90 年代）

切尔诺贝利核事故、苏联解体和 90 年代经济危机等一系列大事件对俄罗斯产生重大冲击,核电发展近乎停滞。1986 年切尔诺贝利核事故发生后,公众对核电产生强烈的抵触和恐惧情绪,反核运动一度高涨。1991 年苏联解体,俄罗斯政局混乱不堪,经济陷入困境,核电发展资金严重短缺,一些已经开工建设的核电项目停滞不前,艰难维持。

（4）复苏阶段（2000年至今）

2000年，俄罗斯总统普京重启核电复兴政策，有力地推动了核电的发展。俄罗斯开展广泛合作，积极开发创新型核反应堆和核燃料循环体系，确保能源安全并防止核武器扩散。普京上台后，俄罗斯核能迎来了新的发展机遇期。通过两次核工业体制改革，俄罗斯形成了"政企合一"的管理体制，核能发展逐步走上正轨。

2 发展现状

俄罗斯始终把坚持发展核电作为保障能源安全、减少碳排放的重要举措，未来将继续提高核电在国家能源结构中的比例，以减少对环境的负面影响。此外，加大核电出口力度，积极拓展全球核电版图。俄罗斯已形成体系完整的核工业产业链，具有自主研发能力领先、核心技术创新能力强、配套生产能力强、核工业基础雄厚等优势。

根据国际原子能机构（IAEA）的最新数据，俄罗斯共有38台在役核电机组（见表2），总装机容量约28.5 GW[4]。2020年核电站发电量超过2 157亿 kW·h，达到历史最高水平，在能源结构中占比20.28%[4]（不包括浮动核电站发出的电量）。

表 2   俄罗斯在役核电站

核电站	堆型	核电机组	并网发电时间	运行许可时间
Akademik	PWR	Lomonosov-1	2019.12.19	—
		Lomonosov-2	2019.12.19	—
Balakovo	PWR	Balakov-1	1985.12.28	2043
		Balakov-2	1987.10.08.	2033
		Balakov-3	1988.12.25	2049
		Balakov-4	1993.04.11	2053
Beloyarsk	BN-600 FBR	Belyoarsk-3	1980.04.08	2025
	BN-800 FBR	Beloyarsk-4	2015.12.10	2056
Bilibino	LWGR	Bilibino-2	1974.12.30	2018
		Bilibino-3	1975.12.22	2021
		Bilibino-4	1976.12.27	2021
Kalinin	PWR	Kalinin-1	1984.05.09	2045
		Kalinin-2	1986.12.03	2047
		Kalinin-3	2004.12.16	2065
		Kalinin-4	2011.11.24	2072
Kola	PWR	Kola-1	1973.06.29	2028
		Kola-2	1974.12.09	2034
		Kola-3	1981.03.24	2027
		Kola-4	1984.10.11	2039
Kursk	LWGR	Kursk-1	1976.12.19	2022
		Kursk-2	1979.01.28	2024
		Kursk-3	1983.10.17	2029
		Kursk-4	1985.12.02	2031

核电站	堆型	核电机组	并网发电时间	运行许可时间
Leningrad	LWGR	Leningrad-3	1979.12.07	2025
		Leningrad-4	1981.12.09	2026
Leningrad Ⅱ	PWR	Leningrad Ⅱ-1	2018.03.09	—
		Leningrad Ⅱ-2	2020.10.22	—
Novovorenezh	PWR	Novovorenezh-4	1972.12.28	2032
		Novovorenezh-5	1980.05.31	2035
Novovorenezh Ⅱ	PWR	Novovorenezh Ⅱ-1	2016.08.05	2077
		Novovorenezh Ⅱ-2	2019.05.01	—
Rostov	PWR	Rostov-1	2001.03.30	2030
		Rostov-2	2010.03.18	2040
		Rostov-3	2014.12.27	2045
		Rostov-4	2018.02.02	—
Smolensk	LWGR	Smolensk-1	1982.12.09	2028
		Smolensk-2	1985.05.31	2030
		Smolensk-3	1990.01.17	2050

备注:数据来源于国际原子能机构(2021年3月16日更新)[5]。

俄罗斯大多数在役反应堆于20世纪70年代末和80年代初期投入运行。这些反应堆的平均运行时间现已超过31年,最长运行时间为46年。2020年年初,Kola-2号机组已获得俄罗斯监管机构的批准,将运行至2034年,这使其成为世界上运行时间最长的商业反应堆之一。此外,俄罗斯有4台在建核电机组,主要是PWR堆型。

发展本国核电与加大对外出口是俄罗斯保障经济发展,维持核电大国地位的重要战略决策。除核能发电在本国电网机构中占比较大外,俄罗斯还是世界上最大的核电技术提供国,对俄经济发展意义重大。根据俄罗斯政府发布的《2030年能源规划》显示,俄罗斯2030年核能发电能力将提升至355~445 GW;2020年对核电的发电量需求为12 880亿kW·h,2030年为15 330亿kW·h。2030年对核电站的投资预计达到9.8万亿卢布[6]。俄罗斯目前以及未来的核电发展特点包括以下方面。

2.1 积极开拓国际核电市场

近年来,俄罗斯正确把握世界核电发展动向,大力进军新兴经济发展中国家成为其开拓国际核电市场的主攻目标。鉴于这些国家有可能成为未来核电发展最具潜力的市场,但面临社会经济发展与能源供应不足的需求,以及缺资金、缺技术、缺人才、缺核燃料的困局,为迅速占领这些新兴市场,俄罗斯通过持续自主研发创新,改进机组安全性、经济性,开创核电建设合作模式BOO(建设—拥有—运营),成立全球首个核燃料银行,采取"两步走"竞标策略等多种手段,为其解决"四缺"问题,大幅推动海外核电站的建设。俄罗斯积极地在全球推广核电技术,参与了部分VVER-1000和VVER-1200型反应堆的建设,已建成运行的中国田湾核电站和印度库丹库拉姆核电站起到首堆示范作用。此外,俄罗斯已与白俄罗斯、孟加拉国、印度、伊朗、斯洛伐克、土耳其和乌克兰,以及埃及等国家签署核电合作协议,积极推进海外核电厂建设。目前,俄罗斯核电出口在全球处于领先地位。

2.2 努力推进核电技术创新

技术创新是"领跑"能源发展的驱动力,也是提高市场竞争力的核心。因此,俄罗斯除大力推行出口战略外,还积极推进核电技术创新,在多领域开展技术研发工作。

2.2.1 开发新型快中子堆(BREST-OD-300)

俄罗斯核电发展的一个重要目标是在"突破"计划框架内,开发新型铅冷快堆BREST-300,采用铀钚混合氮化物燃料,实现闭式核燃料循环,达到更高的安全设计标准,有助于俄罗斯在世界核技术市场领域保持领先地位。液态铅或铅铋合金具有导热性能好、沸点高、中子慢化能力小等特点,是一种良好的快堆冷却剂,并且在安全壳破损的情况下不会与水或空气发生反应。采用铀钚混合氮化物替代传统氧化物是该项目的另一项创新,其可裂变密度、导热性和熔融温度等特性超乎寻常,并且不易发生膨胀和变形,使燃料棒能够安全燃烧更长时间。2019年年初,俄罗斯国家专家审查委员会批准BREST-OD-300铅冷实验快堆设计,计划在俄罗斯谢维尔斯克市附近(靠近托木斯克)建设Brest-OD-300示范铅冷快中子反应堆,于2025—2030年投入商业运行[7]。

2.2.2 建造世界上功率最大的钠冷快中子研究堆(MBIR)

俄罗斯正在建造大型钠冷快中子研究堆(MBIR),以取代原子反应堆研究所(NIIAR)1969年投入使用的БОР-60实验快堆。MBIR的热功率为150 MW,设计寿命50年,主要采用钠作为冷却剂和振动填充混合氧化物(VMOX)燃料。VMOX燃料是MOX燃料的变体,燃料中混有铀钚氧化物粉末,新的氧化铀粉末直接装载于包壳管,而非首先制成芯块。MBIR还可用于第四代快中子堆材料开发,并能够用于铅、铅铋和气体冷却剂的试验[8]。

2.2.3 开发三代＋压水堆(VVER-TOI)

俄罗斯开发的新一代三代＋核电机组VVER-TOI,是一种对VVER-1200的各种技术和经济性参数进行创新性优化之后获得的压水堆设计,包括升级压力容器、将反应堆功率提升至3 300 MW、机组装机容量提升至1 255～1 300 MW、改进堆芯设计以提高冷却可靠性、非能动安全性能增强,停堆后操作员可不干预时间长达72小时,以及降低建造与运行成本。此外,VVER-TOI使用低速汽轮发电机,运行寿期达到60年,远高于老旧型的30年寿期的VVER反应堆。

2.2.4 开创首座浮动核电站(FNPP)

俄罗斯以船体为基础的浮动式核电站的发展得益于俄在核动力破冰船领域的领先技术,以及极地资源开发的战略需求。首艘浮动核电站"罗蒙诺索夫院士"号于2007年开工建造,2019年9月抵达俄罗斯最北端的佩维克镇,2019年12月19日正式运行,开始为俄罗斯偏远地区供电。2020年5月22日,正式投入商业运营,实现了重要的核能发电里程碑。"罗蒙诺索夫院士"号是一艘非自航船,需要其他船只将其牵引至目的地。船长约144 m,宽30 m,排水量为2.15万t,配备两套电功率为35 MW的KLT-40S型反应堆(该堆型的原型号为KLT-40,核动力破冰船稳定运行数十年),使用浓度18.6％的二氧化铀燃料,换料周期为3～4年,反应堆设计寿命为40年,可在无主电网系统的偏远地区或远离陆地的地方运行,可为俄罗斯北部偏远地区提供持续电力,并为大型工业项目、港口城市、海上油气钻探平台提供能源,这也是全球首个正式投产的多用途海上核能平台,具有重要的示范意义[9]。"罗蒙诺索夫"号浮动核电站开启了浮动核电站和小型核电站的未来,为俄罗斯能源开发、彰显北极地缘政治、加强军事部署等具有战略意义。

3 启示与建议

3.1 探寻完整的运营管理模式,推进产学研协同创新发展,加强核电技术创新

核电产业是国家的重要产业,对解决未来我国的能源供应具有重大意义。俄罗斯核工业采取企业集团化运作模式。作为世界核能行业的领导者,俄罗斯核工业的"大管家",俄罗斯国家原子能公司(Rosatom)通过组建创新管理板块,整合其旗下的优势资源,组建了11大板块[10,11],如核与辐射板块、核能机械板块、燃料元件板块、核电板块、海外板块、ARMZ铀矿开采板块、铀业公司板块、技术出口公司(离心技术等)板块、科学与创新板块、核电工程设计及原子能出口建设板块、原子能舰船板块,建立了以目标为导向的管理模式。此外,还与核能产业相对集中的州府、研究院所、高校签订产业园

协议,建设核能产业基地,相关经验值得借鉴。我国核电产业应该积极整合国内优势资源,加强企业、科研院所、院校的产学研协同合作,构建独立的创新机构或产业联盟,为核电发展注入创新的活力和对外开发的动力,推进中国核电技术创新发展、规模化发展。

3.2 坚持"走出去"战略,推进核电国际化发展

俄罗斯核电发展政策、管理机制、技术创新与核能产业强势出口布局对我国核电发展及核电实现"走出去"的战略目标具有积极的借鉴意义。"华龙一号"全球首堆于2021年正式投入商运,采用独特的"177堆芯"设计使堆芯换料周期由通常的12个月延长至18个月,电厂利用率提高至90%以上,标志着我国在三代核电技术领域跻身世界前列。多用途模块化小堆"玲珑一号"(ACP100)已于2021年正式开工建设(海南昌江),是全球首个通过IAEA通用反应堆安全审查的先进小堆技术,采用"固有安全＋非能动"的安全设计,可为偏远地区供电、为城市供热、为工业供气、为沿海城市或海岛海水淡化,还可根据用户负荷需求量身打造,具有安全性高、建造周期短、投资成本低、灵活性好、用途广泛等优势。中国目前拥有自主知识产权的核电技术包括"华龙一号"和"玲珑一号","双龙出海"的格局正在形成。中国核电应加大海外出口力度,不断开拓国际市场,促进中国核电市场化、型谱化、规模化、国际化。

4 小结

作为俄罗斯国家战略性产业,俄罗斯核工业历经体制机制的改革与发展,已形成完整、独特的产业体系。我国核电历经30多年的发展,也基本实现了核电型谱化、批量化、规模化发展。我国核电仍需加强核技术协同合作,整体推进管理体制创新,通过整合国内核科技产学研优势资源,优化创新环境,保障研发体系的完整性、持续性,推动核电产业更安全、更快更好高质量发展。

参考文献:

[1] 刘建.俄罗斯核能发展战略研究[D].北京:中共中央党校国际战略研究院,2017.

[2] 1946年苏联研制原子弹解密档案选译[EB/OL].[2020-07-20].https://zhuanlan.zhihu.com/p/106846596.

[3] 俄罗斯钠冷快堆发展综述[EB/OL].[2020-08-15].https://www.docin.com/p-1599913228.html.

[4] Russia NuclearPower[EB/OL].[2020-09-10].http://www.world nuclear.org.

[5] Nuclear Power Plant in Service in Russia[EB/OL].[2020-08-22].https://pris.iaea.org/PRIS/CountryStatistics/CountryDetails.aspx? current＝RU.

[6] 苏树辉,袁国林.全球核能产业发展报告(2017)[M].北京:世界知识出版社,2017:273.

[7] Design approved for Russia's Brest experimental fast reactor. 2019 [EB/OL]. [2020-07-16]. https://www.neimagazine.com/news/newsdesign-approved-for-russias-brest-experimental-fast-reactor-6924471.

[8] Russia starts installing MBIR control assembly[EB/OL].[2020-08-20].https://world-nuclear-news.org/Articles/Russia-starts-installing-MBIR-control-assembly.

[9] Russia floating nuclear power station sets sail across Arctic[EB/OL].[2020-09-16].https://www.bbc.com/news/world-europe-49446235.

[10] 宋克祥,李玉东.俄罗斯核工业缘何世界领先[J].中国核工业,2014(7):48-51.

[11] 夏梦蝶,夏芸,江林.俄罗斯国家原子能公司科技创新管理模式[J].全球科技经济瞭望,2017(2):70-76.

The development status of russian nuclear power and its enlightenment

GUO Hui-fang, QIU Ruo-meng, GAO Han-yu

(China Institute of Nuclear Strategic Planning, Beijing 100048, China)

Abstract: Being a traditional nuclear country, Russia has been taking nuclear power development as an important strategic decision to ensure energy security, economic development and its international status. The Fukushima accident did not shake its determination to develop nuclear power. Steady promotion of domestic nuclear power development, scientific research and management of nuclear power innovation, and actively exploring the international market has become the top priority in Russia's nuclear power development in recent years. Rosatom is in charge of the entire nuclear industry, including planning, development and operation, which provides China with valuable experience about the innovation of nuclear power management system and technology, as well as the development model of nuclear industry. This article summarizes and analyzes the history, status and future development trend of Russian nuclear power, and puts forward two enlightenments about the development of nuclear power.

Key words: russia; nuclear power; innovation; enlightenment

研究反应堆生产放射性同位素的现状与发展

王 莹

(中国工程物理研究院科技信息中心,四川 绵阳 621900)

摘要:研究反应堆在放射性同位素的生产中发挥了至关重要的作用,全球生产放射性同位素的研究反应堆包括美国的 HFIR、MURR,荷兰的 HFR,比利时的 BR-2,捷克的 LVR-15 和南非的 Safari-1 等数十座。近年来,随着部分反应堆老化或不符合当前的安全性与法规要求而退役,以及部分反应堆设施的维护和翻新等,给平稳供应放射性同位素带来一定挑战。此外,由 LEU 代替 HEU 的全球指令和修订后的放射性同位素加工设施法规也增加了放射性同位素生产和供应链中的挑战。本文通过对全球放射性同位素生产堆的整体情况进行梳理,调研主要研究反应堆的产品种类与基本应用场景,以及设施的翻新或改造情况,从而为关注堆照放射性同位素的管理和科研人员提供参考与借鉴。

关键词:研究反应堆;同位素;现状与发展

放射性同位素作为核技术应用的源头之一,其应用遍及国防、工业、农业、医学和科学研究等各个领域。目前,放射性同位素的生产主要有三种:在核反应堆中生产制备的堆照同位素;利用带电粒子加速器生产制备的加速器同位素;以及从核燃料后处理料液中分离提取的裂片同位素[1]。反应堆生产放射性同位素有许多优点:可同时辐照多种样品,可辐照的样品量大,靶容易制备,辐照操作简便等,因此是制备人工放射性同位素的主要来源[2]。

全球生产放射性同位素的研究反应堆有数十座,近年来,随着部分反应堆老化或不符合当前的安全性与法规要求而退役,以及部分反应堆设施的维护和翻新,给平稳供应放射性同位素带来一定挑战。因此,本文对全球主要放射性同位素生产堆的现状进行梳理,以期为关注堆照放射性同位素的管理和科研人员提供一定参考。

1　研究堆简介

研究堆是主要用来产生中子的小型核反应堆,不同于规模较大的发电用核动力堆。与核动力堆相比,研究堆的设计较简单,运行温度较低,所需燃料很少,因此产生的废物也少得多[3]。研究堆产生的中子对原子和微观层面的科学研究具有重要作用,可用于生产放射性同位素,也用于辐照研发裂变堆和聚变堆所用的材料,还可用于硅掺杂高性能半导体制造等,在医学、工业、农业、生物学等众多领域具有广泛的用途。

根据 IAEA 的统计,迄今为止,世界上已经建造了 846 座研究反应堆,尽管多年来其中许多研究堆已经关闭并退役,但有 223 座堆仍在继续运行[4],并有 11 座新研究堆在建设中。由于大多数研究堆都是在 20 世纪六七十年代建造的,因此当今世界一半可运行的研究堆已超过 40 年。

2　研究堆生产放射性同位素

反应堆放射性同位素的研究、试制和生产,是美国于 1942 年建成世界上第一座反应堆后首先开展起来的。目前,全球生产放射性同位素的研究反应堆主要有美国的 HFIR、MURR,荷兰的 HFR,比利时的 BR-2 和南非的 Safari-1 等[5],这些反应堆大多数建于 20 世纪中期,老化严重,法国 OSIRIS 反应堆已于 2015 年关闭,加拿大 NRU 反应堆也于 2018 年 3 月正式关闭。特别是受 COVID-19 疫情的影响,尽管大部分生产商在疫情封锁期间继续生产放射性同位素,但由于航空线路的停运和边境的关

作者简介:王莹(1983—),女,四川绵阳人,助理研究员,主要从事学科情报研究与服务

闭,进一步加剧全球放射性同位素市场的短缺。根据 IAEA 的调查,目前大部分需要使用放射性同位素的研究和教学活动已经暂停,多家医院也延迟了诊断应用,放射性同位素在全球范围内的供应面临严重挑战[6]。

我国放射性同位素的开发工作始于 20 世纪 50 年代。1958 年,由苏联援建的我国第一座重水反应堆和回旋加速器在中国原子能科学研究院投入运行,并研制成功首批 33 种堆照放射性同位素,开创了我国放射性同位素技术与应用事业[7]。到 20 世纪 90 年代中期,我国已经基本形成了包括反应堆和加速器生产的放射性同位素、医用放射性同位素制品与药物、工业用放射源与示踪剂等在内的放射性同位素及其制品的比较完整的研制生产体系。但 2010 年前后我国放射性同位素的生产几乎全部停止,这导致同位素制备的基础研究和工艺技术研究的停滞,因此,通过对国外主要放射性同位素生产堆的梳理有助于了解堆照同位素生产的整体情况,为国内放射性同位素的生产研制提供借鉴。

3 全球放射性同位素生产堆情况

3.1 美国高通量同位素反应堆

美国橡树岭国家实验室(ORNL)的高通量同位素反应堆(High Flux Isotope Reactor,HFIR)以 85 MW 的功率运行,是美国基于通量反应堆的最高能量中子源。HFIR 产生的热中子和冷中子用于研究物理学、化学、材料科学、工程学和生物学,每年有数百名研究人员使用该强中子通量和恒定功率来进行中子散射研究。

HFIR 能够生产的同位素如图 1 所示,包括 ^{252}Cf、^{225}AC、^{89}Sr 等放射性同位素[8]。其中 ^{14}C 可用于研究糖尿病、痛风等医学应用,^{63}Ni 用于爆炸物的侦查和机场安全检查,^{225}Ac 用于 α 粒子癌症治疗,^{238}Pu 用于太空探索的放射性同位素电源,^{252}Cf 用于核反应堆启动的中子源,以及中子衍射、油井测井和中子光谱学的材料研究等[9]。除此之外,橡树岭国家实验室还从美国能源部库存中分配高纯度的 ^{242}Pu、^{234}U、^{239}Pu 和 ^{243}Am。

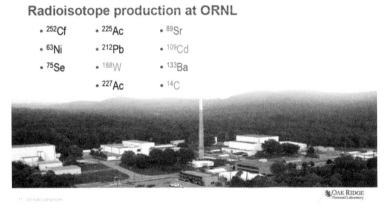

图 1　HFIR 生产的放射性同位素

3.2 美国先进测试反应堆

美国爱达荷国家实验室(INL)的核研究能力主要依赖于先进测试反应堆(Advanced Test Reactor,ATR)。ATR 于 1959 年设计,于 1967 年开始运营,其能力和基础设施能够支持美国和国际核研究工作中的多种计划。ATR 是美国唯一能够在原型环境中提供大流量、高通量热中子辐照的研究堆。2021 年 4 月,ATR 开始进行历时九个月的大修,通过更换反应堆的核心组件使其能在未来十年内继续发挥作用[10]。

ATR 曾经生产过高比活度和低比活度钴,还生产过 ^{192}Ir 和 ^{89}Sr。此外,INL 的研究人员还就

^{153}Gd、^{188}W、^{63}Ni、^{177}Lu、^{75}Se 等同位素在 ATR 生产的可能性进行了研究[11]。如今,ATR 是美国唯一可用于治疗脑部肿瘤的"伽马刀"所需的医用^{60}Co 同位素的来源,并为美国国家航空航天局的深空探索任务生产^{238}Pu。

3.3 美国密苏里大学研究反应堆

美国密苏里大学研究反应堆(MU Research Reactor,MURR)是美国大学中功率最高的研究反应堆,该反应堆于 1966 年投入运行,功率为 5 MW;1975 年功率提升至 10 MW[12]。五十多年来,MURR 促进了突破性的研究并开发了挽救生命的放射性药物,为美国乃至世界的人们带来了实惠,MURR 已成为美国反应堆放射性同位素生产基地和许多研究用放射性同位素的主要来源。

MURR 能够提供医用同位素和放射化学产品,以及中子辐照服务。MURR 生产的多种形式放射性同位素可用于诊断、治疗和研究,目前销售的同位素主要是^{198}Au、^{166}Ho、^{186}Re 和^{153}Sm[13]。

3.4 荷兰高通量反应堆

荷兰高通量反应堆(High Flux Reactor,HFR)位于 Petten,由欧洲委员会(EC)联合研究中心(Joint Research Centre,JRC)的能源研究所(IE)拥有。HFR 是世界上功能最强大的多功能研究和测试反应堆之一,2005 年 10 月,HFR 开始从使用高浓铀(UAl$_x$)燃料转换为低浓铀(U$_3$Si$_2$)燃料,并于 2006 年 5 月完成转换。

HFR 的运行功率为 45 MW,其反应堆堆芯和池畔提供多种辐照剂量,可用于医疗放射性同位素生产和核技术研发等不同商业应用。目前开展的研究包括确保现有核电站安全长期运行的材料测试,具有增强安全性和性能的下一代裂变反应堆中使用的创新燃料和功能结构的辐射测试与鉴定,以及聚变反应堆技术的研发等。HFR 生产的医用同位素如图 2 所示,可用于诊断、治疗和缓解疼痛等多种应用[14]。

Selection of medical isotopes produced in HFR			
Isotope	Half-life/days	Use	With/for
Molybdenum-99/ Technetium-99m	2.75/0.25	Diagnostic	Cancer: Lung, brain, heart thyroid and kidney function / infections / bone diseases
Iodine-131	8.04	Therapeutic	Thyroid disease
Xenon-133	5.25	Diagnostic	Lung function
Strontium-89	50.5	Pain relief	Bone Metastases
Iridium-192	73.8	Therapeutic	Cancer: cervical/lung/neck/mouth/ tongue. To prevent restenosis after balloon angioplasty
Samarium-153	1.95	Pain relief	Bone Metastases. In development for new therapies.
Rhenium-186	3.78	Pain relief	Bone Metastases
Iodine-125	60.1	Therapeutic	Cancer: prostate/eyes
Yttrium-90	2.67	Pain relief	Arthritis
Erbium-169	9.4	Pain relief	Arthritis
Lutetium-177	6.71	Therapeutic	Various types of cancer
Holmium-166	1.12	Therapeutic	In development: liver/blood cancer and other therapies

图 2 HFR 生产的医用同位素产品

3.5 比利时反应堆 2(BR2)

比利时核能研究中心(SCK CEN)是国际公认的核设施安全、辐射防护和退役研究的卓越中心,SCK CEN 拥有独特的研究设施和专门的实验室,包括 BR1、BR2、BR3、VENUS-F、高和中等水平活度实验室(LHMA)和 MYRRHA。比利时 BR2 反应堆于 1963 年 1 月首次运行,该材料测试反应堆是 SCK CEN 最重要的核设施,还在全球范围内生产用于核医学、电子、可再生能源应用的材料。

BR2 在 2015—2016 年进行了彻底的维护和现代化升级,对所有结构、系统和组件进行了风险分析,特别是老化对运行安全的影响。升级后 BR2 的热中子通量高达 10^{15} n/cm^2 s,因此可开展放射性同位素产品的连续生产,以及为生产提供辐照服务。BR2 生产的放射性同位素产品如表 1 所示[15]。

表 1　BR2 生产的放射性同位素产品

应用领域	功效或作用	放射性同位素产品
医疗应用	诊断	^{99}Mo（^{99m}Tc）——肿瘤学、心脏病学；^{133}Xe——肺功能
	治疗	^{192}Ir——近距离放射疗法；^{125}I——近距离放射疗法（前列腺癌）；^{131}I——甲状腺癌；^{169}Er——滑膜；^{177}Lu——实体瘤；^{188}W（^{188}Re）——心脏病学
	骨转移疼痛缓解	^{153}Sm；^{186}Re；^{89}Sr；^{90}Y；^{188}W（^{188}Re）
工业应用	焊缝射线照相	^{192}Ir
	灭菌	^{60}Co
	化学类	^{203}Hg；^{82}Br；^{41}Ar
基础研究	核燃料循环	^{147}Nd

　　BR2 是西欧最老的研究堆之一，但其生产的放射性同位素约占全球供应量的四分之一，在 2016 年升级改造后，BR2 现在已被允许运行到 2026 年下一次定期安全审查。

3.6　捷克 LVR-15 反应堆

　　捷克雷兹研究中心（Centrum výzkumu Řež，CVŘ）成立于 2002 年 10 月 9 日，是 ÚJV Řež, a. s.（核研究所）的全资子公司。CVŘ 有独特的研究基础设施，包括实验研究堆 LVR-15 和 LR-0，可以开展基础研究和应用研究[16]。捷克第一座研究堆于 1957 年在核物理研究所（捷克斯洛伐克科学院）开始运行，反应堆的热功率为 2 MW，然后在 1988—1989 年从 VVR-S 改造为 LVR-15。

　　LVR-15 是典型的轻水研究反应堆，运行功率为 10 MW。LVR-15 以其在欧洲中部的战略位置以及高辐照参数，成为欧洲中部放射性同位素供应商的绝佳选择。该反应堆用于硼中子捕获疗法设施的基础和扩展材料研究，样品辐照和同位素生产，以及实验医学研究。LVR-15 开发和生产的放射性药物包括^{153}Sm、^{161}Tb、^{165}Dy、^{166}Hop、^{169}Er、^{60}Co、^{192}Ir、^{182}Ta、^{198}Au，以及生产^{99}Mo — ^{99m}Tc、^{113}Sn — ^{113m}In、^{188}W — ^{188}Re 和通过电子工业中子掺杂生产硅。此外，捷克科学院核物理研究所和布拉格捷克技术大学核科学与物理工程学院的研究人员还利用反应堆的中子束开展在室温和氦气对组织和结构进行测量、深度中子分析、测量半结晶金属测量的结构等研究。

3.7　澳大利亚 OPAL

　　澳大利亚核科学和技术组织（ANSTO）是澳大利亚的核科学研究基地，也是澳大利亚核专家队伍的中心。1958 年，ANSTO 建成澳大利亚第一座核反应堆 HIFAR（High Flux Australian Reactor）。HIFAR 是一个 10 MW 的研究堆，澳大利亚核医学所需 70% 的辐射同位素是由这个核反应堆提供的，它每年能为 50 万名患者提供治疗。随着新核反应堆的启用，HIFAR 已于 2007 年 1 月 30 日永久关闭[17]。

　　2007 年 4 月，耗资 4 亿美元的澳大利亚核反应堆 OPAL（Open-pool Australian lightwater）正式启用，OPAL 反应堆以类似法国格雷诺布尔的劳埃·郎之万研究所或美国马里兰的中子研究中心的著名研究反应堆为基础，是先进的 20 MW 多用途反应堆，主要使用低浓铀（LEU）燃料来运行，可用于科学、医学、环境和工业研究，包括辐照目标物质以生产用于医学和工业用途的放射性同位素，使用中子束及相关仪器进行测量科学领域的研究，使用中子活化技术或延迟中子活化技术分析矿物和样品，辐照硅进行中子嬗变掺杂用于制造半导体器件[18]。

　　OPAL 使用低浓缩铀燃料，其中^{235}U 含量不到 20%，其安全性和核保障方面，比早期的研究堆有明显的优势。OPAL 反应堆生产的主要同位素包括医用同位素^{99}Mo、^{131}I、^{153}Sm、^{51}Cr、^{90}Y、^{177}Lu、^{198}Au，放射性示踪剂^{46}Sc-和近距离放射疗法源^{125}I[19]。

3.8 南非 SAFARI-1

NTP 放射性同位素 SOC 有限公司（NTP Radioisotopes SOC Ltd.）是南非核能公司（Necsa）的子公司，尽管 NTP 是在 2003 年 10 月才正式成立为国有公司，但其工作可以追溯到 20 世纪 50 年代后期，南非的核研究与技术计划，以及南非基础原子研究装置（South Africa Fundamental Atomic Research Installation，SAFARI-1）的建设开始。

SAFARI-1 主要是作为研究堆建造的，但其高通量意味着也适合于生产核技术产品，包括医学诊断和治疗程序中使用的裂变同位素。1973 年，SAFARI-1 生产了第一批医用放射性同位素 ^{131}I 胶囊，并于 1977 年在佩林达巴（Pelindaba）建立了同位素加工设施。到 20 世纪 90 年代，该设施已供应南非 90% 以上的放射性药物，并开始向国际出口其产品。

SAFARI-1 是 20 MW 的高通量研究堆，也是目前世界上商业化程度最高的研究反应堆之一，其产量约占全球主要医用放射性同位素 ^{99}Mo 需求量的 1/4，以及生产其他的 ^{131}I 和 ^{177}Lu。自 2009 年以来，SAFARI-1 反应堆的堆芯完全由低浓铀（LEU）提供，是世界上第一个成功进行转化的商业反应堆示。截至 2015 年 12 月，用于生产医用放射性同位素的靶板中，已有超过 3/4 已使用 LEU 靶制成，使 SAFARI-1 和 NTP 成为 LEU 放射性同位素商业化的先驱[20]。NTP 公司为 50 多个国家/地区的用户提供基于辐射的高质量产品和服务，包括辐照服务、放射性化合物、放射性药物、单剂量医用放射性同位素和放射性密封源等，如同位素 ^{99}Mo 和 ^{131}I，放射性药物 ^{99m}Tc、NovaTec-P Tc-99m 发生器和 Gluscan® F-18 FDG，以及辐射源 ^{192}Ir。

3.9 法国 OSIRIS

除以上研究反应堆外，法国原子能委员会（CEA）之前运行的 OSIRIS 反应堆也曾进行核燃料和材料领域的研究与开发。OSIRIS 反应堆的高通量生产的人造放射性同位素大部分用于核医学应用，少量用于工业领域。主要的医疗用途包括生产 ^{131}I 或 ^{192}Ir，可发射 γ 射线治疗癌症和肿瘤，以及发射 β 射线的放射性同位素可用于某些局部治疗，通过辐照直径为 25 mm 压接铝盒中的稳定物质，可以实现生产。最常用的产品是从富含 ^{235}U 的靶中生产 ^{99}Mo，^{131}I，^{133}Xe 等[21]。2015 年，在服役近 50 年后，法国原子能安全局认为该反应堆在抵御外部侵袭等方面存在安全隐患，最终将 OSIRIS 反应堆关闭。

3.10 加拿大国家研究通用反应堆

加拿大国家研究通用反应堆（National Research Universal，NRU）是在加拿大粉笔河实验室（CRL）的实验用核子反应堆。NRU 于 1957 年开始运转，是加拿大科学技术领域的里程碑式成就[22]。NRU 作为世界上最大、用途最广泛的研究反应堆之一，主要用于医疗和工业放射性同位素生产，使用中子束进行材料研究，以及使用核内辐照设施进行核燃料和核材料的研究与开发。此外，加拿大原子能机构（AECL）和 NRU 在加拿大核电反应堆舰队的设计以及其安全和高效运行方面也发挥了重要作用。NRU 拥有开发、维护和发展加拿大核电站船队所需的知识，尽管 NRU 不发电，但它是加拿大唯一的燃料和材料试验反应堆，用于支持和推进核动力反应堆的设计和运行[23]。

NRU 反应堆是世界领先的医用放射性同位素生产商之一，NRU 建成后曾先后生产 ^{14}C、^{131}I、^{99}Mo/^{99m}Tc、^{192}Ir、^{133}Xe、^{198}Au、^{210}Po、^{153}Sm、^{90}Y、^{63}Ni 和 ^{36}Cl 等多种同位素，还进行硅晶体的中子嬗变掺杂。2016 年 10 月 31 日，加拿大政府宣布将关闭 NRU 反应堆并处于待机状态，以在意外短缺的情况下帮助满足 2016—2018 年全球医用同位素的需求。2018 年 3 月 31 日，由加拿大粉笔河实验室运营的 NRU 反应堆正式关闭。

4 结语

要实现放射性同位素的大规模化生产，不仅要具有稳定运行的反应堆与可正常使用的生产线，还要具有同位素生产的成熟技术。目前我国的研究反应堆虽然具备生产放射性同位素的条件，但大多服务于国家科研任务，无法进行放射性同位素的常规生产，国内重要的堆照放射性同位素基本依赖进口[24]。近年来随着人们对核医学等应用的同位素的认可度提高，我国放射性同位素产业发展迅速，市场规模实现高速增长。国家近几年也陆续修订、颁布涉及放射性同位素管理的政策、法规和标准，如2011年和2017年分别修订《放射性药品管理办法》，2017年发布《放射性同位素与射线装置安全许可管理办法》，2021年发布《医用同位素中长期发展规划（2021—2035年）》。同时，国内行业协会也积极联合研究机构、高校和企业共谋发展，这些政策法规和对策的落实必将为堆照放射性同位素的落实发挥重要作用。

参考文献：

[1] 同位素的重要性[EB/OL].[2021-01-20].http://nnsa.mee.gov.cn/ztzl/kpcl/202008/t20200810_793246.html.

[2] 李成业,李文钰,王立德,等.一种使用研究堆辐照生产同位素的靶件及其生产工艺:中国,201310002799.3[P].2013-04-10.

[3] 研究堆有什么用途？[EB/OL].[2021-05-20].http://www.china-nea.cn/site/content/37072.html.

[4] IAEA Research Reactor Database[EB/OL].[2021-05-20].https://nucleus.iaea.org/RRDB/RR/ReactorSearch.aspx? filter=0.

[5] A. Mushtaq. Producing radioisotopes in power reactors[J]. J Radioanal Nucl Chem,2012(292):793-802.

[6] Medical Radioisotopes still Produced but Facing Distribution Challenges Globally, Data Collected by IAEA Shows[EB/OL].[2021-05-20].https://www.iaea.org/newscenter/news/medical-radioisotopes-still-produced-but-facing-distribution-challenges-globally-data-collected-by-iaea-shows.

[7] 张锦荣,罗志福.中国放射性同位素技术与应用进展[J].中国工程科学,2008,10(1):61-69.

[8] DEAN D J. HFIR and Isotope Production[C]. Presented to the National challenges to elimination of HEU in civilian research reactors,April 3,2017.

[9] HOGLE S L. Optimizing HFIR Isotope Production through the Development of a Sensitivity-Informed Target Design Process[C]. Mathematics and Computation (M&C) 2017.

[10] ADVANCED TEST REACTOR BEGINS MAJOR OVERHAUL TO REPLACE CORE COMPONENTS[EB/OL].[2021-05-18].https://inl.gov/article/advanced-test-reactor-begins-major-overhaul-to-replace-core-components/.

[11] FRANCES M. MARSHALL. Medical Isotope Production in the Advanced Test Reactor[J]. Transactions,2010,103(1).

[12] 贺佑丰.美国同位素生产和应用[J].同位素,2006,19(2):107-111.

[13] Research Isotopes & Radiochemicals[EB/OL].[2021-01-18].https://www.murr.missouri.edu/services/radioisotopes-radiochemicals/research-isotopes-radiochemicals/.

[14] HIGH FLUX REACTOR (HFR) PETTEN CHARACTERISTICS OF THE INSTALLATION AND THE IRRADIATION FACILITIES[EB/OL].[2021-01-18].https://ec.europa.eu/jrc/sites/jrcsh/files/hfr_mini_blue_book.pdf.

[15] Radioisotope production[EB/OL].[2021-01-19].https://science.sckcen.be/en/Services/Irradiations/Radioisotopes.

[16] About Us[EB/OL].[2021-01-19].http://cvrez.cz/en/about-us/.

[17] HIFAR research reactor[EB/OL].[2021-01-18].https://www.arpansa.gov.au/regulation-and-licensing/regulation/about-regulatory-services/who-we-regulate/major-facilities/hifar.

[18] OPAL multi-purpose reactor[EB/OL].[2021-01-18].https://www.ansto.gov.au/research/facilities/opal-multi-purpose-reactor.

[19] Kith Mendis, John W. Bennett, Jamie Schulz. The Utilisation of Australia's Research Reactor, OPAL[R].2010,IAEA-TM-38728.

[20] SAFARI-1: FIFTY YEARS OF WORLD FIRSTS[EB/OL].[2021-01-19].https://www.ntp.co.za/safari-1/.

[21] Irradiation performances at the Osiris reactor for the production of radioisotopes for medical use: ^{99}Mo, ^{131}I, ^{133}Xe[EB/OL].[2021-01-21].https://inis.iaea.org/search/search.aspx? orig_q=RN:20049188.

[22] National Research Universal(NRU) [EB/OL].[2021-01-21].https://www.cnl.ca/site/media/Parent/NRU_Eng.pdf.

[23] FLOYDM, BANKS D, CARVER J, et al. The NRU Reactor: Past, Present & Future[C]. The 19th Pacific Basin Nuclear Conference (PBNC 2014), CW-150000-CONF-001.

[24] 黄伟,梁积新,吴宇轩,等. 我国放射性同位素制备技术的发展[J]. 同位素,2019,32(3):208-217.

Current status and development of radioisotope production by research reactor

WANG Ying

(China Academy of Engineering Physics, Mianyang Sichuan 621900, China)

Abstract: Research reactor plays an important role in the production of radioisotopes. In recent years, the decommissioning of some reactors as they are aging or do not meet the regulations, as well as the maintenance or refurbishment of some reactors, which brought challenges to the steady supply of radioisotopes. This article review the global radioisotope production reactors, and the renovation or transformation of reactors, so that to present the latest progress of research reactors.

Key words: research reactor; radioisotopes; current status and development

美国能源部创新合作与技术转化机制

马荣芳，仇若萌，李晓洁

（中核战略规划研究总院，北京 100048）

摘要：能源部通过多种合作模式促进研发合作关系的发展，确保国家实验室能够应对广泛的挑战。这些模式包括：国家实验室和其他实体通过研究中心、创新中心和研究所建立合作关系，与学术界合作，国家实验室之间的合作等。能源部还是联邦政府进行技术转化最大的支持单位之一，其下属的国家实验室是承担核科技成果转化的主要责任单位。能源部国家实验室和科研设施进行科技成果转化的方式包括合作研究和开发协议、战略伙伴项目、技术商业化协定、知识产权活动许可、用户项目等。联邦政府和能源部采取多项措施，激励国家实验室和科研机构开展科技成果转化工作。

关键词：能源部；创新合作；技术转化

美国能源部是联邦政府进行技术转化最大的支持单位之一，其下属的国家实验室是承担核科技成果转化的主要责任单位。根据能源部 2018 年 7 月发布的《2015 财年国家实验室和其他科研设施技术转化及相关技术合作活动报告》，能源部国家实验室和科研设施 2015 财年管理并执行了 17 086 项与技术转化有关的交易，包括 734 项合作研究和开发协议（CRADA）、2 395 个涉及非联邦实体的战略伙伴项目（SPP）、74 项技术商业化协定（ACT）、6 310 项知识产权活动许可以及 7 571 个用户项目。

联邦政府和能源部采取多项措施，激励国家实验室和科研机构开展科技成果转化工作。

1　易于执行和参照的法律法规体系

美国 1954 年修订的《原子能法》是原子能委员会（能源部的前身）国家实验室从事技术转化、工业界获准进入核能领域的基本法律依据。美国与科技成果转化直接相关的法律包括 1980 年通过的《史蒂文森—怀德勒技术创新法》和《贝杜法》，以及 1986 年通过的《联邦技术转移法》。这几部法律在以下几个方面对大学、国家实验室和工业界开展科技成果转化工作做出了明确规定：在联邦实验室建立研究和技术应用办公室；建立以促进技术转移为目的的联邦实验室联盟（FLC）；规定联邦实验室技术转移活动的专项预算；对技术转移有突出贡献者进行奖励；进一步确定联邦政府、国家实验室以及工程技术人员技术转移的责任；明确技术转移收益分配比例等。此后，美国 1989 年的《国家竞争力技术转化法》、1995 年的《国家技术转化促进法》和 2005 年的《能源政策法》又对能源部核科技成果转化工作做出了更为详细的指导。

2016 年 10 月，能源部向国会提交了首个《技术转化执行计划》。该计划包含技术转化的目标和原则等内容，为能源部和各实验室开展技术转化工作指明了方向。

2　专设的管理服务机构

根据 2005 年的《能源政策法》，能源部成立"技术转化办公室"（OTT）。OTT 的目的是提高能源部在技术转化领域的作用、培育创新体系、增强国家安全并提升美国的经济竞争力。OTT 是能源部内跨部门的职能部门，在整个能源部范围内开展工作，负责协调能源部研究成果的商业开发，并负责管理国家设立的能源技术商业化基金（TCF）。

OTT 发展了一系列政策，用于扩大能源部研究成果的商业影响。OTT 简化了获悉信息以及与

作者简介：马荣芳（1988—），女，山东人，高级工程师，硕士，现主要从事核情报研究

能源部国家实验室和设施建立联系的流程,从而便于实验室的创新成果进入市场。技术转化可以把实验室研究人员最初的想法转化为由私营企业实现的商业化技术。每项技术的转化路线都不一样,转化过程需要进行多次交流、反馈和合作。OTT参与技术转化的所有环节。OTT的职责如下。

（1）在技术转化政策委员会的支持下建立能源部的技术转化框架,该框架应包含执行计划、绩效指标与行动指南。

（2）在DOE技术转化框架的指导下,每个DOE资助技术研发的下属机构都应该建立有助于实现技术转化的目标、战略和绩效评估体系。

（3）在实际工作中,DOE下属科研机构的主管有支持技术转化工作的义务,并负责监督和评价技术转化工作。在科研机构的绩效评估中,应包含技术转化的目标和措施。

（4）科研机构在进行技术转化工作时,可以通过与能源部项目办公室以及技术转化协调员合作来促进技术转化工作的顺利开展。

（5）技术转化协调员在工作中应支持小型企业并培育新公司。

（6）所有的研发项目,即使其目标不是实现技术的商业化应用,也有责任促进并鼓励项目的技术成果实现商业化应用。

3 全面、灵活的核科技成果转化机制

为确保将科技成果向市场转化,国家实验室与工业界签订合作伙伴协议,合作开发利用技术。最近几年每年签订的有效协议约3 000项,包括战略伙伴项目协议、合作研发协议等。

3.1 战略伙伴项目协议(SPP)

允许国家实验室以100%的成本报销合同模式为其他联邦机构和非联邦实体工作,允许非联邦实体拥有产生的知识产权和数据。

3.2 合作研发协议(CRADA)

允许能源部通过其实验室与非联邦合作伙伴优化利用双方资源,合作研发,共享知识产权和成果。

3.3 技术商业化协议(ACT)

是一个试点计划,允许承包商以私营企业名义,以自担风险的形式为第三方开展有偿研究。在知识产权上更灵活,允许参与者把产生的数据标记为专有并拥有所有权。国家实验室可能收取超出成本的费用。该计划已于2017年10月结束。

3.4 用户协议

允许用户利用国家实验室的设施,大多数情况下,对从事非营利研究的用户不收取费用,只要求发表研究成果,否则需支付设施使用成本。

3.5 技术许可协议

为国家实验室开发的专利或拥有版权的知识产权提供商业化许可。

3.6 技术援助协议

允许国家实验室研究人员帮助小企业解决重大问题,而无需小企业支付费用。

3.7 小企业协议

能源部通过小企业创新研究计划和小企业技术转化计划拨出部分资金,资助小企业。

4 启示

美国能源部技术转化体系的有效运转,不仅得益于美国联邦政府和州政府在法律规范、机构建设以及经费投入方面的积极努力,也得益于美国为科技创新创造的其他良好政策环境,包括风险投资政

策、税收政策、知识产权政策等,这对我国加快建设核科技成果转化体系有很好的借鉴和启示作用。

4.1 成熟完善的法律体系让核科技成果转化有法可依

美国促进技术转化的法律体系相对完整且易于执行,从主体角度对国家实验室、联邦研发机构、大学、科研人员以及转化机构等在技术转移中的定位、作用和收益进行明确界定,从技术转化环节角度对知识产权归属、技术授权许可、合作开发以及合作协议等活动进行明确定性,从财政支持角度对技术转化机构的经费支持、专门计划等进行明确规定。

对科研机构(包括国家科研机构和地方科研机构)在技术转化中的定位、技术转化成效与科研机构考核关系、技术转化与职称评定的关系、技术转化机构的经费支持等具体问题做出明确规定,尽快形成易于参照和执行的法律法规体系。

4.2 健全灵活的转化机制让核科技成果转化有章可循

为促进科技成果转化工作,美国能源部制定了 SPP、CRADA、ACT、用户协议、技术许可协议、技术援助协议、小企业协议等多种不同类型的协议,这些协议对构建灵活的技术成果转化机制起到了巨大作用。

在宣传联络、项目管理、咨询培训、知识产权、技术产业化方面提供科研成果从实验室向市场的全链条服务。

Mechanism of U.S. Department of Energy's innovative cooperation and technology transformation

MA Rong-fang,QIU Ruo-meng,LI Xiao-jie

(China Institute of Nuclear Industry Strategy,Beijing 100048,China)

Abstract:U.S. DOE uses a suite of flexible tools to facilitate R&D partnerships that allow the National Laboratories to address a wide array of challenges. These models include:establishing cooperative relations with other entities institutes through research centers and innovation centers,cooperating with academia,and innovation collaboration among national laboratories,etc. U.S. DOE is also one of the largest support units of the federal government for technology transformation,and its subordinate national laboratories are the main units responsible for the transformation of nuclear science and technology achievements. The methods used by DOE national laboratories and scientific research facilities to transform scientific and technological achievements include Cooperative Research Development Agreements (CRADAs),Strategic Partnership Projects (SPPs),and Agreements for Commercializing Technology (ACT),licensing of intellectual property activities,and user projects. The Federal Government and DOE have adopted a number of measures to encourage national laboratories and scientific research institutions to carry out the transformation of scientific and technological achievements.

Key words:DOE;innovative cooperation;technology transformation

美国能源部国家实验室在核医学领域的主要工作与成就

马荣芳,李晓洁,仇若萌

(中核战略规划研究总院,北京 100048)

摘要:美国能源部国家实验室持续开展基础研究和应用研究,促成了许多医学上的重大技术突破,产生了良好的经济和社会效益。能源部国家实验室在核医学领域开展的工作主要集中在医用同位素技术、核医学诊断与核药物、精准医疗等领域。能源部国家实验室在核技术医疗应用领域的研究已经带来了显著的健康效益、经济效益和科学效益。2 500万患者的健康因能源部国家实验室在核医疗技术的成就获益,源自能源部国家实验室的相关产品和技术在美国创造了数十亿美元的经济价值,取得了一批能塑造未来的知识成果。

关键词:能源部;国家实验室;核医学

美国能源部国家实验室持续开展基础研究和应用研究,促成了许多医学上的重大技术突破产生了良好的经济和社会效益。能源部国家实验室在核医学领域开展的工作主要集中在医用同位素技术、核医学诊断与核药物、精准医疗等领域。

1 医用同位素技术

放射性同位素是"曼哈顿计划"最重要的副产品。放射性同位素可用于内脏器官的成像、损伤诊断、癌症治疗等,能源部国家实验室一直在该领域发挥关键作用。

(1)用于早期放射性示踪剂的^{14}C:劳伦斯伯克利国家实验室的回旋加速器生产的首批医用放射性同位素中包括^{14}C,该同位素的发先促进了生理学、地质学、生物化学、生物医学等领域的革命性发展。

(2)用于新陈代谢和癌症扫描的^{18}Fu:^{18}Fu 或氟脱氧葡萄糖(FDG)由布鲁克海文国家实验室首次合成,可用于正电子发射断层扫描(PET)成像、新陈代谢活动评价和癌症检测。

(3)用于癌症诊断和治疗的同位素:橡树岭国家实验室高通量同位素反应堆可生产用于伽马射线成像的^{75}Se、治疗前列腺癌的 W-188/Re-188 和治疗宫颈癌与卵巢癌的^{252}Cf 等各种医用同位素。

(4)使用最广的^{99}Tc:作为一种示踪元素,^{99}Tc 是医学上用途最广的放射性同位素,全世界范围内每年有 4 000 万例的应用,占全球核诊断成像的 80%。布鲁克海文国家实验室开发了^{99}Tc 发生器,但是由于^{99}Tc 半衰期非常短,经常以^{99}Mo 的形式贮存。

(5)用于甲状腺治疗的^{131}I:^{131}I 是最老的医用同位素之一,最初在劳伦斯伯克利国家实验室发现并制成,可用于治疗甲状腺癌等甲状腺疾病。

(6)用于冠心病压力测试的^{201}TI:^{201}TI 最初是在劳伦斯伯克利国家实验室的回旋加速器上生成的,该同位素可用于冠心病患者的压力测试。

能源部正在实施改进同位素生产方法、保障同位素供应的同位素计划。橡树岭国家实验室成立的国家同位素发展中心(NIDC),负责协调阿贡、布鲁克海文、爱达荷、洛斯阿拉莫斯、橡树岭、萨凡纳河及太平洋西北国家实验室,Y-12 国家核军工联合体,密苏里大学和华盛顿大学等机构,利用反应堆、加速器及其他方法生产^{225}Ac、^{227}Ac、^{211}At、^{212}Bi、^{213}Bi、^{60}Co、^{67}Cu、^{68}Ge、^{3}He、^{117}Lu、^{100}Mo、^{212}Pb、^{223}Ra、^{72}Se、^{82}Sr、^{90}Sr、^{227}Th、^{188}W、^{129}Xe、^{176}Yb、^{86}Y 等同位素,确保用于医学诊断和治疗的同位素供应。

作者简介:马荣芳(1988—),女,山东夏津人,高级工程师,硕士,现主要从事核情报研究

2 核医学诊断与核药物

美国能源部国家实验室发展了正电子发射计算机断层显像(PET-CT)技术、磁共振成像技术(MRI)、伽马成像技术、波前传感器技术、放射性药物示踪剂等成像和诊断工具,极大提高了疾病检测能力。

2.1 新型诊断工具

成像装置中使用的磁铁最初被用来加速质子,费米国家实验室拥有世界首个超导同步回旋加速器;橡树岭国际实验室、布鲁克海文国家实验室和其他实验室经过大量工作开发了 PET 成像技术;布鲁克海文国家实验室开发的 18F-氟脱氧葡萄糖(18F-FDG)是诊断癌症和评估癌症治疗最常用的放射性示踪剂;托马斯·杰斐逊国家加速器装置(NAF)开发了乳房专用伽马射线成像技术(BSGI),也称为分子乳腺成像(MBI);基于激光在国防领域的应用研究,桑迪亚国家实验室将激光测量系统、二进制光学、扩展的计算机内存、数码相机阵列和简化的电子接口相结合,发明了可以改善激光眼角膜手术病人预后波前传感器技术,该技术还被用于国家航空航天局(NASA)的詹姆斯·韦伯太空望远镜;劳伦斯利弗莫尔国家实验室的(LLNL)发明的新型数字化液滴聚合酶链反应(PCR)技术,被认为是目前最精确的遗传分析方法,已成为诊断和监测遗传疾病和传染病、刑事司法鉴定、DNA 亲子鉴定和 DNA/基因克隆研究不可或缺的工具。

2.2 癌症治疗技术

阿贡国家实验室先进光子源装置的相关研究,促成了治疗皮肤癌的药物 Zelboraf 的开发;在劳伦斯伯克利国家实验室回旋加速器上首次生产出来的^{131}I 仍是甲状腺癌的常见治疗药物;能源部国家实验室生产的^{225}Ac 是一种潜在的治疗粒细胞白血病和其他癌症的药物;橡树岭国家实验室生产的^{227}Ac 已得到美国食品药品监督管理局(FDA)批准,用于治疗转移性前列腺癌;费米国家加速器实验室设计并建造了美国首个医院内质子治疗同步加速器,用于肺癌、胰腺癌和脊柱癌等多种癌症的治疗;阿贡国家实验室先进质子源、斯坦福直线加速器中心(SLAC)和劳伦斯伯克利国家实验室对致癌蛋白质 3D 结构的研究,促进了皮肤癌的药物 Zelboraf 的开发;国家能源技术实验室(NETL)开发的铂铬合金被用于新型冠状动脉支架,该技术避免了小冠状动脉手术,降低了截肢风险。

2.3 精准医疗

在精准医疗方面,包括劳伦斯伯克利、劳伦斯利弗莫尔、橡树岭在内的多个国家实验室支持了人类基因组计划。其中,劳伦斯利弗莫尔实验室开发的染色体着色技术可显著提高分子诊断水平,目前染色体着色是基于基因组学诊断癌症和遗传疾病的标准做法;布鲁克海文国家实验室开发了可在细菌细胞内生产蛋白质的 T7 蛋白质表达系统,用于基础生物医学研究及医学诊断和治疗;艾姆斯实验室发明了用于绘制人类基因组图谱的多重毛细管电泳技术,可以快速、定量分析单个红细胞的化学成分,已成为 DNA 测序的标准分析工具;劳伦斯伯克利实验室开发了用于生物制药、临床、环境、食品和司法鉴定的 M3 发射器;橡树岭实验室的芯片实验室开发的微流体技术可加速 DNA 分析,在医学诊断、制造、生物医学研究、个性化医疗和体外诊断应用领域获得广泛应用。

2.4 未来发展

能源部国家实验室开发的许多技术尚未进入商业领域。例如,洛斯阿拉莫斯国家实验室开发的 HIV 疫苗,预计 2021 年获得结果;洛斯阿拉莫斯实验室研发的通用细菌传感器,有望成为用于传染病早期发现的便携式诊断工具;劳伦斯利弗莫尔、阿贡等机构合作正在开发加速药物治疗机会疗法,目的是建立一个药物发现平台,以快速设计和识别候选药物;能源部和美国国家癌症研究所开发的分布式癌症学习环境将利用 2021 年开始在能源部安装的百亿亿次级计算机和深度学习技术,提高对癌症的认识和治疗,改善患者预后;斯坦福直线加速器中心和斯坦福大学联合开发的"闪现"放射疗法有望减少癌症放射治疗的毒副作用;桑迪亚实验室和加州大学洛杉矶分校合作开展探索病毒感染的基因组编辑研究,可以更好地检测和治疗乳腺癌以及潜在的许多其他癌症。

3 总结

能源部国家实验室在核技术医疗应用领域的研究已经带来了显著的健康效益、经济效益和科学效益。

3.1 2 500 万患者的健康因能源部国家实验室在核医疗技术的成就获益

每年进行 180 万次 FDG PET 扫描,在世界范围内用 BSGI/MBI 对 25 万患者进行了筛查,1 500 万人接受了波前引导激光眼角膜手术,世界上 20 000 名以上的黑色素瘤患者接受了 Zelboraf 治疗,800 万个支架植入全球心脏病患者体内。

3.2 源自能源部国家实验室的相关产品和技术在美国创造了数十亿美元的经济价值

18F-FDG 示踪剂 2010 年销售额为 2.99 亿美元,Bio-Rad 公司的 ddPCR 仪 2018 年销售额为 6.43 亿美元,波士顿科学公司的不透射线合金支架的销售额为 40 亿美元以上,雅培公司的 FISH 产品 2015 年年销售额为 1.85 亿美元,市场占有率 85%,劳伦斯利弗莫尔 FISH 技术总销售额为 10 亿美元,T7 蛋白质表达技术许可证的授权使用费为 720 万美元,多重毛细管电泳技术许可证的授权使用费为 1 400 万美元。

3.3 取得了一批能塑造未来的知识成果

累计获得美国国家科学奖章、诺贝尔奖、9 个"百强研发"奖、最佳新药奖(Zelboraf)。产生并销售 800 多个专利许可,学术期刊引用达 20 万次以上,为人类基因组项目(HGP)提供巨大支持。

参考文献:

[1] Contributions of the U.S. Department of Energy National Laboratories and Facilities to Advance Industry, Medical Imaging, Diagnostics, and Treatment[R].

Achievements of the national laboratories of the U.S. Department of Energy in the field of nuclear medicine

MA Rong-fang, LI Xiao-jie, QIU Ruo-meng

(China Institute of Nuclear Industry Strategy, Beijing 100048, China)

Abstract: The National Laboratories of the U.S. Department of Energy continues to carry out basic research and applied research, which has contributed to many major medical technological breakthroughs and produced good economic and social benefits. The work carried out by the National Laboratories of DOE in the field of nuclear medicine mainly focuses on the fields of medical isotope technologies, nuclear medicine diagnosis and nuclear medicines, precision medicine and so on. The nuclear technology applications research conducted by the National Laboratories of DOE in the field of medical has brought significant health, economic and scientific benefits. The health of 25 million patients benefited from the achievements of the National Laboratories, related products and technologies from the National Laboratories have created billions of dollars in economic value in the United States, the work of National Laboratories has created a batch of knowledge achievements that shape our future.

Key words: DOE; national laboratories; nuclear medicine

美国核动力推进发动机最新发展概览

陈彦舟

（中国工程物理研究院科技信息中心，四川 绵阳 621900）

摘要：核动力推进发动机是一种利用核反应堆运行生成的热能或电能产生推进动力的装置，具有高推重比和长航时的优点，广泛应用于航空航天飞行器、潜艇、破冰船等运载工具。美国核动力推进发动机的研究起步较早，积累了先进的经验，其技术实力较强。追踪美国核动力推进发动机的最新发展概况可以为我国该技术领域的发展提供参考信息。本文运用情报调研的方法，全面搜集了相关报告和文件、期刊论文以及互联网报道等文献资料，梳理了美国核动力推进发动机最新的政策、计划、研究成果以及应用情况，作出技术趋势的预判并得到若干启示。

关键词：核动力推进发动机；政策；计划；成果；应用

随着科学技术的发展和人类文明的进步，人类研究宇宙起源与演化、探寻地外生命信息以及移民外星球的渴望更加热切，因此需要更快、更远、更频繁地开展空间飞行任务，对各种天体进行探测和研究[1]。空间推进系统是空间飞行任务的核心技术之一。其推力、比冲和工作寿命直接决定了任务的范围、规模和周期。目前空间飞行任务主要使用的是化学火箭发动机，最高比冲约 500 s，且已基本达到极限[2]。如采用化学火箭发动机来执行未来的深空探测任务，尤其是载人深空探测，将无法完成发射规模大、任务周期长的任务且难以承受高额的成本费用，不能满足未来载人火星探测、大型星际货物运输等空间任务的需求。因此，发展先进的空间推进技术已成为必然选择。先进的空间推进技术包括电推进技术、太阳能推进技术、激光推进技术、核动力推进技术等。相比其他现有空间推进技术，核能作为能量密度较高的能源，自然成为航空航天动力的首选目标。除此之外，核动力推进技术还可用于潜艇和船舰等运载工具，其应用具有类似的优势。

美国核动力推进发动机的研究起步较早，积累了先进的经验，其技术实力较强。追踪美国核动力推进发动机的最新发展概况可以为我国该技术领域的发展提供参考信息。

1　美国核动力推进发动机最新政策

2017 年 12 月 11 日，前任美国总统特朗普正式签署了美国国家太空委员会 1 号令，将力促重返月球计划，为今后的载人登陆火星做好充分的技术准备[3]。2019 年 8 月 20 日，特朗普发布《发射载有空间核系统的航天器备忘录》，更新了发射载有空间核系统航天器的联邦政府和商业航天发射规程，以确保美国安全、可持续地利用空间核系统，维持和推进美国在太空的主导地位和战略领导地位。白宫国家空间委员会 2020 年 7 月 23 日发布了一份深空探索战略报告，明确了能源部在发展核动力和推进技术方面"至关重要"的作用。该报告指出，美国宇航局计划开发一种可以为地表月球基地提供电力的动力反应堆，并正在探索核推进方法，以大大缩短前往深空目的地的旅行时间。2020 年 12 月 16 日，美国白宫发布"太空政策指令-6（SPD-6）"，提出应在适当的时候开发和使用太空核动力与推进系统，以实现美国的科学探索、国家安全和商业目标。该指令阐述了太空核动力与推进的内涵与意义，即以最小的推进器质量和体积产生更多的能量实现持久飞行，同时减少航天员在恶劣太空环境中的辐射暴露。安全、可靠和可持续使用太空核动力与推进能力对于维持和提升美国在太空中的主导地位和战略领导地位至关重要。指令还明确了发展太空核动力与推进的四项目标：生产出适用于核电推进和核热推进所需的核燃料处理能力、研制出月球表面的裂变动力演示系统、建立技术基础和关键

作者简介：陈彦舟（1981—），男，四川绵阳人，助理研究员，研究生，现主要从事核技术方面的情报研究工作

技术能力、开发出比能量更高且寿命更长的放射性同位素动力系统。同时,美国开发和使用太空核动力与推进系统时将遵循安全、可靠和可持续性三大原则。按照指令描绘的发展路线图,到21世纪20年代中期,美国将具备铀燃料处理能力,可生产出用于月球和行星地表以及空间动力的核电推进和核热推进所需要的燃料;21世纪20年代中期至后期,演示月球表面的裂变动力系统,功率可扩展至40 kW或更高;到21世纪20年代后期,建立技术基础和能力,使核热推进能够满足未来的国防部和NASA任务需求;到2030年,开发先进的放射性同位素动力系统。

2 美国核动力推进发动机最新计划

2.1 核热推进航天发动机计划

2020年2月消息称,美国国防部正在开发能够在太空中推动卫星的"核热推进"发动机。这是一项多机构联合研发项目,目的是掌握航天技术领先地位、从月球上开采更好的矿产资源,并且开发相关武器。核热推进航天器利用核反应堆来加热液态氢,将其变成电离的氢等离子体,并通过喷嘴来产生推力。核动力发动机有望使航天器用3到4个月时间抵达火星,比最快的传统化学动力航天器快约一倍。

2.2 核聚变驱动发动机计划

直接聚变驱动(DFD)是一种概念性的低放射性核聚变火箭发动机,旨在为行星间航天器产生推力和电力。该概念基于2002年塞缪尔-A-科恩发明的普林斯顿场逆构型反应堆,美国能源部下属的普林斯顿等离子体物理实验室正对其进行建模和实验测试,并由普林斯顿卫星系统公司进行评估。截至2018年,该计划已进入第二期的设计阶段[4]。该发动机结构图如图1所示[5]。

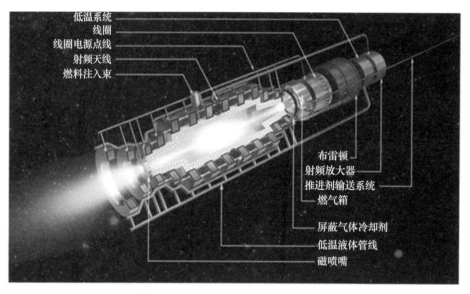

图1　核聚变驱动发动机结构示意图

这种发动机通过采用一种新型反场位形(FRC)进行磁约束,然后使用氘-氦-3反应来产生聚变能。反场位形采用简单的线性螺线管线圈形状,但在给定磁场强度下,可产生比其他磁约束等离子体设备更高的等离子体压力,从而产生更高的聚变功率密度[6]。

3 美国核动力推进发动机最新技术成果

3.1 低浓缩铀核热推进发动机系统的进展

作为NASA核热推进(NTP)计划的一部分,最近几年完成的开发工作正朝着全面研制和发射核空间系统演示机的方向发展[7]。该演示机开发活动将利用能够在高温下(例如,峰值温度为 2 800～3 000 K)使用的核燃料材料,来达到 900 s 或以上的比冲。该飞行演示机的核热推进可能以氢推进剂为冷却剂,在反应堆芯中使用陶瓷-金属(陶金)或碳化物基燃料,并在开发过程中尽可能多地使用现成的液体燃料火箭硬件,以节省成本。

3.2 核热火箭发动机中掺杂氢的实验室测试

氢气掺杂(seeding hydrogen)是向氢气推进剂中加入氩气、氪气或氙气等重惰性气体(种子气体)的过程。目的是减少压力损失,改善对流传热,并以比冲和湿运载工具质量(wetted vehicle mass)为代价来增加推进剂密度。研究者进行了一项数值研究[8],预测并分析了改变氢气推进剂中的种子气体浓度所带来的影响。并根据目前正在开发的实际核热推进发动机的功率平衡模型以及 NASA 在 20 世纪 60 年代开发和测试的 PEWEE-1 发动机,对纯氢推进剂的数值模型进行了确认。

3.3 核热火箭和发动机动力学建模

橡树岭国家实验室(ORNL)正致力于开发发动机和反应堆动力学模型,以便为发动机仪控(I&C)的各个方面提供信息,包括针对燃料和慢化剂元素提供了新的、更详细的成分模型,并且通常侧重于改善先前提出的模拟细节[9]。

3.4 环形塞式喷管核热火箭发动机系统分析

近来,研究者开展了核热火箭发动机与环形塞式喷管耦合所需的系统分析[10]。核热火箭发动机与塞式喷管的耦合形成了一个系统,称为核热推进系统。鉴于这种核热推进系统的独特性,必须放弃核热火箭设计的传统结构,因为需要冷却整流罩和喷管尖。重新设计的核热火箭发动机被称为环形发动机,它根据堆芯的形状而设计,堆芯被制成环形,以便内部冷却剂流过来冷却喷管尖。堆芯的这一创新设计还使推进剂供给系统得以重新设计,并将推进剂预热系统与再生冷却剂系统集成。这些重新设计和创新使得高推力、高效率的简洁型核热推进系统成为可能。

3.5 推进系统新型环形核换热器的传热特性分析

为了找到巡航和加力燃烧飞行的最优结构,通过调整有限空间中的环数来研究新反应堆系统的流动和传热特性。验证了采用单一结构实现巡航和加力燃烧飞行的可行性。分析了直径为 30～90 cm 的环形空间内核换热器的流动和传热特性。通过调整多环结构的间距和进气道控制变量,找到了核换热器的优化方法和最优结构。最优结构用于分析进气道控制变量的灵敏度,从而提高推进性能。最后,利用堆芯物理和热耦合迭代获得最优结构下的反应堆特性。

4 美国核动力推进发动机最新应用

4.1 飞机推进

除了有效载荷可以与大型化学燃料飞机相媲美外,核动力飞机凭借其超长的航程,极大地缓解了燃料供应、空中加油以及向分散的、易受攻击的加油基地配送燃料的问题。核动力飞机能够无限期地在安全区域停留而避开恶劣天气,以及由于续航能力的提高而减少了起降次数,核动力飞机最终应该会成为更安全的飞机[11]。

4.2 冲压式喷气发动机

核动力冲压式喷气发动机主要应用于军事领域,作为一种超低空远程导弹,能够避开敌方雷达覆盖,从而突破敌方防御。由于保密等级,无法讨论核冲压式喷气发动机相对于其他武器运载系统的竞争能力;但未来的军事需求可能最终需要进一步研发这种形式的核推进。

4.3 固体堆芯火箭

尽管研发核火箭是否可以仅仅用于超大型有效载荷探月任务值得怀疑,但一旦研发成功,将其用于此类任务可能很有潜力。对于其他载人任务,如载人火星探测,与化学推进系统相比,核发动机大大降低了地球轨道对飞行器的质量要求。

4.4 同位素火箭

直接循环、热加热同位素火箭的可行性已经在 AEC、USAF 和 NASA 计划中得到验证。同位素火箭是已知的最简单的核推进形式,采用同位素加热的热交换器加热工作流体,然后以常规方式通过喷管喷出,产生从几毫磅到几分之一磅的推力。用 ^{210}Po、^{238}Pu 和 ^{147}Pm 作为热源,用 H_2 和 NH_3 作为推进剂,对推进器进行了试验。对于实地测绘、微陨星或需要在各种高度上连续同时进行覆盖的通信任务可能很有潜力。

5 技术趋势预判

5.1 热离子转换的空间核反应堆电源具有很大的发展前景

在几十到一百千瓦的功率范围内,综合考虑效率、质量、体积、技术成熟度、研制成本等因素,热离子转换的空间核反应堆电源将是极有发展前途的空间核电源。而且,大功率、长寿命的空间核反应堆电源也是核电推进的能源基础[3]。

5.2 核电推进技术越来越重要

核推进主要分为核热推进和核电推进两类。前者最大比冲为 1 000 s,且存在核燃料高温腐蚀、核裂变产物释放造成的放射性污染等目前无法克服的技术难点;后者具有高效能、高速度增量、极高比冲(高达 10 000 s)、长寿命等特点,可以大幅缩短任务周期、提高有效荷载比。核电推进技术被认为是未来大型空间任务的优先选择方案。因此,各国逐渐将研究重心转向核电推进技术。

5.3 核火箭发动机将向中小型发展

中小型核火箭发动机(例如推力 68 kN,比冲不小于 900 s,质量 3 t 左右的核火箭发动机),在一次航程中可以把 10 t 有效载荷输送到月球上去,不仅满足探测任务以及在月球上建立人类永久性基地的需求,而且也能保证运输用于生产"月球"氧以及相关材料的工艺设备。装备有这种核火箭发动机的宇宙飞船可以高效地围绕地球空间运输货物。

5.4 模块化堆芯方案将满足各种应用场景的需求

模块化堆芯由通用的燃料元件构成,可通过增减燃料元件的数量来达到不同的热功率,实现多种推力水平,加快系统设计的效率,提高系统的可靠性和维修性,从而能够满足各种任务需求。在地面整机试验和飞行试验时,采用模块化堆芯方案的推力发动机,以缩短开发周期,降低成本。

6 启示

相比于现有的化学推进和太阳能推进等技术,核动力推进发动机技术具有高推重比和长航时的优点,可应用于航天航空飞行器、潜艇等运载工具,因此受到了广泛关注。美国在核动力推进发动机发展战略下积极开展研发工作,积累了先进的技术经验,取得了众多技术成果。基于对美国核动力推进发动机政策、计划、成果和应用的研究,得到如下启示。

6.1 从顶层设计上,总体规划空间核动力发展

空间核动力技术涉及多方面的研究难点和关键技术,具有研究难度大、研发周期长、资金投入大的特点,需在顶层牵引下,联合航天与核工业优势单位,循序渐进开展方案论证、技术攻关、地面试验和飞行验证,逐步提高空间核能应用技术成熟度,为未来航天任务提供有力支撑。

6.2 在技术研发上,提升空间核电源性能,不断改进与拓展应用范围

重视空间核动力中最基础、相对容易的放射性同位素衰变能研究与应用,在现有研究和应用基础上,提升其性能指标,边研究边发展,边应用边改进。要注意解决该技术的瓶颈——超高活度同位素放射源的制备加载与防护、导热材料的辐照损伤、电池组件的抗震加固,进一步提高电池输出功率与换能效

率。同时,也要开展空间核反应堆电源研究,合理规划 10、100、1 000 kW 级空间核电源的研发。

6.3　在应用推广上,加强核热推进理论研究和技术突破,重视地面试验

　　未来将核热推进应用于航天运输系统中,尚存在总体技术、核热发动机技术和核反应系统相关技术等关键技术亟待突破。上述关键技术除了注重理论研究和积累,还要额外重视试验安全等问题。开展核热推进地面试验时,要重视安全,重点关注燃料试验,精心策划以减少成本。

致谢:

感谢科室领导刘媛筠和同事王莹、张益源的指导和有益讨论!

参考文献:

[1]　解家春,霍红磊,苏著亭,等. 核热推进技术发展综述[J]. 深空探测学报,2017,4(5):417-429.

[2]　陈杰,高劭伦,夏陈超,等. 空间堆核动力技术选择研究[J]. 上海航天,2019,36(6):1-10.

[3]　国外空间核动力典型项目与技术发展调研报告[R].北京:北京太阳谷咨询有限公司,2020.

[4]　Direct Fusion Drive[EB/OL].[2020-07-20].Wikipedia,2020.

[5]　Impatient? A Spacecraft Could Get to Titan in Only 2 Years Using a Direct Fusion Drive[EB/OL].[2020-08-15]. Universe today,2020.

[6]　Razin Y S,Pajer G,Breton M,et al. A direct fusion drive for rocket propulsion[J]. Acta Astronautica,2014, 105(1):145-155.

[7]　JOYNER C R,DEASON W,EADES M,et al. LEU NTP engine system for flight demonstrator[C]. Knoxville. Oak Ridge National Laboratory.2020.

[8]　NIKITAEV D. A Laboratory Test to Evaluate Seeded Hydrogen in a Nuclear Thermal Rocket Engine[C]. Nuclear Thermal Propulsion:Testing and Programmatics,2020.

[9]　RADER J D,SMITH M B R. Dynamic nuclear thermal rocket and engine modeling[C]. NETS 2020 conference proceedings,2020.

[10]　STEWART K,PAPADOPOULOS P. System Analysis of a Nuclear Thermal Rocket Engine with a Toroidal Aerospike Nozzle.[C]. NETS 2020 conference proceedings,2020.

[11]　RICHARD K. PLEBUCH J S. Martinez. Nuclear propulsion applications.[J]. The New York Academy of Sciences.2010(9):358-379.

Overview of the latest developments in U.S. nuclear propulsion engines

CHEN Yan-zhou

(China Academy of Engineering Physics,Mianyang Sichuan 621900,China)

Abstract: Nuclear propulsion engine,a device that utilizes thermal or electrical energy generated by nuclear reactors to supply propulsion power,is widely used in aerospace craft,submarines, icebreakers and other vehicles due to its high thrust-to-weight ratio and long endurance. This paper comprehensively collected relevant information to sort out the latest policies,projects,research achievements and applications of nuclear propulsion engines in US. In addition,predictions of the technology trends were made. The above investigation can provide us with reference information as to the nuclear propulsion engine technology.

Key words:nuclear propulsion engine;policy;project;achievement;application

对美国近期发展空间核动力新政策的分析

许春阳

(中国核科技信息与经济研究院,北京 100048)

摘要:美国空间放射性同位素电源已有几十年的应用历史,在对太阳系的探索中发挥了不可或缺的作用,实现了很多前所未有的科学发现。而在空间核反应堆电源和空间核推进方面,美国从 20 世纪 50 年代至今,虽然一直陆续开展许多研发计划,但是仅在 1965 年发射一枚携带核反应堆的卫星,此后再未取得应用。近年来,在未来载人月球和火星探索的目标牵引下,美国在空间核反应堆电源和核推进方面不断推动技术发展,特别是 2018 年,热管型核反应堆地面样机热试验取得成功,标志着空间核反应堆电源朝着太空应用又迈进一步。从 2019 年到 2021 年年初,美国政府陆续以总统备忘录、行政令等形式发布一系列政策文件,加大对空间核动力发展的推动力度,促进其发展和应用。本文认为,美国政府近年来公布一系列政策文件,重点是要解决空间核反应堆电源和空间核推进从研发进入到实际应用这一过程所面临的政策和技术瓶颈,从而给美国未来在太空领域保持领先地位奠定能力保障。本文针对美国空间核动力发展的现状与诸多问题,对美国新政策进行解读分析。美国这一系列新政策文件针对政府政策、审批、技术、能力等现实问题,明确了政策导向,给出了解决方案,提出的措施包括,给未来 10 年技术和工业能力发展确定重大里程碑,对当前一些悬而未决的技术问题明确了决策和方向,解决空间核反应堆应用安全和发射审批问题,加大了政府相关各部门推动发展的支持力度,给私营企业发展空间核动力提出鼓励措施和相关政策等。

关键词:空间核动力;空间核反应堆电源;空间放射性同位素电源

空间核动力包括空间放射性同位素电源、空间核反应堆电源、空间核推进等形式。美国空间放射性同位素电源已有几十年的应用历史,特别是在太阳系探索中,实现了很多前所未有的科学发现。在空间核反应堆电源和空间核推进方面,美国从 20 世纪 50 年代至今,虽然陆续开展许多研发计划,但仅在 1965 年发射一枚携带核反应堆的卫星,此后再未能取得应用。

近年来,在载人月球和火星探索的目标牵引下,美国不断推动空间核反应堆电源和核推进技术发展。特别是在 2018 年,热管型核反应堆地面样机热试验取得成功,标志着空间核反应堆电源朝着太空应用又迈进一步。然而,即便在应用目标明确的情况下,从技术研发到型号研制,再到飞行样机这一过程,仍旧存在关键技术、制造能力、标准规范、安全评价与审批政策等方面的阻碍。

在此背景下,美国政府 2019 年 8 月 20 日发布《带有空间核系统的航天器的发射总统备忘录》,2020 年 12 月 11 日发布《国家太空政策总统备忘录》,2020 年 12 月 16 日发布《有关空间核电源与核推进的国家战略总统备忘录》,2021 年 1 月 12 日又发布《促进国防与太空探索小型模块化反应堆发展的行政令》。这四份文件从多个方面建立了促进空间核动力发展的全新政策体系,意图全面提升美国发展空间核动力的政策支持水平、促进空间核动力技术发展与能力保障、明确技术发展里程碑和关键技术决策,特别是,促进空间反应堆跨过从研发到应用门槛,实现几十年来的首次应用。

1　美国新政策文件要点

四份新文件中,2020 年《有关空间核电源与核推进的国家战略总统备忘录》[1](以下简称《国家战略》)是直接针对美国空间动力技术发展和应用提出的国家战略文件,规定了发展政策、目标、原则、政府机构分工以及发展和应用的路线图。2019 年《带有空间核系统的航天器的发射总统备忘录》[2]重点解决携带核动力系统的航天器发射审批问题。2020 年《国家太空政策总统备忘录》[3]从太空政策框架下提出空间核动力发展的政策与政府职能等。2021 年《促进国防与太空探索小型模块化反应堆发展

作者简介:许春阳(1980—),男,江苏人,研究员级高级工程师,硕士,现主要从事核领域情报研究

的行政令》[4]重点关注利用多种新型反应堆的共性推动技术发展。

1.1 政策、目标、原则

《国家战略》重申美国对于发展空间核动力的国家政策,即"开发并使用那些能安全地实现或增强太空探索或作业能力空间核系统",进而提出四项发展目标,包括(1)建立铀燃料制造能力;(2)月球表面反应堆电源示范运行;(3)核热推进具备技术基础与能力(工程条件);(4)开发先进放射性同位素电源系统。文件还提出安全、安保、可持续三项发展原则。

1.2 政府各部门分工

《国家战略》明确了8个政府机构及副总统的相关职责。副总统负责政策协调。国务院负责国际义务与国际合作。国防部和国家航空航天局负责开发和使用,支持国家安全和科学探索目标。商务部负责支持私营部门发展空间核动力的政策和协调,促进商用太空核动力的发展。运输部负责商业发射审批。能源部负责技术开发与能力维持。核管会负责职权范围内的许可和监管。

1.3 发展路线图

《国家战略》提出了空间核电源与核推进的发展路线图,包括四个方面:建立铀燃料制造能力,21世纪20年代中期至少完成一种燃料类型的鉴定,并为示范运行供应燃料;国家航空航天局启动一个星表反应堆电源项目,在2027年前进行月球表面示范,并可放大到40千瓦及以上功率水平,满足月球长期持续存在及火星探索需要;开展核热推进技术开发,解决关键技术,在21世纪20年代末建立起技术基础与能力;同位素热源材料能满足任务需求,并在2030年至少开发一种具有更高燃料效率、比能量、运行寿命的下一代放射性同位素电源。

2 发展政策分析

美国空间核动力一直面临放射性同位素电源使用稀少,核反应堆电源和核热推进长期研而不用的状况,有着研发、管理、政策各方面的原因。新政策体系意图通过解决若干突出的政策问题,推动研发开展,降低阻碍应用的政策壁垒。

2.1 加强政府部门职责

美国过去有关空间核动力发展的一贯国家政策,仅有笼统的表述,如奥巴马政府2010年《国家太空政策》[5]中提出"开发并使用那些能安全地实现或增强太空探索或作业能力空间核系统",但未有细化的方针措施。在实践中,空间核动力在需求的明确性与持续性、研发计划的持续支持、审批周期与成本等方面不确定性高、变数多,给太空任务规划中考虑使用核动力带来挑战。例如,美国国家航空航天局2015年《空间核电源评价》[6]报告就指出,一个放射性同位素电源从采购到交付需要花6年时间,而一些深空探测任务的规划周期不足3年,难以安排使用放射性同位素电源。

近期出台的新政策,除了复述了原来的宏观政策,还首次公布了支持空间核动力应用的单独政策文件,其中首次针对涉及政策、开发、应用、审批、监管等各坏节的8个政府机构以及副总统,都明确了各方职责,并明确提出,各部门在履行相关职责中,都应积极支持和促进空间核电源与核推进的发展和使用,支持美国实现其科学、探索、国家安全和商业目标,显示了比过去更强烈的政治意愿和行政机构支持。

2.2 借助共性,集中协调资源

空间核电源与核推进追求重量尺寸最小化、装置比功率最大化,这一严格要求致使其技术方案与地面应用的核能技术差别很大,很少有现成技术和经验可供借用,开发难度高、风险大、周期长,而且可选技术方案极多,这是美国过去几十年来许多空间反应堆开发计划经历挫折、未能实现应用的内在技术原因。

新政策倡导通过开发核电源与核推进的不同政府机构与私营机构,在多个方面寻找共性,开发共性技术和共性能力、满足共同需求,从而在有限经费约束下,提高技术研发的效能。如在不同研发计划之间,考虑计划需求、目标、反应堆相关技术、工艺、基础能力等方面的共性。在核燃料方面,考虑不同反应堆技术和应用领域的核燃料之间的共性,不同燃料在材料、工艺、设计、基础能力等方面的共性。最新一份文件,2021年1月12日的《促进国防与太空探索小型模块化反应堆发展的行政令》专门提倡利用地面用小型堆和空间堆之间的技术共性、国防部和国家航空航天局的需求共性,推动技术发展。

2.3 发挥私营部门作用

美国在放射性同位素电源研发和应用方面,已在大量调动私营部门的研发和生产力量,对新技术进行研发,对成熟型号进行制造组装。空间核反应堆电源和核推进方面,过去工作仍以方案论证和技术研发为主,未进入型号研制,私营部门参与也较少。

新政策着眼空间核反应堆应用的目标,极大鼓励和支持私营部门参与空间核电源和核推进的研发与应用,提出在确定需求、方案和技术开发、系统开发、演示示范等环节均鼓励私营部门适当参与。商务部负责对商业使用的空间核电源与推进进行投资和支持,并促进开发和使用中的公私合作。对此,美国航空航天局和国防部,从2020年以来都已在近期面向私营企业,对核热推进和星表反应堆电源进行了方案征询,为后续的私营企业开展型号研制和示范应用做准备[7]。

新政策还开辟了私营企业为商业航天任务发射空间核电源与核推进系统的可能性,建立了相关许可审批程序。2019年《带有空间核系统的航天器的发射总统备忘录》提出,运输部作为对带有空间核电源与核推进系统的航天器的商业发射和再入大气层进行许可,还要求运输部长针对商业机构发射核动力航天器,起草并公布一份有关许可证申请评价流程的指南导则。

2.4 明确安全方针

空间核动力装置的安全因素,需在任务规划、方案设计的及早阶段就纳入考虑,将安全性纳入设计和运行方案中,否则会面临政策和技术风险。美国过去对空间核动力装置应用的审批,没有设定明确标准,只要求通过对风险和收益的权衡来决定是否批准。对此,空间核动力装置应用的安全分析,需尽最大可能达到详实充分,所以耗时长、成本高,且审批结果也具有不确定性。这些经验表明,明确的安全要求,将有利于降低研制计划的风险,简化审批工作,支持应用[8]。

新政策将安全作为三项目标之一,提出了在开发、发射、运行与处置阶段,确保安全的总体规定。2019年8月20日《带有空间核系统的航天器的发射总统备忘录》明确了安全指导方针,要求力图确保:对公众个体造成的辐照总有效剂量在25 mrem~5 rem的事故概率不超过一百分之一,5~25 rem的事故概率不超过一万分之一,超过25 rem的事故概率不超过十万分之一。该方针与美国核管会、能源部对核电站与核设施现行的安全标准相比,水平相当甚至更加保守。

2.5 简化安全评估与发射审批流程

如前所述,美国原有的发射审批流程早已显示出耗时长、重复工作多、成本高昂、审批结果有不确定性的弊端。《带有空间核系统的航天器的发射总统备忘录》针对过去这些经验,建立了组织上更加简化的审批流程,减少了重复性工作,并突出地将空间核反应堆以及商用发射纳入审批方案。主要简化措施包括,按照危险性的大小和任务发起机构性质将空间任务分级,不同级别有不同的审批权力机构、不同的安全评审要求。安全分析和评审工作本身也消除了重复工作并进行合理简化,要求建立常设的跨机构的独立核安全评估委员会,且该机构不负责开展自己的分析。

3 技术决策分析

美国近年来在空间核动力关键技术和能力上不断取得新的突破进展,但是从技术研发进展到型号研制,需在明确需求指标下确定最优技术方案,再克服一系列制造和应用方面的困难。此次《国家战略》文件意图明确一系列重要技术决策和目标,期望打开新型号发展和应用的政策途径。

3.1 核反应堆电源

新文件对空间核反应堆电源主要解决功率需求、发射时间、是否使用高浓铀燃料三方面问题。

美国在 21 世纪初就提出发展星体表面反应堆电源支持载人探索，并已明确目标为 40 千瓦，期间尝试二氧化铀燃料钠钾合金冷却快堆等技术方案研发后[9]，在 2018 年实现 Kilopower 热管型反应堆地面热试验成功的重要里程碑。Kilopower 反应堆原本是为弥补深空探测用放射性同位素电源 ^{238}Pu 材料不足而提出的替代性方案，其采取了整块铀钼合金作为燃料，利用热管传热和斯特林能量转换，如果在载人探测中应用，面临两个疑难。一是该方案最适合满足 1～10 kW 需求，设计 10 kW 以上的单堆，复杂度显著加大[10]。二是使用武器级高浓铀燃料，违背美国几十年来推行的避免在民用领域使用高浓铀的防扩散政策。

《国家战略》文件首先明确了 2027 年进行月球表面示范这一目标，给出了明确的需求意愿，进而提出该反应堆电源未来可放大至 40 千瓦或更高功率水平，用来支持未来月球表面人类长期存在和载人火星探索。换句话说，新政策降低了首次使用星球表面反应堆电源的功率需求。按照政府发出的方案征询文件来看，首个月球表面电源功率将为 10 千瓦。未来建立火星基地时，再谋求研制更大功率电源，或者可将多个 10 千瓦电源一起部署，满足 40 千瓦以上需求。

针对使用高浓铀的问题，美国从事政策研究和技术研发的相关机构、国会议员等，在 2019 年就已组织了准备性的讨论，提出了大体思路方针[11]。此次政策明确了空间堆尽量减少高浓铀使用，但也不绝对排除的政策。《国家战略》文件指出，高浓铀的使用，应仅限于用其他核燃料或非核电源无法实现的任务，并须做出方案评估。近期分析显示，由于高浓铀的能量密度优势，100 千瓦以下空间堆的技术性能对核燃料富集度十分敏感，使用低浓铀的劣势明显，会极大减少科学载荷、需要使用更大的运载火箭、延长飞行时间[12]。

因此，新政策给 Kilopower 技术的应用预留了前景，但也不排除采取其他技术方案的可能。

3.2　核热推进

美国 20 世纪六七十年代开展了大量核热推进的研发工作。美国国家航空航天局主导的新一轮研发和论证已进行了大约 10 年，连国防部国防高级研究计划局（DARPA）也加入了研发行列，二者还着手调动了一批私营企业开展方案设计和研发。

近年来，美国国内对核热推进的支持较大，但对发展方针，明显存有两种不同意见。美国国家航空航天局近年来主要推动核热推进的核燃料选型，已明确将使用低浓铀燃料，但遇到有些候选燃料未能通过测试、堆内运行测试能力尚为空白等问题，短时间内难以解决[13]，并且也在考虑发展技术挑战相对较低的核电推进的打算[14]。同时，国会对核热推进的政治支持空前高涨，抱以过乐观的期望，还曾在 2020 财年预算中批准专项拨款，意图推动在 2024 进行一次飞行示范[15]。

此次新政策明确，针对核热推进，将立足当前实际水平，继续筛选技术方案，推动关键技术攻关，提出在 21 世纪 20 年代末建立起技术基础与能力的目标。根据该目标，美国可在 2030 年左右完成核热推进的主要关键技术攻关并转入型号研制，从而可为 21 世纪 30 年代载人火星任务发射窗口期做好技术储备。

3.3　放射性同位素电源

美国空间放射性同位素电源使用多年，然而，一方面受到 ^{238}Pu 库存量和发射审批成本的约束，很多年才能发射一次，最近 2 次发射相隔约 10 年，都是火星漫游车。另一方面，在当前使用频次很低的情况下，远期用途和需求指标不明确，新型电源型号开发也步履缓慢。2013 年年底，国家航空航天局曾因经费不足和技术因素，取消了"先进斯特林放射性同位素电源"的研制项目[16]。此后在该领域一直进行新方案论证和新型动态和静态能量转换技术研发，包括近期正在研发新型静态能量转换技术，还委托私营企业开展 3 种数百瓦级别动态能量转换样机研制[17]，但一直未能正式启动新的电源型号研发。

此次新政策，一方面提出评估近期任务需求，让放射性热源材料生产/获取满足需求；另一方面提出在 2030 年至少开发一种具有更高燃料效率、比能量、运行寿命的下一代放射性同位素电源的目标。也就是说，原定在 2026 年达到每年生产 1.5 kg ^{238}Pu 的目标[18]后根据新的需求也可能提高，并在未来几年内将正式启动新的型号研发。未来放射性同位素电源应用的数量和技术水平上,都可上一个台阶。

4 结论

4.1 美国政府对空间核动力未来发展的筹谋

美国是世界上唯一长期成功使用空间核动力的国家,特别是在深空探测领域,几十年来通过空间放射性同位素电源获得了不可替代的科学回报。近年来,在新兴技术不断发展,新兴战略领域异军突起的背景下,美国政府将空间核动力技术视为太空领域发展的制高点,意图通过空间核反应堆电源、空间核推进等,助推下一步的载人登月和载人火星探测,掌握下一代的空间行动能力。

美国空间核反应堆电源和空间核推进,虽已有几十年的技术积累,但过渡到应用阶段,仍旧面临诸多政策支持、技术发展、安全审批等复杂挑战。对此,美国政府2019年以来陆续出台多项政策文件,特别是2020年年底的《国家战略》文件,集中针对当前面临的一些困局,做出统一决策,推动发展。在政策支持方面,美国政府明确和细化了八个相关政府部门的作用,明确了借助私营部门力量、借助共性谋求发展的方向,并改善了安全标准、审批流程等。技术方面,立足当前现实情况,提出发展思路,最突出的就是大力推动反应堆电源在月球表面实现首次应用。

4.2 美国空间核动力技术发展前景

对于空间核反应堆电源的应用,美国政府机构近年来已有相关规划,而近期新政策在更高层面明确了21世纪20年代实现月球表面反应堆运行的目标,并针对发现的一些政策和技术短板,全方位加强支持。虽然NASA认为2027年是比较紧张的进度要求,但从近期采取的措施和支持力度来看,月球表面反应堆电源有望很快实现工程立项,朝着月球应用的目标再迈出一步。

核热推进方面,如前所述,技术发展还存在明显缺口,包括关键技术核燃料尚未攻克、核燃料在真实运行条件下持续测试的能力尚不具备等,较短时间内难以完成。新政策认识到这些难度,因此提出在21世纪20年代末以前的目标是攻克关键技术、具备技术条件。这一目标如果实现,核热推进可成为30年代末期载人火星探测的备选方案。

新政策对放射性同位素电源方面也提出发展愿景,未来在明确发展需求的基础上,可能增加热源材料供应,增加其使用频次,并针对发展趋势,研发新的电源型号。

不过,美国空间核动力发展前景仍有经费、政策、技术三方面不确定因素。预算能否有足够提升、政府换届的政策变向、技术方案的议而不决、关键技术的攻关风险等,都可能给发展前景带来很大不确定性。例如在政治支持上,近期调查和分析显示,美国民主党和共和党两党对美国国家航空航天局以及太空探索事业的支持意愿,总体上是一致的,目前,两党都支持美国开展载人登月的计划,并将载人登月作为载人探索火星的第一步。然而,两党支持的重点和原因仍有差异,共和党人把太空问题看成是国家安全问题,而民主党人更看重环境问题[19]。这种差别也有可能在未来空间核动力发展方向和进度的政策上体现出来。

参考文献:

[1] Memorandum on the National Strategy for Space Nuclear Power and Propulsion (Space Policy Directive-6)[R]. Presidential Memoranda. 2020.

[2] Presidential Memorandum on Launch of Spacecraft Containing Space Nuclear Systems[R]. Presidential Memoranda. 2019.

[3] Memorandum on The National Space Policy[R]. Presidential Memoranda. 2020.

[4] Executive Order on Promoting Small Modular Reactors for National Defense and Space Exploration[R]. 2021.

[5] National Space Policy of the United States of America[R]. 2010.

[6] MC NUTT R. Nuclear Power Assessment Study Final Report[R]. The Johns Hopkins University Applied Physics Laboratory. TSSD-23122, 2015.

[7] BUKSZPAN D. Why Nasa Wants to Put a Nuclear Power Plant on the Moon [EB/OL]. [2020-08-15]. 2020. https://www.cnbc.com/2020/11/15/why-nasa-wants-to-put-a-nuclear-power-plant-on-the-moon.html.

[8] CAMP A. Potential Improvements to the Nuclear Safety and Launch Approval Process for Nuclear Reactors Utilized for Space Power and Propulsion Applications [R]. NASA/TM-2019-220256, 2019.

[9] BRIGGS M. Fission Surface Power Technology Demonstration Unit Test Results [R]. NASA-TM-2016-219382. 2016.

[10] GIBSON M. Higher Power Design Concepts for NASA's Kilopower Reactor [R].

[11] FOUST J. Space Exploration and Nuclear Proliferation [EB/OL]. [2020-07-15]. The Space Review. 2019. https://www.thespacereview.com/article/3825/1.

[12] MCCLURE P. Comparison of LEU and HEU Fuel for Kilopower Reactor [R]. LA-UR-18-29623, 2018.

[13] PALOMARES K. Assessment of near-term fuel screening and qualification needs for nuclear thermal propulsion systems [J]. Nuclear Engineering and Design, 2020. 367: 100765.

[14] National Aeronautics and Space Administration. FY 2021 President's Budget Request Summary [R]. 2020.

[15] STOLBERG H. US Ramps Up Planning for Space Nuclear Technology [EB/OL]. [2020-09-10]. American Institute of Physics. 2020. https://www.aip.org/fyi/2020/us-ramps-planning-space-nuclear-technology.

[16] DREIER C. NASA Just Cancelled its Advanced Spacecraft Power Program [EB/OL]. [2020-08-15]. The Planetary Society. 2013. https://www.planetary.org/articles/20131115-nasa-just-cancelled-its-asrg-program.

[17] WILSON S. Maturation of Dynamic Power Convertors for Radioisotope Power Systems [C]. Nuclear and Emerging Technologies for Space, American Nuclear Society Topical Meeting. Richland, WA, February 25-February 28, 2019.

[18] DOE Could Improve Planning and Communication Related to Plutonium-238 and Radioisotope Power Systems Production Challenges [R]. GAO-17-673, 2017.

[19] GITLIN J. Partisan Differences Show Up in Reasons Why Americans Support NASA [EB/OL].[2020-07-20]. ARS Technica. 2019. https://arstechnica.com/science/2019/11/americans-support-space-exploration-but-for-partisan-reasons/.

Analysis on U.S new policies for the development of space nuclear power systems

XU Chun-yang

(China Institute of Nuclear Information and Economics, Beijing 100048, China)

Abstract: During the past decades, the United States launched space radioisotope power systems and made unprecedent scientific discoveries in the field of the solar system exploration. However, the U. S. has launched only one space reactor into space in 1965 despite continuous R&D activities until recently. In recent years, the U.S. government has published a series of policy documents regarding space nuclear power and propulsion technologies. These documents focus on the transition from development to application of nuclear reactor power systems and propulsion systems and provide a basis for future leadership in the space domain. They establish major technical and capability milestones for the next ten years, and address specifically issues in technology, policy, safety, launch approval procedure, roles of government agencies, private sectors and so forth.

Key words: space nuclear power; space nuclear reactor power system; space radioisotope power system

俄罗斯核能与动力工业能力分析

许春阳

(中国核科技信息与经济研究院,北京 100048)

摘要:俄罗斯核能与动力工业起步于 20 世纪 40 年代,最初组建是为了研发核材料生产堆,50 年代后又陆续研制各种核能和核动力产品,目前发展仍积极活跃。经过几十年的发展和转型,目前主要有综合性研发机构 5 家、专业研发机构 7 家、设备研发与制造企业 11 家,此外还有核燃料研发与制造企业、核电站建设企业、核电站运营与支持机构、核动力破冰船运营机构等,构成规模庞大的综合性工业能力。本文对俄罗斯核能与动力工业的发展转型、能力布局,以及研发能力、制造能力、运行保障能力、发展政策等方面进行分析。俄罗斯核能与动力研发机构与工业企业大多有较长的发展历史,几十年来支持国防和民用核能与动力装备建设,围绕压水堆核电站、舰船核动力、快堆等重点领域,逐渐建立发展了相关专业化能力。其研发机构各具专长,在不同堆型和相关技术领域形成各自能力积淀,并建立了强大的试验测试基地。制造企业近年来逐步调整并健全,满足当前各类核能与动力堆型制造需要。核电建设与运行支持企业满足国内核电站建设运行需求。俄罗斯是舰船核动力大国,还针对核动力舰艇、核动力破冰船等建立了完善的支持保障能力。相关工业能力为海外核电项目提供强大支持。俄罗斯政府还公布了核工业发展新规划,提出核能与动力新技术和新装备发展的主要方向和目标,进行相关投入,牵引工业领域的技术发展和能力建设。

关键词:核动力;核工业;核反应堆

苏联 20 世纪 40 年代就开始研制运行核材料生产堆,1949 年核武器首次试爆成功后,就开始着手将核能这一新的能源用于军事和民用的各个领域,其中重要方面就是为各式各样的用途研制核反应堆。核潜艇、核动力破冰船、核电站、核动力卫星等研制项目接连启动,各种技术路线探索广泛。50 年代以来,俄罗斯共建造核潜艇 250 艘以上,装备 400 多座反应堆,还批量建造了核动力水面军舰、民用核动力破冰船、核动力卫星等,装备建造规模和应用范围都居世界领先地位。目前,俄罗斯借助核动力技术,发展新一代核动力装备。各式装备建设全面并不断跨代更新,为国防建设和经济发展发挥了重要作用。目前,核能与动力是俄罗斯核工业的重要产品,一批研发和制造单位拥有几十年经验,在各自领域形成专长,推动新一批装备型号发展。

1　分布与组织结构

俄罗斯核能与动力领域的研发机构和生产企业,大多创立于 20 世纪中期,隶属中型机械制造部,其核心业务和能力几十年来不断发展转变。在 2007 年成立国家原子能公司(Rosatom)以后,这些机构和企业又归并到 Rosatom 下属的相关业务板块和管理公司,陆续改组为联合股份公司这一形式。

除了 Rosatom 外,库尔恰托夫研究院、俄罗斯科学院以及一些高校,也开展核能与动力相关的前沿探索和技术研发,构成这一领域科研与创新体系的有机部分。

1.1　国家原子能公司

俄罗斯国家原子能公司(Rosatom)成立于 2007 年,整合了俄罗斯绝大部分核工业能力,拥有各类企业机构 300 多家。其中,核能与动力研发生产的企业与机构,绝大部分集中在子公司原子能工业综合体股份公司(Atomenergoprom,AEP)。

AEP 的机械工程部负责核电技术研发和设备制造,管理公司为核能机械股份公司(Atomenergomash,AEM),拥有一批工程设计机构和设备生产制造厂[1]。AEP 的燃料部管理公司

作者简介:许春阳(1980—),男,江苏人,研究员级高级工程师,硕士,现主要从事情报研究

TVEL 公司,其下属一些企业从事核燃料研发、设计、制造等业务。AEP 的工程部负责国内外核电站设计与建造,管理公司为核建造出口集团(Atomstroyexport,ASE)[2]。动力工程部负责核电站运行以及核能发电与供热,管理公司为俄罗斯核电站电能与热能生产股份公司(Rosenergoatom)[3]。

除了 AEP 外,Rosatom 还有一个科学创新板块,由"科学与创新"公司管理,协调相关科学研究活动,其下设机构也有一些核反应堆与燃料技术科研单位。

Rosatom 下属的核船队(Atomflot)联邦国家单一制企业作为单独的业务板块,负责核动力破冰船运行、核动力舰船维护和维修、安全处理核材料和放射性废物等。

1.2 独立研究机构和高校

在国家原子能公司以外,还有一批基础性、综合性科研单位,分布在国家研究中心库尔恰托夫研究院、俄罗斯科学院、高校等,以核领域基础与前沿性研究为重点方向,涉及基础物理、等离子体物理、激光器技术、聚变科学、新型材料、建模仿真、辐射应用等,营造新的科技发展方向,为核工业各领域发展下一代新技术创造条件。

1.3 大型制造企业

俄罗斯还有一些大型制造企业,开展核能与动力设备生产制造,如联合重型机械工厂(OMZ)集团、下诺夫哥罗德机械制造厂(NMZ)等。

2 设计研发

2.1 核心性的综合研发机构

俄罗斯核能与动力领域,称得上核心研发机构的有 5 家,其各有不同的主要领域和能力专长,作为新一代技术发展的前瞻引领和新装备型号的总设计。国家原子能公司(Rosatom)有 4 家,即阿夫里坎托夫机械制造实验设计局(OKBM)、多列扎利动力工程科研设计研究院(NIKIET)、莱布恩斯基物理与动力工程研究院(IPPE)、压水机实验设计局(OKB Gidropress)。库尔恰托夫研究院是独立于国家原子能公司以外的核领域最重要研究机构,在俄罗斯核能与动力技术发展历史中也发挥了关键性的引领和探索作用。

OKBM 成立于 1945 年,是俄罗斯舰船核动力技术研发的核心机构,也是许多核能与动力装备的总设计机构,其主要成就遍及生产堆、潜艇压水堆、潜艇铅铋冷却反应堆、破冰船反应堆、钠冷快堆等,还开发了压水堆堆芯与燃料、多种反应堆设备、船用反应堆换料设备等。目前重点项目包括新一代潜艇反应堆、RITM-200/400 破冰船反应堆、浮动核电站和小型反应堆、BN-1200 钠冷快堆等。OKBM 还拥有大规模的科研测试能力与生产设施。

NIKIET 成立于 1942 年,也是许多核能与动力装备的总设计机构,曾开发了生产堆、潜艇反应堆、装备特殊潜艇的小型核动力、核电站石墨水冷堆、各类研究堆、反应堆控制系统等[4],还曾开展空间核动力、核聚变等领域研发。目前主要项目包括 BREST-OD-300 铅冷快堆、兆瓦级空间核动力装置、MBIR 多用途快堆、中小型移反应堆、RBMK 现代化改造等。NIKIET 也建有生产基地,开展反应堆设备批量化生产。

IPPE 在 1945 年成立,具有"国家科学中心"地位,目前隶属国家原子能公司的创新管理机构,发挥方向引领和技术探索先导的作用,曾开发建设苏联首座核电站和最早的 2 座潜艇陆上模式堆,研发石墨水冷小型核电反应堆和 RBMK 反应堆、钠冷快堆、潜艇核动力、空间核动力等[5]。IPPE 目前为核领域综合科研机构,其设有核动力部,主要发展各类快堆、多种小型堆、供热堆、新型反应堆燃料与材料等技术,其实验基地建有各种介质的热工水力台架等研究设施。

OKB Gidropress 于 1946 年成立,成立之初曾参与石墨生产堆和重水堆、研究堆以及苏联首座核电站设计研发,1955 年以来成为 VVER 压水堆核电反应堆的总设计机构,研发了所有 VVER 反应堆型号。OKB Gidropress 还曾在 20 世纪五六十年代开发了潜艇铅铋冷却反应堆,为系列钠冷快堆开发了蒸汽发生器、中间热交换器等设备,21 世纪初设计了 SVBR-100 型铅铋冷却小型堆。OKB Gidropress 目前开展压水堆和液态金属冷却反应堆及其设备的设计开发,拥有实验研究基地和生产基地。

库尔恰托夫研究院是独立于国家原子能公司以外的核领域最重要研究机构,在俄罗斯核工业与技术发展中始终发挥引领和关键性作用,2010 年成为唯一一家"国家研究中心",2011 年以来合并了一批基础领域科研院所。目前,下一代核电技术是库尔恰托夫研究院的主要业务领域之一,相关科研设施包括 4 座研究堆、9 个临界装置、热室材料科学实验室等。

2.2 专业化的研发机构

除上述具备综合研发能力、发挥引领作用的机构外,俄罗斯还有一批专业化的反应堆研发机构,长期以来从事某一特定类型的反应堆技术、反应堆燃料或部件研究,或者专门从事反应堆研究中的试验工作。

亚历山德罗夫科研技术研究院(NITI)1962 年建立[6],主要运行舰艇陆上模式堆,参与海军核推进装置及其系统与部件的设计、测试与支持,建有 4 座陆上反应堆(KM-1、KV-1、KV-2 以及 VAU-6)并开展操纵员培训,还开发工业用途的自动控制系统、自动辐射监测系统等[7]。

原子反应堆研究院(NIIAR 或 RIAR)成立于 1959 年,是主要的辐照测试和堆后研究基地,建有 8 座研究堆,目前在建 1 座(MBIR),都具有世界先进水平的运行参数和特性。工作领域包括反应堆材料、反应堆物理与工程、放射化学与燃料循环、放射源与同位素生产等。

博奇瓦无机材料高技术研究院(VNIINM)1945 年成立,是俄罗斯最主要的核燃料循环领域技术研发机构,曾研发国防和民用领域各种反应堆的核燃料与材料,目前重点领域包括铅冷、钠冷快堆新型燃料和结构材料;压水堆、破冰船反应堆和小型堆燃料等。

红星公司,成立于 1972 年,曾是苏联空间核反应堆电源研发制造的牵头机构,目前仍开展热离子型核反应堆电源的研发和实验测试[8]。

卢奇科研与生产联合企业研究院(NII NPO Luch)成立于 1946 年,50 年代以后逐步以空间堆高温燃料元件、热离子发电元件等作为研制重点,目前研发高密度核燃料、热离子反应堆元件等。

机械制造中央设计局(TsKBM)成立于 1945 年,曾研发移动式反应堆、空间热离子反应堆电源、反应堆换料设备等,从 50 年代以来一直是反应堆泵设备的主要研制机构,曾为核潜艇、破冰船、核电站开发各种型号的泵设备,近期主要成果是 VVER-1000 反应堆采用水润滑轴承的主泵。设有一家分支机构,从事泵设备的测试与生产[9]。

仪表工程专业科学研究院(SNIIP)成立于 1952 年,是俄罗斯核领域仪表工程设计的主要企业,产品用于所有核动力海军舰艇和破冰船、几乎所有核电站以及多个研究设施。

反应堆材料研究院(IRM)隶属于国家原子能公司的创新管理机构,主要设施是 IVV-2M 研究堆和围绕其建立的一系列实验台架以及堆后研究设施[10],开展热离子反应堆、核火箭发动机等各种反应堆的先进燃料测试。

戈雷宁"普罗米修斯"(Prometey)结构材料中央研究院成立于 1939 年,2016 年加入库尔恰托夫研究院,为"国家科学中心",为核工业和其他重工业开展材料研究。

2.3 试验测试设施

上述研究机构的研发活动依托几十年来逐步建立的研究堆、研究台架、热室等各类设施,如表 1 所示。以下为最具代表性的一些研究能力。

俄罗斯共建造 6 座用于研发潜艇核动力的陆上反应堆台架。最初 2 座建立在 IPPE,即 27VM、27VT,分别用于探索压水堆和铅铋冷却反应堆两种技术路线。后来 4 座建在 NITI,包括铅铋冷却的 KM-1、第三代潜艇压水堆试验台架 KV-1、一体化试验台架 KV-2、小型辅助动力试验台架 VAU-6。其中,KV-1 从 1975 运行至今,支持第三、四代潜艇核动力技术方案开发应用[11]。

NIIAR 是反应堆辐照试验和堆后研究的主要基地,运行着俄罗斯大部分的高通量研究堆,包括回路式反应堆 MIR、高通量反应堆 SM、快堆 BOR-60、VK-50、池式反应堆 RBT-6、池式反应堆 RBT-10/2 等,2015 年开始建造 MBIR 多用途快堆[12],其快中子通量密度 5.3×10^{15} n/(cm^2 · s),可使材料辐射效应达到每年 40 dpa[13],计划 2024 年在实现功率启动。NIIAR 的反应堆材料试验综合体规模庞大,共有 49 个热室,9 个重型手套箱,可对 1.9×10^{16} Bq 活度的物项进行操纵。

莱布恩斯基物理与动力工程研究院(IPPE)的 BFS 临界台架是世界上规模最大的研究快中子反应堆中子物理学参数的临界装置,可对 3 000 MW 快堆活性区进行模拟,是目前对 BN、BREST、SVBR 等液态金属快堆进行全尺寸模拟实验的唯一实验工具。

阿夫里坎托夫机械工程实验设计局(OKBM)的 ST-659 和 ST-1125 临界台架是水堆研究独特工具,曾支持大量全尺寸堆芯以及堆芯局部的研究[14],包括对核动力破冰船反应堆、小型核电站反应堆、供热反应堆、浮动核电站的反应堆堆芯都开展了实验,以确定并优化堆芯构成,核实设计代码,对改进堆芯特性提出建议等。热物理学台架 L-186、L-1070、L-800 用于对压水堆堆芯模型开展各种工况下的特性研究。

反应堆材料研究院(IRM)依托 IVV-2M 研究堆建立的一系列实验台架以及堆后研究设施,PURS 台架用于热离子燃料元件测试,RISK 台架用于在各类气体介质中测试各类燃料元件,URAL 台架用于结构材料的堆内测试,屏蔽设施的 14 个屏蔽热室形成 2 条工艺线[15]。

表 1　核能与动力领域主要研发能力

类型	所属机构	主要研发设施
研究堆	NIIAR	MBIR(在建)多用途钠冷快堆、回路式反应堆 MIR、高通量反应堆 SM、快堆 BOR-60、VK-50、池式反应堆 RBT-6、池式反应堆 RBT-10/2 等
	IRM	IVV-2M
潜艇堆陆上台架	NITI	KM-1、KV-1、KV-2、VAU-6
	IPPE	27VM、27VT
临界台架	OKBM	ST-659 堆芯测试台架 ST-1125 堆芯测试台架
	IPPE	BFS 快中子临界装置
非核测试台架	OKBM	L-186 热物理学台架、L-1070 热物理学台架、压水堆核电站通用泵测试台架、ST-1477 钠冷快堆主泵测试台架、SPOT ZO 安全壳非能动排热测试台架、TISEI 快堆热工水力和安全系统测试台架、高温气体设施等
	NIKIET	水高压台架 SVD-2、大型热工水力测试台架 LHTB、超临界参数台架 SCPB 等
	IPPE	水力学台架、水热工水力台架、液态金属热工水力台架、液态金属技术台架、STF 氟利昂热物理学台架、SPRUT 通用台架、LIS-M 集成锂研究台架、热离子研究测试台架(USU-3、UMI-TEP、USP)等
	OKB Gidropress	反应堆结构元件测试台架、热物理学台架、材料测试台架、反应堆设备测试台架、现场测量系统等
	TsKBM	TsKBM 2 泵设备研究测试设施

3 生产制造

3.1 国家原子能公司的生产制造能力

3.1.1 反应堆设备

前述 OKBM、NIKIET、Gidropress 等研发设计单位,本身也具备专业化制造能力,制造反应堆设备和部件及其他工业产品。OKBM 的生产设施有 530 多台技术设备,900 多人,生产海军舰船、核工业、非核工业的各类设备。NIKIET 生产基地有 3 个场址,300 多人,生产传感器、RBMK 反应堆部件、金属产品等。Gidropress 生产基地有技术设备 180 多台,300 人。红星公司、NII NPO Luch、TsKBM 等,也都开展相关领域的制造业务。

俄罗斯还有一批单位专门从事反应堆设备、材料、部件等的技术研发与批量供应。这些机构大部分隶属于国家原子能公司的机械工程部 AEM 公司,也有一些不属于国家原子能公司,有些是收购的国外企业。

国家原子能公司机械工程部 AEM 公司的反应堆大型设备制造企业,主要是奥尔忠尼基泽-波多利斯克工厂(ZiO-Poldolsk)和 AEM 技术公司。AEM 技术公司又由 3 家企业构成,即原子机械制造公司(Atommash)、彼得罗扎沃茨克机械制造厂(Petrozavodskmash),以及位于乌克兰的特种钢能源机械工厂(Energomashspetsstal,EMSS)[16]。

此外,AEM 的核管道线路安装厂(Atomtruboprovodmontazh,ATM)主要生产核电站和工业设施的高低压管道零件、组装装置。工程技术中央科学研究院科研与生产联合企业(NPO TsNIITMASH)生产大型铸锭、铸件,开展金属成形、焊接和表面处理、热处理、质量控制等工作,在 VVER-1000 反应堆研发中开发了结构钢材料、焊接材料研发。AAEM 汽轮机技术公司为 ZiO-Poldolsk(51%)和通用电气-阿尔斯通(49%)的合资公司,其任务是为俄罗斯在国内外建造的核电站供应汽轮机厂房设备。捷克的 ARAKO 公司产品主要是核工业的各类阀门。

3.1.2 核燃料

苏联早在 20 世纪 40 年代就建立了三家主要核燃料生产企业。苏联解体后,俄罗斯境内还剩 2 家大型核燃料生产企业,即 MSZ 机械制造厂和新西伯利亚化学浓缩物工厂,生产能力共计每年 2 760 t[17]。俄罗斯还有一家大型锆产品生产企业切佩茨基机械工厂。这 3 家目前都是 TVEL 下属企业。

MSZ 机械制造厂(MSZ,Elemash)是俄罗斯最大工业企业之一,为核电站、研究堆、舰船反应堆在内的各种反应堆生产燃料。新西伯利亚化学浓缩物工厂(NCCP)主要为 VVER-1000 和 VVER-1200 反应堆供应燃料组件。切佩茨基(Chepetsk)机械工厂(ChMZ 或 CMP)其最主要任务是生产核燃料锆包壳,其锆产品包括金属锭、碘化锆、氧化锆,以及各种管材、线材、板材,包括燃料元件和组件的包壳和零件。

为推动闭合燃料循环技术研究和工业能力建设,俄罗斯在采矿与化学联合企业(MCC)建成了高度自动化水平的快堆 MOX 燃料生产设施,在西伯利亚化学联合企业建立了 CEU-1 和 CEU-2 混合氮化物燃料生产设施。正在建设的西伯利亚化学联合企业的中试示范能源综合体(PDEC),也将具有铀钚混合氮化物燃料制造能力。

3.2 联合重型机械工厂的生产制造能力

联合重型机械工厂(OMZ)集团是独立于国家原子能公司外的重要生产制造企业集团,由俄罗斯和捷克的十几家工厂组成,在核能设备领域是世界上少数能够生产整装压力容器的企业之一,供应多个国家的核电站。其下属 3 家工厂从事核领域制造[18],伊诺尔斯克工厂(Izhorskiye Zavody)生产 VVER-1000 和 VVER-1200 反应堆设备、浮动核电站反应堆容器、潜艇反应堆设备等。捷克 ŠKODA JS a.s.公司生产 VVER 系列反应堆的反应堆容器、内部构件、控制棒驱动机构等关键部件。乌拉尔化学机械制造厂(Uralhimmash)曾参与别洛亚尔斯克核电站 BN-600 和 BN-800 建设,产品包括热交换器、液态金属冷却剂设备、安全系统钢结构、乏燃料运输容器等。

3.3 其他重要生产制造能力

其他重要企业还有下诺夫哥罗德机械制造厂（NMZ），成立于1932年，现在是俄罗斯最大军工企业之一，为俄罗斯海军舰艇制造反应堆装置，近年来还为俄罗斯"罗蒙诺索夫院士"号浮动核电站制造了KLT-40S反应堆装置。莫斯科多金属工厂（MZP）于1932年成立，主要活动是研制和生产各类反应堆的调节、控制、保护系统，用于各种核电站动力堆以及研究堆和船用反应堆等。

4 运行维护

俄罗斯核能与动力装备维护分为三个部分，包括核电站运行维护、核动力破冰船和军用核动力舰船的运行维护。

4.1 核电站

俄罗斯国家原子能公司动力工程部"俄罗斯核电站电能与热能生产公司"（Rosenergoatom）负责俄罗斯核电站从选址、建造、试运行、运行、退役的整个周期以及其他运营职能。下属机构包括：10个运行核电站作为分支公司、各地在建核电站管理处；核电站应急响应的科研中心；科学与工程中心；退役示范工程中心；工程设计部办公室；资本项目实施部办公室；浮动核电站建造运营处等。

Rosenergoatom在核电运行维护方面的专业机构包括：原子能维修（Atomenergoremont）股份公司负责核电站设备的维护、维修和现代化改造；原子技术能源（Atomtekhenergo）股份公司开展核电站试运行，包括核电站所有设备的各种启动和校正，以及运行人员培训；全俄核电站运行研究院（VNIIAES）股份公司，向核电站提供研发、技术和运行支持，包括应对核电站运行问题，提升运行效率，延长运行期限，提高安全性和成本效率等。

4.2 核动力破冰船

核船队（Atomflot）联邦国家单一制企业开展核动力破冰船及其辅助船只的运行和技术维护相关活动，并参与俄罗斯海军退役核潜艇的综合处置。

Atomflot岸上工业基地位于距离摩尔曼斯克市2 km的岸边地区，占地17.2公顷。基地施工区域超过1.25万平方米，拥有各种必要生产能力，提供维修、技术维护、停泊。[19] Atomflot的破冰船维修分成两类。一种是不涉及放射性的常规维修。另一种是特种维修，在电离辐射和核危险物的环境下开展，包括更换蒸汽发生器的可更换部件、更换屏蔽组件、一回路泵阀维修等。

除了岸上设施，Atomflot还借助维护船进行核动力破冰船换料和维护。维护船又称浮动技术基地，目前服役的"伊曼德拉"（Imandra）号。此前使用的3艘已经退役，包括包括"沃格达尔斯基"（Volodarsky）号、"洛塔"（Lotta）号、"列普谢"（Lepse）号[20]。此外还有液体放射性废物特种货船"谢列布良卡"（Serebryanka）号、多功能货运船"罗西塔"（Rossita）号，用于收集并贮存放射性废物、乏燃料等。"谢列布良卡"号还参与军事特种行动，如2019年8月曾用于从海上回收坠毁的试验核动力巡航导弹。"罗西塔"号近期主要进行老旧核潜艇乏燃料运输活动。

新的一艘"浮动技术基地"由圣彼得堡的冰山中央设计局于2019年12月完成设计，由红星造船厂建造，预计建造将花5年，长度159 m，排水量22 661 t，装有2台大型起重机，将用于RITM-200、RITM-400、KLT-40、OK-900等型破冰船反应堆以及"罗蒙诺索夫院士"号浮动核电站的换料。克雷洛夫国家研究中心也设计了一艘INF-2乏燃料与放射性废物冰级运输船，长度139.7 m，宽度16.4 m，可携带40～70个乏燃料特种运输容器以及一些放射性废物容器，预计2020年启动建造[21]。

4.3 海军核动力舰艇

海军核动力舰艇的运行维护和换料活动由多方共同开展。阿夫里坎托夫机械工程设计局（OKBM）利用自身的设计、建造、生产以及试验基础，支持海军舰队核动力舰艇的全面技术维护。OKBM为海军舰队运行组织成立了一个运行技术支持中心和一个舰船换料的专业人员培训中心。Atomflot的维护船为海军舰艇提供乏燃料运输支持。

俄罗斯海军曾建造一批海军"浮动技术基地"(或称"浮动车间")和潜艇维护船,用于核潜艇装卸料以及乏燃料与放射性废物运输。其大部分建于 20 世纪 60 年代,目前正逐步退役。[22]目前还在使用的估计主要有"马林娜"(Malina)级和"皮涅加"(Pinega)级。"马林娜"级"浮动技术基地"共 3 艘,建造于 80 年代,长 137 m,排水量 10 500 t,每艘容纳 1 400 套燃料组件(6 个堆芯),乌克兰尼古拉耶夫造船厂建造。每艘船上有 2 台 15 吨起重机。其中,PM-63、PM-12 位于北方舰队,PM-74 属于太平洋舰队。"皮涅加"级有 2 艘,长 122 m,排水量 5 500 t,用于运输液体放射性废物,波兰建造。"阿穆尔"号属于北方舰队。"皮涅加"号属于太平洋舰队。

核潜艇换料和维护的造船厂主要有红星造船厂、恰日马湾(Chazhma Bay)维修设施、海豹造船厂、什克瓦尔(Shkval)第 10 造船厂、北方造船厂等。乏燃料贮存地点位于北方舰队的格列米哈(Gremikha)基地和安德烈耶瓦海湾,太平洋舰队的什科托沃(Shkotovo)基地等。

表 2 俄罗斯核动力与核能研制运行单位

类别	中文名称	英文简称	主要业务领域
科研开发	阿夫里坎托夫机械制造实验设计局	OKBM	舰船反应堆、反应堆换料设备、钠冷快堆、小型堆、核动力设备
	多列扎利动力工程科研设计研究院	NIKIET	小型核动力、空间堆、研究堆、RMBK 反应堆
	莱布恩斯基物理与动力工程研究院	IPPE	液态金属反应堆、空间堆、同位素
	压水机实验设计局	OKB Gidropress	压水堆、铅铋冷却反应堆、钠冷快堆设备
	库尔恰托夫研究院	KI	基础研究和新技术探索
	亚历山德罗夫科研技术研究院	NITI	陆上模式堆运行
	红星公司	—	空间堆
	卢奇科研与生产联合企业研究院	NII NPO Luch	空间堆燃料
	机械制造中央设计局	TsKBM	泵设备、空间堆、换料设备
	仪表工程专业科学研究院	SNIIP	仪表工程设计
	原子反应堆研究院	NIIAR	反应堆材料与燃料
	反应堆材料研究院	IRM	反应堆材料与燃料
生产制造	工程技术中央科学研究院科研与生产联合企业	NPO TsNIITMASH	结构材料和焊接技术研发;大型铸件生产;金属材料处理
	AEM 技术公司	—	全套设备生产
	奥尔忠尼基泽-波多利斯克工厂	ZiO-Poldolsk	反应堆容器等大型设备生产
	核管道线路安装厂	ATM	管道零件、组装装置
	AAEM 汽轮机技术公司	—	汽轮发电机、热交换器
	捷克 ARAKO 公司	—	阀门
	伊诺尔斯克工厂		反应堆设备
	捷克 ŠKODA JS a.s.公司		反应堆设备
	乌拉尔化学机械制造厂	Uralhimmash	反应堆设备
	下诺夫哥罗德机械制造厂	NMZ	反应堆设备
	莫斯科多金属工厂	MZP	反应堆控制系统

类别	中文名称	英文简称	主要业务领域
核电站建造	核建造出口集团①	ASE	核电站设计与建造
核电站运营	俄罗斯核电站电能与热能生产公司	Rosenergoatom	核电站运行
	原子能维修公司	Atomenergoremont	核电站维修维护
	原子能销售公司	Atomenergosbyt	向部分地区销售电力
	原子技术能源公司	Atomtekhenergo	核电站试运行
	全俄核电站运行研究院	VNIIAES	核电站技术支持
核动力破冰船运营	核船队	Atomflot	核动力破冰船运营、维护

注:① 系合并以下公司组成:下诺夫哥罗德核能项目工程公司、莫斯科核能项目公司、圣彼得堡核项目公司、全俄电力技术科研设计研究院、莫斯科核建造出口公司。

5 发展政策

5.1 组织体制

俄罗斯核工业在历史上大部分时期都采取了比较集中和系统化的组织方式。目前由国家原子能公司集中管理的组织形式形成于 2006—2008 年。当时的改组是为了纠正管理存在的问题,调整科研生产机构结构与所有权,理顺核工业结构,形成产业合力,充分发挥核工业的技术和经济潜力。俄罗斯将民用领域一大批企业逐步改制为股份公司,在 2007 年 5 月整合为超大垂直一体化公司"原子能工业综合体"(Atomenergoprom,AEP)[23]。随后在 2007 年年底将联邦原子能机构改组成为国家原子能公司(Rosatom),AEP 是其主管核能发电和核燃料前端的下属公司。Rosatom 全权继承了原子能部、联邦原子能机构核工业政府管理权力与职能,代表俄罗斯联邦政府行使联合股份公司的股东权力,对核工业行业管理和产业发展进行管理。其具有"国家公司"这一特殊的地位和组织形式。在俄罗斯法律体系中,"国家公司"是一种特殊的经济组织形式,由俄联邦出资组建,目的是使其发挥"社会的、管理的和其他有利于社会的功能"[24]。

Rosatom 成立后又逐步按照几大板块把各领域企业机构组织起来,绝大部分企业和机构都陆续改组为股份公司(JSC),少数从事军工科研生产等战略领域活动的保留国家单一制企业(FSUE)的性质。FSUE 为政府所有,资产不能分割分配,确保政府对战略资产的控制。

原子能工业综合体股份公司(AEP)和主管核燃料科研生产的 TVEL 股份公司都是"垂直一体化公司"。垂直一体化公司,是根据工业布局将科研生产单位整合起来,从而提高产业集中度,优化生产供应链,保持稳定的科研生产关系,提高资金使用效率,优化产业结构。

俄罗斯政府还给一些重要科研生产授予特殊地位,保证战略性科研生产领域优先发展。俄罗斯政府 2007 年开始向从事优先领域科研生产的联邦国家单一制企业授予"联邦核组织"地位。目前共有 9 家核军工核心企业成为联邦核组织。核能与动力领域的两家联邦核组织是 NITI 和 Atomflot。其他政府规定的特殊地位,还有"联邦核中心""国家科学中心""国家研究中心"等。

5.2 发展新一代技术

俄罗斯对于发展新一代核能与动力技术,可见有清晰的规划层次,并据此拟制研发计划,组织相关科研生产机构联合开展研发。

当前一代技术,现阶段重点是立足成熟技术,推广 VVER-TOI 新堆型,使其成为国内主打的新一代堆型,同时向海外市场推广。下一代技术,主要是围绕闭合燃料循环的目标,发展液态金属冷却反应堆,眼下重点是 BREST-OD-300 铅冷快堆的建造和投运,后续安排的是 BN-1200 钠冷快堆,此后,熔盐堆的研发项目也已列入日程。对远期技术,主要方向包括核聚变堆和核聚变-裂变混合反应堆等。

俄罗斯一方面通过政府投入,另一方面通过 Rosatom 扩大民品营业收入,给新一代技术和能力发展提供资金。公开信息显示,俄罗斯政府的核工业投入从 2012 年到 2019 年投入 8 303 亿卢布,期间俄罗斯经济在 2015 年出现大滑坡和负增长,2016 年以后对对核工业的投入也一度下降过半。根据 2019 年第 289-13 号联邦政府令《"发展原子能工业综合体"的俄联邦国家计划》,俄罗斯政府计划 2020 年到 2027 年对核工业投资 8 231 亿卢布[25]。

5.3 积极发展出口

发展海外项目扩大出口,是俄罗斯核工业显现经济潜力的重点。俄罗斯早在 20 世纪 70 年代就进入了世界铀浓缩市场,核能领域出口取得了很好的经济效益。目前在政府大力支持下,海外核电项目不但获得较高的经济收益,而且扩大了俄罗斯的政治影响力。核工业海外业务包括三个主要方面,即海外铀矿开采、铀产品和核燃料出售、核电站建设,其他产品还包括中小型反应堆和研究堆、后端技术与产品、核电站维修保养、同位素等。俄罗斯核电技术水平先进、出口价格低,且方案灵活,提供独特的"一体化方案",不仅建造核电机组,而且可针对资金不足、基础能力短缺的国家,满足核电站的终生维护、燃料供应、乏燃料管理、融资、人员培训等全方位需求,因此在世界市场上有很大优势。如匈牙利核电站项目 125 亿美元,俄罗斯出资达 100 亿美元。俄罗斯还在土耳其全资建造核电站,建成后将以固定价格出售电力。俄罗斯国家原子能公司宣称海外在建机组总计 30 多个,实际正在施工的机组有 9 座,已签署合同计划建造的 16 座,还有一些项目尚未签合同[26]。俄罗斯还在多个国家开展核电站延寿和维修保养项目。

6 结论

俄罗斯核能与核动力工业发展于 20 世纪 50 年代,当时针对各种用途发展了各种反应堆堆型与技术,陆续成立起一批反应堆研发、试验、制造的科研院所与生产企业。OKBM、NIKIET 等几家研究机构陆续承担了多种应用领域重要工程项目,逐渐发展为综合性的反应堆科研院所,拥有各类堆型技术的专业研究设计队伍和大型实验测试平台,并能开展一定规模的设备生产,支持各类核能与动力主线装备研制。这期间还组建发展了一批专业性科研生产单位,专业开展特种燃料、核动力设备、仪表、大型部件等研发和制造,以及核电站设计建造与维护等。俄罗斯历史上建造核潜艇数量和核动力卫星数量大幅超过美国,还发展了大规模的核能发电产业,建成运行了世界唯一的核动力破冰船船队。俄罗斯在 2007 年前后实施的核工业改革中,将核能与核燃料产业的科研生产单位逐步改制为股份公司,纳入到垂直一体化公司,逐步理顺产业链,集中优势能力,实现高效管理,并更好地与国际市场接轨。

俄罗斯军用和民用核工业生产一直保持紧密结合,没有像西方国家那样,将民用核工业分离到私营领域,政府仅直接控制核军工企业。目前,俄罗斯国家原子能公司的军用与民用核工业虽然分属不同的管理部门和业务板块,但科研生产始终紧密结合。这一做法使核工业保留和发展了军工企业的核心能力,又促进了将技术潜力转化为创新技术与产品。

近年来,俄罗斯利用新型核动力军事装备和高科技装备可形成不对称战略威慑优势,带动太空、极地、深远海等领域的先导开发,抢占制战略高点。新型装备研制计划,包括核动力巡航导弹、核动力鱼雷、兆瓦级空间核动力飞船、第四代核潜艇、新一代核动力破冰船、浮动核电站等,不断受到国际社会密切关注。俄罗斯借助核燃料和核电产业的传统优势,在国际市场上积极推广相关产品,蓬勃发展海外核电项目,扩大经济收益,并形成政治影响力。俄罗斯在技术发展上,同时注重技术指标和经济指标,降低造价和运行成本,降低废物负担,提升运行水平和经济效能。

针对未来发展,俄罗斯为支持闭合燃料循环的目标,正持续发展建设铅冷快堆、钠冷快堆、熔盐堆等下一代堆型和新技术。这些目标除了技术开发本身面临的风险外,也面临现实的经济风险影响。先进技术和重大项目开发仍依靠政府投资支撑,而俄罗斯 2015 年经历了经济大滑坡,出现负增长,

2016 年以来仍增速缓慢。一些核能大型项目已受到投资降低的影响。俄罗斯原计划在 2030 年建成 2 座 BN-1200 反应堆,现已将建成时间推迟到 2036 年。国家原子能公司原本计划利用自有资金在 2020 年前建成 SVBR-100 铅铋冷却快堆,该项目实际上已基本中止[27]。在军用领域,俄罗斯新型核潜艇、核动力航母等大型核动力舰船装备项目的规划,也受到经济因素制约。

参考文献:

[1] AEM Structure [EB/OL].[2020-08-15].http://www.aem-group.ru/en/about/affiliated/.

[2] History [EB/OL]. [2020-08-15].https://ase-ec.ru/en/about/history/.

[3] About us [EB/OL]. [2020-08-15].https://www.rosenergoatom.ru/en/about-us/history/.

[4] History Reference [EB/OL]. [2020-08-15]. https://www.nikiet.ru/index.php/2018-05-15-08-21-14/o-nikiet/istoricheskaya-spravka.

[5] Лаборатория《В》(Laboratory V) [EB/OL].[2020-08-15]. https://www.ippe.ru/history/laboratoty-v.

[6] Scientific Research Technological Institute named after A.P. Aleksandrov [EB/OL].[2020-08-15]. http://www.niti.ru/1_enterprise/1_1_about/about.html.

[7] A.P. Aleksandrov Scientific Research Technological Institute[EB/OL].[2020-08-15]. 2013. https://www.nti.org/learn/facilities/900/.

[8] Об изменении наименования ОАО《Красная Звезда》[EB/OL].[2020-08-15]. 2018. http://www.redstaratom.ru/index.php/novosti/5-ob-izmenenii-naimenovaniya-oao-krasnaya-zvezda.

[9] История [EB/OL].[2020-08-15]. http://ckbm.ru/about/istoriya.html.

[10] I. M. Russkikh. IVV-2M Nuclear Research Reactor [J]. Atomic Energy, 2017,121(4):235-239.

[11] D. Zverev et al. Nuclear ship reactor installations-from Gen 1 to 5 [J]. Atomic Energy, 2020,129(1):1-7.

[12] International Research Center Based on MBIR [EB/OL]. [2020-08-15].http://mbir-rosatom.ru/en/about/.

[13] Новый исследовательский реактор МБИР [EB/OL]. [2020-08-15].https://www.ippe.ru/nuclear-power/fast-neutron-reactors/121-fast-neutron-research-reactor.

[14] S. V. Babushkin et al. OKBM Afrikantov Research And Testing Complex: From Creation To The Present Day [J]. Atomic Energy, Vol. 129, No. 2, December, 2020.

[15] I. M. Russkikh. IVV-2M Nuclear Research Reactor [J]. Atomic Energy, 2017, 121(4):235-239.

[16] Наши Предприятия [EB/OL]. http://www.aemtech.ru/about/nashi-predpriyatiya/.

[17] Nuclear Fuel and its Fabrication. WNA. Jan 2020 [EB/OL]. [2020-08-15].https://www.world-nuclear.org/information-library/nuclear-fuel-cycle/conversion-enrichment-and-fabrication/fuel-fabrication.aspx.

[18] Nuclear Power Equipment [EB/OL]. http://www.omz.ru/en/markets/gas-energy-equipment/.

[19] FSUE Atomflot [EB/OL]. http://www.rosatomflot.ru/? lang=en.

[20] Spent Nuclear Fuel Unloaded from Decommissioned Icebreaker Service Ship Fills 50 Containers [EB/OL]. [2020-08-15]. 2015. https://bellona.org/news/nuclear-issues/2015-07-spent-nuclear-fuel-unloaded-from-decommissioned-icebreaker-service-ship-fills-50-containers.

[21] Breaking the Ice with Loads of Nuclear Waste [EB/OL]. [2020-08-15].2017. https://thebarentsobserver.com/en/security/2017/04/breaking-ice-loads-nuclear-waste.

[22] Russia Dismantled 195 Out of 201 Decommissioned Soviet, Russian Nuclear Subs — official [EB/OL].[2020-08-15].2015. https://tass.com/russia/799913.

[23] G. Mukhatzhanova. Russia Nuclear Industry Reforms: Consolidation and Expansion [EB/OL]. [2020-08-15]. 2007. https://www.nonproliferation.org/russian-nuclear-industry-reforms-consolidation-and-expansion/.

[24] 俄罗斯国防工业发展报告[R]. 国防科技工业局,2016.

[25] Rosatom postpones fast reactor project, report says [EB/OL].[2020-08-15].2019. https://www.world-nuclear-news.org/Articles/Rosatom-postpones-fast-reactor-project-report-say.

[26] V. Slivyak. Dreams and Reality of the Russian Reactor Export[R]. 2019.

[27] A. Diakov & P. Podvig. Construction of Russia's BN-1200 fast-neutron reactor delayed until 2030s [EB/OL]. 2019. http://fissilematerials.org/blog/2019/08/the_construction_of_the_b.html.

Analysis of the russian nuclear power industry capabilities

XU Chun-yang

(China Institute of Nuclear Information and Economics, Beijing 100048, China)

Abstract: Russia's nuclear energy and power industry started in 1940s and produced different kinds of products through the years. The industry is currently comprised of general and specialized research institutes, equipment development and manufacture enterprises, nuclear fuel development and manufacture enterprises, nuclear power station construction and operation enterprises, etc. This paper focuses the history development and present capabilities of the industry. The R&D organizations have progressed along with development of various defense and civil products and accumulated specialized R&D and testing capabilities focusing different technologies. The manufacture and operation enterprises fulfill current requirements in the military and civil area for new products and supports abroad NPP projects. Russian government has set new goals and investing plans for the industry, paving the way for future technology and capability developments.

Key words: nuclear power; nuclear industry; nuclear reactor

美国高放废物处置新进展分析

张　雪

(中核战略规划研究总院有限公司,北京 100048)

摘要:美国已产生了大量乏燃料和高放废物却没有解决处置途径,面临较大安全风险。本文总结了特朗普政府为重启尤卡山项目做出的努力,包括:(1)在资金上的努力;(2)在能力建设上的努力;(3)在法律政策上的努力。本文还分析了数十年来,尤卡山项目停滞不前背后的深层政治原因,尤其是民主党和共和党在尤卡山项目上因政治较量而采取的措施,以及特朗普突然改变立场的原因和效果;总结了替代深地质处置库的其他方案进展情况;最后提出了美国高放废物处置的特点与启示。

关键词:美国;高放废物;新进展;尤卡山处置库

美国目前约有 9.8 万 t 乏燃料和高放废物需要处置,包括核武器计划遗留的 1.4 万 t 和核电站乏燃料 8.4 万 t(每年新增约 2 000 t)[1],面临较大安全风险。美国于 1982 年出台了专门的法律《核废物政策法》,试图解决高放废物处置问题。2002 年乔治·布什政府选定尤卡山处置库,但经过数十年的发展,花费了数百亿美元,深地质处置仍未解决。2017 年特朗普上台后,打算重启尤卡山处置库项目。但在 2020 年 2 月,特朗普因政治需求而改变了立场,公开表示不会再支持尤卡山处置库项目,而是寻求创新的解决方案[2]。2021 年就职的拜登总统所在的民主党,历来反对尤卡山处置库项目。可预见在未来一段时期内,美国高放废物处置问题都将难以解决。

1 美国高放废物处置的发展历史

1.1 公众从乐观到丧失信心

美国对放射性废物永久性处置措施的探索始于 1955 年,当时的原子能委员会(AEC)要求美国国家科学院(NAS)研究处置问题。起初人们普遍认为,影响放射性废物处置的技术问题非常容易解决,并且如果有需要,到 70 年代也将会拥有充足的处置能力。但在随后十年中发生的事件证明,这些假设过于乐观,并导致公众对联邦政府的信心受到严重的打击。

1969 年 5 月,AEC 用于生产核武器钚元件的洛基弗拉茨工厂发生火灾。由于该工厂距离丹佛市仅 26 km,这场火灾在公众中引起了极大关注。由此,公众才知道该厂产生的放射性废物一直被送往爱达荷国家实验室的保护区内储存,而该地区经调查并不适合长期贮存放射性废物。该事件引起爱达荷州官员和公众注意,AEC 承诺会将这些废物运往更为合适的场址。虽然后来开展了大量的勘探活动,但在放射性废物永久处置方面进展缓慢。

1973 年,汉福特场址的高放废液大罐泄漏了 11.5 万 gal(约 435 m³)液体,引起公众关注。1976 年,人们反对在密歇根州拟议的高放废物永久处置场址,导致该计划再次搁浅。

1.2 尤卡山项目:进一步,退两步

尤卡山处置库项目的发展历程总结如下[3]。

(1)1982 年,国家出台法律。因为政府禁止商用后处理,民众对乏燃料库存担忧,国家出台了针对高放废物处置的专门法律《放射性废物政策法》,规定美国能源部负责制定选址程序,并于 1998 年开始接收乏燃料;向核电企业征收核废物基金。

(2)1987 年,确定候选场址。由于进度紧迫,美国能源部在选址指南出台前就进行了选址工作,最

作者简介:张雪(1982—),女,硕士,研究员,现主要从事核设施退役和放射性废物治理情报研究工作

后推荐了 3 个场址,尤卡山排第一;并因为经费不足和内华达州政治影响力较其他两州弱,最终国会选定尤卡山为唯一的候选场址,进一步开展环境评价。这些成为内华达州一直强烈反对的理由之一。

(3)2002 年,获得法律地位。美国能源部完成了对尤卡山场址的适合性评价,由总统推荐并经美国国会批准,尤卡山场址被确定为高放废物地质处置的最终场址。

(4)2008 年,提交建造许可申请。美国能源部向美国核管会递交了尤卡山处置库建造许可证申请,当时预计核管会将通过 3～4 年的时间进行审批,处置库在 2020 年前投运,这比法律规定的时限晚了 22 年。

(5)2009 年,奥巴马政府反对尤卡山项目。政府取消了资金支持;解散了项目主管机构,将其职能转交给核能办公室;不会提供核管会许可;成立蓝带委员会,制定替代政策。尤卡山项目停止前,政府已投入了 150 亿美元。

(6)2017 年,特朗普上台欲重启。特朗普政府一直积极准备重启尤卡山项目,但一直没有突破;近期为了政治利益,已改变态度,使得尤卡山处置库前途未卜。

2 特朗普时期高放废物处置新进展

2.1 历史遗留难题,政府曾努力解决

(1)在资金上的努力。美国能源部是法定的高放废物处置库主管机构,于 2008 年向负责处置库许可证审批的主管机构——美国核管会,提交了建造许可申请。随后,奥巴马政府反对该项目并取消了相关经费,核管会因资金问题(缺口 3.3 亿美元),暂停了评审,尤卡山项目也被迫停止。2017 年特朗普上台后,曾连续 3 年在政府财年预算中,为尤卡山项目安排资金,但均被国会否决。

(2)在能力建设上的努力。美国政府问责局(GAO,美国国会下属机构)评估了奥巴马政府在尤卡山项目审管上损失的能力[4],提出了恢复能力的四项关键步骤。美国核管会也为重启尤卡山许可证审批进行了相关准备工作。

(3)在法律政策上的努力。美国国会议员一直尝试对《核废物政策法》进行修订,以便在法律层面推进高放废物管理工作。2017 年众议院议员提出《修正案 HR3053》,要求美国核管会在 30 个月内就尤卡山处置库的建造许可做出决定,该提案获得众议院通过但被参议院否决。2019 年参议院议员提出《修正案 S.1234》,要设立独立机构"核废物管理局",并能够主导核废物基金的使用权,遭到内华达州代表团的强烈反对。

2.2 为了政治利益,特朗普改变政策

尤卡山处置库隶属于内华达州,该州是特朗普在 2016 年总统竞选中失去的政治摇摆州,而该州政府一直反对尤卡山项目。特朗普的连任竞选目标是在 2020 年获得内华达州的支持,于是 2020 年 2 月特朗普在推特上表示,本届政府将不再支持尤卡山项目,而致力于探索创新的解决方法。当年提交的政府财年预算中,也没有了尤卡山项目预算。

2.3 政策背后的政治较量

长期以来美国共和党支持尤卡山项目,而民主党想重新选址,并大力推行中间贮存。共和党人迈克·辛普森(众议院议员)和拉马尔·亚历山大(参议院议员)分别在国会两院推动相关拨款法案为尤卡山寻求资金支持。内华达州民主党人哈里·里德在 2007 年升任参议院多数党领袖后,成为该项目的最大阻力。多年来,参议院通过否决尤卡山的政府预算而阻止项目推进。

3 其他替代方案

3.1 深钻孔处置研发稳步进行

高放废物深钻孔处置被认为是深地质处置的备选方案。丹麦、瑞典、瑞士和美国等一直在开展相关研究,但尚未投入实际应用。2016 年年底,美国能源部选择了四家公司进行深钻孔实地操作试验的

可行性探索[5]。2019年年底,另一家私营公司(深层隔离公司)利用在石油和天然气行业中成熟的钻井技术,成功实现了"模拟废物罐"深钻孔处置并回取的实验。

3.2 可能考虑海外乏燃料后处理

2020年3月,美国核管会在一个讨论后处理设施许可规则的公开会议上表示,美国能源部已经开始着手研究核燃料再循环策略。5月14日,在欧洲经合组织的核能局主办的一次网络研讨会上,美国能源部核能部长助理丽塔·巴兰瓦尔提到,能源部正在考虑与具有后处理能力的国家合作,将美国的乏燃料运往其他国家进行后处理,而不是在本土建造后处理厂[6]。为了提升美国核电厂商的国际竞争力,巴兰瓦尔赞成美国将核燃料再循环作为乏燃料管理策略之一。这些迹象表明,能源部以及一些美国核工业官员正在考虑"后处理",这一态度的转变在美国引发了一些争议。

4 结语

(1)美国高放废物处置受阻有众多影响因素,其中对政治利益的考虑是主因。美国的高放废物处置项目已经进行了数十年,每年要花费数十亿美元,但至今仍没有确定处置途径。这受到许多因素的影响:一是对原法律实施不畅;二是不断变化的监管框架;三是资金不稳定;四是随着政府换届导致政策发生重大变化;五是国会和执行政策之间的矛盾;六是公众对乏燃料贮存和处置策略制定的参与度不足。分析前五个因素的深层背景,都是美国两党派为政治利益相争的结果。国会议员、不同党派人士、各利益相关方利用各种场合和机会推行自己的主张,对政治利益的考虑致使美国高放废物处置停滞不前。

(2)地方政府和公众的支持是必要条件。历史上,许多处置库规划开始时公众很少参与,出于邻避效应易受反对方引导;地方政府和各利益相关方的态度也十分重要。内华达州长期强烈反对尤卡山处置库项目,从政治影响、不配合现场工作等多方面阻止项目开展。现在大多数国家的做法是,在规划开发的早期阶段以及后续的整个过程中,让公众开展辩论并参与进来。美国现在推行"基于同意"的选址前提。

(3)从学术界和从业人员的观点看美国未来发展。美国斯坦福大学联合其他研究机构,通过举办系列公开论坛,对美国核废物管理政策提出改革倡议。一是成立独立的国家放射性废物管理组织,将乏燃料基金管理从国会转移到该组织,为高放废物管理提供稳定充足的资金、受公众信任的组织、科学的实施计划;二是对美国核燃料循环后段以地质处置为最终目标而进行有计划、连续性的优化管理;三是重视公众参与,实行"基于同意"的选址;四是采用新的放射性废物地质处置库安全评价方法。这些观点在一定程度上体现了美国未来对乏燃料和高放废物管理的发展趋势。

参考文献:

[1] Dennis Vinson, Joe T. Carter. Spent Nuclear Fuel and High-Level Radioactive Waste Inventory Report[R]. DOE, 2019.

[2] 张雪. 国外高放废物管理进展及处置设施选址进展研究[R]. 中国核科技信息与经济研究院, 2020.

[3] MC BRIDE M F. ROTMAN R M. Spent Nuclear Fuel Storage and Radioactive Waste Disposal in the United States: A Law and Policy Analysis[C]. WM2020 Conference, March 8-12, 2020, Phoenix, Arizona, USA.

[4] GAO. COMMERCIAL NUCLEAR WASTE Resuming Licensing of the Yucca Mountain Repository Would Require Rebuilding Capacity at DOE and NRC, Among Other Key Steps[R]. GAO-17-340, 2017.

[5] 美国准备进行深钻孔实地试验[J]. 放射性废物管理与核设施退役, 2016(6):37.

[6] 美国能源部关注海外乏燃料后处理[J]. 乏燃料管理及后处理, 2020(2):58.

Analysis of latest progress in the disposal of high-level radioactive waste in the United States

(China Institute of Nuclear Industry Strategy, Beijing 100048, China)

Abstract: The United States has about 98 000 metric tons of nuclear waste that requires disposal. The U.S. commercial power industry has generated 84 000 metric tons of spent nuclear fuel, which can pose serious risks to humans and the environment. The U.S. government's nuclear weapons program has generated spent nuclear fuel as well as high-level radioactive waste and accounts for most of the rest of the total at about 14 000 metric tons. However, there is still no disposal site in the United States. After spending decades and billions of dollars to research potential sites for a permanent disposal site, including at the Yucca Mountain site in Nevada that has a license application pending to authorize construction of a nuclear waste repository, the future prospects for permanent disposal remain unclear. This article summarizes the Trump administration's efforts to restart the Yucca Mountain project; analyzes the deep political reasons behind the stagnation of the project for decades; summarizes the progress of other alternatives to deep geological repositories; and finally puts forward the characteristics and enlightenment of high-level radioactive waste disposal in the United States.

Key words: the United States; high-level radioactive waste; latest progress; Yucca Mountain repository

美国海军核动力舰船退役处置

蔡　莉，赵　松，宋　岳

（中国核科技信息院经济研究院，北京 100048）

摘要：核动力舰船的退役工作非常复杂。核大国高度重视舰船核动力装置的退役工作，并投入大量的人员和资金研发相关的退役技术。美国在核动力舰船的退役方面具有丰富的经验，截至目前，美国海军已经成功退役 116 艘核潜艇和 8 艘核动力巡洋舰，并将 133 座反应堆舱运到能源部的汉福特场址进行了处置。本文梳理了核动力舰船处置方案的发展历程，重点介绍了美国核动力舰船停役、导弹舱拆除、反应堆舱处置以及再循环等流程。

关键词：核动力舰船；退役；处置；再循环

20 世纪 70 年代，美国启动潜艇反应堆舱处置项目，制订了安全处置退役核动力舰船的计划。该计划包括卸载反应堆燃料、舰船停役、部件去军事化，拆除反应堆舱进行陆上处置，最大程度地再循环舰船的剩余部分，以及处置剩余的不可回收利用的材料。截至目前，美海军已经安全地退役 116 艘潜艇和 8 艘巡洋舰，并将 133 座反应堆舱运到能源部的汉福特场址进行了处置。

1　核动力舰船退役处置方案发展历程

20 世纪 70 年代末，美国海军根据《国家环境政策法》，开始评估潜艇反应堆舱处置的备选方案，提出在现有的陆地掩埋场址处置已卸料的反应堆舱（潜艇中包含反应堆装置的部分），将舰船其余的非放射性部分在海上沉没或作为废金属切割出售；或将已卸料的核潜艇整体沉入深海处置。

1984 年，美国海军在《最终环境影响声明》中指出，反应堆舱的陆地处置和深海处置都是安全可行的。同年 12 月，海军发布《决定记录》，称"在考虑到目前所有与潜艇处置方案相关因素的基础上，海军决定推进反应堆舱在陆地掩埋的处置方式"。1986 年，第一座反应堆舱被运输到汉福特场址的掩埋场。

1996 年，海军完成第二份《最终环境影响声明》，对核动力巡洋舰、"洛杉矶"级和"俄亥俄"级潜艇的处置方案进行了评估。1996 年 8 月 8 日，海军和能源部发布《决定记录》给出结论，指出在联邦政府的处置场址陆地掩埋反应堆舱不会对环境造成明显不利的影响。1997 年 9 月，首个"洛杉矶"级潜艇的反应堆舱被运往能源部位于华盛顿州的汉福特处置场。截至目前，美国所有核动力巡洋舰都已经从海军停役，除了"长滩"号（CGN-9），其他巡洋舰都已经完成反应堆舱处置和再循环。

2012 年，海军发布《环境评估》报告，对"企业"号航母反应堆装置的处置方案进行了评估，该方案提出将 8 个反应堆舱各自独立包装进行处置。2016 年，海军决定开始准备一份《环境影响声明》，该报告书将考虑更广泛的可替代方案，来处置"企业"号的卸料反应堆。

2　核动力舰船的处置流程

核动力舰船处置一般分为四个主要流程：停役、导弹舱拆除（弹道导弹潜艇）、反应堆舱处置和再循环。所有核动力舰船停役后，才能进行其他三项流程。

2.1　停役

核动力舰船停役主要是指核潜艇拆卸前需要完成的工作，主要包括反应堆卸料、机密/敏感设备和材料拆除等方面。具体包括：在到达造船厂之前将搭载的武器拆除、反应堆停堆；取出不可回收的

作者简介：蔡莉（1984—），女，江苏人，工程师，学士，现主要从事情报研究

材料、技术手册、工具、备用配件以及不牢固的装备;拆除机密/敏感设备和材料,包括使用密码的设备;排干海水、主蒸汽、饮用水、燃油以及其他不需要进行卸料作业的系统的管道;排空制冷剂和氧气等工业气体;排干并清洁装有燃料油和其他液体的储槽,对卫生系统进行排水、清污以及消毒;取出主蓄电池,将电气和照明系统断电;安装临时通风、照明、电源和压缩空气设备;打通进入反应堆的通道,并将燃料取出放入屏蔽运输容器,用起重机将其放入码头边的封罩内;卸料后,压力容器、管道、水槽和流体系统部件将留在反应堆舱中,尽可能地排干,同时将工人接受的辐射照射保持在合理可达的最低水平。

舰船停役后一般要经过一段时间的水上贮存,以便进一步衰变剩余的放射性物质,减少造船厂工作人员在后续工作中的辐射照射。

2.2 导弹舱拆除

受《第二阶段限制战略武器条约》限制,美国海军在1980年开始退役弹道导弹潜艇。根据该条约有关条款,需要将导弹发射装置从潜艇上拆除,并以可核查的方式进行解体。最初,潜艇停役和导弹舱拆除,剩余的艇首和艇尾部分被焊接在一起,浮动贮存。20世纪80年代中期,普吉特湾海军造船厂开始处置反应堆舱后,导弹舱的拆卸与反应堆舱的拆除同时进行。潜艇剩余部分被焊接在一起,放在水上贮存。1991年,普吉特湾海军造船厂开始在干船坞中完成导弹舱拆卸、反应堆舱拆除和舰船再循环作业。导弹舱拆除流程包括:取出导弹舱口和导弹发射筒的套筒;使用焊割炬拆卸艇体和导弹发射筒;取出导弹舱内的设备,包括电气设备、管道、储氧瓶、储物柜、隔板和停泊装备;对部件去军事化,以消除敏感或机密设计信息;取出多氯联苯(PCB)浸渍的隔音材料,清除外表面残留物;石棉绝缘材料和可移动的压载铅也要从舰船中取出。

2.3 反应堆舱处置

美国海军各型号舰船中的核推进装置,虽然在尺寸和部件布置上有所不同,但都是紧凑的压水堆装置,设计符合严格标准,能够承受严峻的功率瞬变和战斗冲击。潜艇的紧凑型核动力装置密封在高强度钢材的耐压艇体内,耐压艇体用作反应堆舱组件的一部分,简化了处置计划。核动力巡洋舰的反应堆装置也被放置在坚固的舱室里,但和潜艇耐压艇体不同,需要在每个反应堆舱外搭建钢容器结构将其密封,形成处置封套。为了便于移动处置封套,需要将支撑装置焊接到容器结构上。

反应堆舱拆除并进行封装处置,是核动力舰船退役处置中最核心也是最重要的一步。反应堆卸料后,密封的管道系统以及焊接的外壳和封装的容器结构内含有大量的放射性腐蚀和磨损产物,其中最主要的是半衰期为5.27年的^{60}Co,其释放的伽马辐射,是卸料后反应堆舱在准备和运往掩埋场址期间的主要辐射源。

此外,反应堆舱存在大量的铅以及石棉、多氯联苯(PCB)等危险有毒物质。铅以永久安装的屏蔽形式存在,其拆除会对工作人员造成显著的辐射损害。PCB存在于老旧潜艇的艇体内部、舱壁和反应堆舱外部的毛毡隔音材料中。PCB还存在于固体材料,诸如橡胶和绝缘材料中,广泛分布在反应堆舱各处。这些PCB与固体材料的化学成分紧密结合,很难彻底清除,所以将与反应堆舱一同处置。

所有含有放射性物质的管道在切割之前要进行密封操作,以维持系统的完整性,与封装外壳和舱壁一起,提供冗余的放射性包容。必要时还要进行系统排水并添加吸收剂,以确保反应堆舱处置封套符合华盛顿州生态部对残留液体的处置规定。PCB轴承毡圈需要手工取出,再用喷砂法或人工刮研加钢丝刷清理的方法进行表面清洁,在某些情况下,用化学和洗涤剂清洗擦拭。压载铅需要人工取出。

对于潜艇来说,反应堆舱需要从艇体其余部分切割出来,切口位于有屏蔽的反应堆舱前后的几英尺处,以安装造船厂制造的舱壁。潜艇反应堆舱需架设支架,支架下面安装带滚动轮的轨道,以便反应堆舱在切割后能从艇体滑出。对于核动力巡洋舰来说,反应堆舱被封装在重型钢制安全壳结构中(至少四分之三英尺厚),需要将周围的结构切开。封装反应堆舱所需的钢结构和舱壁板被运输到干船坞,起重机吊入适当的位置,然后焊接到位。

2.4 再循环处置

再循环处置主要采取两种基础方法。

方法一是在大部分相邻结构管道、电缆和设备仍然连接的情况下，拆除艇体的大部分。拆除按计划和可控的拆除顺序完成，涉及大约 350 个主要的艇体和结构切块（标准的"洛杉矶"级潜艇）。取出的切块被放在陆上运输车上（通常是轨道车或平板货车），运到到造船厂设施，通过多个工作站，被处理成分离的可再循环使用的材料和废物。

方法二是拆除舰船的内部装置，包括清除所有可接触的危险物质，随后将艇体切割成段。这种方法的优点是，舰船内部装置可以在进入干船坞之前拆除，缩短了干船坞作业的时间。此外，完整的艇体为舰船内危险物质的清除作业提供了良好的环境包容。

目前美国海军使用的再循环工艺融合了上述两种方法。通常情况下，在船只进入干船坞之前，就已经完成一系列准备工作，包括清除电缆、艇体绝缘层、管道系统以及其他对维持舰船完整性不重要的项目干扰因素。那些会给潜艇拆除带来严重干扰的部分，都被切割下来，在分离处理设施中进行拆卸和处置。

3 小结

美国具有条件优越的汉福特放射性废物处置场址，并具备吊运千吨大件的能力，美国舰船核动力装置退役主要采用的方法是将堆舱段与前后舱室切割分离，对堆舱进行封闭处理，将其整体从水上运往汉福特放射性废物处置场，进行浅地层埋藏处理。海军处置计划多年的实施经验表明，通过一次进入干船坞作业，完成反应堆舱拆除、导弹舱拆除以及再循环，是高效经济的。

参考文献：

[1] United States Department of the Navy. U.S. Naval Nuclear Powered Ship Inactivation, Disposal, And Recycling [R]. January 2019.

[2] DEAKOV A S, KOROBOV V K, MIASNIKOV EV. Nuclear Powered Submarine Inactivation and Disposal in the U. S. and Russia: A Comparative Analysis [EB/OL]. [2020-7-22]. http://www.armscontrol.ru/subs/disposal/proe1210.htm.

[3] Overview of Nuclear Submarine Inactivation and Scrapping/Recycling in the United States [EB/OL].[2020-7-22]. https://link.springer.com/chapter/10.1007%2F978-94-009-1758-3_3.

The decommissioning of U.S. naval nuclear powered ship

CAI Li, ZHAO Song, SONG Yue

(China institute of nuclear information & economics, Beijing 100048, China)

Abstract: Nuclear powered ship decommissioning working is very complex. Nuclear powers pay more attention to the decommissioning of naval nuclear power units, and invest a large number of personnel and funds to research and develop the decommissioning technology. The United States has extensive experience in decommissioning nuclear powered ships. Up to now, the Navy has successfully shipped 133 reactor compartments to Hanford and safely recycled 116 nuclear-powered submarines and 8 cruisers. This article summarizes the development history of nuclear-powered ship disposal plans, focusing on the decommissioning of nuclear powered ships in the United States, the dismantling of missile compartment, the dismantling of reactor compartment, and the recycling process.

Key words: nuclear powered ship; decommissioning; disposal; recycling

英国核潜艇卸料和拆卸项目进展

蔡　莉,宋　岳,赵　松

(中国核科技信息院经济研究院,北京 100048)

摘要:核潜艇退役处置是一项技术复杂、难度很大的系统工程,各核大国对此高度重视。自 1980 年以来,英国已退役 20 艘核潜艇,但尚未对其中任何一艘完成全面处置。截至目前,英国防部为维护和存放这些潜艇已耗资超过 5 亿英镑。为尽快处置这些潜艇,国防部开展了一系列相互关联的任务。本文主要介绍英国核潜艇处置流程、卸料项目和艇体拆卸项目,重点介绍两个项目的当前进展以及造成项目延期的原因和影响。

关键词:潜艇处置;卸料;拆卸

自 20 世纪 80 年代以来,英国共退役 20 艘潜艇,但尚未对其中任何一艘完成全面处置。这 20 艘潜艇平均服役时长 26 年,存放 19 年,其中 7 艘潜艇的退役时间比服役时间还要长。目前这些潜艇主要存放在德文波特造船厂和罗赛斯造船厂,德文波特存放 13 艘潜艇(9 艘潜艇尚未卸料);罗赛斯存放 7 艘(已卸料)潜艇。国防部计划在未来 10 年再退役 3 艘潜艇。截至目前,英国防部维护和存放这些潜艇的花费已超过 5 亿英镑。

1　潜艇处置流程

根据英国防部的计划,潜艇退役和处置主要包括封存、取出受辐照的核燃料(卸料)、安全存放潜艇(长期存放)、取出放射性部件(拆卸),以及再循环处置等流程,全面处置一艘潜艇约需 9 600 英镑。具体流程如下。

(1)封存:将准备长期存放的潜艇的反应堆放置在一个合适的状态,并使潜艇水密,系统停用。

(2)长期存放:在具备涉核作业许可的干船坞内,每年为核潜艇进行一次全面调查和维护,至少每 15 年进行一次更深层次的调查和维护,以维持并测试系统和艇体的完整性。

(3)卸料:从反应堆压力容器中取出经过辐照的燃料,使用具备核作业许可的码头空间,以及熟练的员工和基础设施,例如起重机和贮存设施。

(4)国防部采取两步走的方法进行拆卸,① 先拆卸低放废物,例如放射性较低的反应堆舱部件,② 后拆卸中放废物,例如反应堆压力容器。

(5)运往英国的商业造船厂进行拆卸。

2　潜艇处置项目及当前进展

为"在合理可行的情况下尽快"处置退役核潜艇,英国防部在 2000 年和 2007 年先后批准了两个项目,即"闲置潜艇临时存放"项目(2009 年被潜艇拆卸项目替代)和卸料设施项目。

2.1　项目概况

潜艇拆卸项目,由罗赛斯和德文波特造船厂共同开展,包括放射性部件设计和测试取出、运输和贮存。该项目分两步完成,第一步取出潜艇中的低放废物,并将这些废物运往英国西坎布里亚郡的低放废物贮存库;第二步取出中放废物,主要是反应堆压力容器等,然后将其整个运往柴郡的卡彭赫斯特临时贮存库,直至地质处置设施启用。国防部表示,在废物取出、运输和贮存流程没有经过监管部门批准前,国防部不会取出核潜艇中放废物。

作者简介:蔡莉(1984—),女,江苏人,工程师,学士,现主要从事情报研究

卸料设施项目,由德文波特造船厂开展,主要包括升级有涉核作业许可的船坞和基础设施(如码头空间)。国防部预计,根据现有的核技术与码头空间的可用性,每艘潜艇的卸料工作需要两年的时间。因此,目前存放的9艘未卸料潜艇以及未来10年内退役的3艘潜艇的卸料工作至少需要花费24年的时间。

2.2 项目进展

潜艇拆卸项目,2016年国防部开始拆卸"快速"号核潜艇(1992年退役并卸料),取出其中的低放废物。2018年12月为"决心"号核潜艇开展拆卸流程。2020年12月17日,英国政府发布《2020年英国未来核威慑》报告称,"快速"号和"决心"号潜艇第一阶段的拆卸工作(清除潜艇的低放废物)已在计划的时间和成本内分别于2018年8月和2020年3月底完成,并于2020年5月启动"复仇者"号拆卸工作。与此同时,国防部还在开发必要的设施、技术流程和解决方案,力争将反应堆压力容器等中放废物完好无损地从核潜艇中取出,并运往柴郡的临时贮存设施。截至目前,取出和运输这些废物的技术流程尚未得到批准。

卸料设施项目,英国防部将在德文波特造船厂的干船坞对退役的核潜艇进行卸料。国防部正在升级德文波特造船厂的基础设施,包括拆除以前的起重机基座、加固道路和修建防洪堤,以尽可能合理可行地减少地震、洪水等外部风险的影响。

潜艇拆卸项目原计划2011年开始拆卸第一艘潜艇,卸料设施项目原计划在2012年重启卸料活动。但由于种种原因,这两个项目均遭到不同程度的延期,项目成本也大幅提升。卸料设施项目预计推迟到2023年,重建卸料能力的预算从1.75亿英镑(2007年)增加到2.75亿英镑;潜艇拆卸项目预计推迟到2026年,项目成本从16亿英镑(2002年)增加到24亿英镑(2016年)。国防部计划在21世纪60年代末,完成已退役潜艇及在役7艘潜艇的拆卸工作。

3 潜艇处置项目延期的原因及影响

3.1 潜艇卸料项目

2004年以来,英国防部没有为任何一艘潜艇卸料,卸料设施项目延期的原因主要包括:(1)2007年向巴布科克集团出售德文波特造船厂,导致设计工作的合同延期6个月,并导致专业起重机承包商破产;(2)敦雷试验设施的反应堆原型装置出现问题后,作为预防措施,国防部在2014年宣布对"前卫"级潜艇进行计划外换料;(3)为节省开支,国防部批准皇家海军的提议,将升级德文波特造船厂基础设施项目推迟两年,从而减少1900万英镑的开支。

卸料设施项目延期对成本和码头空间等方面带来重大影响。(1)英国防部每年约支付1200万英镑以维护和存放德文波特造船厂的9艘未卸料潜艇;(2)具备涉核作业许可的码头面临更大的压力,德文波特造船厂3号储水池已存放12艘潜艇(最多存放14艘),国防部计划向监管部门申请存放16艘,如果不能获得批准,3号储水池将在21世纪20年代中期达到饱和;(3)延期启动卸料工作可能会给国防部完成"前卫"级换料和为退役潜艇卸料之间造成4年的空窗期,在这期间,国防部需要维持巴布科克集团在德文波特场址装载核燃料小组的技能。

3.2 潜艇拆卸项目

根据目前的计划安排,潜艇拆卸项目预计延期15年,延期的原因主要包括:(1)需求改变和项目临时暂停,2005年国防部因资金问题将"闲置潜艇临时存放"项目推迟了4年,根据英国放射性废物管理委员会2006年公布的核废物政策,国防部在2009年重新评估了该项目,承诺将地质处置作为处理中放废物的最佳长期解决方案;(2)重启中放废物运输的采办流程导致拆卸流程延期。

拆卸项目延期对成本、能力、船坞空间和信誉造成巨大影响:(1)退役潜艇的存放时间和相关费用增加,估计每年要花费3 000万英镑来维护和存放现有的20艘退役潜艇;(2)为确保潜艇安全可靠存放,除了进行年度必需的维护外,国防部还承诺至少每15年对潜艇进行一次更详细的维护;(3)给船坞空间带来压力,德文波特造船厂用于退役潜艇的空间预计在 21 世纪 20 年代中期就会用完。

4 小结

核潜艇退役处置是一项技术复杂、难度很大的系统工程,拥有核动力舰船的国家对此高度重视,并投入大量资金和技术人员研发相关技术。美国已成功地处置了 130 多艘退役核动力舰艇,法国成功处置了 3 艘。但英国皇家海军早在 1980 年退役的第一艘核潜艇"无畏"号直到现在还在罗赛斯造船厂等待处置。为推进处置工作顺利展开,英国防部修订了管理计划,成立了专门的委员会,监督潜艇交付局的政策制定和资金管理,并借鉴民用部门的处置经验,但由于经费问题及技术瓶颈,英国能否按预期在 21 世纪 60 年代前完成 27 艘潜艇的拆卸工作尚面临很大的不确定性。

参考文献:

[1] National Audit Office. Investigation into submarine defueling and dismantling [R]. April 2019.

[2] National Audit Office Report into End-of-Life Nuclear Submarine Waste Disposal [EB/OL]. [2020-08-15]. https://waste-management-world.com/a/national-audit-office-report-into-end-of-life-nuclear-submarine-waste-disposal.

[3] Scrapped submarines costing £30 m a year in "extortionate storage costs" [EB/OL]. [2020-08-15]. https://www.telegraph.co.uk/news/2019/06/18/scrapped-submarines-costing-30m-year-extortionate-storage-costs/.

Progress of the british nuclear submarine defueling and dismantling

CAI Li, SONG Yue, ZHAO Song

(China institute of nuclear information & economics, Beijing 100048, China)

Abstract: Disposal of decommissioned nuclear submarines is a systematic project with complicated technology and great difficulty, which is highly valued by nuclear powers. To date, the Ministry of Defence has not disposed of any of the 20 submarines retired from service since 1980. So far, the Department has spent an estimated £0.5 billion on maintaining and storing its retired submarines. A number of interrelated missions have been undertaken to dispose of the submarines as quickly as possible. This paper mainly introduces the British nuclear submarine disposal process, the submarine defueling project and the submarine dismantling project, with emphasis on the current progress of the two projects and the causes and effects of the delay of the projects.

Key words: nuclear submarine disposal; defueling; disposal; dismantling

美国先进反应堆技术发展概述

仇若萌,郭慧芳,马荣芳,付　玉

(中国核科技信息与经济研究院,北京 100048)

摘要:"先进反应堆"是指"在最新一代裂变反应堆的基础上有重大改进的反应堆"或聚变反应堆,通常被称为"第四代"反应堆。当前,美国核能产业正面临着严峻的经济挑战,高成本、低电力需求增长以及来自天然气和可再生能源等廉价电力来源的竞争抑制了美国对新核电机组的需求,也加速了现有反应堆的退役进程。美国的核能倡导者认为,发展先进反应堆技术,是美国重振其核能优势的关键,而强大的核能产业有助于美国实现能源安全和多样化、维持电网恢复能力和可靠性、促进国内核部件制造产业发展、改善环境以及保持和增强地缘政治影响力等目标。本报告详细梳理了先进反应堆的技术发展路线,同时介绍了美国目前在各先进反应堆技术路线中的发展现状。

关键词:先进反应堆;美国;能源部;快堆;聚变堆

1　现状

当前,美国核能产业正面临着严峻的经济挑战,高成本、低电力需求增长以及来自天然气和可再生能源等廉价电力来源的竞争抑制了美国对新核电机组的需求,也加速了现有反应堆的退役进程。自 2012 年以来,美国已经关闭了 7 座核反应堆,另有 12 座宣布将在 2025 年之前退役。随着老化的反应堆将在 2030 年或更晚的时候达到运行寿期,退役反应堆的数量预计将随之增加。

美国目前在运的反应堆以轻水堆为主,这种反应堆在 20 世纪五六十年代早期实现商业化,现在在世界大部分地区使用。为了在运行寿期内分摊高昂的建造成本,传统轻水堆的建造规模一般都比较大。一些政府官员认为,美国需要建造更多商用核电站来减少温室气体的排放,为偏远地区提供清洁的低碳能源。同时他们认为,先进反应堆技术可以克服传统轻水堆面临的经济、安全问题。除此之外,美国的核能倡导者认为,发展先进反应堆技术,是美国重振其核能优势的关键,而强大的核能产业有助于美国实现能源安全和多样化、维持电网恢复能力和可靠性、促进国内核部件制造产业发展、改善环境以及保持和增强地缘政治影响力等目标。本报告详细梳理了先进反应堆的技术发展路线,同时介绍了美国目前在各先进反应堆技术路线中的发展现状。

2　先进反应堆技术

2.1　先进水冷堆

2.1.1　小型模块化轻水堆

美国能源部将电功率不大于 300 MW 的反应堆定义为小型模块化反应堆(SMR),而美国现有商用反应堆的平均电功率约为 1 000 MW。小型模块化轻水堆的设计基于现有商业轻水堆技术,但通常都很小,可以将所有主要反应堆部件放置在一个压力容器中。反应堆容器及其组件可在工厂进行组装,然后运到核电站现场进行安装,和传统大型轻水堆相比建造时间和建造成本大大降低;另外,如果大量订购同一型小型模块化反应堆而实现批量生产,将进一步降低平均建造时间和建造成本。

建造时间的缩短可以使反应堆投运时间提前,从而减少银行贷款的利息支付,进而缩短投资回收期。此外,一台小型模块化反应堆建造成本仅相当于一台大型常规轻水堆的一小部分,低廉的建造成本进一步降低了核电站业主所面临的财务风险。

美国纽斯凯尔(NuScale)能源公司的 60 MW 反应堆模块设计被认为是目前众多小型模块化轻水堆设计中最成熟的。该设计允许将 6 到 12 个反应堆模块(取决于实际的能源需求)同时放置于一个中央水池中,该水池作为反应堆模块的统一冷源和非能动冷却系统。2020年9月,美国核管会完成该设计的安全评估报告;2020年11月,纽斯凯尔公司重新评估反应堆模块设计,并宣布改进方案,以提高每个模块堆的发电能力,并提供用该模块堆建造更小规模电站的方案。纽斯凯尔小型模块堆项目建造地点为美国爱达荷国家实验室,总装机容量为720 MW,由12个小型模块堆组成,计划于2023年开工建造,2029年投入商业运行。

除了纽斯凯尔公司,包括Holtec、西屋电气和日立电气等其他美国公司也在尝试开发小型模块化轻水堆技术。

2.1.2 超临界水冷堆(SCWR)

超临界水冷堆是现有轻水堆技术的一种高温改型,利用超临界水做冷却剂来提升反应堆的效率。超临界水,是指当气压和温度达到一定值时,因高温而膨胀的水的密度和因高压而被压缩的水蒸气的密度正好相同时的水。此时,水的液体和气体便没有区别,完全交融在一起,成为一种新的、呈现高压高温状态的流体,在此之前,超临界水已被一些先进的火电厂用于提高电厂效率。研究表明,目前反应堆的效率约为34%~36%,超临界水冷堆的效率可达44%。与传统沸水堆一样,液态水会自下而上通过堆芯,直接转化为蒸汽,从而驱动汽轮机发电,但超临界水冷堆系统简单、装置尺寸小,具有更高的经济性和安全性。

美国目前正与世界其他国家一道,在国际合作框架内共同开展超临界水冷堆研究工作,提出了多种基于超临界水冷堆的概念设计。在安全性、稳定性方面,各国开展了对非能动安全系统、燃料元件和堆芯部件、高温材料、超临界压力水化学、超临界压力条件下堆芯热工水力和反应堆物理特性的分析研究。

2.2 先进非水冷堆

2.2.1 高温气冷堆(HTGR)

高温气冷堆,包括超高温气冷堆(VHTR),是氦气作为冷却剂、石墨作为慢化剂的热中子反应堆。现有轻水堆冷却剂出口温度约为330 ℃,而高温气冷堆可达700~1 000 ℃。极高的温度阈值使高温气冷堆可为工业生产提供热量,例如高温制氢,以及提供钢铁、石油和化学工业所需的高温处理环境。早些时间高温气冷堆的研究项目主要关注高出口温度的实现,但由于近期研究表明低温反应堆短期内投入商用的可能性更高,因此最近的重点已经转移到出口温度较低(700~850 ℃)的反应堆设计上。

高温气冷堆主要有两种设计改型:第一种类型,反应堆堆芯由石墨块组成,燃料微球嵌入在石墨块中且可拆卸;第二种类型,反应堆堆芯由许多台球大小的石墨球组成形成"球床",燃料微球嵌入在石墨球内。反应堆运行过程中操作人员持续不断地从反应堆底部取出这些石墨球,并测试它们的燃耗水平:如果它们仍能作为燃料使用,就把它们放回反应堆顶部;如果不能,就更换。另外,许多高温气冷堆都被设计成了小型模块化反应堆。

高温气冷堆的燃料设计独特,由罂粟籽大小的燃料颗粒组成,这些颗粒被包裹在碳化硅和其他耐高温涂层中。再加上石墨慢化剂的高热容量,因此高温气冷堆及其燃料的设计能够承受事故期间可达到的最大堆芯热量。因此,即便发生严重事故使得高温气冷堆的能动冷却系统失效,也不会出现堆芯熔毁和放射性物质释放到环境中的情况。

高温气冷堆是先进反应堆概念之中技术较为成熟的。自20世纪60年代以来,包括美国在内的多个国家已经建造了一系列实验性和商业性的高温气冷堆。近年来,美国主要依托《2005年能源政策法案》提出的"下一代核电厂"(NGNP)项目进行相关研究,目标是建成高温气冷堆电/热(或氢)联产厂,用于工业供热和发电,已在燃料元件开发与考验、高温材料开发、制氢技术、反应堆安全技术等方面有长足进展。2016年,美国能源部授予X-能源公司5 300万美元,用于在5年内开发一种模块化高温气冷球床堆设计。2018年,X-能源公司获得了美国能源部的第二份合同,合同金额为1 000万美元。另外,X-能源公司还与美国能源部和其他机构合作,开发用于高温气冷球床堆的燃料技术。除了X-能源公司,包括 HolosGen32、混合动力技术公司等其他美国公司也在尝试开发高温气冷堆技术。

2.2.2 气冷快堆(GFR)

所谓气冷快堆,是指使用氦气作为主冷却剂、采用封式燃料循环的高温快堆。气冷快堆与高温气冷堆的主要区别在于中子能谱:前者为快中子谱,后者为热中子谱。因此,气冷快堆不需要高温气冷堆中大量的石墨慢化剂来慢化中子。气冷快堆采用铀-钚闭式燃料循环,在这个循环中,可从乏燃料中回收钚和铀。气冷快堆的工作温度与高温气冷堆相似,为 850 ℃,这使得气冷快堆除了可用于发电外,还可以为工业生产提供所需的高温。但是,气冷快堆也有一个非常明显的缺点:作为冷却剂,氦气的散热能力要弱于钠和铅等液态金属。

2018 年 4 月 27 日,美国能源部部长里克·佩里宣布能源部将投资开展一项长寿命气冷快堆燃料(采用碳化硅复合物包壳和碳化铀芯块)许可证申请提交前的预评审项目,该项目由通用原子能公司牵头,将与监管机构合作,在许可证申请提交前对由碳化硅复合物包壳和碳化铀芯块组成的长寿命气冷快堆堆芯燃料进行预评审。总投资 47.6 万美元,能源部资助 38.1 万美元。

2.2.3 钠冷快堆(SFR)

和高温气冷堆一样,钠冷快堆也是先进反应堆概念之中技术较为成熟的。钠冷快堆的主冷却剂是液态钠,使用液态金属作为冷却剂可以使主冷却剂回路不需要高压环境,可在接近大气压的条件下工作。此外,即使在没有备用电源的紧急情况下,液态钠的高导热特性(是水的 100 倍)将允许堆芯通过自然循环实现非能动冷却。钠冷快堆可冷却剂出口温度将达到 500～550 ℃。这种较低的温度(相对于气冷快堆的 850 ℃)降低了材料的耐高温要求,使得钠冷快堆可以选用一些已经在以前的快堆中开发和证明的材料。钠冷快堆主要包括两种设计改型:环式设计和池式设计。在池式钠冷快堆中,堆芯和热交换器浸泡在同一个的液态金属池中;而在环式钠冷快堆中,热交换器被放置在一个单独的容器中。同样,钠冷快堆也是可以实现模块化布置的。

使用钠作为冷却剂的一个不足之处在于:它会与空气和水发生剧烈反应。因此,通常设置一个中间冷却剂回路将主钠冷却系统(含有高放射性钠)与蒸汽发生系统分隔开,以防止发生事故时放射性物质的释放。这增加了系统的成本和复杂性,增加了系统维护和换料的复杂性,并带来了额外的安全问题。在此之前,由于钠泄漏引起的火灾已经导致一些已经建成的钠冷快堆被迫关闭。

与气冷快堆类似,大多数钠冷快堆设计采用的是封式燃料循环。其他设计将依靠未来燃料技术的进步,将换料周期延长到几十年。钠冷快堆可以嬗变乏燃料中锕系元素,可有效降低长寿命高放废物的放射性。

从 1946 年美国建成世界上第一座快堆 Clementine 开始,到现在全世界共建成 24 座快堆,积累了超过 400 反应堆年的运营经验,其中美国钠冷快堆大约有 50 年的运营经验。美国能源部、核工业和大学正在开发各种钠冷快堆概念。美国先进钠冷快堆关键设计目标主要是:采用高燃耗燃料、先进的包层和结构材料以及成本低廉的反应堆系统部件(例如体积更小的电力转换系统)来显著提高反应器性能。美国能源部估计,到 21 世纪 30 年代初,美国钠冷快堆技术可达到商业示范标准,包括技术开发、反应堆设计、许可证审批和反应堆建造工作。到 2050 年,可实现钠冷快堆商业化。

目前正在开发钠冷快堆技术的美国公司包括:先进反应堆概念公司、哥伦比亚盆地咨询集团、通用电气日立公司、欧克陆公司和泰拉能源公司。通用电气日立公司的 PRISM 反应堆是唯一通过美国核管会预申请审批流程的钠冷快堆并被选中支持能源部的多功能试验堆(VTR)计划。

2.2.4 铅冷快堆(LFR)

铅冷快堆采用封式燃料循环,冷却剂熔融铅或铅铋合金。使用铅作为冷却剂有以下几个优点:与钠冷快堆一样,使用液态金属作为冷却剂允许在事故中进行低压操作和非能动冷却。并且与液态钠相比,熔融铅相对惰性,增加了铅冷快堆额外的安全和经济优势。铅还具有很高的放射性裂变产物保留率,当发生放射性物质泄漏事故时,铅的化学特性可以防止大量有害放射性物质逸散到大气中。铅冷快堆也可以用来嬗变锕系元素,从而减少长寿命放射性废物。

当然,铅作为冷却剂也有它的不足之处,需要进一步的研究和创新来克服。在高温下,铅会对结构钢造成腐蚀。因此,要在更高温度范围内实现设计的商业化,就需要进一步提高与液体铅冷却剂接触的结构钢构件的耐腐蚀性能。另外,铅不透明,因此也增加了对堆芯内部的观察和监测的难度;铅的密度很高,因此铅非常重;铅的高熔点也给保持液态铅带来了挑战。从事铅冷快堆的美国公司包括Hydromine 和西屋电气公司。

2.2.5 熔盐堆及氟化盐冷却高温堆(MSR、FHR)

任何使用熔盐作为冷却剂或燃料的反应堆均可视为熔盐堆。以熔融盐作为冷却剂的熔盐堆也称为氟化物冷却高温堆,其堆芯由固体燃料块组成,其结构与高温气冷堆非常相似;以熔融盐作为燃料的熔盐堆的独特之处在于燃料不是固体,而是溶解在熔融盐冷却剂中。

熔盐堆可以被设计成快堆,也可以被设计成热堆,并且采用热中子谱的熔盐堆也可以采用不同的慢化材料。熔盐快堆(MSFR)在嬗变锕系元素和节约燃料资源方面具有很高的潜力。根据其他设计特点,可使用不同的熔融盐。出口温度规格范围为 $700\sim1\,000\ ^{\circ}\mathrm{C}$。

以熔融盐作为燃料的熔盐堆设计的独特之处在于,反应堆堆芯下方有一个安全装置,称为"冻结塞",由冷却至固态的盐塞组成。如果发生事故导致堆芯中温度上升,塞子将熔化,使熔盐燃料在重力作用下排入一个盆中,该盆旨在防止燃料发生进一步的裂变反应和过热。目前还不清楚当熔盐堆的乏燃料从堆中取出后,是否能在不进行额外处理的情况下长期安全贮存。

熔盐堆技术已经发展了几十年。20 世纪五六十年代,美国橡树岭国家实验室建造了两座热谱实验堆。加拿大陆地能源公司与一家美国子公司合作,目前正与加拿大核安全委员会就其整体熔盐堆(IMSR)进行第二阶段的设计审查。陆地能源已经宣布,到 21 世纪 20 年代末将实现熔盐堆商业化的目标。其他从事熔盐堆技术开发的美国公司包括:阿尔法技术研究公司、Elysium Industries、Flibe 能源公司、凯罗斯电力公司、泰拉能源公司、美国陆地能源公司、ThorCon 电力公司、Thoreact 以及黄石能源公司等。

2.3 聚变堆

与裂变堆利用重原子核裂变产生能量不同,聚变堆是利用轻原子核聚变产生能量的。美国已投入大量经费用于核聚变研发,其中包括超过 200 亿美元的国际合作资金,预计用于建造国际热核实验反应堆(ITER)。美国是该项目的主要参与者。

聚变能需要将轻原子(通常是氢的同位素)加热到 1 亿度形成等离子体,在这种物质状态下,电子被从原子核中剥离出来。因此,将等离子体加热到足以产生聚变反应并将他们约束在一起是一项重大的技术挑战。ITER 项目是通过一个强大的磁场来实现这一点的。聚变反应通常在实验室规模产生,但这些反应都尚未达到"燃烧等离子体",即聚变产生的能量至少等于加热等离子体所需的能量。聚变动力反应堆还需要实现"点火",在这个过程中,聚变产生的能量将保持等离子体加热。ITER 计划在 2025 年年底生产第一个等离子体,并计划在 2035 年开始全面运行,包括"燃烧等离子体"实验。

一些美国公司正在寻求各种方法来实现"燃烧等离子体",以实现聚变能商业化。根据聚变工业协会的说法:"聚变不会产生和排放任何有害废物;从物理上讲,聚变电厂不会发生熔毁;聚变不会有可裂变放射性废物遗留。"然而,在聚变反应过程中,一些反应堆材料会因中子辐照而具有放射性;另外,氚是聚变堆的一种主要预期燃料来源,它本身具有放射性,但其放射性远低于裂变产物。

目前从事聚变技术开发的美国公司包括:AGNI 能源公司、布里渊能源公司、联邦核聚变系统公司、通用原子公司、Helion 能源公司、HyperV 技术公司、劳伦斯维尔等离子体物理公司、洛克希德马丁公司、磁惯性核聚变技术公司、NumerEx 公司和 TAE 技术公司。

参考文献：

[1] Patel，Sonal. How the Vogtle Nuclear Expansion's Costs Escalated[R]. September 24，2018.

[2] Massachusetts Institute of Technology. The Future of Nuclear Energy in a Carbon-Constrained World[R]. 2018.

[3] Office of Management and Budget. A Budget for a Better America[R]. March 11，2019；37.

[4] Nuclear Energy Institute. Navy Leaders Say Commercial Nuclear Industry Benefits National Security，Innovation [R].October 5，2018.

[5] Heinrich Boll Stiftung.Energy Transitions Around the World[R]. April 12，2019.

[6] Third Way. Advanced Nuclear Map 2018[DB]. November 9，2018.

[7] World Nuclear Association. Molten Salt Reactors[R]. December 2018.

[8] U.S. Nuclear Regulatory Commission. NRC：Application Review Schedule for the NuScale Design[R]. April 12，2019.

[9] Gen IV International Forum. Supercritical-Water-Cooled Reactor (SCWR)[R]. September 24，2018.

[10] Gen IV International Forum. Very-High-Temperature Reactor (VHTR)[R]. September 21，2018.

Overview of the development of advanced reactors technology in the United States

QIU Ruo-meng，GUO Hui-fang，MA Rong-fang，FU Yu

(China Institute of Nuclear Information and Economics，Beijing 100048，China)

Abstract：An "advanced nuclear reactor" is defined as "a nuclear fission reactor with significant improvements over the most recent generation of nuclear fission reactors" or a reactor using nuclear fusion. The nuclear power industry is facing severe economic challenges in the United States. High capital costs，low electricity demand growth，and competition from cheaper sources of electricity such as natural gas and renewables have dampened the demand for new nuclear power plants and accelerated the retirement of existing reactors. Advocates of nuclear power in the U.S. argue that developing advanced reactor technology is the key to revive American advantage in nuclear power，and a robust domestic nuclear energy industry would contribute to such goals as energy security and diversification，electricity grid resilience and reliability，promotion of a domestic nuclear component manufacturing base and associated exports，clean air，and preservation and enhancement of geopolitical influence. This report first reviews the advanced reactor technology development routes in detail，and introduces the current development status of various advanced reactor technology routes in the United States. Finally，it gives an overview of the relevant nuclear energy programs of the Department of Energy.

Key words：advanced reactors；the United States；department of energy；fast reactors；fusion reactors

中国核科学技术进展报告(第七卷)

核科技情报研究分卷　Progress Report on China Nuclear Science & Technology(Vol.7)　2021 年 10 月

2016—2020 年 INIS 数据库文献主题词计量分析研究

杨英杰,蒲　杨,马　恩

(中核战略规划研究总院,北京 100048)

摘要:为实现核科技领域文献主题词的文献统计和趋势分析,根据 2016—2020 年国际原子能机构 INIS 数据库文献的现有成果,使用定量分析手段进一步挖掘该数据库的主题词相关信息。编写 Python 语言程序,对文献信息进行提取和预处理,实现主题词词频统计与共现矩阵统计,并利用 K-means 聚类算法构建主题词相关性模型,挖掘高频主题词之间的内在相关性,对 2016—2020 年 INIS 数据库的核科技领域研究热点与趋势进行可视化分析。本研究成果客观展现国际核信息系统中主题研究现状与发展趋势,为核科技领域研究提供参考。

关键词:INIS 数据库;主题词分析;可视化;数据挖掘

信息技术的发展驱动了信息数据的快速增长,也逐渐给人类的思维方法和决策方式带来了新的挑战。就情报分析而言,目前已经融合了数据挖掘、主题演变分析、信息可视化等一系列有效的科学方法,提供高质量服务、报告、产品和战略决策等。信息技术与情报分析的结合在智库建设的资源层、方法层和组织层发挥重要的作用[1]。依托核领域专业文献资源,充分利用信息技术新手段与新工具对学术研究的支撑作用,为科研人员提供定性与定量相互结合的研究成果[2]。

国际核信息系统(以下简称"INIS")是国际原子能机构为促进世界范围核科学与技术的进展与应用而建立的一个常设机构,于 1970 年开始正式运营[3]。INIS 以国际合作为运营模式,专业、全面地收集核文献信息资源,至今,INIS 成员已有 156 个,包括中、美、俄、英、法、日等 132 个成员国和 24 个成员组织。INIS 数据库收录了世界范围大多数的核科技文献。文献种类包括:图书、期刊、会议论文、学位论文、科技报告、专利等,文献主题覆盖了核领域的各个方面[4]。通过互联网进入 INIS 数据库在 2020 年访问量已超过 210 万人次,检索已超过 250 人万次。

INIS 数据库作为权威的核科学技术信息源,具有很高的参考价值,目前尚缺乏全面有效的文献计量分析和数据挖掘技术等对其进行统计分析。Swarna T[5]对 INIS 数据库中的核科学技术和技术专利的出版趋势进行计量分析与研究。夏梦蝶[6]对 INIS 数据库内的包壳材料专题领域文献计量与主题词统计分析。本文选取 INIS 数据库 2016—2020 年的文献数据,以文献资源作为切入点,分析近 5 年世界核领域发展情况和趋势,旨在为国内核领域规划决策和项目布局提供参考。

1　文献计量分析

对 INIS 数据库的文献年新增数据、类型、输入国数据以及发表期刊数据进行文献计量统计与分析,辅助一线科研工作者和工程技术人员等对国际核领域的研究情况提供总体参考。

1.1　文献年度新增数量与类型统计

近五年,INIS 数据库年新增文献数量整体较为稳定,新增文献数量与类型统计结果如图 1 所示。INIS 数据库平均年新增文献 109 310 篇,2016 年与 2020 年新增文献相对其他年份较多。2019 年是 INIS 数据库收录的低谷期,年新增数量为 82 979 篇。INIS 数据库文献包括期刊、图书、报告、会议论文等多种文献资源类型,文献数据类型种类丰富。从图 1 可以看出,在每年的新增文献中,期刊类型的文献占主要组成部分,每年均在 68% 以上,反映了 INIS 作为促进国际核科技信息交流而建立的一个常设机构,持续、全面地收集各个文献类型的核领域文献资源。

作者简介:杨英杰(1994—),男,浙江人,助理工程师,硕士,现主要从事信息资源建设与服务

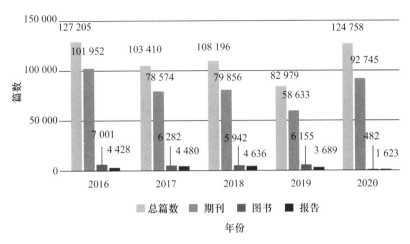

图 1　2016—2020 年 INIS 新增文献及类别分布

1.2　文献输入国统计

根据作者隶属关系,本文对近五年 INIS 文献输入国的数据进行统计分析,结果如图 2 所示。其中,德国、法国、日本、韩国、中国等国家的提交文献数量排名靠前。中国在近五年的文献贡献虽然较提交数量多的国家存在一定的差距,但总体呈上升趋势,2018 年为 2 972 篇,2019 年为 2 926 篇,2020 年达到 4 276 篇,反映了中国近几年核领域的学术贡献在国际上稳步提升,活跃度较高。除此之外,印度、俄罗斯、巴基斯坦等国家的核科技文献的提交数量在 INIS 数据库的占有比例也不容忽视。

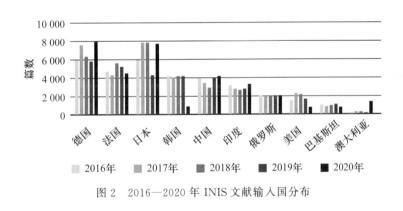

图 2　2016—2020 年 INIS 文献输入国分布

1.3　期刊分布情况统计

期刊是 INIS 数据库中数量比例最高的文献类型,截至 2020 年,INIS 数据库内期刊分别载刊在 17 767 种期刊上。2016—2020 年 INIS 收录文献所在期刊分布数量分别如图 3 所示。通过将近 5 年 INIS 数据库新增数据载刊进行统计分析,德国的 Journal of High Energy Physics,英国的 Astrophysical Journal、Materials Research Express（Online）、Nanotechnology、Electrochimica Acta 的文献数据占据前五,共有 31 615 篇文献。中国的 Chinese Physics. B、Atomic Energy Science and Technology 和 Chinese Physics Letters 在 INIS 数据库收录期刊中排名靠前,共有 5 845 篇文献数据。在收录数量排名前 20 的期刊中,中科院分区 1 区到 4 区的数量依次为 2 种、9 种、5 种和 4 种,反映出 INIS 数据库是一个权威性和学术性较高核科学技术信息源。

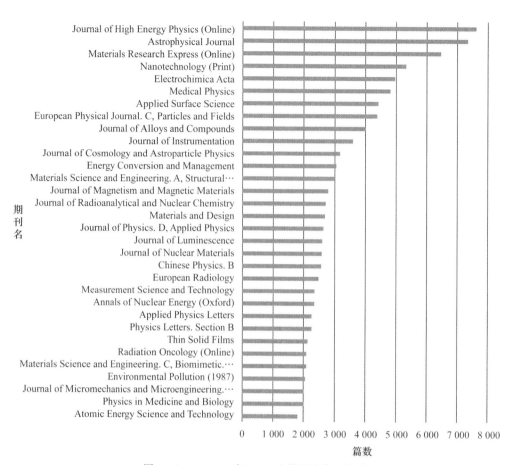

图 3　2016—2020 年 INIS 文献所在期刊分布

2　文献学科分类及高频主题词分析

INIS 数据库文献主题范畴覆盖了核领域的各个方面，包括原子核物理、核化学与放射化学、等离子体与受控核聚变、核动力工程、核燃料循环、核材料、核安全、核保障、同位素与核技术应用、辐射防护和环境安全、有关法律法规等[3]。常规文献数据库通过关键词对文献进行概括与描述，INIS 数据库通过专有的学科分类与人工标出产生的主题词对文献的研究内容进行全面反映。

2.1　文献学科分类分析

本文选取 INIS 数据库文献主题占比较高部分进行分析，如图 4 所示。从图 4 可以看出，近 5 年隶属核应用生命科学、核工程和测量仪表、核化学等学科分类的文献数量有不同程度的缩减，隶属环境与地球科学的学科分类文献数量稳步提升。隶属核物理、核材料学科分类的文献数量有所起伏，但是仍处于高数量占比，反映出国际上对于核领域基础学科科学研究的十分重视。

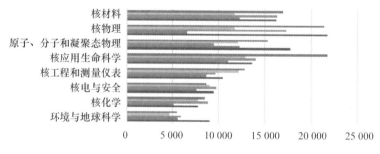

图 4　2016—2020 年 INIS 文献学科分类分布

2.2 文献高频主题词分析

INIS主题词能全面准确地概括和描述文献的研究内容和所属研究领域。通过Python语言对主题词进行切分词与预处理,例如同义词合并、数据清洗等过程,并进行统计分析。2016—2020年,共出现18 976个主题词,选取频次数量前100,进行高频主题词统计分析,得到词云图,如图5所示。高频主题词云图能够在一定程度上反映出近5年国际核科技领域研究的重点。从图5中可以看出,计算机模拟仿真、比较评价、蒙特卡罗、图像可视化等方法是近年核领域文献的主要方法;纳米结构、X射线、电化学等核领域基础学科的研究仍是重点;在核科技应用方面,患者、肿瘤、放疗等主题出现频率较高,由此可以反映出针对核医学应用的研究也是国际核领域研究的重点。

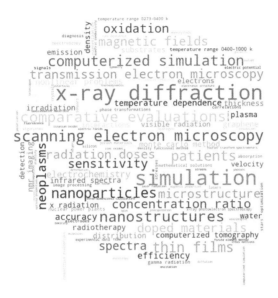

图5　2016—2020年INIS文献高频主题词云图

3　文献主题词共词分析

为提升分析结果的准确性和可靠性,在主题词的词频统计基础之上,通过量化的数据描述进一步对文献主题词进行共词关联与聚类分析。根据两个高频主题词在同一篇文献中出现的频次,并进行数据预处理,能够反映出文献特征项(主题词)之间的关联性,从而挖掘主题词的内容关联和隐含的信息。

在本文第二节的数据处理之上,利用Python语言,对INIS数据库近5年文献高频主题词进行统计与关系度量,构建主题词共现矩阵。为提升代码的执行效率和共词关联可视化效果,选取共现次数200以上的数据进行处理,输出50×50的共词矩阵。使用Python中的可视化包对共词矩阵做关系图(如图6所示),节点间线的粗细与长短表示主题词的关联性,线越粗、越短表示主题词之间的关联性越强。从图6可以得出,光谱、磁场、星系演化、计算机模拟仿真等主题词之间的关系紧密,共现频次较高。

通过计算共词关系中词与词之间的距离,将距离近的主题词聚集,形成一个个属性相对独立的类别。K-means是基于欧式距离的聚类算法,无需预先设定分类标准,计算每个对象与各个种子聚类中心之间的距离,划分聚类。通过K-means聚类算法,近5年INIS数据库文献主题聚类谱系图如图7所示。从图7可以看出,50个主题词按聚类中心被分为三大类,具体如下。

(1)纳米合成、复合材料、浓度比、电子显微镜、红外光谱、热力学等;

(2)非均质性、极化、等离子体、电子、波长、相对论能区等;

（3）计算机模拟方针、光谱、氢、分子、黑洞、星系演化等。

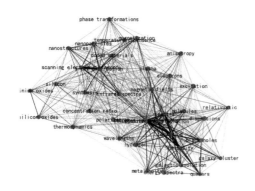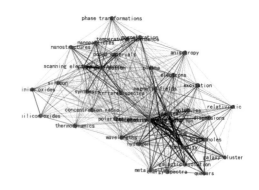

图6 2016—2020年 INIS 文献高频主题词关系图　　图7 2016—2020年 INIS 文献高频主题词聚类图

4　结论

本文通过对 INIS 数据库 2016—2020 年文献数据进行文献年新增数据、类型、输入国数据以及发表期刊数据、主题词进行分析与可视化研究得出如下结论。

（1）文献计量结果 INIS 数据库年新增文献数量整体较为稳定，中国核领域的学术贡献在国际上稳步提升，但是与 INIS 问题提交量大的国家、组织仍存在一定的差距。

（2）文献高频主题词分析显示国际上对于核领域基础学科科学研究十分重视，涵盖纳米结构、X 射线、电化学等基础科学主题词出现频率较高，针对肿瘤、放疗等核医学应用的主题词研究是国际核领域研究的重点之一。

（3）文献共词关联与聚类分析结果显示光谱、磁场、星系演化、计算机模拟仿真等主题词之间的关系紧密，主题词可具体分为具有内在属性关联的 3 大类别。

本文旨在通过对 INIS 数据库近年文献进行行研究，一方面了解国际核领域最新研究发展动态、研究方向和方法；另一方面通过文献数据挖掘与可视化等信息化技术提升研究项目的可靠性，提升智库的资源建设与服务能力。

参考文献：

[1]　耿瑞利. 大数据环境下情报学在智库建设中的作用[J]. 图书情报研究，2016(2):19-25.

[2]　姚瑞全. 核科学技术学术论文分布初步研究[C].中国核学会 2009 年学术年会.

[3]　罗上庚. INIS—权威性核科学技术信息源[J]. 核科学与工程，2002(04):371-373.

[4]　蒲杨. 叙词在 INIS 数据库检索中的应用研究[J]. 图书情报工作，2015，59(S2):171-176.

[5]　Swarna T, Prabhu A, Nabar G, et al. A patentometric analysis of the International Nuclear Information System database: 1970-2006[J]. International Journal of Nuclear Knowledge Management，2009，3(3):221-235(15).

[6]　夏梦蝶.INIS 数据库包壳材料领域文献统计与主题词分析[J].图书情报工作,2018(S1):130-136.

Quantitative analysis of the subject words of INIS database from 2016 to 2020

YANG Ying-jie, PU Yang, MA En

(China Institute of Nuclear Industry Strategy, Beijing 100048, China)

Abstract: In order to realize analysis of the subject words trend in the field of nuclear science and technology, based on the existing INIS database of IAEA from 2015-2020, the subject words related information of this database are further mined by quantitative analysis. We write a program in python to extract and pre-process the literature data, realize the frequency and co-occurrence matrix of subject words and build a topic word relevance model. The K-means clustering method is used to mine the intrinsic correlation between high frequency topics. In addition, this paper aims at visualize and analyze the research hotspots and trends in the field of nuclear of the INIS database from 2015-2020. This research objectively presents the current status and development trend of INIS database topic research, and provides reference for nuclear field research.

Key words: INIS database; subject words analysis; visualization; data mining

美国核燃料循环前段发展及铀供应概述

仇若萌,郭慧芳,马荣芳,李宗洋

(中国核科技信息与经济研究院,北京 100048)

摘要: 核燃料循环前段是指核反应堆发电之前的核燃料循环部分,主要包括四个阶段:铀矿开采和预处理、铀转化、铀浓缩和燃料制造。美国目前没有铀转化设施,仅有一座商业铀浓缩设施在运,可满足美国约三分之一反应堆机组的铀供应。除此之外,美国反应堆机组的铀需求还依赖二次供应。二次供应包括:政府和商业库存、贫铀再浓缩、商业浓缩过程中因投料不足导致的过量投料以及高浓铀稀释。全球铀市场由多个行业通过独立、非直接和相互关联的市场交换铀产品和服务。生产商、供应商和公用事业公司可在市场中购买、销售、储存和转让铀材料。核能事业公司和反应堆运营商致力于在一次和二次供应中实现燃料来源多样化,并可从多个国内外供应商和服务商处获得铀。本报告系统梳理了核燃料循环前段相关信息,分析美国国内核燃料循环涉及的各类铀材料的国内来源和进口信息。

关键词: 核燃料循环;美国;铀供应

1　简介

铀是用于生产核动力燃料的基本元素。核燃料循环前段是指核反应堆发电之前的核燃料循环部分,主要包括四个阶段:铀矿开采和预处理、铀转化、铀浓缩和燃料制造。历史上,美国原子能委员会(AEC)是美国能源部(DOE)和美国核管会(NRC)的前身,1947—1971 年,通过联邦采购合同促进了美国铀生产的发展。1971 年以前,美国国内生产的浓缩铀主要支持核武器和海军推进反应堆的发展;1971 年以后,主要用于商业核动力反应堆。到 20 世纪 80 年代末,美国的核能事业公司和反应堆运营商从国外供应商购买的铀超过了国内生产商。截至 2017 年,美国核能事业公司和反应堆运营商购买的铀有 93% 来自外国。核能事业公司和反应堆运营商实现国内外铀供应多样化,尽可能降低燃料成本。例如,美国的一家核能事业公司可能会购买在澳大利亚开采和提炼的铀精矿,在法国转化,在德国浓缩,最后在美国制造成燃料。

美国目前没有铀转化设施,仅有一座商业铀浓缩设施在运,可满足美国约三分之一反应堆机组的铀供应。除此之外,美国反应堆机组的铀需求还依赖二次供应。二次供应包括:政府和商业库存、贫铀再浓缩、商业浓缩过程中因投料不足导致的过量投料以及高浓铀稀释。本报告系统梳理了核燃料循环前段相关信息,分析美国国内核燃料循环涉及的各类铀材料的国内来源和进口信息。

2　核燃料循环前端

核燃料循环前端主要由四个阶段组成。

开采加工。 铀矿开采加工是指将铀矿从地下取出,经物理和化学处理加工成铀精矿"黄饼"的过程。

转化。 铀转化是指将固态铀精矿转化为气态六氟化铀(UF_6)的过程。

浓缩。 铀浓缩是指利用分离技术生成浓缩六氟化铀的过程,进而生成浓缩铀。

燃料制造。 铀燃料制造的过程首先是生产氧化铀芯块,随后将其装入反应堆专用的燃料棒和燃料组件中,再装入核反应堆中。

2.1　一次供给

直接利用新开采的铀矿石加工制造核燃料的过程被称为一次供应。从铀矿开采到燃料制造的各

作者简介:仇若萌(1992—),男,河北唐山人,硕士,助理研究员,主要从事核情报研究工作

个阶段将在以下章节中详细描述。

2.1.1 第一阶段:开采和预处理——生产铀精矿

核燃料循环前段的第一阶段是通过常规(露天开采、地下开采)或非常规原地回收(ISR)方法从地球上开采铀矿石,所采用的开采方式取决于地质、矿体含量和经济性。美国大部分铀资源位于科罗拉多高原、得克萨斯海湾沿岸地区和怀俄明州盆地的地质矿床中。与主要铀供应国相比,美国的铀储量和品质相对较低。例如,经合组织核能署(NEA)和国际原子能机构(IAEA)将美国合理预计的铀资源列为全球第 12 位。

对开采的铀矿石进行物理化学预处理,可生成铀精矿八氧化三铀,俗称"黄饼"。预处理是将已开采的矿石粉碎并研磨,然后利用酸或碱溶液进行化学溶解,再进行浓缩。相对于产生铀精矿的量,预处理过程也产生大量的废料,称为尾矿。美国核管会估计,每 907.2 kg 铀矿石可以生产 1.09 kg 黄饼。20 世纪 70 年代以前,预处理产生的尾矿或废料大部分被废弃,由于自然侵蚀和人类干扰,放射性颗粒便扩散到空气、地表和地下水中。《铀尾矿辐射控制法》的颁布批准了一项关于清理 1978 年以前废弃尾矿的补救行动计划,并批准了一项用于管理 1978 年以后运营场址产生的尾矿的监管框架。在美国,ISR 方法已经通过将酸或碱性溶液泵入地下矿体,取代了传统的开采和预处理。矿石中的铀在溶液中溶解后,被泵送到地表,加工成铀精矿。

2019 年第一季度,共有 5 个 ISR 设施在美国运营(均位于怀俄明州),年生产能力约为 1 120 万磅;11 个年生产能力为 1 300 万磅的 ISR 项目目前正处于许可授权、部分许可授权、开发或待命阶段。

2.1.2 第二阶段:转化——生产六氟化铀

铀精矿被运往铀转化设施,在那里用化学方法生产六氟化铀。六氟化铀在室温下是固体,但在高温下会转变为气体。根据世界核协会的数据,全世界共有 6 个铀转化工厂,位于伊利诺伊州的霍尼韦尔工厂是美国唯一的铀转化设施。自 2017 年 11 月以来,该公司未生产六氟化铀。

2.1.3 第三阶段:浓缩——生产浓缩铀

铀转化过程后生成的六氟化铀是铀浓缩的原料。天然铀中 ^{235}U 的含量约为 0.71%,核电反应堆燃料中 ^{235}U 的含量约为 3%~5%。在 2013 年之前,美国的铀浓缩主要采用气体扩散技术。目前,美国有一家采用气体离心机技术的铀浓缩厂。气体离心机技术如下所述。

首先,气态六氟化铀从进料口流入气体离心机。离心机高速旋转,离心力将质量稍大的 ^{238}U 向外推,而质量稍小的 ^{235}U 则集中在离心机中心附近。该过程在多级离心机中重复多次,将 ^{235}U 同位素的含量从 0.71% 逐渐增加到 3%~5%。在这一过程中,其化学成分仍为六氟化铀,但同位素组成发生了变化。最终的产品是浓缩六氟化铀(enUF$_6$),尾矿废物为贫化铀(DU)。

^{235}U 在产品和尾矿废物中同位素组成的差异越大,能量要求就越大。分离功单位(SWU)描述了将给定的进料量浓缩到给定目标所需的能量。

2.1.4 第四阶段:制造——生产氧化铀、燃料棒及燃料组件

生产可用核燃料的最后一步是燃料制造。在燃料制造厂,浓缩铀被转化成铀氧化物(二氧化铀)粉末,然后加工成小的陶瓷微球。这些微球被装入圆柱形燃料棒中,然后组合成特定反应堆的燃料组件。燃料组件被装入反应堆中用于发电。燃料棒和燃料组件针对不同的反应堆量身定制。

2.2 二次供给

二次供应是指没有通过核燃料循环前段而直接生成铀材料的过程。二次供应包括但不限于:商业浓缩过程中由于供料不足造成的过剩铀、高浓铀掺混、商业库存中贮存的铀以及联邦政府过剩铀库存中贮存的铀。依据能源部的说法,前两种是市场上二次供应的两大来源。据一名铀市场分析师估计,截至 2018 年 12 月,二级铀供应量约占全球年度铀供应量(相当于 21 772 t 八氧化三铀)的四分之一以上,但每年的具体比例也在变化。

2.2.1 供料不足

铀浓缩本质上涉及能源需求、产品数量、尾料生产之间的权衡。操作人员的目标是平衡这些要

求,作为最理想的尾料分析。在某些条件下,操作人员会主动选择供料不足,相对于最理想的尾料分析,它产生的尾料更少。供料不足使操作人员在保证提供所需浓缩铀产品的同时,使用相对较少的原料并产生更少的尾料。这样做的代价是单位浓缩铀产品需要的能耗更高。由于供料不足而未浓缩的过量进料被视为二次供应。

2.2.2 贸易商和代理商

贸易商和代理商主要负责购买、销售和储存各种类型的铀材料,不直接参与核燃料循环材料的生产或使用。购买、持有和出售铀材料的决定取决于市场状况。例如,2014 年,美国参议院国土安全与政府事务委员会调查了银行和银行控股公司在大宗商品实物市场的活动,包括调查高盛参与铀产品实物买卖的活动。高盛将其在铀市场的活动描述为"从采矿公司购买铀并贮存起来,当公用事业公司想为其核电站生产更多燃料时再将将铀提供给它们"。高盛的铀库存估值在 2013 年达到峰值 2.42 亿美元,2018 年当其与公用事业公司的合同到期后便退出了市场。由于铀销售合同是私下签署的,因此无法估计高盛目前的实际持股状况。美国能源情报署向美国民用核反应堆的所有者和运营者提供了一份铀销售商名单,其中可能包括在核燃料循环前段不同阶段从事铀业务的公司。

2.2.3 商业库存

核设施和反应堆操作人员也储存各类铀材料的库存。维持库存的主要原因是出于经济考虑,同时避免潜在供应链中断对其业务造成的影响。根据美国能源情报署的数据,从 2002 年到 2016 年,美国民用核反应堆所有者和运营者的铀库存总量累计增加了一倍多。美国能源情报署跟踪了 2007—2016 年指定铀材料的库存数量。在此期间,美国民用核反应堆的所有者和运营者增加了浓缩铀和浓缩六氟化铀的库存,其相对利润最大。截至 2016 年,美国能源情报署报告称,美国公用事业公司的铀库存量约为 5.81 万 t 八氧化三铀。

2.2.4 联邦政府过量铀库存

美国能源部保留着对国家安全任务至关重要的以及过剩的铀库存。能源部拥有过量各类铀材料的库存,这些库存可在商业市场上出售,以支持联邦政府铀浓缩设施的清理服务。

一些人担心,美国能源部的铀转让行为将联邦政府拥有的铀材料引入本已供应过剩的市场,从而进一步压低了铀的价格。2015 年,众议院内部监督和政府改革小组委员会调查了能源部出售过剩铀库存的影响。美国政府问责办公室对铀转让份额确定方法的透明度表示担忧,并对 2012—2013 年能源部一些有关铀转让的行为表达了法律担忧。能源部长决定铀转让是否会对美国国内铀生产工业产生不利影响。2017 财年,能源部长佩里确定,只要每年转让的铀不超过 1 200 t,就不会对国内铀生产商产生不利影响。

3 美国核反应堆铀供应分析

3.1 铀矿石及铀精矿

全球范围内的铀开采方法已从传统的地下或地表开采转向非常规(ISR)方法。2016 年,ISR 设施生产的铀精矿约占全球年产量的一半。与传统方法相比,ISR 方法的资本密集度较低,但是,铀矿石必须处于适合 ISR 方法提取的地质结构中。据初步统计,2018 年美国国内铀精矿产量约为 680.4 t,是 20 世纪 50 年代初以来的最低值。2019 年美国国内铀精矿生产前景依然低迷。

美国从拥有大量铀生产计划的国家进口铀矿石和铀精矿。根据世界核协会的数据,目前世界上主要铀生产国的产量排名依次是:哈萨克斯坦、加拿大、澳大利亚、纳米比亚、尼日尔、俄罗斯、乌兹别克斯坦、中国、美国和乌克兰。2018 年,美国从加拿大和澳大利亚进口的铀精矿数量最多,分别为 4 200 t(4 989.5 t 八氧化三铀)和 1 100 t(1 315.4 t 八氧化三铀)。美国目前没有将铀精矿转化为六氟化铀的铀转换设施。因此,进口到美国的浓缩铀必须出口到具备转化和浓缩能力的外国,或贮存起来。

3.2 六氟化铀

核燃料循环前段的第二阶段是生产六氟化铀。美国目前有一个商业铀转化设施,归霍尼韦尔国际有限公司所有,位于伊利诺伊州斯的普林菲尔德。该设施已于 2018 年停运,原因是"全球六氟化铀供应过剩",目前处于"准备闲置"状态,因此美国国内目前没有在运的铀转化设施。该工厂目前继续由 ConverDyn 公司运营,主要作为六氟化铀和铀精矿的仓库和国际交易平台。根据 ConverDyn 公司的数据,截至 2018 年,约有 28 122.7 吨六氟化铀贮存在该设施。根据世界核协会的数据,全球大多数商业铀转化设施主要分布在加拿大、中国、法国、俄罗斯和美国。1992 年至今,加拿大是美国最大的六氟化铀供应国,约 13.7 万 t;第二是英国,约 5 600 t。

六氟化铀是商业铀浓缩的原料,相关出口贸易数据为世界各国进一步了解六氟化铀国际贸易情况提供了依据。美国国际贸易委员会定义了两种出口分类,即国内出口和国外出口。

国内出口是指"在美国本土生产(包括外贸区)或制造的或是在美国完成改造(包括在美国进一步加工制造而增值)的原产地为外国的商品"。国外出口(再出口)包括已获准进入美国外贸区或进入美国消费的外国商品,包括进入美国海关与边境保护局保税仓库的商品。

国内出口的情况可能表明,美国国内铀精矿在出口前已进行了铀转化;或是美国进口外国生产的铀精矿,经转化后又出口出去。国外出口的情况可能表明,美国将进口的六氟化铀再出口到外国用于浓缩服务。这与 ConverDyn 公司的说法一致,该公司称霍尼韦尔是一个"全球贸易仓库"。自 2010 年以来,美国对俄罗斯、德国、荷兰和英国四个国家的六氟化铀出口总量约为 3.2 万 t。

3.3 浓缩铀

第二次世界大战和冷战期间,美国政府在田纳西州橡树岭、肯塔基州帕杜卡和俄亥俄州朴茨茅斯经营了 3 座气体扩散厂,为国防目的提供浓缩铀。1967 年后,美国政府又开始利用 3 座气体扩散厂生产用于商业核电站的浓缩铀。截至 2021 年,3 座铀浓缩厂已停止运营,正在接受由美国能源部环境管理办公室主持的净化和退役工作。能源部估计,3 座场址的净化和退役工作耗资将为 708 亿~783 亿美元。

截至 2021 年,位于新墨西哥州尤尼斯附近的 Urenco 气体离心厂是美国目前唯一在运的铀浓缩设施。Urenco 气体离心厂的产量约为美国核反应堆年需求量的三分之一。其他几个国内铀浓缩设施也获得了美国核管会的许可,但没有一个浓缩铀设施正在建设中。

根据世界核协会的数据,大多数商业铀浓缩服务是在中国、法国、德国、荷兰、俄罗斯、英国和美国进行的,其他几个国家也有产能较小的铀浓缩工厂。Urenco 公司在英国、德国和荷兰也经营着铀浓缩设施。

1993—2013 年,根据俄罗斯高浓铀协议(即"兆吨换兆瓦"计划),美国国内反应堆使用的浓缩铀中,约有一半来自俄罗斯的高浓铀掺混。这项美俄协议规定,从俄罗斯已拆除的核武器和冗余库存中购买 500 t 高浓铀,用于在美国生产商业核燃料。2013 年"兆吨换兆瓦"项目到期后,从俄罗斯进口的浓缩铀减少了大约 50%。如今,美国从俄罗斯进口的浓缩铀主要来自开采和提炼,而不是从核武器。从俄罗斯或任何其他国家进口的浓缩铀可能是在其他国家开采和加工的,包括从美国出口的材料。

3.4 燃料制造

美国共有三处燃料制造设施,分别是:位于北卡罗来纳州威尔明顿的美国全球核燃料工厂;位于南卡罗来纳州哥伦比亚的西屋公司哥伦比亚燃料制造厂;位于华盛顿州里奇兰的法马通公司的燃料制造厂。

3.5 铀购买与铀进口

国际贸易委员会的数据按实际进出美国的铀材料的类型和数量进行区分。该数据并没有估计核能事业公司在某一年内购买铀材料的数量，也不能推断核设施和反应堆操作员使用、储存或处理的铀材料数量。另外，该数据不同于美国能源情报署的数据报告，其报告可能将各国购买的铀精矿、六氟化铀和浓缩铀转化为八氧化三铀当量进行表述。

美国能源情报署数据罗列了美国核能事业公司和反应堆运营商的铀供应国，但该数据并不一定表明这些材料是作为特定的铀材料直接从该国进口到美国的。

通过比较国际贸易委员会和能源情报署在哈萨克斯坦的数据，可以了解铀材料在全球核燃料循环中的流动情况。根据世界核协会的数据，自 2009 年以来哈萨克斯坦一直是世界上最大的铀精矿生产国，2018 年的产量约为 2.17 万 t。

2013—2017 年，从哈萨克斯坦进口到美国的铀精矿占美国核能事业公司和反应堆运营商铀采购量的 18%～54%。核能事业公司购买的铀与美国进口浓缩铀之间的差额可能代表在进口到美国之前在其他国家转换、浓缩和/或贮存的铀材料。

例如，美国核能事业公司购买的一部分哈萨克斯坦铀可能在哈萨克斯坦生产成铀精矿，随后运到法国的转化设施生产六氟化铀；转化后，六氟化铀可能被运到荷兰的浓缩设施，生产浓缩六氟化铀；最后，浓缩六氟化铀可能被美国进口用于燃料制造，最终用于核反应堆。将国际贸易委员会和能源情报署报告的数据与从哈萨克斯坦购买和进口的铀进行比较，可以看出从德国、英国和荷兰等国进口浓缩六氟化铀的具体情况，而据报道，美国核设施和反应堆运营商并未购买来自这些国家的铀。

参考文献：

[1] U.S. Energy Information Administration. Monthly Energy Review- December 2018［R］. DOE/EIA - 0035 (2018/12)，December 2018：157.

[2] U.S. Energy Information Administration. Monthly Energy Review［R］. Figure 8.2：Production and Trade，1949-2018，March 2019：148.

[3] International Uranium Resources Evaluation Project. World Uranium，Geology and Resource Potential［R］. 1980：378.

[4] U.S. Energy Information Agency. Domestic Uranium Production Report- Quarterly，Table 4［R］. May 2019.

[5] World Nuclear Association，Conversion and Deconversion，updated January 2019［R］.

[6] U.S. Department of Energy. Secretarial Determination for the Sale or Transfer of Uranium［R］. April 26，2017.

[7] U.S. Energy Information Administration. Monthly Energy Review，Figure 8. 2 Uranium Overview［R］. April 2019.

[8] World Nuclear Association. In Situ Leach Mining of Uranium［R］. October 2017.

[9] U.S. Department of Energy. FY2019 Congressional Budget Request，Environmental Management［R］. March 2018：77.

[10] World Nuclear Association. Nuclear Fuel and its Fabrication，Updated April 2019［R］.

Overview of development of the front end of nuclear fuel cycle and uranium supply in the United States

QIU Ruo-meng, GUO Hui-fang, MA Rong-fang, LI Zong-yang

(China Institute of Nuclear Information and Economics, Beijing 100048, China)

Abstract: The front-end of the nuclear fuel cycle considers the portion of the nuclear fuel cycle leading up to electrical power production in a nuclear reactor. The front-end of the nuclear fuel cycle has four stages: mining and milling, conversion, enrichment, and fabrication. No uranium conversion facilities currently operate in the United States. There is one operational U.S. commercial uranium enrichment facility, which has the capacity to enrich approximately one-third of the country's annual reactor requirements. In addition to newly mined uranium, U.S. nuclear power reactors also rely on secondary sources of uranium materials. These sources include federal and commercial stockpiles, reenrichment of depleted uranium, excess feed from underfeeding during commercial enrichment and downblending of higher enriched uranium. The global uranium market operates with multiple industries exchanging uranium products and services through separate, nondirect, and interrelated markets. Producers, suppliers, and utilities buy, sell, store, and transfer uranium materials. Nuclear utilities and reactor operators diversify fuel sources among primary and secondary supply, and may acquire uranium from multiple domestic and foreign suppliers and servicers. This report describes the front-end of the nuclear fuel cycle, analyzes domestic sources and imports of various types of uranium materials involved in the fuel cycle.

Key words: nuclear fuel cycle; the United States; uranium supply

俄罗斯多用途试验堆 MBIR 建设及发展规划

仇若萌,马荣芳,郭慧芳,高志军

(中国核科技信息与经济研究院,北京 100048)

摘要:与热堆相比,快堆可以提高天然铀的利用效率,改善乏燃料处置和废物管理,因此,全球各国对快堆的兴趣持续增长。并且,核动力的长期发展需要将快堆技术和闭式燃料循环纳入现有核能基础设施。要实现快堆的开发、建成和安全运行,需要开展计算机程序建模验证、结构材料研究、先进燃料材料和燃料类型验证、紧急工况实验以及不同冷却剂瞬态工况下的材料和燃料试验等方面的全面工作。国际科学界正在为第四代核能系统国际论坛(GIF)内部的第四代核能系统项目开展大量先进反应堆技术研究工作。其中许多研究工作重点在于开发和论证新材料和新燃料类型。为了论证各工作方案的合理性,俄罗斯正在建造多用途钠冷快中子研究堆(MBIR)。本报告首先介绍了 MBIR 的设计及实验能力,还描述了计划在 MBIR 中实验工作和材料研究的主要领域。

关键词:多用途试验堆;俄罗斯;快堆

1　MBIR 的设计及实验能力

　　MBIR 反应堆热功率 150 MW,采用直径 6×0.3 mm 的薄燃料元件,热强度高。中子通量密度最高可达 $5.3×10^{15}$ n/(cm² · s)。反应堆堆芯由 93 个燃料组件组成,对边宽度 72.2×1.5 mm,每个燃料组件包含 91 个燃料元件,燃料棒束高 550 mm。

　　堆芯有 8 根不同用途的控制棒,并为实验组件和材料试验组件提供了 17 个栅元。此外,MBIR 计划设置 3 个回路通道(中部 1 个,侧屏蔽 2 个),每个通道包含 7 个反应堆栅元。

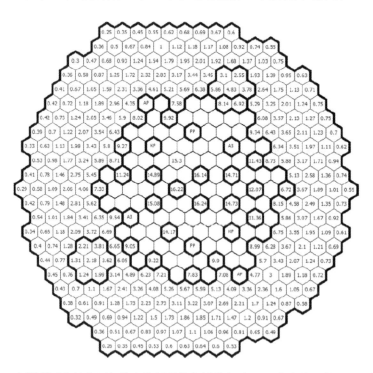

图 1　辐照栅元和转换区组件中的辐照损伤剂量率(每 100 个有效天数的 dpa 值)

作者简介:仇若萌(1992—),男,河北唐山人,硕士,助理研究员,主要从事核情报研究工作

表 1   回路通道的技术参数

参数/回路	钠回路	铅回路	铅铋回路	氦气回路	熔盐回路
冷却剂	钠	铅	铅铋合金	高纯氦气	金属氟化盐
中子注量/(cm$^{-2}\cdot$ s^{-1})	$\geqslant 3\times 10^{15}$	2×10^{15}	$(2\sim 3)\times 10^{15}$	$(0.4\sim 1)\times 10^{15}$	$\leqslant 3.5\times 10^{15}$
功率/MW	$\leqslant 1.0$	$\geqslant 0.3$	$\leqslant 0.8$	$\leqslant 0.15$	$\leqslant 0.15$
外径/mm	$\geqslant 190$	$\geqslant 190$	$\geqslant 190$	$\geqslant 130$	$\geqslant 150$
燃料长度	堆芯高度	堆芯高度	堆芯高度	侧反射层高度	堆芯高度
工作流体流入温度/流出温度$(T_{in})/(T_{out})$/℃	320/550	$\leqslant 350/$ $\leqslant 750$	$\leqslant 350/$ $\leqslant 500$	$\geqslant 950$	750/800

一开始,反应堆可以在没有回路通道的情况下工作,此时堆芯布置也与计划不同。特别是实验组件和材料试验组件的数量可增加到 21 个。除了用于研究,还将对转换区第一排 45 个钢组件加以利用。燃料循环假定为 100 个有效满功率天,装机容量利用率计划为 0.65(每年 237 个有效满功率天)。堆芯中不同位置的最大中子通量可能存在差异,变化范围是:1.8×10^{15}(转换区第一排)$\sim 5.3\times 10^{15}$(最高)。

表 2   对结构材料进行辐照时的最大中子通量和辐照损伤剂量率参数

最大中子通量/(n/cm$^2\cdot$ s)	5.30×10^{15}
$E>0.1$ MeV 条件下的最大中子通量/(n/cm$^2\cdot$ s)	3.6×10^{15}
每 100 有效满功率天(EFPD)的最大注量/(n/cm^2)	0.46×10^{23}
$E>0.1$ MeV 条件下,每 100 有效满功率天的最大注量/(n/cm^2)	0.31×10^{23}
每 100 有效满功率天,燃料包壳最大辐照损伤剂量率/dpa	15.2

2   实验工作和材料研究的主要领域

2.1   先进燃料的材料性能研究

2.1.1   目标

论证不同类型燃料的可靠性和安全性,包括用于第四代反应堆的铀钚氮化物燃料。

2.1.2   主要领域

(1)依据组分、孔隙率、温度(900～1 200 ℃)以及燃耗深度(5%～15%)等具体参数,研究铀钚氮化物燃料的肿胀和气体释放情况。

(2)依据组分、孔隙率、温度以及燃耗深度等具体参数,研究铀钚氮化物燃料在堆芯内的蠕变情况。

(3)依据组分、孔隙率、温度以及燃耗深度等具体参数,研究在不同燃耗水平下辐照的铀钚氮化物燃料的传热情况。

(4)对不同净化效率的堆后料开展反应堆试验。

(5)在高燃耗情况下,研究采用不同燃料制造技术制造的铀钚氮化物燃料元件。

(6)研究复合陶瓷铀钚碳化物燃料在堆芯内的特性(气体释放、导热率和扩散率、肿胀、蠕变)。

(7)研究带碳化硅陶瓷涂层的复合陶瓷铀钚碳化物燃料。

(8)研究具有纳米添加物(20～40 nm 的二氧化铀)和可控孔隙率的粗粒(35～40 μm)MOX 燃料。

(9)研究铀锆、铀钼合金等致密金属燃料在堆芯内的特性(气体释放、导热率和扩散率、肿胀、蠕变)。

(10)对采用不同设计的铀锆、铀钼合金等致密金属燃料的实验燃料元件开展试验。

(11)对含次锕系元素的不同类型致密燃料元件开展试验。

2.1.3 预期成果

(1)获得不同辐照条件下核燃料的特性实验数据,用于核燃料认证及计算机程序开发。就燃料制造技术改进、燃料元件和燃料组件设计提出建议。

(2)扩充核燃料在不同辐照条件下的特性数据,并提出相应建议。

(3)研发出安全高效的核燃料后处理技术。

(4)提升堆后料生产时的性能特征。

(5)获得不同辐照条件下核燃料的特性实验数据,用于核燃料评估/认证及计算机程序开发。

(6)研发出用于高温堆的新型燃料材料。

(7)提高燃料燃耗。

(8)为快堆研发出新的燃料组分的燃料元件设计,提升其经济性。

2.2 先进燃料元件材料在瞬态、功率循环和紧急工况下的试验

2.2.1 目标

选取并论证各种运行模式,获取改进燃料元件设计和制造技术所需的数据,以获得高燃耗,符合电厂运行中的日常功率控制模式。

2.2.2 主要领域

(1)研究铀钚氮化物燃料元件在瞬态工况下的行为,包括排热性能下降(冷却剂流量减少和丧失、冷却剂温度升高等)以及意外引入正反应性而引起的功率爬坡。

(2)研究铀锆、铀钼合金等致密金属燃料元件在瞬态工况下的行为,包括排热性能下降(冷却剂流量减少和丧失、冷却剂温度升高等)以及意外引入正反应性而引起的功率爬坡。

(3)研究带碳化硅陶瓷涂层的复合陶瓷铀钚碳化物燃料元件在瞬态工况下的行为,包括排热性能下降(冷却剂流量减少和丧失、冷却剂温度升高等)以及意外引入正反应性而引起的功率爬坡。

2.2.3 预期成果

(1)获得不同辐照条件下核燃料的特性实验数据,用于核燃料认证及计算机程序验证。

(2)就改进燃料制造技术、燃料元件和燃料组件设计提出建议。

2.3 先进结构材料测试

2.3.1 目标

(1)论证采用新型铁素体－马氏体钢和奥氏体钢制造的燃料元件包壳和堆内构件在高达 170 dpa 的剂量条件下的可靠性。将堆芯寿期延长至 5 年,提高容量因子。确保不可拆卸的反应堆部件寿命达到 50～60 年。

(2)研究用于制氢反应堆和其他先进工艺流程的特殊耐热材料的耐辐照性能。提高反应堆释放的热量传递到气体冷却剂(也是工作介质)期间的热效率。

(3)研究包括碳化硅和先进陶瓷材料在内的先进低吸收耐腐蚀材料的耐辐照性能,研究用于制造超临界水冷堆燃料包壳的最佳材料选择。

(4)研究钠冷快堆燃料包壳的耐辐照和耐腐蚀性能。

(5)提升包壳耐热性能,使其能耐受 900 ℃的高温。

(6)试验论证采用重金属冷却剂的 BREST-OD-300 反应堆的堆内构件的耐久性。

(7)开展一种新型耐辐照材料研发试验,该材料在辐照损伤剂量率不超过 170 dpa 的条件下具备强耐热性和尺寸稳定性。

(8)对纳米复合涂层的性能开展高剂量辐照试验研究,帮助提高控制棒包壳材料的耐腐蚀性和耐久性。

(9)对压力容器及其内部钢结构开展高剂量辐照试验研究,证明热堆电厂的长寿期(80 年以上)。

2.3.2　主要领域:

(1)在可拆卸装置中对铁素体－马氏体钢和奥氏体钢等先进包壳材料进行高剂量(170 dpa)辐照,研究其在350～700 ℃条件下的机械特性、肿胀、辐照蠕变情况。

(2)在堆芯内检测先进铁素体－马氏体钢和奥氏体钢在350～700 ℃条件下的蠕变断裂强度/耐久性和蠕变情况。

(3)在堆芯内检测先进铁素体－马氏体钢和奥氏体钢在350～700 ℃和不同装料率条件下的应变能力和辐照脆化情况。

(4)在750～950 ℃及1 000～1 100 ℃条件下,对特殊耐热材料进行高剂量(170 dpa)辐照,研究其机械特性、肿胀、辐照蠕变、蠕变断裂强度/耐久性;研究碳－石墨材料的劣化情况。

(5)在25～30 MPa及570～580 ℃条件下,对新型低吸收耐腐蚀(包括碳化硅和先进陶瓷材料)开展堆内试验,研究其耐辐照性能。

(6)开展耐腐照性能研究,为热核反应堆锂回路、第一壁和转换区筛选最佳结构材料。

(7)研究各种具备耐辐照、耐高温和耐腐蚀(相对于锂冷却剂)特征的材料。开展热核反应堆第一壁、转换区和实验模块材料的耐久性试验。

(8)对具有不同镀膜的钒合金包壳开展试验。

(9)对EP823钢样品开展高辐照损伤剂量率试验,研究其机械特性。

(10)对结构用途和功能用途的纳米分散材料、氧化物弥散强化(ODS)铁素体-马氏体钢开展试验。

(11)对采用TiCrNi/Ni-Cr-Fe-Si-B和TiAlN/Ni- Cr-Fe-Si-B制造的纳米复合镀膜开展试验。

(12)对先进热堆的压力容器及其内部钢结构部件开展试验。

2.3.3　预期成果

(1)获取先进铁素体-马氏体钢、奥氏体钢以及特殊耐热材料的性能实验数据,用于材料认证和计算机程序开发。

(2)获取新型低吸收耐腐蚀(包括碳化硅和先进陶瓷材料)的实验数据,用于材料认证和计算机程序开发。

(3)获取各种具备耐辐照、耐高温和耐腐蚀(相对于锂冷却剂)特征材料的实验数据,用于材料认证和计算机程序开发。

(4)获取EP-823钢材的实验数据,用于材料认证和计算机程序开发。

(5)在不降低冷却剂性能的情况下,将快堆燃料燃耗提高至18%～20%。

(6)提高各种反应堆中可移动控制棒的寿命周期特性、可靠性和运行安全性。

(7)扩充材料特性数据。

2.4　创新型核能系统中吸收材料、慢化材料和复合材料的测试

2.4.1　目标

(1)验证先进快堆长寿命控制棒和absorbing kernels的耐辐照性能。

(2)通过retrieving/recovering absorbing kernel inserts并产生强γ辐射源,论证长时间运行后回收的控制棒的可操作性。

(3)提高快堆物理效率,验证慢化剂块体的耐辐照性能以及控制棒的可操作性。

(4)验证absorbing kernels在辐照损伤剂量率高达170 dpa条件下的耐辐照性能。

(5)研究具有特定工作参数的新型复合吸收材料在辐照损伤剂量率高达170 dpa条件下的耐辐照性能。

(6)研究具有指定工作参数的新型复合材料的耐辐照性能。

(7)研究不同制造工艺制造的多孔铍的耐辐照性能,验证产品性能。

2.4.2　主要领域

(1)在静态和紧急工况下,对含有不同成分、不同化学计量条件和采用不同制造工艺的氢化铪(HfHx)控制棒模型进行试验。

(2)在静态和紧急工况下,以高辐照损伤剂量率对采用捕获型 Eu_2O_3+Co 吸收成分制造的两用可拆卸控制棒模型开展试验。

(3)在高辐照损伤剂量率条件下,对搭载[11]B_4C慢化剂块体的辐照装置和控制棒模型开展试验。

(4)在各种核反应堆运行中的静态和紧急工况下,以高辐照损伤剂量率对含有不同组分和采用不同制造工艺的稀土元素铪酸盐($Ln_2O_3+HfO_2$,其中 Ln 为 Dy、Eu、Gd、Er)的控制棒模型开展试验。

(5)在高温和高辐照损伤剂量率条件下,对含石墨纳米管的 SiC-SiC-型、B_4C 型复合材料和含高温石墨的 BN 开展试验。

(6)在高辐照损伤剂量率条件下,对不同尺寸和几何形状的纳米结构硼钢弥散强化样品(2%B)开展试验。

(7)对采用不同制造工艺的多孔铍开展试验。

2.4.3　预期成果

(1)获取含有不同成分、不同化学计量条件和采用不同制造工艺的氢化铪(HfHx)在不同条件下的特性实验数据,用于认证及计算机程序开发。将控制保护系统的寿命从2～3年延长至8～10年。

(2)将包括 BN-600、BN-800、BN-1200 在内的快堆的控制保护系统的寿命从 2～3 年延长至 8～10 年,生产比活度超过 100 居里/克的 γ 源,并改善性能特性,回收以反应堆中控制棒为代表的高放废物。

(3)提高控制棒的有效性,减少产品中吸收材料的量,也有可能产生放射性同位素。

(4)获得稀土元素铪酸盐($Ln_2O_3+HfO_2$,其中 Ln 为 Dy、Eu、Gd、Er)在不同条件下特性的实验数据,用于认证及计算机程序开发。将热堆控制保护系统的寿命从 10 年延长至 25～30 年。

(5)获取含石墨纳米管的 SiC-SiC-型、B_4C 型复合材料和含高温石墨的 BN 等材料在不同条件下特性的实验数据,用于认证及计算机程序开发。延长堆内构件的寿命。

(6)提高控制棒和其他堆内构件(包括反应堆压力容器的中子屏蔽)的运行参数。

(7)获取采用不同制造工艺的多孔铍在不同条件下特性的实验数据,用于认证及计算机程序开发。提升热核反应堆转换区和第一壁以及研究堆慢化剂块体的性能特性。

2.5　新型和改进型液态金属冷却剂研究

2.5.1　目标

(1)开发仪器和方法,以便能够确定采用重金属冷却剂的 BREST-OD-300 和 SVBR-100 反应堆中有无杂质以及回路设备活化的情况。

(2)开发仪器和方法,以便能够确定熔盐反应堆中有无杂质以及回路设备活化的情况。

2.5.2　主要领域

(1)在先进反应堆堆芯模拟运行工况下,对回路设施中的铅和铅铋冷却剂技术开展实验研究。

(2)在先进反应堆堆芯模拟运行工况下,对回路设施中的熔盐冷却剂技术开展实验研究。

2.5.3　预期成果

(1)改进运行模式。提高采用重金属冷却剂的 BREST 和 SVBR 反应堆的可靠性和运行安全性。

(2)获取熔盐冷却剂技术的实验数据,例如结构材料的腐蚀情况,用于开发控制装置和回路装置。

2.6　创新型核能系统中新型设备寿命测试

2.6.1　目标

获取铅、铅铋和熔盐反应堆新型设备、传感器和装置的功能性实验数据。

2.6.2 主要领域

对铅、铅铋和熔盐反应堆新型回路装置、传感器和控制装置样机开展试验。

2.6.3 预期成果

(1)获取研制新型反应堆设备、传感器和回路监控装置所需的实验数据。

(2)提升 BREST-OD-300、SVBR-100 反应堆及熔盐堆的可靠性和运行安全性。

2.7 开展反应堆物理、材料、热工水力学及其他领域计算机程序验证

2.7.1 目标

为开发各种冷却剂(包括钠、铅、铅铋和熔盐冷却剂)在不同运行工况下的堆芯模拟积分程序获取实验数据。

2.7.2 主要领域

针对堆芯部件实物模型在采用各种不同类型冷却剂(包括钠、铅、铅铋和熔盐冷却剂)的堆芯中、在不同运行工况下的行为进行多尺度模拟,开展校准和基准模型实验。

2.7.3 预期成果

制作和验证积分程序,以模拟采用各种不同类型冷却剂(包括钠、铅、铅铋和熔盐冷却剂)的堆芯在不同运行工况下的情况。

3 结论

多用途钠冷快中子研究堆(MBIR)是俄罗斯实现快堆和热堆"齐头并进"式核能发展战略所必备的,也是其论证闭式核燃料循环技术合理性所必备的。特别是在 BN-800 成功试运行后,俄罗斯核能界也越发认同这一未来发展趋势。

要实现快堆的开发、建成和安全运行,需要开展计算机程序建模验证、结构材料研究、先进燃料材料和燃料类型验证、紧急工况实验以及不同冷却剂瞬态工况下的材料和燃料试验等方面的全面工作。热堆的改良材料和燃料任务也很重要。俄原公司预计,MBIR 反应堆将在 2024 年完成建造并实现临界,材料研究工作将在 2025 年开始。未来,MBIR 反应堆将主要用于为第四代核能系统(包括采用闭式燃料循环的快堆以及中低功率热堆)的一系列新型材料和堆芯部件模型的堆内辐照试验。

参考文献:

[1] GULEVICH A V, KLINOV D A. Multilateral Research Program International Research Center MBIR Proposal on R&D activities (Fuels and Materials) for the Ten Year Period 2025-2035[R].

Construction and development plan of multipurpose research reactor MBIR in Russia

QIU Ruo-meng, MA Rong-fang, GUO Hui-fang, GAO Zhi-jun

(China Institute of Nuclear Information and Economics, Beijing 100048, China)

Abstract: In this regard the global interest in fast reactors has been growing because they can provide efficiency of natural uranium usage in comparison to thermal reactors and improvements in nuclear spent fuel and waste management. And the long term development of nuclear power is associated primarily with incorporation of fast reactor technology and closed fuel cycle in the existing nuclear infrastructure. Development, implementation and safe operation of fast reactors requires comprehensive work on computer codes verification, structural materials research, advanced fuel material and fuel types validation, as well as experiments under emergency conditions along with materials and fuel tests in transient conditions in different coolants. Intense research is being conducted into advanced reactor technologies in the international scientific community for the Generation 4 Project within the Generation IV International Forum (GIF). Much of the research is concentrated on the development and justification of new materials and fuel types. To justify the task solutions, Russia is building the fast multipurpose MBIR research reactor. This report first introduces MBIR design and experimental capabilities, and describes the main areas of experimental studies planned in the MBIR.

Key words: multipurpose research reactor; russia; fast reactor

国外中等深度处置标准

陈思喆,张　雪,陈亚君

(中核战略规划研究总院有限公司,北京 100048)

摘要:中等深度处置是指将放射性废物处置于深度介于近地表处置和地质处置的一种处置方式,这一概念是 IAEA 于 2009 年才提出的,根据废物类型提出了不同的处置方式,还专门出版了《长寿命低中放废物的处置方法》。虽然 IAEA 给出了可参考的废物分类方法,但实际上,不同国家对放射性废物的分类方式差异较大,因此其中等深度处置库可接收废物的活度限值也没有统一的标准。本文列出已建成中等深度处置库国家的实际接收标准,规划建造处置库国家的分类限值标准,并进行对比,总结各国中等深度处置的废物接收特点,为我国实施放射性废物中等深度处置提供参考。

关键词:中等深度;废物处置;限值

中等深度处置是指将放射性废物处置于深度介于近地表处置和地质处置的一种处置方式,根据地表状况、地质特性和人类行为等因素,其处置深度为几十米到几百米。主要处置对象为不适合近地表处置的中低放废物和废放射源等。相对于高放废物,此类废物的潜在危害较小,体积较大,一般为长寿命放射性核素浓度较高的中低放废物。IAEA 建议将这些废物进行中等深度处置。

2009 年 IAEA 将放射性废物一共分为六类:豁免废物、极短寿命废物、极低放废物、低放废物、中放废物和高放废物。其中中放废物建议进行中等深度处置。

处置库运营商需要制定包含监管机构和处置库要求的废物接收标准(WAC),而废物产生者的首要责任就是保证其废物包满足处置库的 WAC。WAC 中除了废物形式和废物容器的特定要求外,还需要对废物包的物理性质、化学性质、机械性、热性能、放射性等做出规定。下文主要将各国中等深度处置设施 WAC 中放射性要求作为接收标准进行介绍。

1　芬兰

芬兰放射性废物主要分类为乏燃料、中放废物、低放废物,具体活度如下。

(1)高放废物,如乏燃料,其活性浓度高于 10 GBq/kg;

(2)中放废物,如用于反应器一回路去清洗的离子交换树脂,其活性浓度在 1 MBq/kg 和 10 GBq/kg 之间;

(3)低放废物,如维修废物,其活性浓度低于 1 MBq/kg。

为了进行处置,放射性废物还根据其处置路线进行分类,中低放废物中的短寿命废物可直接近地表处置,而其中的长寿命废物则需要进行中等深度处置。

芬兰目前有两个中等深度处置库——洛维萨处置库和奥尔基洛托处置库,分别接收两个核电站产生的中低放废物。

奥尔基洛托处置库位于 60～95 m 深的结晶岩中。最初只接收奥尔基洛托核电站产生的中低放废物,2012 年之后也接收工业、医疗、研究产生的中低放废物。

表 1 中列出了中放废物筒仓分别接收废物包的活度限值,对我国中等深度处置库具有参考意义。

洛维萨处置库位于 110 m 深的结晶岩中,由三条低放固体废物巷道和一个中放固体废物洞穴组成。后于 2010—2013 年建造了一个新的处置厅(HJT3),最初只被许可用于贮存,之后计划为其发放

作者简介:陈思喆(1991—)女,北京人,助理研究员,硕士,现主要从事情报调研工作

运行废物或退役废物处置许可证[2]。

表1 奥尔基洛托不同废物包装中最重要核素的活度限值(废物运到处置库进行最终处置时)[1]

	芬兰—奥尔基洛托			
	沥青处理	过滤棒和金属废物		
核素	钢桶/Bq	钢桶/Bq	钢箱/Bq	混凝土箱/Bq
^{14}C	3×10^8	3×10^7	2×10^8	3×10^8
^{60}Co	3×10^{11}	3×10^{10}	2×10^{11}	3×10^{11}
^{59}Ni	3×10^8	2×10^7	1×10^8	2×10^8
^{63}Ni	3×10^{10}	3×10^9	2×10^{10}	3×10^{10}
^{90}Sr	3×10^{10}	3×10^9	2×10^{10}	3×10^{10}
^{99}Tc	2×10^7	2×10^6	1×10^7	2×10^7
^{129}I	9×10^4	9×10^3	6×10^4	9×10^4
^{135}Cs	9×10^5	9×10^4	6×10^5	9×10^5
^{137}Cs	3×10^{11}	3×10^{10}	2×10^{11}	3×10^{11}
^{238}Pu	3×10^7	3×10^6	2×10^7	3×10^7
$^{239,240}Pu$	3×10^7	3×10^6	2×10^7	3×10^7
^{241}Am	3×10^7	3×10^6	2×10^7	3×10^7
^{242}Cm	3×10^7	3×10^6	2×10^7	3×10^7

2 瑞典

在瑞典,法律对于核或放射性废物没有明确的分类。但是,瑞典的核工业界已建立废物分类体系。它与现有的和将来的废物处置库相关,具体分类如表2所示。

表2 瑞典放射性废物分类标准

	清洁材料	短寿命极低放废物 (VLLW-SL)	短寿命低放废物 (LLW-SL)	短寿命中放废物 (ILW-SL)	长寿命低、中放废物 (LILW-LL)	高放废物 (HLW)
定义	法规允许下,可以排放的少量放射性核素材料	含有少量半衰期小于31年的短半衰期核素,废物包的剂量小于0.5 mSv/h;低于限制值的半衰期大于31年的长寿命核素	含有少量半衰期小于31年的短半衰期核素,废物包的剂量小于2 mSv/h;低于限制值的半衰期大于31年的长寿命核素	含有大量半衰期小于31年的短半衰期核素,废物包的剂量大于500 mSv/h;低于限制值半衰期大于31年的长寿命核素	含有大量半衰期大于31年的长寿命核素,超过限制值的短寿命放射性废物	核燃料典型衰变热大于2 kW/m³,含有大量半衰期大于31年的长寿命核素;超过限制值的短寿命放射性废物
其他要求	—	—	—	转运中需要辐射屏蔽	转运中需要特制容器	在暂存和转运中需要冷却和屏蔽
归宿点	无需处理	浅埋处理	短寿命放射性废物最终处置库	短寿命放射性废物最终处置库	长寿命放射性废物最终处置库	乏燃料最终处置库

对于中低放废物的处置,最终处置的设计主要由废物是短寿命或是长寿命来决定(见表3)。

对于短寿命低、中放废物,处置在 1988 年开始运行的 SFR 处置库,坐落在福什马克核电站附近,位于海底以下 60 m 深处的片麻岩和花岗岩中,主要接收来自瑞典核电站和乏燃料中间贮存设施的短寿命低、中放射性废物,来自其他工厂以及用于研究和医疗的放射性废物,每年接收废物约 600 m³。SFR 的组成部分包括用于处置中放废物的筒仓和岩石地下室(BMA),两个处置混凝土箱的岩石地下室(BTF)以及处置低放废物的岩石地下室(BLA)。

BMA:主要处置来自核电站的离子交换树脂,以及各种来源的金属部件和污染垃圾。每个包装上最大的允许表面剂量率为 100 mSv/h,放射性核素含量也较低。主要处置的核素是 ^{60}Co 和 ^{137}Cs。

BTF:共有两类岩室用于处置混凝土箱子,即 1BTF 和 2BTF。在 1BTF 中的废物主要是由存放灰烬的罐子和存放离子交换树脂以及过滤器件的混凝土箱子组成。2BTF 储存了某些较大的金属组件比如汽水分离器或反应堆压力容器盖。每个包装允许的最大表面剂量是 10 mSv/h。其放射性核素成分是十分低的,主要的核素是 ^{60}Co 和 ^{137}Cs。

BLA:处理的短寿命放射性废物主要是由低放射性的金属碎片(铁/不锈钢,铝),纤维素(比如木头,纺织品,纸),其他有机材料(比如塑料,电缆)和其他废物比如绝缘材料(例如,石棉)组成,这些废物包裹的表面最大允许剂量是 2 mSv/h。其放射性核素水平较低并且主要核素是 ^{60}Co[3-4]。

表 3　SFR(中放废物)不同处置方案的核素活度限值(到 2010 年)[1]

核素	BMA/Bq	筒仓/Bq
^{3}H		1.3×10^{14}
^{14}C	2.9×10^{11}	6.8×10^{12}
^{55}Fe	1.0×10^{11}	7.1×10^{14}
^{60}Co	2.6×10^{14}	1.8×10^{15}
^{59}Ni	1.0×10^{12}	6.8×10^{12}
^{63}Ni	8.8×10^{13}	6.3×10^{14}
^{94}Nb	1.0×10^{9}	6.8×10^{9}
^{99}Tc	8.8×10^{9}	3.3×10^{11}
^{129}I	2.8×10^{7}	1.9×10^{9}
^{134}Cs	2.2×10^{12}	8.1×10^{14}
^{135}Cs	5.3×10^{8}	1.9×10^{10}
^{137}Cs	1.3×10^{14}	4.9×10^{15}
^{90}Sr	6.5×10^{12}	2.5×10^{14}
^{238}Pu	3.1×10^{10}	1.2×10^{12}
^{239}Pu	1.2×10^{10}	3.8×10^{11}
^{240}Pu	1.9×10^{10}	7.8×10^{11}
^{241}Pu	9.4×10^{11}	4.2×10^{13}
^{244}Cm	2.8×10^{9}	1.2×10^{11}
^{106}Ru	1.7×10^{11}	6.1×10^{12}
^{241}Am	2.4×10^{10}	1.0×10^{12}
总活度	6.0×10^{14}	9.2×10^{15}

结合上文内容,BMA 和筒仓主要接收处置中放废物,因此重点参考这两个设施的接收限值。

该处置库正在规划进行扩建,扩建的部分拥有四个低水平废物库(2—5BLA)、一个沸水堆反应堆压力容器废物库及一个中等水平废物库(2BMA)。

对于长寿命中低放废物则在更深的处置库中进行处置,此类处置库(SFL)结构类似于 SFR,但比 SFR 更深,计划建在地下 300 m 深处。该处置库处于概念开发阶段,未来主要接收具有高放射性的反应堆内部部件以及具有高比例长寿命核素的废物。

3 韩国

韩国放射性废物按照放射性活度和释热率分为高放废物和中低放废物。高放废物是同时符合以下两个条件的放射性废物:放射性≥4 000 Bq/g(对发射 α 射线的放射性核素,半衰期超过 20 年),释热率≥2 kW/m³。其余为中低放废物。2013 年,韩国核安全与安保委员会根据 IAEA 提出的应为不同类别的废物建立不同深度的处置设施的建议,修订了放射性废物分类方式,对中低放废物进行了进一步分类,分类修订如表 4 所示。

表 4 韩国放射性废物分类

废物分类		处置方案
原有	修订(2013 年)	
豁免废物	豁免废物	填埋、焚烧或重复使用
	极低放废物	近地表沟槽处置
中低放废物	低放废物	工程拱顶型近地表处置
	中放废物	中等深度洞穴或筒仓处置
高放废物	高放废物	深地质处置

对于中低放废物的处置,韩国已经在月城(Wolsong)核电站附近多山地区场址建造处置设施,用于接受韩国 4 个核电站及其他设施产生的中低放废物。一期工程已经完成,为垂直竖井式,建在地表下 80～130 m 深处,属于中等深度处置设施,主要接收中放废物。目前正在进行二期工程的建造,为地表处置设施,主要接收低放废物。

由于韩国之前对中低放废物没有进行细分,因此月城处置库一期筒仓接收了中低放废物。

处置库接收包括来自商业核电站的各种放射性固体废物、浓缩物、废树脂、滤筒;研究堆运行和转化设施的精矿、废树脂、滤筒、杂放射性固体废物和退役废物;燃料制造设施的金属、木材、石灰沉淀物、玻璃、杂放射性固体废物、混凝土、复合材料等;研究机构、医院和工业产生的放射性同位素[5]。

月城处置库接收废物的核素浓度限值如表 5 所示[6]。

表 5 韩国月城处置库处置核素浓度限值

核素	处置浓度限值/(Bq/g)	核素	处置浓度限值/(Bq/g)
³H	1.11×10^6	⁹⁴Nb	1.11×10^2
¹⁴C	2.22×10^5	⁹⁹Tc	1.11×10^3
⁶⁰Co	3.7×10^7	¹²⁹I	3.7×10^1
⁵⁹Ni	7.4×10^4	¹³⁷Cs	1.11×10^6
⁶³Ni	1.11×10^7	⁹⁰Sr	7.4×10^4
α 总值	3.7×10^3		

4 美国

美国放射性废物包括核管理委员会(NRC)监管的商业放射性废物和美国能源部(DOE)监管的军用放射性废物。对于商业放射性废物,分类为高放废物、低放废物和铀钍矿副产品废物。其中,低放废物又分为 A 类、B 类、C 类和超 C 类低放废物。A、B、C 类低放废物都是近地表处置,超 C 类(GTCC)低放废物一般不能进行没有附加特殊安全要求的近地表处置。

GTCC 低放废物是指近地表处置设施不允许接收的低放废物,通常被分为以下三种形式:密封源,活化金属、其他放射性核素浓度和/或半衰期超过 NRC 近地表处置限值(见表 6)的废物(污染的碎片)。

表 6　美国 10CFR 废物分类核素浓度标准

放射性核素	半衰期	每立方米浓度 nCi/g
^{14}C	5.73×10^3	3×10^{11}
活性金属中的^{14}C	5.73×10^3	3×10^{12}
活性金属中的^{59}Ni	8×10^4	8.1×10^{12}
活性金属中的^{94}Nb	2×10^4	7.4×10^9
^{99}Tc	2.12×10^5	1.1×10^{11}
^{129}I	1.7×10^7	3×10^9
半衰期超过 5 年的超铀核素		3.7×10^6
^{241}Pu	1.52×10	1.3×10^8
^{242}Cm	163(d)	7.4×10^8
^{63}Ni	9.2	2.6×10^{13}
活性金属中的^{63}Ni	9.2	2.6×10^{14}
^{90}Sr	2.8	2.6×10^{14}
^{137}Cs	3.0	1.7×10^{14}

GTCC 废物的活性超过表中值,不能进行近地表处置。

美国能源部在 1984—1989 年,在内华达州试验场址对部分放射性废物进行了大孔径钻孔处置(GCD),钻孔直径 3 m,深度为 36 m,处置区域占用 15 m,用于放置废物货包,其余 21 m 为回填区。

钻孔主要处置以下两类废物。

(1)不符合近地表处置接收标准,即比活度较高的低放废物,有四个钻孔接收此类废物,大部分为^{3}H;

(2)少量超铀放射性废物,多为核武器事故遗留的。

该钻孔处置设施已经关闭。

目前美国正在针对超 C 类废物处置进行专门的考虑,考虑的处置方案包括在地质处置库 WIPP 中、新的中等深度钻孔设施、新的近地表沟、地面上的 Vault 设施,最终处置方案还没有确定。

5 日本

在日本,放射性废物分类为高放废物、低放废物和低于清洁解控水平的废物。根据废物来源低放废物进一步分为核电站废物、超铀废物(TRU)、铀废物和研究设施废物。具体分类及处置见表 7[7]。

表 7　各类放射性废物处置及基本策略

废物类型	高放废物	超铀废物		铀废物	核电站产生的废物		
废物分类	地质处置	地质处置	较高活性 LLW;LLW; VLLW	较高活性 LLW;LLW; VLLW	较高活性 LLW	LLW	VLLW
废物来源	后处理厂	后处理厂;MOX 燃料制造厂	后处理厂;MOX 燃料制造厂	铀燃料转化和制造厂;铀浓缩厂	核电站	核电站	核电站
处置概念	地质处置	地质处置	见核电站废物	见核电站废物	岩石洞穴	混凝土坑	沟槽
深度	300 m 以下	未定	见核电站废物	见核电站废物	50～100 m	14～21 m	数米

表 7 中可见,进行中等深度处置的废物主要是各种来源的较高活性低放废物,此类废物多为靠近燃料的反应堆内部部件,其含有的长寿命放射性核素浓度大于近地表处置场接收限值。表 8 列出了低放废物处置方式的核素浓度上限[8]。

表 8　低放废物不同处置方式核素浓度上限(单位:Bq/g)

处置方式	极低放废物	低放废物	较高活性低放废物
	近地表处置		中等深度处置
^{14}C	—	1×10^5	1×10^{10}
^{38}Cl	—	—	1×10^7
^{60}Co	1×10^4	1×10^9	—
^{63}Ni	—	1×10^7	
^{90}Sr	10	1×10^7	—
^{99}Tc	—	1×10^3	—
^{129}I	—	—	1×10^8
^{137}Cs	1×10^2	1×10^8	1×10^6
α	—	1×10^4	1×10^5

日本目前已开展中等深度处置设施研究,处置库拟建在地下 50～100 m,处置的废物主要是核电厂运行、堆芯拆除和退役、后处理厂运行和退役以及铀浓缩和燃料组装过程中产生高活性地方废物,概念设计采用水平巷道结构。

6　法国

法国根据所含放射性核素的半衰期和活度水平,将放射性废物分为 6 类,包括高放废物、长寿命(半衰期＞31 年)中放废物、长寿命低放废物、短寿命(半衰期为 100 天～31 年)中低放废物、极低放废物和极短寿命(半衰期＜100 天)废物。对于短寿命中低放废物,进行近地表处置;对于长寿命中放废物,考虑进行深地质处置;对于长寿命低放废物,考虑浅地层和中等深度处置。

表9 法国放射性废物分类及处置基本原则

	极短寿命废物（即放射性核素而且而且半衰期<100天）	短寿命废物，其放射性主要源自放射性核素，半衰期≤31年	长寿命废物，含有大量放射性核素，而且半衰期>31年
极低放射性（VLL） <100 Bq/g	回收或者专用地表处置（CIRES-工业分组、奥布贮存与处置中心）		
低放射性（LL） 100～100 kBq/g	通过放射性衰变进行管理		依照废物法案第4条款研究的解决方案（中等深度处置）
中等放射性（IL） 100 K～100 MBq/g		地表处置 （奥布处置中心、CSA）	
高放射性（HL） 大于 10^8 Bq/g	—		规划的 CIGÉO 处置中心

法国的长寿命低放废物，一方面包括含有显著量镭（长寿命天然核素，可产生氡）的废物，含镭废物主要来自于冶金加工，体积约为 70 000 m³；另一方面包括石墨废物，主要来自石墨气冷堆运行和退役过程中更换和拆除的慢化剂材料，体积约为 100 000 m³；此外还有一些废放射源和沥青固化废物等也属于此类废物，体积为 30 000～40 000 m³。

当前正在开发专门用于处置这类废物的处置设施，计划将其处置在低渗透性的黏土岩中，其中含镭废物处置在地下 15 m 左右的浅地层，而石墨废物则处置在地下 200 m 的中等深度，正在开展相关的选址工作[9]。

7 结论

世界各国运行及规划中的中等深度处置设施情况（见表10）。

表10 各国中等深度处置设施接收废物类型[10]

国家	处置设施	接收废物类型	处置深度	状态
芬兰	奥尔基洛托处置库	长寿命中低放废物	110 m	在运
	洛维萨处置库	长寿命中低放废物	60～95 m	在运
瑞典	SFR	短寿命中低放废物	60 m	在运
	SFL	长寿命中低放废物	300 m	概念开发
韩国	月城处置库	中低放废物	80～130 m	建造
美国	GCD	低放废物和少量超铀废物	36 m	已关闭
日本	中等深度处置设施	较高水平低放废物、低活度超铀废物、铀废物	50～100 m	选址
法国	中等深度处置	长寿命低放废物	200 m	选址

表10中可以看出芬兰、瑞典、法国都将中低放废物进一步分为长寿命和短寿命废物，但处置方式却不同。芬兰将长寿命中低放废物放置在各核电站运营的中等深度处置库中，中放废物和低放废物分别放在不同的筒仓中。瑞典的长寿命和短寿命中低放废物都进行中等深度处置，但处置库的处置深度有所区别，并且设施中的中放和低放废物分别在不同处置室中处置。法国是计划只将长寿命低放废物放入中等深度处置库，而长寿命中放废物则和高放废物一同进行深地质处置。

美国、日本的分类方法类似，没有中放废物这一概念，而是将低放废物细分，其中活性较高的低放废物（在美国称为超 C 类废物）和超铀废物一起进行中等深度处置。

韩国是在同一处置库场址建造中等深度和近地表两种处置设施，原则上两个设施分别处置中放废物和低放废物，但由于韩国 2013 年之前的分类标准中没有将中低放废物进一步分类，因此目前运行的中等深度筒仓中同时处置了低放废物和中放废物。2013 年时根据 IAEA 建议才将中低放废物细分为中放、低放和极低放废物。

参考文献：

[1] Kekki T，Titta A. Evaluation of the radioactive waste characterisation at the Olkiluoto nuclear power plant[R]. Radiation and Nuclear Safety Authority，2000.

[2] Pitkäoja J. Long-term safety assessment for disposal of VTT's decommissioning wastes in Loviisa LILW repository[R]. 2019.

[3] Low and intermediate level waste in SFR[R]. Swedish Nuclear Fuel and Waste Management Co.，2013.

[4] Swedish N F. Safety analysis SFR 1. Long-term safety[R]. Swedish Nuclear Fuel and Waste Management Co.，2008.

[5] Park J W，Kim D S，Choi D E. A Study on Optimized Management Options for the Wolsong Low-and Intermediate-Level Waste Disposal Center in Korea-13479[C]. WM Symposia，1628 E. Southern Avenue，Suite 9-332，Tempe，AZ 85282 (United States)，2013.

[6] Kim B，Kim C L. Review of the acceptance criteria of very low level radioactive waste for the disposal of decommissioning waste[J]. Journal of Nuclear Fuel Cycle and Waste Technology (JNFCWT)，2014，12(2)：165-169.

[7] Bailey G W，Vilkhivskaya O V，Gilbert M R. Waste expectations of fusion steels under current waste repository criteria[J]. Nuclear Fusion，2021，61(3)：036010.

[8] Tanabe H. Basic strategies for radioactive waste disposal in Japan[R]. 2002.

[9] 刘建琴，熊小伟. 放射性废物中等深度处置[J]. 辐射防护通讯，2012，32(005)：6-10.

[10] 乔亚华，张春明，刘建琴，等. 放射性废物中等深度处置安全目标研究[J]. 原子能科学技术，2016，50(6)：6.

Foreign standards of intermediate depth disposal

CHEN Si-zhe，ZHANG Xue，CHEN Ya-jun

(China Institute of Nuclear Industry Strategy，Beijing 100048，China)

Abstract：Intermediate depth disposal refers to the disposal of radioactive waste at a depth between near-surface disposal and geological disposal. IAEA，which proposed the concept in 2009，has proposed different disposal methods according to the type of waste，and published a report entitled "Disposal Methods for Long-life Low-Medium Radioactive Waste". Although IAEA has provided a waste classification method for reference，in fact，different countries have different methods of radioactive waste classification. There is no unified standard for the activity limit of the accepted waste in intermediate depth disposal repository. In this paper，the actual acceptance criteria of countries that have built Intermediate depth disposal repository and the waste classification limits of countries that are planning disposal repository are listed and compared. We summarize the characteristics of Intermediate depth disposal of radioactive waste in various countries，which provides reference for our country to implement Intermediate depth disposal of radioactive waste.

Key words：intermediate depth；waste disposal；limits

美核学会发布《美国核研发势在必行》报告

金　花,郭慧芳,高寒雨,蔡　莉

(中核战略规划研究总院,北京 100048)

摘要:美国核学会发布《美国核研发势在必行》报告。报告分析了核能发展的必要性和核创新的应用前景,提出了应重点关注的核研发方向以及振兴核企业和推动创新的措施,并提出了联邦核研发投资建议。本文详细解读了该报告,并总结了对美国核研发情况的认识。

关键词:核研发;零碳能源;先进反应堆

2021 年 2 月 17 日,美国核学会发布《美国核研发势在必行》[1]报告。报告分析了核能发展的必要性和核创新的应用前景,提出了应重点关注的核研发方向以及振兴核企业和推动创新的措施,建议大幅增加联邦投资,推动先进核能技术研发、示范验证和商业部署,助推美国恢复核能竞争优势地位,保障国家安全和促进经济发展。

1　发布背景

美国是世界上先进的核能发展国家,为保持在大国竞争中的战略优势,近年来积极推动先进核能技术研发,并拓展核能在未来能源、国防能源保障、太空领域等应用。拜登上台后,延续前政府做法,同时高度重视气候问题,提出 2050 年实现净零碳(碳中和)目标[2],并授权开展清洁能源革命,气候问题上升为拜登政府的优先事项之一。核能作为美最大的清洁能源[3],满足拜登政府零碳减排目标的需要,美必定以核能作为解决气候问题的重要抓手,进一步加大核研发投资。

报告也表示,数十家核技术公司认识到未来零碳能源市场的需求,已经加大核研发的私人投资,设计开发先进反应堆。同时报告还指出,联邦政府在核研发方面的投资不仅有助于降低成本和缩短部署时间,还能推动更多私人投资、促进更多研发和创新,因此需要加大联邦政府投资力度。这就是美核学会委托核研发公共投资工作组开展联邦政府核研发投资相关研究的原因。

为完成研究工作,核研发公共投资工作组召集了来自能源部国家实验室、大学、私营公司等机构的 20 名技术专家,评估了 21 世纪 20 年代美核能技术研发需求,以及满足这些需求、并于 2030 年实现先进核能系统商业化、规模化所需的联邦投资,形成了该报告。

2　内容要点

报告内容分为五个部分,包括核能发展的必要性、核创新的应用前景、核研发的重点方向、振兴核企业和推动创新的措施以及核研发投资建议等。

2.1　核能发展的必要性

报告称,核能是美能源战略的重要组成部分,从三个方面阐述了其发展的必要性:一是核能是清洁能源,是美最大的零碳能源,可全天候提供可靠电力,占零碳电力的 52%。二是核能与国家安全紧密相关,可为陆上军事任务提供独立电源,为太空和海上任务提供动力和推进力,且核能国际合作有利于与他国建立数十年乃至百年的经济、安全和地缘政治关系,维系美在国际防核扩散机制以及核安全和安保实践方面的重要地位,有力保障美国家安全。三是核能对经济发展具有促进作用,每年为 GDP 贡献约 600 亿美元,交税约 120 亿美元。

作者简介:金花(1982—),女,吉林人,研究员,硕士,现主要从事核情报研究

2.2 核创新的应用前景

报告提出,美将在 2030 年推出一系列新型核技术,这些技术可为减少碳排放作出重要贡献,其应用范围从电力供应、国防军事应用、扩展到核医学、工业等非电力应用。

在电力供应方面,目前美国约 20% 的电力来自核电,核能可以提供可调度的基荷电力,先进反应堆可调整负荷满足间歇性电力需求。

在国防军事应用方面,微堆可独立为国防设施、远程基地供电,满足能源密集型军事行动的电力需求,并为太空和海上任务提供动力和推进力。

在非电力应用方面,核技术在诊断治疗、食品安全等方面都发挥着重要作用,核能还可用于制氢、海水淡化、供热等非电力应用。

2.3 核研发的重点方向

报告提出了一些应重点关注的核研发方向,并表示美国正通过联邦投资开展相关工作,包括提高核能经济竞争力、现代化改造在运反应堆、开发现有和未来反应堆燃料等。

报告引用了国际投资公司 LucidCatalyst 的一项研究,即反应堆建设成本低于 3 000 美元/千瓦会更具有投资吸引力。为此,建议利用数字孪生等先进制造技术开发能够实现成本目标的反应堆,与一些传统上的非核实体建立公私合作关系,开发大规模生产的新途径,提高核能经济竞争力。

报告表示,美国要实现其近期减排目标,在开发新低碳能源的同时,维持在运反应堆可持续发展至关重要,并建议能源部正在实施的在运轻水堆现代化改造计划应开展组件老化与组件最佳更换计划研究、新仪器和控制系统开发、先进数字技术开发、面向风险的系统开发、非电力应用研究、优化安全裕量和成本效益的工具开发等。

此外,报告指出目前先进核能系统研发更多关注反应堆设计,然而任何一种设计都离不开核燃料循环,建议从经济、环境、安全和政策方面考虑,选取适合的核燃料循环。

2.4 振兴核企业和推动创新的措施

报告提出,核研发需要强大的核企业,并从六个方面阐述了振兴核企业的措施。包括:① 建立并保持基础能力,提供国家研发测试平台;② 激励创新,加强基础科研投资,提供竞争性奖项计划,鼓励探索核技术新用途或经济性的研发;③ 开发创新性概念,提供技术、监管和财务支持,促进创新技术商业化;④ 加快先进技术部署,通过在国家实验室或大学进行示范验证、提供技术支持等,促进私营部门的技术商业化;⑤ 完善监管,加强监管机构与企业的沟通;⑥ 加强政府协调,政府主导美技术在国际市场的部署。

为了促进核创新,报告提出了技术从概念到商业化应用的"金字塔"型创新生态系统,从下至上由"构建和维护基础设施—发现和创新—开发有前途的概念—示范和部署"四个阶段构成,并提出在每个阶段设立相应的计划,分别是能力计划、创新计划、研发计划、示范和部署计划。其中,能力计划旨在建立国家能力,维护和优化现有设施运行,培养人才等;创新计划旨在通过大量较小规模的资助项目提出和测试高风险、高回报的想法;研发计划旨在支持快速研发有前途的概念推动商业化;示范和部署计划旨在与工业界以成本共担的方式示范接近商业化的有前景的概念。报告强调要对每个阶段的计划进行评估和资助,促进创新生态系统平衡发展。

2.5 核研发投资建议

报告确定了对 2030 年前示范和部署先进核能技术至关重要的四个层面的核心计划。

一是基础研发与科学。主要包括大学核领导计划(UNLP)、综合大学计划(IUP)、联合建模与仿真计划(NEAMS)、高通量同位素反应堆(HFIR)建造、研究堆基础设施建造、同位素研发和生产、核燃料循环研发、废物处理处置研究等。

二是赋能科学技术。主要包括实验室运营和基础设施建设、核能加速创新门户(GAIN)计划、在运反应堆可持续发展计划和先进核燃料研发等。

三是核与辐照设施。主要包括先进试验堆(ATR)建造、瞬态反应堆试验设施(TREAT)建造、多功能试验堆(VTR)建造、未来试验堆升级、保障和安保技术开发等。

四是示范。主要包括国家反应堆创新中心（NRIC）、先进反应堆概念探索、预先研究以及在先进反应堆示范计划（ARDP）和未来先进反应堆示范计划（ARDP 2.0）下进行的全面示范等。

报告评估了这些计划到 2030 财年所需的经费，预计 2030 财年核研发年度经费比 2021 财年增加约 95％，增加的投资重点聚焦以下三方面：一是为先进反应堆示范计划的第一批先进反应堆示范提供全额资金，并为"ARDP 2.0"提供资金；二是建造多功能试验堆；三是 2029 年建造一座先进轻水堆（"纽斯凯尔"小型模块堆）。

3 小结

美国从政府到行业界都高度重视核研发与创新。报告由美国核学会成立工作组，组织了能源部国家实验室、大学、私营公司等专家编写，可代表行业界整体的观点。此前，美能源部、国防部等政府部门已广泛达成共识，并发布战略文件，从顶层系统谋划振兴核工业的战略举措。这表明美国从政府到核工业界都普遍认为核在能源安全、国家安全、地缘政治、经济等方面发挥重要作用，需要高度重视，加快发展，恢复美在全球的核能领导地位。

美国同时还在极力扩大核技术的军事应用。报告明确指出，核能可为陆上军事任务提供独立电源，并为太空任务提供动力。美国防部为满足能源密集型军事行动日益增长的电力需求，正通过"贝利"计划授予三份合同，委托私营公司设计可装入标准集装箱的移动式微堆；美空军对使用固定式微堆为远程基地供电也表示了兴趣。美国家航空航天局和能源部正与工业界合作，设计千瓦级空间核反应堆动力系统，为太空任务提供电力；美国在使用空间放射性同位素热电池方面一直处于世界领先地位，同时正在开发空间核热或核电推进技术，为未来太空任务提供推进力。

参考文献：

[1] The U.S. Nuclear R&D Imperative[EB/OL]. [2021-06-28]. https://www.ans.org/file/3177/2/ANS％20RnD％20Task％20Force％20Report.pdf.

[2] Executive Order on Tackling the Climate Crisis at Home and Abroad[EB/OL]. [2021-06-28]. https://www.whitehouse. gov/briefing-room/presidential-actions/2021/01/27/executive-order-on-tackling-the-climate-crisis-at-home-and-abroad/.

[3] Advantages and Challenges of Nuclear Energy[EB/OL]. [2021-06-28]. https://www.energy.gov/ne/articles/advantages-and-challenges-nuclear-energy.

The American Nuclear Society released a report titled "The U.S. Nuclear R&D Imperative"

JIN Hua，GUO Hui-fang，GAO Han-yu，CAI Li

(China Institute of NuclearIndustry Strategy，Beijing 100048，China)

Abstract：The American Nuclear Society（ANS）just released a report titled "The U.S. Nuclear R&D Imperative". The report analyzes the necessity of nuclear energy development and the application prospects of nuclear innovation，puts forward nuclear research and development directions that should be focused on，measures to revitalize nuclear enterprises and promote innovation，and proposes several recommendations on the federal investment in nuclear R&D. This paper interprets the report in detail and summarizes the understanding of the U.S. nuclear R&D.

Key words：nuclear R&D；zero-carbon energy；advanced reactor

关于核燃料循环产业的几点思考

刘洪军,石安琪,石　磊,张红林

(中核战略规划研究总院有限公司,北京 100048)

摘要:核燃料循环产业包括天然铀勘查、采冶、铀转化、铀浓缩、燃料元件、乏燃料贮存、运输、处理处置等环节。核燃料循环是核能发展的重要物质与技术基础。本文从当前全球市场环境的出发,分析我国核燃料循环产业发展现状、面临的形势与存在的问题,并提出相关意见建议。

关键词:核燃料循环;产业;形势

"十三五"期间,我国核燃料产业经济效益和发展质量不断提升,取得一系列成果。然而当前全球市场环境较为严峻,核燃料循环产业前端产品价格持续下行,市场严重供大于求;而后端服务经济性备受争议,各国接受度不同,英国等核大国已逐步放弃已有成熟的乏燃料后处理产业[1-3]。本文从当前全球市场环境的出发,分析我国核燃料循环产业面临的形势与存在的问题,并提出相关意见建议,以期实现核燃料循环产业的高质量发展。

1　面临的形势

当前我国正处于优化经济结构、转换增长方式的关键时期,在新的历史方位下,核燃料循环产业对国民经济建设、高质量发展、实现核工业一体化的能力和体系具有重要意义。我国核燃料产业发展外部环境发生了剧烈变化,需要把握好国内国际两个大局。当前面临的形势更加紧迫,中美贸易摩擦为核产业发展带来众多负面影响,部分关键核领域国际合作被迫中止。同时新冠疫情的爆发和常态化对全球经济与产业环境产生巨大影响,对我国核燃料产业的安全性带来更多的要求和不确定性。

(1)自主先进完整要求更加突出

核燃料循环产业是典型的高新技术产业,在国际竞争中属于寡头市场,尤其是核燃料加工环节,自主创新要求高,对我国核燃料产业拥有完全自主知识产权的能力需求更加突出。不断提高核燃料加工环节技术先进性是提高经济性的有效手段,也是配套核电"走出去"的关键所在,在国际竞争中充分发挥价格优势,赢得国际市场。

(2)核电规模对配套核燃料循环产业提出更高要求

由于世界能源需求的持续增长和环保减排的压力变大,国际核电市场仍然有望保持稳定增长态势。中国政府已向世界郑重承诺,力争 2030 年前二氧化碳排放达到峰值,努力争取到 2060 年前实现碳中和。在减排目标的引领下,核电在加快推进能源革命、优化能源结构、构建清洁低碳的能源系统作用不可替代。结合当前国内核电发展规模及政策,核电规模发展为核燃料产业创造机遇的同时,也为我国核燃料循环产业发展提出更高要求。

(3)国际战略格局演变更加深刻

当今世界正经历百年未有之大变局。美俄着力发挥战略核力量王牌、底牌效应,国际核态势对中国形成更大挑战。美国特朗普政府陆续发布《国家安全战略》《核态势评估报告》《非战略核武器报告》等报告[5],做出国家安全战略、国防战略以及核战略重回"大国竞争"的形势研判,提出要复兴美国核工业全球市场的霸主地位,巩固美国对全球核治理的绝对主导权,同时中美贸易摩擦,使得美国持续收紧对我国核能领域合作。

作者简介:刘洪军(1990—),男,硕士,工程师,现主要从事核燃料循环相关政策研究

（4）大数据智能制造为核燃料循环产业升级提供条件

移动互联网、大数据、云计算等新一代信息技术深度融合发展，为核燃料循环产业升级提供条件。信息化智能制造技术的发展带来核燃料循环制造技术的进步，工程控制数据与其他数据进行集成，可优化核燃料循环企业资源、生产量和效益。5G、物联网、人工智能、大数据、云计算等将与传统产业深度融合，实现"制造"向"智造"转变，将智能制造列为重点工程和主攻方向。加快发展智能制造，推动核燃料循环产业供给侧结构性改革，以信息化和工业化的深度融合引领和带动核燃料制造业发展，打造核燃料循环企业竞争新优势。

（5）产业市场特征分析

核燃料产业经济体量小，核燃料产品的绝大部分被少数几家企业控制。商业铀转化主要有 5 家服务供应商：法国欧安诺集团、加拿大矿业能源公司、美国康弗登公司、俄罗斯国家原子能集团公司与中核集团。铀浓缩主要有 4 家服务供应商：欧洲铀浓缩公司、俄罗斯国家原子能集团公司、法国欧安诺集团和中核集团。目前全球大型轻水堆核燃料供应商有 3 家：法马通、环球核燃料公司与西屋电气公司。此外，全球市场竞争力逐步显现的有俄原工产供集团与韩国核燃料公司。其余的还有中核集团、西班牙公司、日本三菱重工、日本核燃料工业公司、巴西核工业公司、印度核燃料联合体、伊朗燃料元件制造厂以及哈萨克斯坦[6-7]。每个企业在相应的市场中占有相当大的份额，对市场的影响举足轻重。

2　存在的问题

（1）核燃料循环产业协同发展需要加强

核燃料产业链整体协同发展需要加强，从天然铀、转化、浓缩、元件、乏燃料后处理一体化平台运作机制有待提升，协同发展的机制不够，容错纠错机制需进一步完善。

（2）产业发展的竞争力有待进一步提升

天然铀方面，我国铀资源潜力较大，但因勘查投入长期严重不足，实际查明与资源潜力之间差距较大；由于矿权叠置及外部环境等问题得不到解决，很大程度上制约了国内天然铀的开发。核燃料加工产业经济性、产品规模化效益有待提高，部分关键环节设备和技术存在短板，与国外先进核燃料企业仍存在一定差距。

（3）适应市场化、国际化的经营能力有待提高

海外开发和国际化经营能力有待提高。海外勘查开发起步较晚、积累较少；与核燃料"走出去"相关配套政策尚未建立。

（4）人才总量与优秀人才不足仍然是短板

核燃料循环企业顶级人才缺乏。在铀矿地质勘查、核燃料加工、乏燃料后处理等领域人才存在缺位；各领域具有国际影响力的知名专家、经营管理、市场开拓领军人才明显不足。

3　核燃料产业发展建议

（1）积极争取政策建议

针对多资源矿种重叠、环境复杂地区，推行铀资源优先进场勘查、优先核发矿权、优先实施开采的"三优先政策"；严格铀共伴生矿开发准入条件，统筹协调铀共伴生矿的开发时序，推进资源节约和综合高效利用。进一步加大协调力度，统筹推进相关产业政策的制定和落实。

（2）加大资金保障

做好核燃料循环产业发展资金保障，加强资本参与，做好零散资金集中管理，实现资金使用效率最大化。加快财务共享中心建设，有效降低财务成本。进一步维护好传统的银行贷款、发行债券等债务融资渠道，最大力度争取更多优惠贷款。充分发展产业金融业务，发挥产业基金公司、融资租赁公司等资金杠杆作用，拓宽融资渠道，优化资产存量，扩大资产规模。充分利用核工业高科技产业品牌

优势,吸引外部战略投资者。

（3）加强创新科研体系研发,提升产业核心竞争力

充分发挥核燃料循环产业链的优势,更加注重核科技创新,抓住关键环节,大力提升新原理、新技术、新方法、新工艺、新材料的原始创新能力,增强内生发展动力,搞好技术储备,加快科技成果向现实生产力的转化。同时重点打造一批战略地位突出、创新力量雄厚、具有国际先进水平的创新型重点实验室,完善核燃料循环产业创新平台体系,为解决核燃料循环产业发展的"瓶颈"问题、保障核心技术、关键设备的自主可控提供技术支撑,提升产业智能化和绿色化水平。

（4）提供有效人才资源保障,提升人才队伍水平

进一步加强经营管理、专业技术和技能三类人才的职业通道建设,激发人才活力,形成干事创业的良好氛围。突出市场化的激励机制,完善人才激励机制,加大对领军人才、稀缺人才、优秀人才的激励力度,建立特殊人才"薪酬特区",对市场化选聘的职业经理人实行市场化薪酬分配机制,探索实施协议工资、股权、期权和分红权激励,着力发挥业绩考核的导向作用。强化基础管理建设,提高人才开发工作的科学化、精准化。

参考文献:

[1] 刘群,张红林,石磊.核燃料循环前段"走出去"战略性与经济性思考[C]// 中国核学会.中国核科学技术进展报告:第六卷:中国核学会2019年学术年会论文集第9册.北京:中国原子能出版社.

[2] 毛继军.核电闭式燃料循环启示录[J].能源,2019(09):82-85.

[3] 李智勇,曲兴超.核燃料循环策略及其经济性分析[J].科技经济导刊,2019,27(13):42+41.

[4] 朱学蕊.发展核循环产业迫在眉睫[N].中国能源报,2017-04-17(012).

[5] 伍浩松,戴定.美国即将启动铀储备建设[J].国外核新闻,2020(07):2

[6] 薛维明.发展核循环产业需快马加鞭[J].中国核工业,2017(02):42-45+56.

[7] 顾有为."一带一路"核电出口国际竞争力分析[J].能源,2020(01):58-61.

Some thoughts on China's nuclear fuel cycle industry

LIU Hong-jun，SHI An-qi，SHI Lei，ZHANG Hong-lin

(China Institute of NuclearIndustry Strategy，Beijing 100048，China)

Abstract: The nuclear fuel cycle industry includes natural uranium exploration，mining and metallurgy，uranium conversion，uranium enrichment，fuel elements，spent fuel storage，transportation，treatment and disposal，etc. Nuclear fuel cycle is a technical basis for the development of nuclear energy. Based on the current global market environment，this paper analyzes the development status，situation and existing problems of China's nuclear fuel cycle industry，and puts forward relevant suggestions.

Key words: sanstone-type uranium deposits;reduction; organic geochemistry;Nalinggou

技术路线图在科技和国防发展中的典型应用研究

张佳琦，赵振华，李　飞

(中核战略规划研究总院，北京 100048)

摘要：随着信息化时代的到来，为了应对日趋复杂综合性的问题，路线图法作为一种预测与规划技术发展的重要方法，是一种非常有效的管理方法。本文分析总结了加拿大政府技术路线图的绘制模式和经验，通过列举美国关于路线图在国防发展领域中的应用实例，提出我国路线图方法在科技与国防建设的实施建议。

关键词：路线图；科技；国防；国防工业；模式与经验

技术路线图作为一种预测与规划技术发展的重要科技创新方法，在欧美等发达国家已被广泛应用科技发展与国防建设领域。例如 2003 年美军公布的《国防工业基础转型路线图》，提出了具有革命性的国防工业发展战略构想。2005 年美国国防部发布的《无人飞行器系统路线图 2005—2030》，有效地指导美国在无人机系统的有序开发工作。加拿大政府于 2006 年提出的《加拿大铝加工技术路线图》，确保了加拿大铝加工工艺站在技术的最前端。从实施和执行效果看，各国采用技术路线图方法对推动产业的发展产生了非常积极的效果。

技术路线图是近年应用广泛的新方法，方法创新是自主创新的根本之源。第三次产业革命以后，特别是信息化时代的到来，科技更新换代周期越来越短，技术发展路径预测、发展风险规避越来越难，信息化建设的宏观性、综合性、整体性越来越突出。为了应对和解决复杂化的问题，需要整合各方面的需求，技术路线图方法理论是众多专家的集体智慧的凝结。本文从技术路线图基本概念出发，通过实例分析各国在科技与国防领域应用技术路线图的实践经验，在总结分析的基础上研究提出技术路线图应用于我国科技发展和国防建设中的启示与建议。

1　技术路线图概念

20 世纪 70 年代在美国汽车行业出现了路线图，主要是为了降低成本而要求供应商提供他们产品的路线图。90 年代，美国开始制定《国家半导体技术路线图》，从而开创了产业技术路线图的先河。

技术路线图从形式上看，与汽车导航类似，主要描述从起到到终点的路径，即用于对现实起点与预期目标终点之间的发展方向、发展路径、关键技术、时间进程以及资源配置进行科学规划和实施。采用数据图表、文字报告等的形式进行表达，围绕目标任务，强调需求牵引，选择发展路径，明确时间节点，对建设发展做出科学规划[1]。

1.1　定义

狭义上讲，技术路线图只包括产品或者与产品相关技术的路线图。根据这个定义，产品路线图、项目路线图与技术路线图是并列关系。广义上讲，技术路线图包括技术、产品、流程、项目以及其他方面的路线图，这个定义是 1998 年欧洲工业研究管理协会提出来的。本文所涉及的技术路线图均为广义范围的定义。

经过多年的实践和发展，随着使用者的理解和侧重点变化，技术路线图的定义也不同。长城战略研究所综合国内外多方说法，给出了自己的定义：技术路线图是指应用简洁的图形、表格、文字等形式描述技术变化的步骤或技术相关环节之间的逻辑关系。它能够帮助使用者明确该领域的发展方向和实现目标所需的关键技术，理清产品和技术之间的关系。它包括最终的结果和制定的过程[2]。

技术路线图的一般结构如图 1 所示[3]。该图显示，在现有科技储备（研发项目）的基础上，考虑到

作者简介：张佳琦(1984—)，女，山东胶南人，副研究员，硕士，现主要从事战略与规划

现有资源和技术能力,在规定时间内,通过最优途径进入新市场或者创造新产品。从初始状态过渡到预期状态的最佳路径称为主要技术轨道[4]。

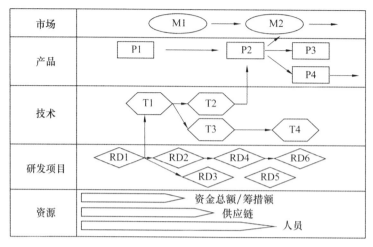

图 1   技术路线图一般结构

1.2   分类

技术路线图根据不同的角度可以有多种分类方法。如图 2 所示,英国科学家 David Probert 依据路线图目的和文本格式对路线图进行了划分[5]。长城战略研究所等学术机构通过总结国内外技术路线图的分类方法,认为根据技术路线图的不同"主体",可以将技术路线图分为三类:企业技术路线图、产业技术路线图和国家技术路线图[2]。该划分方法可以体现技术路线图的发展和应用范围逐渐扩张的动态过程。

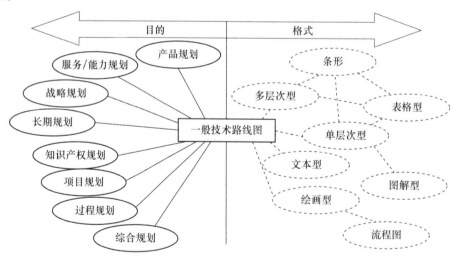

图 2   技术路线图类型

1.3   步骤

一般而言,技术路线图的绘制过程大致分为三个阶段:第一是启动阶段,包括评估现有资源、确定规划范围、确定组织机构和编制程序等。第二是绘制技术路线图,这是技术路线图的核心部分。包括确定路线图方向、主要技术领域、关键技术及技术替代逻辑,编写正式报告和制订实施计划等。第三是后续阶段,包括技术路线图修改更新等,如图 3 所示。

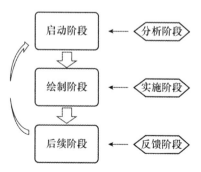

图 3   绘制技术路线图的步骤

2 加拿大科技技术路线图应用实践

1995年,加拿大工业局启动技术路线图计划(简称 TRM 计划),该计划主要目的是协助各产业提高核心技术的创新能力,增强本国整体竞争力。截止到2011年该计划结束时,一共有发布39份技术路线图,涉及2 700多家公司和200多个学术机构。

加拿大技术路线图特点在于非常强调政府部门的合作。政府牵头组建技术路线图协调机构,机构成员由联邦政府的各个部门组成,他们会定期组织讨论路线图的相关问题和实践经验,这对于技术路线图的实施起到了非常积极的作用。

加拿大政府组织实施产业层面的技术路线图,是由该国的经济结构决定的。因为在产业链中,绝大多数的公司是中小微企业,中小微企业虽然有意愿组织实施技术路线图,却没有足够的能力完成,而大型企业拥有充足的资金和资源来主导自己的技术路线图或者其他类似的规划方法。

2.1 制定模式

加拿大技术路线图主要由政府主导制定完成。如图4所示为加拿大发展技术路线图的基本模式。最左边主要表示政府、学校及其他研究机构为产业链内的供应商、制造商和终端用户等这些产业驱动力量提供支持和保障。中间部分主要说明了技术路线图的三个阶段,即技术路线图准备阶段,技术路线图实施阶段和技术路线图更新阶段。最右边主要表示技术路线图实施过程中对参与者如产业链、研究机构和政府部门等机构产生的预期效益[6]。

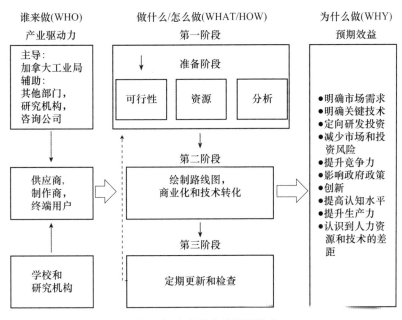

图4 加拿大技术路线图模式

技术路线图绘制分为三个阶段。第一阶段首先要明确制定技术路线图的可行性。相关部门对该行业的整体状况进行调研。包括国内企业能力、国际市场情况、技术创新情况、新兴市场趋势等。调研的主要目的是明确目前我们在该产业中所处的位置。下一步是成立组委会,主要由行业专家、学者、经济学家和政府部门工作人员等组成。这些人由8到12个人组成,作为产业链中的领军人员,他们在行业中的地位和声誉能够帮忙解决遇到的很多问题。接下来是取得行业内部的支持,这是关键的一步。技术路线图最核心的驱动力和最前沿的信息都来自行业内部。因此需要他们积极参与的热情。最后,技术路线图的制定过程要通过一系列的研讨会(一般是4次)。主要用于寻找存在的问题,以及如何通过技术路线图解决问题,参与的企业通过合作讨论来明确未来市场3到10年产业新的增长点。

第二段是技术路线图实施绘制过程。技术路线图一旦绘制完成，它就会成为该产业未来一段时间指导产业实践的纲领性文件。技术路线图绘制过程中鼓励企业与自身需求结合起来，起到事半功倍的效果。

第三阶段主要包括定期检查和更新路线图。技术路线图是一项"一直在路上"的工程，随着市场需求的不断变化，技术路线图也需要更新。为了保持技术路线图"永葆青春"，企业需要持续关注市场变化和技术创新，来提升他们的行业竞争力。更新过程不需要重新制作技术路线图，一般只需要开一到两个研讨会就可以完成。

2.2 经验总结

技术路线图的制作会让所有的参与者受益。对于企业来说，技术路线图作为一种战略规划工具，可以帮助企业了解当前的技术水平和未来的消费需求，做出明智的投资决策；对于学术研究机构而言，技术路线图可以为将来的研究课题提供指导；对于政府而言，技术路线图可以为产业发展提供战略方向。通过对加拿大技术路线图的分析，可以发现以下特点。

（1）行业唯一性。所有行业技术路线图都是唯一的。尽管技术路线图都遵循基本的框架，但是行业不同，结构和需求不同，会导致技术路线图绘制过程中有很多的差异。

（2）行业领军者的重要性。行业领军者在制定技术路线图的过程中起到了关键的作用。通过他们的协调和带领，企业完成技术路线图会起到事半功倍的效果。

（3）行业协调一致性。技术路线图如果时间超过一年，行业参与积极性就成了限制因素。因此，在技术路线图制定过程中，保证行业参与积极性是非常重要的。

（4）具有交流平台的功能性。技术路线图不仅仅是技术研发，技术路线图制定过程就是整个行业沟通交流的过程。对于中小企业来说，路线图提供了一个交流平台，让他们知道大型企业的需求是什么。对于大公司来说，路线图可能帮助它寻找到新的供应商，带来更多的商机。

（5）实施过程的复杂性。技术路线图最大的挑战是实施过程。技术路线图提供了足够的信息来帮助企业完成技术和投资决策。但这种决策往往是方向性的，如果没有资金投入等配套措施，技术路线图落地就成为难题。

3 美国国防技术路线图应用实践

技术路线图是通过各种图形或表格等结构化和可视化工具，对具体领域过去、现状和未来进行全面把握，通过分析其内在联系和影响，制定战略规划目标和具体计划实施步骤，从而确定未来的发展趋势。将技术路线图方法引入到国防建设中，可以为国防现代化提供新的思路和依据。

美国是技术路线图研究和应用的先驱者，绘制和应用技术路线图的经验最丰富，有较为成熟的体系，它比较强调技术路线图的绘制结果——技术发展方向。基于多年发展技术路线图所获得的经验，美国国防建设方面相继建立了《信息作战路线图》《路线转型路线图》《无人机路线图》《ISR 系统转型路线图》等，对于提高其综合作战能力、推进军事变革带来了巨大影响。下面以美国《国防工业基础转型路线图》为例进行分析。

2003 年 2 月，为适应信息战、非对称战、网络战等新的战争形式，满足美国新军事变革的要求，在对 24 家国防供应商进行深入调研的基础上，总结"持久自由行动"的经验教训，美国防部发布《国防工业基础转型路线图》，如图 5 所示。这是美国继《国防转轨战略》之后，又一次对国防基础工业进行的重大调整。

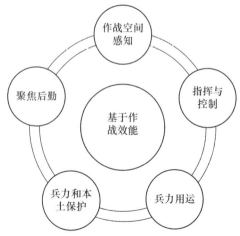

图 5 《国防工业基础转型路线图》领域划分

3.1 发挥的作用

军事转型必然伴随着国防工业基础的转变,为了提升美军军事能力和改革作战方式,《国防工业基础转型路线图》中明确提出了美国国防工业基础的指导原则是"基于作战效能",在这一原则的指导下,提出了三条革命性的建议。

第一是按照"基于作战效能"的原则,国防工业基础将被划分为作战空间感知、指挥与控制、兵力用运、兵力和本土保护、聚焦后勤五大领域。《国防工业基础转型路线图》建议改变按照产品属性区分国防工业的传统做法,如航空航天制造业、造船业等,将国防工业基础划分为上述五大领域,实现国防工业基础由传统的装备供应商向基于作战效果或作战能力提供者的根本转变。

第二从优化作战效果的角度出发,来构建编制预算、立项审核、采办等决策程序。摒弃了之前按照平台或武器系统的方式。美国政府认为在思想观念上现行的决策程序显得过于保守,无法为21世纪互联、互通、互操作系统的转型提供支持。《国防工业基础转型路线图》将美国的国防供应商视为"未来转型战斗力的提供者",是构成一体化军事力量的重要组成部分。

第三是根据"基于作战效能"的五大领域,评估国防工业基础的技术和工业能力以及其他问题。国防部须对每个领域内的关键技术需求进行系统评估结果分析。分析报告将会为国防部高层和国防工业基础部门的决策提供重要的投资指导[7]。

3.2 对美国国防工业的影响

《国防工业基础转型路线图》的提出具有划时代的意义,改变了原来以产品划分国防工业领域的方式,按照"未来战争是信息和网络战"的特点来划分国防工业角色。倡导改革国防采购,鼓励和吸收中小企业进入国防领域,扩大和加强国防工业基础,增强创新力和竞争力。

美国国防部的研究报告分析认为,有三类新型的创新公司将成为国防工业基础的中坚力量。第一类是传统国防供应商在充分认识到转型的必要性之后,与时俱进,发展成为新型创新公司;第二类是那些有能力独自开发出关键产品的新型公司。这类公司包括与主承包商合资的具有创新能力的新型国防供应商,如提供搜索机器人的 IRobot 公司等。第三类是那些围绕国防需求成长起来的民用商业公司或分公司。例如,为应对化学生物武器战需要发展起来的医药公司等[7]。

《国防工业基础转型路线图》要求各大军工企业必须依靠以信息技术为核心发展多种高新技术,从而提高对武器及作战系统的集成能力,提高武器的精确打击能力,加快对战争的快速反应能力,并由传统的武器供应商转型成为军事体系服务供应商。更好地为美军提供转型的网络化系统集成解决方案,为21世纪战斗力转型提供坚实的工业基础。

4 启示与建议

技术路线图作为一种工具,它的价值在于把产业界、学术界和政府绑定在一起,共同合作来应对机遇和挑战。加拿大和美国开展技术路线图方法的几十年里,通过不断的学习和调整,都取得了非常不错的效果。我国的技术路线图也有应用,相关研究机构在"十一五"期间开展了技术路线图的方法研究,并于2007年以后开始探索应用,当前主要集中在国家层面和产业层面。如科技部中国科学技术发展战略研究院制定了《国家技术路线图》《半导体照明技术路线图》;中国科学院制定了17个领域的技术路线图。

通过对加拿大在科技技术路线图和美国在国防建设的技术路线图的分析和经验总结,结合我国目前的实际情况,总结启示建议如下。

一是技术路线图是顶层统筹协调的工具。在经济全球化的大背景下,没有一个企业或者国家拥有技术开发所需的全部资源。当前我国处于创新型国家建设的关键时期,在国家层面制定中长期科学和技术发展规划过程中,合理运行技术路线图或者其他类似规划方法,可以使各方互利合作,减少投资的风险,共同推动技术进步。

二是技术路线图与技术发展相互影响。技术路线图可为技术发展指引方向,同时技术创新发展可以为技术路线图使用模式和形式拓展边界。建设专业技术路线图工具研究队伍,形成与技术研发团队的有效配合趋势,将对技术路线图发展产生事半功倍的效果。

三是基于系统思维的技术路线图是未来发展方向。在现代战争已经显露出来的以信息技术为核心的系统对抗特点及其正在不断强化的趋势下,运用技术路线图方法开展武器装备建设规划,可以立足系统的整体配套和功能的综合集成,而不是只关注某个军种、某种作战能力、某类武器装备或某个型号的发展。运用系统思维战略性布局军方、军工企业和民营企业的技术路线图发展新趋势,将起到有力推进国防建设现代化进程的作用。

参考文献:

[1] 刘志鑫.路线图技术研究初探[C].长沙:国防科技大学信息系统与管理学院2011管理科学学术研讨会,2011.
[2] 长城企业战略研究所.技术路线图的缘起、定义与类型[J].企业研究报告,2005(010):1-4.
[3] 张烁.产业技术路线图典型模式研究[R].北京:中国科学技术信息研究所,2011.
[4] 列奥季耶夫,等.总结经验展望未来:俄罗斯军工综合体的技术前瞻与规划[M].北京:北京理工大学出版社,2018.
[5] 哈尔,法鲁克,普罗伯特.技术路线图:规划成功之路[M].北京:清华大学出版社,2009:21-113.
[6] NIMMO G. Technology Roadmapping on the Industry Level:Experiences from Canada[R]. Springer Berlin Heidelberg,2013:47-64.
[7] 吴向前,王莺.美国《国防工业基础转型路线图》[J].国防科技,2006(2):43-46.

The typical application of roadmap in the development of national defense and technology

ZHANG Jia-qi,ZHAO Zhen-hua,LI Fei

(China Institute of Nuclear Industry Strategy,Beijing 100048,China)

Abstract:With the coming of the information age,in order to deal with the increasingly complex and comprehensive problems,the technology roadmap method,as an important method of predicting and planning the development of technology,is a very effective management method. This paper analyzes and summarizes the drawing model and experience of the Canadian technology roadmap,and by enumerating the examples of the application of roadmap in the field of national defense development in the United States,puts forward the measures and suggestions of technology and national defense construction in China through the roadmap method.

Key words:roadmap;technology;national defense;model and experience

美国核武器氘化锂-6 热核部件加工技术与流程研究

高寒雨,付　玉,李宗洋,李晓洁

(中核规划战略研究总院,北京 100048)

摘要:氘化锂-6 是氢弹的核心装料,是核力量发展的重要保障。自 1963 年以来,美国不再生产新的锂材料,只回收退役锂部件和使用锂库存来翻新和现代化核武库,延长现有核武器在库存中的使用时间,保持核力量持续安全、可靠和有效。本文研究了美国军用锂-6 部件回收和制造的四个流程:回收锂部件、加工锂部件、成型和制造、资格认证,并进行了小结。美国氘化锂-6 部件生产加工工艺先进,而且目前正在开发新型工艺,整个流程完整配套,值得我国学习借鉴。

关键词:氘化锂-6;部件;加工

氘化锂-6 是氢弹的核心装料,是核力量发展的重要保障。美国多份顶层文件提出需要长期可靠的锂生产加工能力。2018 年,美国新版《核态势评估》报告提出"确保目前重建美国锂化合物生产能力的计划能够充分满足军事需求"[1]。作为美国国家核军工管理局向国会提交的最高级别年度报告,2020 年版《库存管理计划》认为,维持 Y-12 场址的锂生产能力对于满足国家核军工管理局的主要任务至关重要——维持强大的核威慑力量并进行武器翻新和现代化升级,以延长武器寿命,同时提高安全性、安保性和可靠性[2]。

1　美国不再生产军用锂材料,通过回收和加工制造氘化锂-6 部件

锂-6 与氘合成的氘化锂-6 是氢弹必不可少的核心装料。在氢弹爆炸中,高能中子与氘化锂-6 发生反应生成氚,氚与氘发生聚变反应,释放出巨大能量。另外,锂-6 还是生产核武器用氚材料的关键原料之一。

1954—1963 年,美国共生产了 442.4 t 军用锂-6[3]。自 1963 年以来,美国不再生产新的锂材料,而是回收退役锂部件和使用锂库存来翻新和现代化核武库,延长现有核武器安全可靠的库存时间。之前美国生产的大量军用锂-6,大部分处于库存储备状态,少量存在于从核武器上拆卸下来的退役氘化锂-6 部件中[4]。库存锂-6 材料主要为氯化锂-6,少量为锂金属,只有转化成氘化锂-6 后才可用于制造部件;退役部件含有许多杂质,必须先经过化学纯化或者物理打磨,才可再利用。

2　美国制造氘化锂-6 部件的主要流程

美国制造氘化锂-6 部件主要分为以下四个流程:(1)回收部件或使用库存;(2)使用化学纯化、物理打磨和锂转化工艺或新的纯化工艺来制造氘化锂-6 材料;(3)成形和制造,如果部件不合格,送至回收和贮存;(4)认证[5]。

(1)回收部件:拆解武器的锂部件,或其他操作中的废弃部件。

使用库存:直接使用氯化锂和锂金属库存。

(2)加工:化学纯化——纯化锂部件和材料后转化成氘化锂。

物理打磨——砂纸手工打磨锂部件。

锂转化——工艺同化学纯化,只用锂材料。

新工艺——正在研发。

(3)成形和制造:粉碎成粉末,装入模具中进行压制,加工成部件。

如果制造的部件不合格,进行回收和贮存。

(4)认证:制造的氘化锂-6 部件,由国家实验室批准后获得认证。

作者简介:高寒雨(1990—),女,硕士,现主要从事核科技情报工作

2.1 锂的原材料

2.1.1 回收部件

退役部件的回收流程(见图1):洛斯阿拉莫斯和劳伦斯利弗莫尔国家实验室具有武器设计资质,可以对退役武器进行认证,确定拆卸武器的数量;在潘克斯工厂对武器进行拆卸,将拆卸的武器装在罐装组件容器中;运至Y-12场址进行回收。

图1 退役部件的回收流程

并非所有退役武器都可拆卸。奥巴马政府执政期间有2 200多枚弹头被拆卸,另外还有2 800枚等待拆卸,但是美国国家核军工管理局隐瞒了多种退役弹头的次级。美国必须继续为物理打磨工艺认证更多的退役系统,这也是供应链的要求。

退役武器的认证时间较为漫长。2010年,Y-12场址计划为回收锂部件认证11个武器系统。然而,每个系统都必须单独进行认证,这个过程直到2017年才能完成。

2.1.2 使用库存

大量氯化锂和锂金属库存贮存在Y-12场址。2013年停止化学纯化工艺之前,在回收部件的同时,也使用锂库存来制造新的部件。目前美国恢复使用锂库存,用于锂转化工艺。

2.2 加工工艺

为制造新的氘化锂-6部件,2013年之前,美国采用化学纯化和锂转化工艺,使用的是库存材料和回收的退役部件。2013年,由于Y-12场址的9204-2号厂房超过使用期限,建筑结构和工艺设备不断老化,以及化学纯化工艺产生的腐蚀性液体和烟雾导致9204-2号厂房的混凝土和钢筋受到大量腐蚀,严重影响加工进程,因而停止使用该工艺,转而采用物理打磨工艺,仅使用库存材料。2019年,Y-12场址对9204-2号厂房进行安全和维修升级,开始恢复化学纯化工艺,并开始启用锂转化工艺,计划2022年全面使用这两种工艺,同时保留物理打磨工艺[6]。因此,美国目前使用库存材料和退役部件,采用化学纯化、物理打磨与锂转化三种工艺来供应氘化锂-6材料(见图2)。

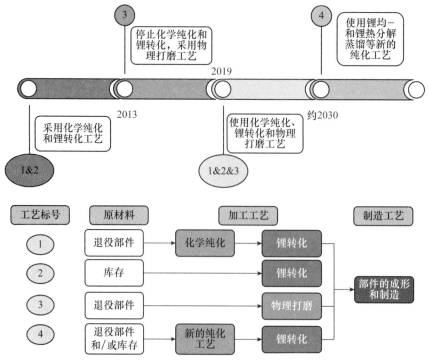

图2 氘化锂-6部件的加工工艺

2.2.1 化学纯化工艺

化学纯化工艺：一种名为"湿化学"的溶解工艺，用盐酸溶解武器部件或粉尘，将固体氘化锂溶解成液态，将溶液蒸发并结晶成锂盐，将氯化锂盐加热，在熔融状态下电解还原成锂金属，并去除杂质，得到锂金属，主要作用是通过除去氧气和其他微量元素来纯化氘化锂(见图3)。

材料来源：退役的武器部件，其他操作中的废弃部件，拆卸操作和机器加工产生的粉尘和粉末，以及锂库存。

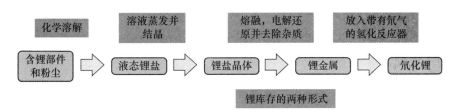

图 3　纯化工艺流程图

使用化学纯化工艺得到锂金属，并将其放入氢化反应器中，通过与氘气相结合转化为氘化锂。所得到的氘化锂坯料如果不用于成形和制造，便密封在不锈钢薄罐中，转移到55加仑的不锈钢贮存容器中，作为锂库存。

2.2.2 物理打磨工艺

物理打磨工艺：一种名为"直接材料制造"的打磨工艺，用砂纸手工打磨和擦拭拆卸/废弃武器部件的最外层，以去除杂质。

来源：拆卸的武器部件和其他操作中的废弃部件。

物理打磨工艺在9202号厂房进行，清洁后的部件移至9204-2号厂房进行成形和制造。2012年，Y-12场址开始使用物理打磨工艺，当时也在使用化学纯化工艺。

物理打磨工艺存在两大问题，一是锂材料来源受限，二是加工过程中材料浪费严重。与化学纯化工艺不同，物理打磨工艺只针对拆卸的武器部件和废弃部件，并不用于锂库存和粉尘。该工艺对武器部件的质量要求更高，约有15%用于拆卸的武器系统被取消认证。Y-12场址预计为该工艺准备了10个武器系统进行认证，认证费用为100万美元/年，目前正在对更多材料进行认证，以确保之后的供应。此外，在该工艺的加工过程中，一个部件利用效率可能会以机器粉尘的形式损失50%以上，且无法使用该工艺回收。Y-12场址正在评估粉尘回收的潜在能力，并考虑新的粉尘回收工艺。虽然该工艺成功实施并能够满足当前的生产要求，但由于缺乏符合该工艺要求的原材料，一直未产生预期数量的锂。美国承认在决定使用这个工艺时，没有充分考虑该工艺的加工能力，因此不打算将此工艺作为永久性解决方案。

2.2.3 锂转化工艺

美国2019年开始恢复化学纯化工艺，并开始启用锂转化工艺，计划2022年完成全面使用这两种工艺。锂转化工艺与化学纯化工艺唯一的不同是原材料，只用锂材料库存而不用拆卸的武器部件。

2.2.4 新的转化工艺

美国还在研发新型加工工艺。根据2021年5月能源部发布的《2022财年预算申请》，新型锂均一技术和锂热分解和蒸馏已达到技术成熟度6级(7级可工业应用)，前者确定将在2030年左右用于新建的锂加工装置中。关于这两项新工艺的具体细节尚未披露。

2.3　成形和制造

在9204-2号厂房，将已纯化或清洁的氘化锂原料打碎，并送入破碎机/研磨机中制成粉末。将粉末混合并装入模具，并等静压成固体坯料；将坯料从模具中卸出，并放入真空炉中进行除气。除气后的坯料装入贴合袋中，加热并热压。将坯料冷却至室温，并从袋中取出，用射线拍照来检测是否存在高密度的杂质。使用单点制造方法和精加工操作,成形的坯料在车床上被加工成最终形状和尺寸,制成高精度的零件。使用特定的天平和轮廓测量机器,对部件的重量和尺寸进行检查。经过认证的部件在最终组装前进行最后的真空除气。在此过程中产生的大多数机器粉尘都被收集和回收。

粉末加工、模具装载和射线拍照,均在干燥的手套箱中进行,最大程度地减少氘化锂与大气中的水分发生反应。模具卸载、真空炉装载和卸载,以及贴合袋装载和卸载,都在惰性手套式操作箱内进行。氘化锂仅在模具或袋中密封时,才在惰性气氛手套式操做箱外处理。

合格的部件进入认证阶段,而不可接受的成形部件、未通过检查的加工部件、库存退回部件、大部分的机器粉尘和氘,进行回收和贮存。

针对杂质太多而不可回收的材料,主要是清洗和化学回收。需要清洗的物品包括机械制造工具和固定装置,整个过程使用的过滤器,以及样品瓶。粉末成形过程中的油浸氘化锂坯料,也准备进行贮存。纯化和清洗操作(包括擦干和排出的水流)的溶液,经过中和、过滤和结晶,送至贮存或废物处理。

化学品和氘化锂坯料需要长期贮存。拆卸或退役的武器部件,以及成形和精加工操作中的不合格部件,需要临时存储。此外,还需要将氘贮存以供未来使用,氧化氘或重水由电解还原,得到的氘被压缩并储存起来,以备使用。如有必要,在化学纯化工艺的最后步骤中使用压缩的氘气将锂金属转化为氘化锂。

2.4 认证

新制造的锂部件,必须由洛斯阿拉莫斯和劳伦斯利弗莫尔国家实验室批准,才能获得认证。认证要求对化学和机械均质性、密度和拉伸性能等进行测试。虽然只有制造的锂部件必须进行认证,但是Y-12场址在整个部件制造过程中都会通过评估来准备认证,具体评估内容为:原材料(退役武器中的锂部件)、加工工艺(清洁和制造工艺),以及成形和制造的原料(已纯化或清洁的锂材料)。

利用化学纯化工艺可得到均质的锂材料,无论原料来源如何,只需要对其进行一次评估,即可用于特定的武器系统。然而,物理打磨工艺的原料不一定是均一的,个别地方可能含有杂质,对于每种翻新的武器系统必须逐一分别进行评估。

3 结语

历史上美国生产了大量锂材料,目前不再生产,而是通过回收退役武器部件和使用库存材料,来加工制造新的氘化锂-6部件。美国氘化锂-6部件生产加工工艺先进,而且目前正在开发新型工艺,整个流程完整配套,值得我国学习借鉴。

参考文献:

[1] U.S. Department of Defense. 2018 Nuclear Posture Review Final Report [R]. Washington, D.C., 2018.

[2] U.S. Department of Energy. Fiscal Year 2021 Stockpile Stewardship and Management Plan-Biennial Plan Summary[R]. Washington, D.C., 2020.

[3] U.S. National Nuclear Security Administration. APPENDIX A: Y-12 Planning Process and Facility Information [R]. Washington, D.C., 2011.

[4] Physics Today. DOE Prepares Major Upgrade of Its Lilthium-6 Operations. [R]. College Park, Maryland, 2018.

[5] U.S. Department of Energy, Office of Inspector General Office of Audits and Inspections. Audit Report: Lithium Operations at the Y-12 National Security Complex [R]. Washington, D.C., 2015.

[6] U.S. Department of Energy. Department of Energy FY 2022 Congressional Budget Request [R]. Washington, D. C., 2021.

Research on processes and operations of Lithium-6 deuteride components in the United States

GAO Han-yu, FU Yu, LI Zong-yang, LI Xiao-jie

(China Institute of Nuclear Information and Strategy, Beijing 100048, China)

Abstract: Lithium deuteride, the essential material of the hydrogen bomb, is essential to the nuclear power. Since 1963, the United States has ceased to produce lithium materials, and only recycles decommissioned lithium components and uses lithium stocks to refurbish and modernize nuclear arsenals, in order to extend the time of existing nuclear weapons in stockpiles and to keep nuclear power continuously safe, reliable, and effective. This paper studies the four processes of recycling and manufacturing of lithium-6 components-recycling, processing, forming and machining, and qualification-and makes a summary. With complete processes, the United States has advanced lithium deuteride-6 components production and processing technology and has been developing new technologies, which is worth learning from.

Key words: lithium-6 deuteride; component; process

美国冗余钚处置进展情况研究

高寒雨，郭慧芳，张馨玉，李晓洁

（中核规划战略研究总院，北京 100048）

摘要：美国计划对冗余钚进行处置，不再用于国防目的。本文研究了美国冗余钚的库存情况，总结了"稀释和处置"方法的具体内容和五项具体措施。美国能源部采取多项行动推进冗余钚处置，但存在设施老化、空间有限等问题，能否如期完成尚不确定。

关键词：冗余钚；钚弹芯；稀释和处置

美国对国防不再需要的冗余钚进行处置，处置方案历经多次变化，当前的方案为"稀释和处置"。能源部 2022 财年为冗余钚处置申请 3.38 亿美元预算，比 2021 财年拨付增加了 3 383 万美元。2020 年 12 月，美国宣布准备为冗余钚处置计划发布环境影响报告，计划 2023 财年完成。环境影响报告是美国完成为冗余钚处置行政决策流程的必要环节。

1　美国冗余钚库存情况

钚是核武器的核心装料，是核武器爆炸的重要易裂变材料。冷战时期，美国为了与俄罗斯开展核军备竞赛，共生产了 103.4 t 军用钚，足以制造 5 万多枚核弹头。20 世纪 80 年代后期，美国停止军用钚生产。

美国政府问责署 2019 年 10 月的报告指出，截至 2019 年 5 月，美国能源部库存中有 57.2 t 冗余钚，其中包含 33.3 t 钚弹芯、6.5 t 非弹芯钚金属、6.4 t 氧化钚、7 t 乏燃料和 4 t 反应堆燃料[1]。

2　能源部采用"稀释和处置"方案处置冗余钚

冷战结束后，美俄在核裁军领域达成了多项共识，推进削减核弹头和销毁核材料进程。在此背景下，美俄 2000 年签署《钚管理和处置协议》，规定双方各自处置至少 34 吨军用钚[2]。2010 年 4 月，美俄签署补充协议，确定采用混合氧化物燃料方案（简称"MOX 方案"）处置冗余钚[3]。为此，美国筹建"MOX 燃料制造装置"。由于建设费用急剧上升且进度严重拖期，2016 年能源部决定终止建设该装置，并计划对其改造用于钚弹芯生产。2016 年 10 月，俄罗斯以美国更改处置方案为由暂停执行《钚管理和处置协议》。

为了解决冗余钚的处置问题，2016 年能源部决定采用"稀释和处置"方案，认为该方案可显著降低冗余钚处置成本，估计全周期总成本为 196 亿美元，不到 MOX 方案总成本 494 亿美元的一半。

"稀释和处置"方案包括钚转化（金属钚转化为氧化钚）、氧化钚稀释、封装和永久处置等步骤。其中，钚转化在洛斯阿拉莫斯国家实验室的 4 号"钚装置"（PF-4）的"先进回收和综合提取系统"（ARIES）完成。因为氧化钚相对稳定，是长期储存钚的首选形式，也是最适合稀释的钚形式。氧化钚稀释和封装在萨凡纳河厂完成，先用惰性材料稀释至钚的重量占比低于 10%，以阻止钚回收；然后装入合格容器，运往废物隔离中试厂永久处置。

已有 26.2 t 钚弹芯和 3.5 t 非弹芯钚金属列入了能源部国家核军工管理局的"稀释和处置"计划。其中，26.2 t 钚弹芯将在 2045 年前转化为氧化钚。另外，根据另一项冗余钚处置计划，能源部还将转化 6 t 冗余钚[4]。

作者简介：高寒雨（1990—），女，硕士，现主要从事核科技情报工作

3 能源部采取多举措推进冗余钚处置

一是平衡冗余钚处置和钚弹芯生产的需求。2018 年,美国推进钚弹芯生产,计划每年在洛斯阿拉莫斯国家实验室生产 30 枚钚弹芯。钚弹芯生产成为最高优先级任务,原用于钚转化的部分加工区域将用于钚弹芯生产,用于钚转化的安全储存库也会被占用。另外,4 号"钚装置"始建于 20 世纪 70 年代,后续设施老化维护会更加频繁。能源部表示,正在努力平衡冗余钚处置和钚弹芯生产的需求[5]。

二是提升洛斯阿拉莫斯国家实验室钚转化能力。洛斯阿拉莫斯国家实验室"先进回收和综合提取系统"自 1998 年建成以来拆解钚弹芯并转化为氧化钚约 1 t,据估计,该系统运行一年可转化 0.3~0.4 t 钚。能源部计划 2033 年将钚转化能力提至 1.5 t/a,为此,准备安装新的手套箱、设备和配套系统,增加员工数量,并增加钚的存储空间。

三是扩大洛斯阿拉莫斯国家实验室钚弹芯拆卸和处置能力。为了处置 34 t 冗余钚,可能需要扩大洛斯阿拉莫斯国家实验室 4 号"钚装置"的钚弹芯拆卸和处置能力。能源部计划 2021 财年启用替代方案分析,概念设计费用初步估计为 4 300 万美元。

四是提高萨凡纳河厂氧化钚稀释能力。萨凡纳河厂当前氧化钚稀释能力约为 0.02 t/a,能源部计划 2028 年前将该能力提至 1.5 t/a。为此,萨凡纳河厂将一座 K 区现有设施改造为 1 393 m² 的加工空间,并安装新的手套箱、设备和配套系统,扩大稀释能力。改造计划的预计费用为 4.48~6.2 亿美元,计划 2022 年年底开工,2028 年投入运行。

五是加速将钚从萨凡纳河厂移除。能源部正优先将萨凡纳河厂存放的冗余钚运至洛斯阿拉莫斯国家实验室进行氧化,并加速在该厂稀释的氧化钚运往废物隔离中试厂进行处置。2021 财年,萨凡纳河厂将在 K 区建成一座储存、表征和运输平台,对于第一批冗余钚运往废物隔离中试厂而言至关重要。该平台将于 2021 财年开始储存超铀废物容器。第一批冗余钚计划于 2022 财年中期运往废物隔离中试厂[6]。

4 结语

冗余钚处置是美国能源部进入 21 世纪以来重要的工作之一。但是由于存在设施老化、空间有限等问题,该项工作一直进展缓慢。能源部正在采取多项措施推动该工作,目前选择"稀释和处置"方案进行冗余钚的处置和管理,能源部能否如期完成冗余钚处置尚存不确定性。

参考文献:

[1] United States Government Accountability Office. Surplus Plutonium Disposition-NNSA's Long-Term Plutonium Oxide Production Plans Are Uncertain[R]. Washington,D.C. & Moscow,2019.

[2] The Government of the United States of America and the Government of the Russian Federation. Agreement Between the Government of the United States of America and the Government of the Russian Federation Concerning the Management and Disposition of Plutonium Designated As No Longer Required for Defense Purpose and Related Cooperation [R]. Washington,D.C. & Moscow,2000.

[3] The Government of the United States of America and the Government of the Russian Federation. 2000 Plutonium Management and Disposition Agreement as amended by the 2010 Protocol [R]. Washington,D. C. & Moscow,2010.

[4] U.S. Department of Energy. Report of the Plutonium Disposition Working Group: Analysis of Surplus Weapon - Grade Plutonium Disposition Options [R]. Washington,D.C.,2014.

[5] U.S. Department of Energy. Final Report of the Plutonium Disposition Red Team [R]. Washington,D.C.,2015.

[6] U.S. Department of Energy. Department of Energy FY 2022 Congressional Budget Request [R]. Washington,D. C.,2021.

Research on the progress of surplus plutonium disposition in the United States

GAO Han-yu, GUO Hui-fang, ZHANG Xin-yu, LI Xiao-jie

(China Institute of Nuclear Information and Strategy, Beijing 100048, China)

Abstract: The United States plans to dispose the surplus plutonium which is no longer used for national defense purposes. This paper studies the inventory of surplus plutonium in the United States, summarizes the specific details of the "dilute and dispose" approach, and summarizes five measures for the "dilute and dispose" approach. The U.S. Department of Energy has taken a number of actions to promote the disposal of surplus plutonium. But with the aging facilities and limited space, it is uncertain whether it can be completed on schedule.

Key words: surplus plutonium; plutonium pit; dilute and dispose

美国现代化军用核材料生产加工与核心能力

高寒雨,袁永龙,李晓洁

(中核规划战略研究总院,北京 100048)

摘要:旨在研究美国对军用核材料生产加工与核心能力现代化的举措及其影响意义。研究美国对于高浓铀、军用钚、军用氚、军用锂四种军用核材料的最新生产与库存情况,以及总结分析美国能源部对军用核材料生产加工及核心能力现代化的具体措施,最后分析这一系列举措的影响意义。美国军用核材料储备充足,科研生产体系完整,生产加工技术世界领先。美国现代化军用核材料生产加工与核心能力,旨在支持到 21 世纪 30 年代以及未来的核威慑能力,维护美国作为世界核大国的霸主地位。

关键词:军用核材料;生产;加工;核心能力

军用核材料主要包括高浓铀、军用钚、军用氚、军用锂。冷战时期,美国在与苏联军备竞赛中为了取得核优势,制造了约 3 万枚核弹,生产了大量军用核材料。冷战结束前后,国际安全形势缓和,军用核材料储备充足,美国暂停了军用核材料生产。美国在削减战略核武器的同时,高度重视军用核材料的建设发展,维持了完整的军用核材料生产加工能力,并恢复了军用氚的生产。美国将这一能力作为夯实核威慑力量的重要举措,《核态势评估》报告(2018 年)指出,继续采取措施,确保钚弹芯、铀加工、反应堆产氚、锂化合物等核武器基础设施具备必要的技术能力、生产能力和响应能力[1]。

1 美国军用核材料生产与库存情况

1.1 高浓铀

高浓铀是原子弹的常用装料,通过核裂变的链式反应产生爆炸;也是氢弹初级的重要装料,通过初级的裂变引发次级的裂变。2021 年 4 月,全球易裂变材料专家组发布了截至 2020 年年初全球易裂变材料库存情况[2],美国拥有 562 t 高浓铀,其中 95 t 不做军事用途。美国已停止生产高浓铀,之前主要由 3 座气体扩散厂生产,最后一座于 2013 年停运关闭。美国至今未再建立本国军用铀浓缩能力。

1.2 军用钚

军用钚是原子弹的常用装料,通过核裂变的链式反应产生爆炸;也是氢弹初级的重要装料,通过初级的裂变引发次级的裂变。截至 2020 年年初,美国拥有 79.7 t 军用钚,其中 49.3 t 等待处置。美国已停止生产军用钚,之前主要由 14 座生产堆生产。

1.3 军用氚

氚是氢弹的核心装料,可以提高氢弹弹头初级的当量。氚的半衰期为 12.3 年,每年因衰变损失 5%。氚在自然界中的含量极低,必须人工生产。

20 世纪 50 年代中期至 1988 年,美国大规模生产氚,据估计当时共生产了 225 kg[3],主要由 5 座生产堆生产。1988 年之后美国暂停生产氚。为满足核武器需求,美国从 2003 年起恢复氚的生产,一开始利用商用核电站瓦茨巴 1 号反应堆辐照靶件产氚,2020 年年底启用瓦茨巴 2 号反应堆[4]。

1.4 军用锂

锂-6 与氚合成的氚化锂-6 是氢弹必不可少的核心装料。在氢弹爆炸中,高能中子与氚化锂-6 发生反应生成氚,氚与氚发生聚变反应,释放出巨大能量。另外,锂-6 还是生产军用氚材料的关键原料之一。

作者简介:高寒雨(1990—),女,硕士,现主要从事核科技情报工作

历史上，美国共生产了 442.4 t 军用锂[5]，1963 年停止生产，目前通过使用库存和回收退役部件来循环使用军用锂。大部分军用锂处于库存储备状态，少量存在于核武器的退役部件中[6]。

2 美国军用核材料生产加工及核心能力现代化

美国高度重视军用核材料/部件生产加工，正在大力开展高浓铀、军用钚、军用氚、军用锂的核心能力现代化，2022 财年预算为 38.1 亿美元，计划投资超过 203 亿美元建设 7 座大型设施[7]。

2.1 军用铀材料/部件现代化

美国暂停生产军用高浓铀，目前主要进行次级部件生产、铀材料加工等工作。为实现铀材料/部件生产现代化和核心能力建设，能源部正在采取 2 项措施，2022 财年预算为 8.30 亿美元。

一是实施"铀现代化"项目，2022 财年预算为 3.06 亿美元。该项目对浓缩铀业务进行现代化，确保提供维持核武库和舰船核动力和防扩散计划所需的次级部件。该项目主要进行两项工作：(1)将老旧设施中的工作转移到现有设施和新建的铀加工装置中；(2)开发电精炼、煅烧、切屑熔化等新技术，并部署到现有设施中，以降低成本并改进制造工艺。

二是新建铀加工装置，2022 财年预算为 5.24 亿美元。该装置已于 2018 年开工建造，计划 2025 年 12 月底投入运行，预计总成本为 65 亿美元，具备浓缩铀铸造、氧化物生产、材料回收和材料衡算等加工能力，确保能源部拥有长期、可靠、安全、安保的浓缩铀加工能力。

2.2 军用钚材料/弹芯现代化

美国暂停生产军用钚材料，目前主要进行钚弹芯生产、钚材料加工等工作。为实现钚材料/部件生产现代化和核心能力建设，能源部正在采取 2 项重要措施，2022 财年预算为 18.58 亿美元。

一是实施"钚现代化"项目，2022 财年预算为 17.20 亿美元。该项目旨在重建核武器钚弹芯的生产能力，目标是 2026 年前钚弹芯产能达到至少 30 枚，2030 年前至少 80 枚。该项目包括五个活动，分别为支持洛斯阿拉莫斯国家实验室的钚弹芯生产，在萨凡纳河场址建立钚弹芯生产能力，支持能源部整个核安全事业的钚弹芯生产，新建洛斯阿拉莫斯钚弹芯生产装置和萨凡纳河钚加工装置。能源部实施钚弹芯生产"双场址"战略[8]，新建洛斯阿拉莫斯钚弹芯生产装置和萨凡纳河钚加工装置，前者计划 2023 年和开工建造，2028 年年底投入运行；后者建造时间待定，或于 2031—2035 年运行；预期寿命均为 50 年，预计总建设费用达 150 亿美元。

二是实施"化学和冶金研究替换"项目，2022 财年预算为 1.38 亿美元。该项目支持在 4 号钚装置、放射实验室和电力办公楼内安装设备，以及建设这两个设施内部和周围相关业务的相关基础设施，旨在全面取代现有的化学和冶金研究大楼。该项目的预计总成本为 28.9 亿美元，共有 6 个子项目，部分子项目已投入使用，计划 2029 年年底全面完工。该项目将现有的化学和冶金研究大楼的业务迁移到新设施中，提供分析化学(评估核材料的微观结构和特性，并提供实验数据来验证流程和性能模型)和材料表征能力(提供锕系元素等材料化学分析和放射化学分析的专业知识)，并为 TA-55 场址(4 号钚装置所在地)业务合并提供基础设施和支持设施。

2.3 军用氚材料现代化

军用氚是美国唯一正在生产的军用核材料。为确保氚的长期可靠供应，能源部正在采取 3 项重要措施，2022 财年预算为 5.16 亿美元。

一是实施"氚现代化"项目，2022 财年预算为 3.49 亿美元。该项目从靶件设计、靶件制造、靶件辐照、靶件运输和靶件提取五个方面[9]，全面保障军用氚生产能力，满足国家安全需求。能源部在继续利用瓦茨巴 1 号反应堆的同时，2020 年年底启用瓦茨巴 2 号反应堆，使用两座反应堆同时产氚，确保在 2025 年前达到每个辐照周期(18 个月)生产 2.8 kg 氚的目标。

二是实施"本国铀浓缩"项目，2022 财年预算为 1.40 亿美元。该项目确保低浓铀的可靠供应，满足国家安全和核不扩散需求。该项目正在实施以下三项战略，以满足当前铀浓缩需求，并重新建立铀浓缩供应来满足长期需求：(1)掺混稀释冗余高浓铀，保障氚生产所需的低浓铀燃料供应；(2)储备和发展铀浓缩专业知识和技术；(3)重建国内军用铀浓缩能力。

三是新建氚精加工装置,2022 财年预算为 0.27 亿美元。该装置将替代老旧设施,主要功能为氚气储槽的精加工、储槽中的惰性气体处理和储槽的包装,计划 2023 年开工建造,2031 年年底投入运行,预计成本为 3.05 亿～6.4 亿美元。

2.4 军用锂材料/部件现代化

美国军用锂库存储备充足,目前主要进行氘化锂-6 部件生产、锂材料加工等工作。为了确保长期稳定的供应能力,能源部正在采取 2 项重要措施,2022 财年预算为 6.06 亿美元。

一是实施"锂现代化"项目,2022 财年预算为 4.38 亿美元。该项目主要进行四项工作:(1)使用库存和回收退役部件,保障军用锂材料供应;(2)重建化学纯化工艺和锂转化工艺,维护将现有锂材料转化为氢化锂和氘化锂的能力;(3)维修和升级现有设施,改造关键设备,维持目前的锂加工能力,直到新的锂加工装置建成;(4)研发和部署更加安全有效的锂纯化和生产技术,包括新型锂纯化工艺、氘气捕获和回收工艺、锂粉末回收工艺等,用于新的锂加工装置[10]。

二是新建锂加工装置,2022 财年预算为 1.68 亿美元。该装置将替代老旧设施,采用新型工艺生产加工氘化锂-6 部件,计划 2025 年开工建造,2031 年年底投入运行,预计成本为 9.55 亿～16.45 亿美元。

3 结语

美国军用核材料储备充足,科研生产体系完整,生产加工技术世界领先。为了更新和补充核武库,确保含铀次级部件和氘化锂-6 部件的长期可靠供应,以及 2025 年前达到每个辐照周期生产2.8 kg 氚、2026 年前达到钚弹芯产能至少 30 枚、2030 年前至少 80 枚的目标,美国正在大力推进军用核材料/部件生产加工工作,2022 财年预算达 38.1 亿美元。为了确保军用核材料/部件基础设施具备必要的技术、生产和响应能力,美国能源部计划新建 7 座大型设施,总投资超过 203 亿美元。新建设施将在 2030 年前后完成,可确保美国军用核材料/部件相关生产加工能力再延续 50 年,长久保障美国核威慑力量的有效性。

进入 21 世纪以来,美国一直在实施核武器联合体现代化计划,重点之一是军用核材料核心能力建设。美国现代化军用核材料生产加工与核心能力,是美国打造"三位一体"核力量的重要组成部分,旨在支持到 21 世纪 30 年代以及未来的核威慑能力,维护美国作为世界核大国的霸主地位。

参考文献:

[1] International Panel on Fissile Materials. Fissile material stocks [EB/OL].[2021-06-26].http://fissilematerials.org/.

[2] U.S. Department of Defense. 2018 Nuclear Posture Review Final Report [R]. Washington,D.C.,2018.

[3] Scott Willms. Tritium Supply Considerations[R]. Los Alamos,New Mexico,2003.

[4] U.S. Department of Energy. Department of Energy FY 2021 Congressional Budget Request [R]. Washington,D. C.,2020.

[5] Y-12 site. Y-12 lithium-6 production[R]. Washington,D.C.,2009.

[6] U.S. Government Accountability Office. Nuclear Weapons:NNSA Needs to Determine Critical Skills and Competencies for Its Strategic Materials Programs[R]. Washington,D.C.,2017.

[7] U.S. Department of Energy. Department of Energy FY 2022 Congressional Budget Request [R]. Washington,D. C.,2021.

[8] U.S. Department of Energy. Plutonium Pit Production[R]. Washington,D.C.,2019.

[9] U.S. Department of Energy. Department of Energy FY 2019 Congressional Budget Request [R]. Washington,D. C.,2018.

[10] U.S. Department of Energy,Office of Inspector General and Office of Audits and Inspections. Audit Report:Lithium Operations at the Y-12 National Security Complex[R]. Washington,D.C.,2015.

Research on the modernization of U.S. military nuclear materials production, processing and core capabilities

GAO Han-yu, YUAN Yong-long, LI Xiao-jie

(China Institute of Nuclear Information and Strategy, Beijing 100048, China)

Abstract: This study aims to analyze measures and implications of the modernization of U.S. military nuclear materials production, processing and core capabilities. This study conducts research on the production and inventory of four military nuclear materials in the United States-highly enriched uranium, weapon-grade plutonium, tritium, and lithium-6-and summarizes measures taken by the U.S. Department of Energy to modernize military nuclear material production, processing and core capabilities, and finally analyzes its significance. The United States has sufficient reserves of military nuclear materials, complete scientific research and production systems, and world-leading production and processing technologies. The modernization of U. S. military nuclear material production, processing and core capabilities supports the nuclear deterrence capabilities till the 2030s and beyond, and maintains America's supremacy as the world's nuclear power.

Key words: military nuclear materials; production; processing; core capabilities

俄罗斯遗留核设施退役进展及经验研究

陈亚君,王忠毅,陈思喆,梁和乐

(中核战略规划研究总院有限公司,北京 100048)

摘要:俄罗斯是世界核工业大国。自 20 世纪 40 年代末开始发展核工业,最初用于核武器的制造,后来又发展了民用核能利用。早期建造的核设施很多已经停用了,有的已经退役,有的等待退役。核设施产生了大量放射性废物,有的也没有得到妥善管理,需要实施治理。为了保障核与辐射安全,俄罗斯制订了"核与辐射安全联邦目标计划"(FTP NRS-1 和 FTP NRS-2),解决俄罗斯积累的放射性废物安全管理和核设施退役问题。本文介绍了俄罗斯核退役治理目前取得的主要进展和项目管理情况,总结了俄罗斯核退役治理的经验和教训。

关键词:退役;放射性废物管理;遗留核设施;生产堆

俄罗斯自 20 世纪 40 年代末开始建造核军工设施,用于核武器制造,目前大部分核设施已经关闭,已经退役或等待退役。核军工生产产生的放射性废物大量被排到核场址附近的水体和土壤中,有的达不到相关安全要求,需要实施治理。为了保障核与辐射安全,俄罗斯制订了"核与辐射安全联邦目标计划"(FTP NRS-1 和 FTP NRS-2),解决俄罗斯积累的放射性废物安全管理和核设施退役问题,包括军工遗留核设施的退役治理。

1 总体进展

1.1 俄罗斯三大核场址建有生产堆和军用后处理厂

俄罗斯为生产核武器材料,建立了三大核场址:马雅克生产联合厂(Mayak)、西伯利亚化学联合厂(SCC)和矿业与化学联合厂(MCC)。俄罗斯军用生产堆概况见表 1。

Mayak 于 1946 年开始建造,是最早的核场址。Mayak 建有 10 座生产堆(6 座石墨堆+4 座重水堆。5 座产钚,5 座产氚,现运行两座,产同位素,具有产氚能力)和两座军用后处理厂(B 厂和 DB 厂)。其中,在重水堆 OK-180 和 OK-190 关闭后移除堆芯,在同一位置分别建造了 OK-190M 和 LF-2"Lyudmila"。

目前大部分生产堆都已关闭,还有 1 座石墨堆和 1 座重水堆在运行,用于生产医用氚及其他放射性同位素。关闭的生产堆中,3 座重水堆已完成退役,5 座石墨堆正在准备退役,拟采取就地埋藏的退役策略。B 厂于 1977 年被改造成 RT-1 后处理厂,用于商业乏燃料后处理,目前仍在运行。DB 厂于 1987 年停止军用后处理,当时在运石墨堆的乏燃料送到 SCC 进行后处理。现在第一车间还在继续运行,参与俄罗斯核电厂后处理铀的生产以及同位素产品的原材料生产。后处理产生的高放废液贮存在大罐中,曾于 1957 年发生过爆炸。为了处理高放废液,Mayak 于 1987 年建成玻璃固化设施。目前玻璃固化设施处理量已超过高放废液产生量,可以对历史积累的高放废液进行处理。

SCC 于 1953 年开始建造,借鉴了 Mayak 的经验和教训,目前是俄罗斯也是世界上最大的核燃料循环生产基地。SCC 建有 5 座生产堆(石墨堆)和 1 座军用后处理厂。后处理厂曾于 1993 年发生过爆炸。目前,生产堆和后处理厂均已关闭。后处理产生的高放废液贮存在大罐中,曾对 1 000～2 000 m³ 高放废液进行了工业试验性处置。

作者简介:陈亚君(1988—),男,硕士,现主要从事核科技情报研究工作

表 1　俄罗斯军用生产堆概况

场址	反应堆/后处理厂	功率/MWt（设计/更新）	启动时间	关闭时间
马雅克生产联合厂	A	100/900	1948.6.19	1987.6.16
	AV-1	300/1 200	1950.4.5	1989.8.12
	AV-2	300/1 200	1951.4.6	1990.7.14
	AV-3	300/1 200	1952.9.15	1990.11.1
	AI-IR	40/100	1952.12.22	1987.5.25
	Ruslan	800/1 100	1979.6.12	在运
	OK-180	100/233	1951.10.17	1966.3.3
	OK-190	300	1955.12.27	1965.11.8
	OK-190M	300	1966.4.16	1986.4.16
	LF-2 "Lyudmila"	800	1988.5	在运（医用）
	B 厂	—	1948.9	1960
	DB 厂	—	1959.9	在运
	RT-1 厂	—	1977	在运
西伯利亚化学联合厂	I-1	400/1 200	1955.11.20	1990.9.21
	EI-2	400/1 200	1958.9.24	1990.12.31
	ADE-3	1 450/1 900	1961.7.14	1990.8.14
	ADE-4	1 450/1 900	1964.2.26	2008.4.20
	ADE-5	1 450/1 900	1965.6.27	2008.6.5
	放射化学厂	—	1961.8	2010
矿业与化学联合厂	AD	1 450/2 000	1958.8.25	1992.6.30
	ADE-1	1 450/2 000	1961.7.20	1922.9.29
	ADE-2	1 450/1 800	1964.1	2010.4.15
	B 厂	—	1964.4	2012

MCC 于 1950 年开始选址建造，建于地下岩石中，是世界上最大的地下钚生产基地。MCC 建有 3 座生产堆和 1 座后处理厂（B 厂）。目前生产堆和后处理厂均已关闭。后处理产生的高放废液贮存在大罐中。

截至 2016 年年底，俄罗斯核工业累计的放射性废物约为 55 636 万立方米（1.14×10^{20} Bq）。俄罗斯放射性废物贮存在约 900 个贮存设施中。

超过 96% 的放射性废液是低放废物，总活性为 8.79×10^{15} Bq，88% 的放射性废液在 Mayak 的地表贮存水库中。大部分中放废液通过深井注射与环境相隔离。高放废液在放射性废液中所占比例不到 0.01%。高放废液贮存在专门建造的大罐中，与环境相隔离。Mayak 的高放废液处理产生了 2 481.6 m³ 高放玻璃固化体，总活性为 1.43×10^{19} Bq。

值得注意的是，由于缺乏相应的处理手段和贮存设施，俄罗斯核场址附近的水库排放了大量放射性废液，以及建造了近地表固体废物填埋场。目前，这些放射性废物贮存设施中很多已不满足安全要求，需要实施治理工作。

1.2　实施"核与辐射安全联邦目标计划"解决军工核退役治理中的紧迫问题

俄罗斯很早就意识到了军工核退役治理的问题。20世纪90年代初,随着环保新法律法规的颁布,军工核场址面临的退役治理压力不断增大,特别是被污染的水库。当时联邦政府制定了关于Mayak场址治理的方案和措施,但由于缺乏资金,并没有付诸实施。

为了解决累积的问题,特别是其中较为紧迫的问题,2006年俄罗斯制订了"2008—2015年核与辐射安全联邦目标计划"(简称"FTP NRS-1")。2015年年底,俄罗斯联邦政府批准了"2016—2020及至2030年核与辐射安全联邦目标计划"(FTP NRS-2),目前正在实施过程中。

"核与辐射安全联邦目标计划"旨在改善和保障人员和环境的核与辐射安全。项目包括五个领域。

(1)建立乏燃料和放射性废物管理的基础设施;

(2)解决核遗产的有关问题;

(3)建立和完善确保核设施正常运行安全和事故安全的系统;

(4)加强对人员、公众和环境的辐射防护;

(5)对核安全与辐射安全科学研究、信息分享和组织管理的支持。

在FTP NRS-1的框架内,俄罗斯总共完成了335项措施,实际资金为1 436亿卢布(比预算减少了86亿卢布),其中包括来自联邦预算的1 223亿卢布。

FTP NRS-1的主要成果如下。

(1)拆除了195艘退役核潜艇(占总数的97%);

(2)关停98.8%的放射性同位素热电发电机(RTG),并拆除了86%的RTG;

(3)为乏燃料建造了集中长期贮存设施,防止了RBMK(石墨水冷堆)堆型的场址出现乏燃料贮存满载的可能性;

(4)完成西伯利亚化学联合厂铀-石墨生产堆EI-2退役完成。该反应堆退役采用"就地处置"的策略;

(5)退役了53个危险核设施,修复了270公顷受污染的土地;

(6)关闭了排放放射性废物的露天水库(Mayak的Karachay,Sibirsk化工厂的B-2)。

FTP NRS-2预算5 895.4亿卢布(其中联邦预算4 018.7亿卢布)。约73%的资金,将用于核设施的退役,涉及Mayak生产联合体、西伯利亚化学联合体、矿业与化学联合厂以及新西伯利亚化学浓缩厂的建筑物和设施的拆除;近20%的资金将用于建造处理和最终处置乏燃料和放射性废物所需的基础设施;5%的资金用于确保核和辐射安全的监测活动;2%的资金用于科研支持。

FTP NRS-2的主要目标如下。

(1)建成放射性废物处置设施,容量达234.8×10³ m³;

(2)建成乏燃料集中贮存设施,容量达80 064个燃料组件;

(3)回取乏燃料2 604 t;

(4)退役76座危险核设施,包括7座铀-石墨生产堆,以及铀浓缩厂、燃料元件制造厂等;

(5)完成放射性废物最终处置176.3×10³ m³;

(6)修复场址4 259×10³ m³。

2014年,通过分析国际经验,俄罗斯国家原子能公司评估了解决俄罗斯核遗产问题的成本,按2017年价格计算,总额为2.5万亿卢布。

1.3　俄罗斯正开展核遗产评估工作,为未来核退役治理规划做准备

俄罗斯目前正在实施核遗产数量评估工作。根据联邦政府和相关组织的建议,该工作被纳入FTP NRS-1和FTP NRS-2中。核遗产项目规划系统如图1所示。

在俄罗斯和其他国家的相关文献中,有相当多的关于俄罗斯核遗产的资料,但没有对全部核遗产进行系统的调查。在实际核遗产工程的初始阶段,即制定和实施FTP NRS-1和FTP NRS-2过程中,

对核遗产缺乏全面了解并不构成限制因素,因为相关工程任务的紧迫程度十分明显。然而,为了有效利用有限的资源,以及在未来制定核遗产项目规划,俄罗斯迫切需要确定核遗产的最终数量和详细信息。

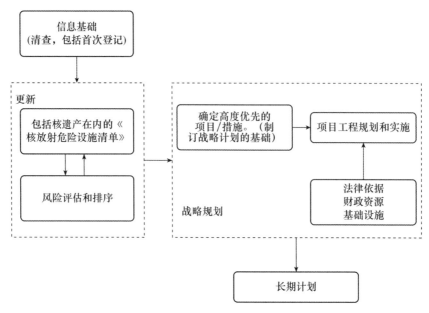

图 1　核遗产项目规划系统

核遗产评估工作分三个级别对危险核设施进行清查:(1)0 级(初级),说明设施的位置、简单介绍和初步风险排序,其结果将应用于核遗产项目的长期规划;(2)1 级(基本),说明设施的位置、简单介绍、风险排序以及要实现的终态和实现目标时间,其结果将为政府提供支持并应用于核遗产项目的中期规划;(3)2 级(深入),说明设施的部署、特点、终态、退役计划、退役成本和时间,其结果将应用于退役项目的实施和监督。

核遗产的评估还将应用于核遗产的确定,为后续核遗产的权责归属和退役治理资金来源提供指导。

2　典型场址进展

2.1　Mayak

Mayak 已关闭的三个重水堆中,OK-180 堆的堆芯被拆除,在原来的位置装上了 OK-190M 堆;OK-190 堆的堆芯被拆除,在原来的位置装上了 LF-2 "Lyudmila" 堆。1970 年,作为世界首例,OK-190 的堆芯被拆除并掩埋。目前 OK-180、OK-190、OK-190M 均已完成退役。已关闭的五座石墨堆还目前处于安全监控状态,正在对反应堆就地埋藏退役策略进行评估,具体退役时间未定。

场址内军工产生的高放废液大部分贮存在大罐中。随着玻璃固化设施处理能力大于商业乏燃料后处理产生高放废液量,设施将有能力处理军工高放废液。

2.2　SCC

SCC 已关闭的 5 座生产堆中,EI-2 堆作为石墨生产堆退役示范工程已于 2015 年 9 月完成退役。EI-2 选择就地埋藏的退役策略。研究人员称,相比于其他退役策略,这种退役策略在退役工作期间工作人员的集体照射率、退役工作期间和之后对环境和人类的放射性影响等具有优势,而且就地埋藏也更便宜。

2019 年,俄罗斯拨款 2.88 亿卢布,用于 ADE-4 和 ADE-5 的退役,目前正在实施中。

2.3 MCC

MCC 已关闭的 3 座生产堆中,目前正处于安全监控状态,等待退役。后处理厂已开始退役工作,计划分四个阶段对该厂进行退役,目前正在开发设计文档以实施第一阶段退役。

3 管理体制

目前俄罗斯军工核退役治理工作主要在"核与辐射安全联邦目标计划"下开展。俄罗斯联邦科学和高等教育部下属的科技计划局负责联邦目标计划的管理,包括制定项目主题、组织项目申报、实施项目监督审查等。相关部门和单位都可以申报项目。俄罗斯国家原子能公司是核退役治理工作的最主要机构。

为了解决俄罗斯的核遗产问题,有关人员认为有必要赋予明确分配俄罗斯联邦政府与核工业组织之间的财政负担,因此俄罗斯国家原子能公司与俄罗斯科学院核安全研究所联合编写"联邦核遗产法"。俄罗斯国家原子能公司提出了一些方案,其中一项是成立一个专门的联邦运营机构,接管所有核遗产的管理,直到这些核遗产完全退役。目前,俄罗斯国家原子能公司正在行业内进行协商。

国家原子能公司准备提出两种责任分离模型,以解决俄罗斯的核遗产问题:(1)一种模型很简单且严格,基于核设施关闭的日期;(2)另一种模型灵活和"公平",基于核设施为国家或国有公司服务的日期。

4 项目管理

4.1 "联邦核与辐射安全中心"协调管理燃料循环后段科研与生产工作,参与管理人员任命

俄罗斯国家原子能公司是在"核与辐射安全联邦目标计划"框架下实施军工核退役治理的主要机构。

2013 年俄罗斯国家原子能公司指定核与辐射安全中心为核设施最后阶段的管理公司,致力于整合俄罗斯国家原子能公司燃料循环后段的资源,实施统一的技术政策,以及协调俄罗斯原子能公司下属相关企业和机构的研究和生产活动,包括:Radium Institute、RADON、RosRAO、MCC、VG Khlopina、NO RAO、PDC UGR 等。利用联邦目标计划的资金和项目,协调各机构的科研工作,发展核退役治理技术,致力于打造一支在核退役治理领域具有国际领先技术和服务的力量。

核与辐射安全中心与管理的企业和研究机构之间不是传统的垂直管理模式,不管理企业和研究机构的财务(财务由国家原子能公司负责管理),也不从企业和研究机构的项目获得收益。核与辐射安全中心的任务是在必要时推动企业的发展和重建,通过控制方案并协调活动,使所有的公司沿着同一路线前进。

由于研究机构较多,领域有交叉,而核与辐射安全中心又不管理财务,因此,协调工作也不是总是一切顺利,一些企业(如 MCC)在决策过程中常表现出独立性。核与辐射安全中心在努力改变这种现状。核与辐射安全中心还会与俄罗斯国家原子能公司协商所管理企业和研究机构的所有管理团队任命,从而致力于打造一支志同道合、协同合作的队伍。

4.2 "核与辐射安全中心"允许存在适当竞争

虽然核与辐射安全中心协调各机构之间的工作,各机构之间互相竞争的关系仍然存在。核与辐射安全中心并不实施项目的分配。实际上,谁竞争胜了,谁就赢得了订单。

核与辐射安全中心允许各机构之间适当进行竞争。这样,各机构在研究时会考虑到成本的问题,这样形成的技术在经济性方面才具有竞争力,有助于提高俄罗斯国家原子能公司在国内和国际市场上的竞争力。

4.3 成立专门的示范中心形成能力

根据"建立全行业核和辐射危险设施退役系统的组织和技术措施计划"的规定,2008 年俄罗斯决

定组建四个试验示范中心，用于核和辐射危险设施的退役。其中一个中心是铀-石墨反应堆退役示范中心（PDC UGR）。

2010年俄罗斯成立了"铀-石墨堆退役示范中心"，旨在建立一个退役铀-石墨反应堆的基地公司。铀-石墨堆退役示范中心是俄罗斯原子能公司下属的一个股份制公司，由联邦核与辐射安全中心管理。铀-石墨堆退役示范中心的关键任务之一是开发退役核设施的通用、创新和安全技术，并适用于同类行业进行复制。该中心的特点是注重实际工作的实施，巩固铀-石墨核反应堆退役的经验，以便向国际市场出口独特的技术。

5 总结和启示

（1）核退役治理工作量大，俄罗斯现在还没有针对军工遗留核设施退役治理的整体计划，正在开展核遗产评估工作，为未来相关战略规划做准备

俄罗斯军工遗留核设施主要分布在 Mayak、SCC、MCC 三大核场址。有的生产堆和后处理厂还在运行，进行民用生产。停用的核设施中，重水堆和1座石墨堆已完成退役，其他核设施正等待退役。俄罗斯还有大量早期的放射性废液水库和固体废物填埋场需要退役和治理。但目前俄罗斯还没有针对军工遗留核设施退役治理的整体计划。俄罗斯积极寻求解决核遗产问题的办法，正在开展核遗产评估工作，既可以为核遗产的退役治理规划工作做准备，也可为退役治理管理职责和资金分配提供指导。据估计，俄罗斯解决核遗产问题的总成本约为2.5万亿卢布。

（2）俄罗斯目前通过"核与辐射安全联邦目标计划"解决核退役治理中较为紧迫的事项

2000年以前，由于经费短缺等问题，俄罗斯曾提出的场址退役治理计划未能实施。随着时间推移，有的退役治理工作十分紧迫，包括石墨堆等核设施退役、放射性废液水库等废物贮存设施治理、污染场址修复等。为解决这些问题，俄罗斯制定了"2008—2015年核与辐射安全联邦目标计划"和"2016—2020年及至2030年核与辐射安全联邦目标计划"。

联邦目标计划的一个重要内容是建造放射性废物处置设施，为后续的退役治理工作奠定基础。

（3）俄罗斯正在准备制定"核遗产法"，建议成立专门联邦机构负责核遗产的管理

俄罗斯正在准备制定"联邦核遗产法"，以解决核遗产问题的管理和经费问题。俄罗斯国家原子能公司与俄罗斯科学院核安全研究所联合编写"联邦核遗产法"。俄罗斯国家原子能公司提出了一些方案，其中一项是成立一个专门的联邦运营机构，接管所有核遗产的管理，直到这些核遗产完全退役。目前，俄罗斯国家原子能公司正在行业内进行协商。

Research on the progress and experience of the legacy nuclear facilities decommissioning in Russian

CHEN Ya-jun, WANG Zhong-yi, CHEN Si-zhe, LIANG He-le

(China Institute of Nuclear Industry Strategy, Beijing 100048, China)

Abstract: Russia is a major country in the nuclear industry in the world. The nuclear industry has been developed since the end of the 1940s. Many of the nuclear facilities built in the early days have been closed. Nuclear facilities generate a large amount of radioactive waste, some of which have not been properly managed, and need to be treated. In order to ensure nuclear and radiation safety, Russia has formulated the Federal Target Program Nuclear and Radiation Safety, to solve the problems of safe management of radioactive waste accumulated in Russia and decommissioning of nuclear facilities. This article introduces the main progress and project management of Russia's nuclear decommissioning, and summarizes the experience and lessons gained.

Key words: decommissioning; radioactive waste management; legacy nuclear facilities; production reactor

美国太空核动力技术发展综述

袁永龙,李晓洁,张馨玉

(中国核科技信息与经济研究院,北京 100048)

摘要:太空核动力技术主要包括放射性同位素电源、反应堆电源及核推进,是一门综合性的前沿科学工程技术。近年来,美国重点研发为未来太空基地供电的反应堆电源,并将核热推进列为远景技术持续研发。2020 年 12 月,美国发布《太空核动力与核推进国家战略备忘录》,明确太空核动力技术下一阶段的发展战略和政策,并提出四项具体目标:(1)建立铀燃料制造能力;(2)月球表面反应堆电源示范运行;(3)突破核热推进关键技术;(4)开发先进放射性同位素电源系统。文章回顾了美国太空核动力技术的发展历史、现状以及一些典型装备,为我国太空核动力技术的发展提供一定参考。

关键词:太空核动力;放射性同位素电源;核热推进;反应堆电源

太空核动力技术主要包括放射性同位素电源、核反应堆电源及核推进技术。放射性同位素电源功率小,通常在几十瓦到数百瓦之间,可为执行太空探索任务的航天器及其科学设备长期提供电能和热能;核反应堆电源功率较大,可提供千瓦级电力,适合于功率需求较大的太空探索任务和航天器;核推进分为核热推进和核电推进,目前尚未在太空飞行任务中得到应用。

从 20 世纪 60 年代起,人类就开始在航天活动中使用太空核动力技术[1]。20 世纪 50 年代后期,美国启动"核辅助电源系统"计划(即 SNAP 计划),开始研发放射性同位素电源和核反应堆电源,1961 年成功发射了世界上第一个装备放射性同位素电源 SNAP-3B 的航天器——子午仪-4A 导航卫星,1965 年成功发射了首个装备核反应堆电源 SNAP-10A 的 SNAPSHOT 卫星。经过几十年的发展,美国在太空核动力方面的技术总体水平和应用经验都处于世界前沿水平。本文总结了美国太空核动力装备发展需求和目标,以及各类太空核动力技术的特点和美国发展情况,为我国太空核动力技术的发展提供参考。

1　美国太空核动力装备发展需求和目标

2020 年 12 月,美国发布《太空核动力与核推进国家战略备忘录》,加快推动探索计划,并明确提出四大目标[2]。

(1)发展铀燃料加工制造能力。21 世纪 20 年代中期,使铀燃料生产满足执行太空探索任务的核热推进装置、核电推进装置等太空核动力装备的需求。

(2)月球表面核反应堆电力系统示范运行。2027 年前在月球表面进行核反应堆电力系统示范运行,系统功率可放大到 40 千瓦及以上,满足月球和火星探索需求。

(3)突破核热推进关键技术。建立技术基础和能力,包括通过确定和解决关键技术挑战,将使核热推进技术能够满足未来国防部和 NASA 的任务要求。

(4)开发先进放射性同位素电源系统。在 2030 年前至少开发出一种具有更高燃料效率、更大比能量和更长运行寿命的新一代放射性同位素电源。

2　放射性同位素电源

放射性同位素电源是自 20 世纪 50 年代后期发展起来的一种电源,通过热电偶将 ^{238}Pu 等长寿命放射性同位素的衰变热转换为电能,供航天器使用。与其他常规电源相比,放射性同位素电源具有寿命长、体积小、结构紧凑、比功率高、工作可靠性强和几乎不受太空环境影响等优点,可为执行太空探索任务的航天器及其科学设备持续提供安全、稳定、可靠的电能和热能。

放射性同位素电源的结构主要包括三部分:含有放射性同位素燃料的热源,将衰变热转化为电能的热电转换装置,外壳及散热器(见图1)。

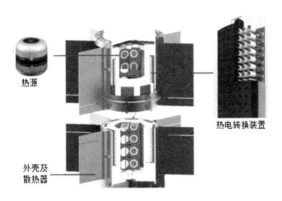

图 1　放射性同位素电源结构

热源由放射性同位素燃料芯块和包壳构成,^{90}Sr、^{238}Pu、^{241}Am、^{60}Co 等很多放射性同位素均可用作放射性同位素电源的燃料,^{238}Pu 是目前最为理想和使用最多的电源燃料,美国研制的放射性同位素电源基本采用^{238}Pu 作为电源燃料。^{238}Pu 的半衰期为 87.7 年,以^{238}Pu 为电源燃料的放射性同位素电源热功率每年降低约 0.787%。

热电转换技术是放射性同位素电源的关键技术之一,热电材料的性能直接决定了整个电源的热电转换效率,按使用温度划分,热电材料可分为低温(如碲化铋及其合金,热端工作温度在 300 ℃以下)、中温(如碲化铅及其合金,热端工作温度在 550 ℃以下)和高温(如硅锗合金)热电材料[3]。外壳及散热器将多余热量释放到外部环境,并对热源、热电转换装置等内部构件起固定支撑作用。

3　核反应堆电源

3.1　概念

空间核反应堆电源是在太空任务中将核反应堆产生的热能转换成电能为航天器供电的装置,主要由反应堆本体、影子辐射屏蔽、热电转换系统、废热排放系统和自动控制系统 5 部分组成。

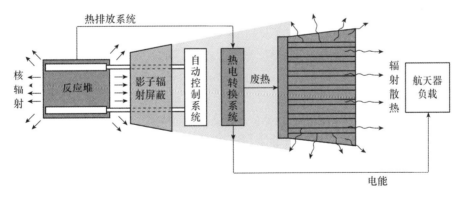

图 2　核反应堆电源结构图

反应堆本体内发生核裂变反应产生热能,通过热电转换系统转换为电能,供航天器使用,多余的热能由废热排放系统通过辐射散热的方式排散到宇宙空间;影子辐射屏蔽将反应堆本体与电源其他系统以及航天器有效载荷隔开,可以将核反应堆产生的辐射剂量降低至航天员或有效载荷可接受的水平;自动控制系统负责电源系统的监测和运行控制[4]。

3.2 技术发展情况

美国对空间核反应堆电源的研究始于 20 世纪 50 年代开展的"诱骗者"计划,当时的目标是开发电功率在 1~10 kW 之间,质量尽可能小的,并且能够在太空独立运行 1 年的空间核电源。1965 年,美国成功发射运行了世界上首个空间核反应堆电源——SNAP-10A,SNAP-10A 也是美国目前唯一成功发射运行的空间核反应堆电源。美国对空间核反应堆电源进行了长达几十年的研究,技术基础雄厚。

根据 NASA 给出的空间核反应堆电源发展路线图,美国未来空间核反应堆电源的开发重点是 40 kW 空间裂变电源系统以及 Kilopower 千瓦级空间核反应堆电源。Kilopower 千瓦级空间核反应堆电采用了斯特林能量转换、热管传热技术等多项技术创新。

4 核推进

核推进包括核热推进和核电推进。

4.1 核热推进

核热推进(即核火箭发动机)利用核反应堆产生的热能把工作介质(推进剂)加热到很高的温度,然后将高温高压的工作介质从喷管高速喷出,从而产生巨大的推力。核火箭发动机主要由核反应堆、辐射屏蔽、涡轮泵系统、喷管系统和推进剂储箱 5 个部分组成。

核火箭发动机的推进剂是氢。液氢泵将液氢从工质储箱中抽出,通过管道将其送进喷管外部的环腔。接着依次流过喷管环腔、驱动涡轮泵,并通过核反应堆的堆芯加热。最后,经过加热的高温、高压氢气从喷嘴高速喷出,产生非常大的比冲和推进动力。比冲和推力对于任何火箭发动机都是两个最重要的性能参数。核火箭发动机的比冲可高达 1 000 s,推力可达几吨和几十吨。

核火箭发动机是 20 世纪美、俄在冷战思维下发展起来的,目的是推动战略弹道导弹和巡航导弹。核火箭发动机的核反应堆堆芯功率密度高达 30 MW/L,氢推进剂的出口温度达 3 000 K。核火箭发动机是难度极大的、高精尖核科学工程技术,适用于载人深空探测、大型空间运输等需要高比冲、大推力的空间飞行任务。

首先研究带有核动力装置的飞机和核火箭的是美国。第二次世界大战后,美国着手研讨在航空和火箭技术中应用核能的可能性。从 1955 年开始,美国开始直接研发核火箭发动机("ROVER"计划)和用于巡航导弹的核冲压式空气喷气发动机("PLUTO"计划),断断续续研究了近 60 年。

ROVER / NERVA 计划结束后,美国再没有进行系统的核热推进研制试验,但是相关的反应堆关键技术研究仍在继续。到了 20 世纪 80 年代至 90 年代初,美国实施"战略防御计划"。美国国防部和战略防御计划局设想使用核热推进拦截弹道导弹和作为空间轨道转移动力,制订了 Timberwind 计划。由于冷战的结束,1992 年该项目改名为 SNTP(空间核热推进)计划并归美国空军管理。1993 年 SNTP 连同大多数核项目都被克林顿政府取消。

目前,美国正在进一步实施核热推进的开发工作。在设计方面,分别对基于 NERVA 衍生燃料和金属陶瓷燃料开展了反应堆设计。在试验设计方面,完成了燃料元件环境模拟器的升级改造,更换了感应电加热器,最大加热功率达到 1 MW;采用计算机控制氢气流量,氢气流量可达 200 g/s 以上。改造后的燃料元件环境模拟器能够在 6 895 kPa 和 3 000 K 下以及接近原型反应堆功率密度下测试燃料元件和材料。在燃料元件开发方面,马歇尔飞行中心和爱达荷国家实验室正在进行 W/UO_2 金属陶瓷燃料元件的制造工艺开发,而橡树岭国家实验室正在开展大量工作,以重新获得 ROVER/NERVA 计划的石墨基体复合燃料技术。在开发燃料元件的同时,燃料元件的非核试验也在同步进行。

4.2 核电推进

核电推进(即核电火箭发动机)把核反应堆的热能转换成电能并把电能提供给电火箭,使推进工质(如氙)电离并加速,最后成为等离子体状态的推进工质从喷管高速喷出,产生可达"牛顿"量级的较大推力。核电推进系统由空间核反应堆电源分系统和电推进(电火箭)分系统两部分组成,电能分配和管理模块可以看作两大分系统的接口。核电推进综合了空间核反应堆电源长寿命、高能量密度以及电推进高比冲的优点,但推力相对较小。

从工程应用实施角度看,以空间核反应堆电源和静电等离子体电推进(即霍尔电推进)构成的核电推进是最成熟的。

美国非常重视核电推进的研究。1965年4月3日美国成功发射世界上第一座空间核反应堆电源SNAP-10A。在"战略防御计划"(SD)时期(1983—1990年),美国开发了一种轨道电源SP-100。在"国际TOPAZ"计划时期(1991—1994年),美国在成功完成了两个空间核反应雄电源实验装置(V71和Ya-21U)的功率测试以及单节热离子燃料元件测试之后,美国专家着手设计装备有TOPAZ-2空间核反应堆电源系统和不同型式电推进器NEPSTP的实验宇宙飞船。在"空间探测计划"(SED)时期(20世纪90年代初期),对于火星探测,明确了以NERVA核火箭发动机为基础的载人火星探测和以SP-100空间核反应堆为基础的核电推进的无人探测或货运方案。2002年美国开始"太空核能新计划",该计划由两部分组成,第一部分叫"核电源计划",包括研发新一代放射性同位素电源系统;第二部分称"核电推进计划",准备研发以裂变反应堆为基础的空间核电系统和先进的电推进器。2003年,宣布附加第三部分"JIMO",并把原计划改名为"普罗米修斯"计划。"普罗米修斯"计划重组后,NASA将空间核电计划定位于开发一种用于月球或火星表面、提供能量和支持人类居住地的经费可承受的空间核反应堆电源。2008年前后,NASA提出的"推动性技术发展与论证(ETDD)"计划,还准备将JIMO和FSP的研究成果进一步应用于300 kW载人的核电推进设计概念中。与空间核反应堆电源配套用的电推进系统主要有静电离子电推进、静电霍尔电推进、电磁类型电推进。离子电推进的比冲为2 500~15 000 s,功率为10 W~30 kW,效率为60%~80%;霍尔电推进的比冲为1 500~3 000 s,功率为100 W~50 kW,效率为45%~60%。电磁类型的电推进系统主要包括磁等离子体推力器(MPD),脉冲感应推力器(PIT),变比冲磁等离子体火箭。电磁电推进的比冲为2 000~10 000 s,功率大约为100 kW,效率为35%~50%。

5 总结

随着我国航天事业迈向深空的步伐越来越快,有必要进一步开展对太空核动力技术的研究。美国作为世界上最早开始研究太空核动力技术的国家,其整体技术水平和应用经验都处于世界先进水平。近几年,美国政府发布多个政策文件,加速开展太空探索计划。从技术上看,未来放射性同位素电源的发展方向是提高电源的热电转换效率,进而提高电源的功率质量比;核反应堆电源的发展方向是开发大功率、长寿命的反应堆电源,而兼有电源和核推进功能的双模式太空核动力系统代表着太空核动力的未来发展方向。

参考文献:
[1] 钱学森.星际航行概论[M].北京:科学出版社,1963.
[2] 许春阳.美国建立空间核动力发展最新政策体系(内部报告)[R].北京:中国核科技信息与经济研究院,2020.
[3] 张建中,任保国,王泽深,等.放射性同位素温差发电器在深空探测中的应用[J].宇航学报,2008(02):644-647.
[4] 胡古,赵守智.空间核反应堆电源技术概览[J].深空探测学报,2017,4(05):430-443.

Overview of the development of space nuclear power technology in the United States

YUAN Yong-long, LI Xiao-jie, ZHANG Xin-yu

(China Institute of Nuclear Information and Economics, Beijing 100048, China)

Abstract: Space nuclear power technology mainly includes radioisotope thermoelectric generator, Space nuclear reactor power and nuclear propulsion. It is a comprehensive frontier science and engineering technology. In recent years, the United States has focused on the research and development of space nuclear reactor power to power future space bases, and has listed nuclear thermal propulsion as a long-term technology for continuous research and development. In December 2020, the White House released "National Strategy for Space Nuclear Power and Propulsion", clarifying the strategies and policies for the development of space nuclear power technology in the next stage, and setting forth four specific goals: (1) Develop uranium fuel processing capabilities; (2) Demonstrate a fission power system on the surface of the Moon; (3) Establish the technical foundations and capabilities of nuclear thermal propulsion; (4) Develop advanced radioisotope thermoelectric generator capabilities. In this paper, the development history, current situation and some typical equipment of space nuclear power technology in the United States are reviewed in order to provide some reference for the development of space nuclear power technology in China.

Key words: space nuclear power; radioisotope thermoelectric generator; nuclear thermal propulsion; Space nuclear reactor power

新形势下提升情报研究能力的探索

袁永龙,高寒雨,赵　松

(中国核科技信息与经济研究院,北京 100048)

摘要:在先进网络信息技术快速发展的新形势下,科技情报事业需不断加强能力建设,创新情报服务,引入信息化、自动化技术和工具,实现情报研究工作的升级。文章通过对现行情报技术体系的研究,针对科技情报行业面临的重大发展机遇及制约科技情报发展的原因,将新的信息技术手段与情报研究的思想、方法结合起来,从 3 个方面探索提升情报研究能力的方法。提出了多种先进的技术手段,并结合军事核情报研究进行了说明,为情报研究方法和技术的进一步创新、升级奠定了基础。

关键词:情报服务;信息化;自动化;核情报

从全球范围看,网络技术和信息化工具已经渗透到经济、政治、军事、社会的各个领域,成为推动经济社会转型、实现可持续发展、提升国家综合竞争力的强大动力。在科技领域,现代信息技术、网络技术的发展成为国家科学技术进步的重要标志。在这种新形势下,我国科技情报事业也面临着新的机遇和挑战,要想谋求升级、转型,需不断加强能力建设、创新情报服务[1-2]。

长期以来,以情报信息有序化为基础的情报研究工作主要停留在以分析与综合、归纳与演绎等抽象思维为基础的定性分析上,缺乏运用新兴的技术及现代化的设备。目前,基于计算机、互联网、云计算、物联网及人工智能等先进技术,出现了一些值得关注的应用创新,为情报研究工作提供了很多可资借鉴或利用的技术手段、运行模式[3-4]。如能将这些新的较为成熟的网络信息技术与科技情报研究的特点相融合,及时、有效地加以转化和利用,会极大丰富情报研究的工作手段,提高工作效率[5]。

本文结合目前情报研究技术体系、科技情报行业面临的重大发展机遇及制约科技情报发展的原因,研究了在信息检索与采集、信息加工处理、信息分析研判等方面的网络技术以及信息化、自动化工具。

1　信息检索与采集

互联网时代下,信息量的规模以几何级别的速度增长,出现了大量的社交网络,信息传播渠道变得越来越多元化,信息检索功能也在不断发展和完善,以满足用户快速、准确、高效检索信息的需求[6-7]。情报科研机构的主要工作方式是基于大量的信息资源,采用先进的技术手段,快速准确地获取所需要的情报内容[8]。情报研究的信息资源以开源信息为主,主要涉及 4 类:一是公开的科技文献资源(论文、图书、专利等);二是开源项目数据(可公开获取的国家重点科技项目、研究报告等);三是开源监测数据,包括国外科技信息动态、重要科技报告、科技发展前沿的研究报告或战略文件、重要科研机构/企业研发情况等;四是灰色文献,一般通过专门渠道获得,无法从常规的出版/发行/书目控制/书商或订阅代理商采购的渠道或系统获得的国内外开源资料[9]。

信息爆炸的大环境下,面对如此大规模、多样化的信息数据,用户面临检索、筛选时间增加,查准率降低等问题[6,10]。为解决这一问题,情报工作者应充分利用网络爬虫技术、网页分析技术、舆情监测预警技术等网络技术和信息化手段,构建全球目标信息源发现和感知网络,提高情报信息获取的时效性和针对性。以军事核情报研究为例,对于主要国家的政府网站、主流新闻网站和社交媒体、各科研机构网站等比较可靠的信息源,在检索和采集信息时,将网络爬虫技术与网页分析算法、页面过滤

作者简介:袁永龙(1994—),男,山西朔州人,研究实习员,硕士,现主要从事情报研究工作

技术结合起来,并运用技术信息订阅、推送技术、关联获取技术等工具进行情报信息的自动检索与采集。

1.1 网络爬虫技术

网络爬虫能按照一定的规则,自动地抓取万维网信息的程序或者脚本,是一种自动提取网页的程序。传统爬虫从一个或若干初始网页的 URL 开始,获得初始网页上的 URL,在抓取网页的过程中,不断从当前页面上抽取新的 URL 放入队列,直到满足系统的一定停止条件。

将网络爬虫技术和信息源网站结构化的数据特征融合起来,对网站网页数据进行抓取、加工、整合,用结构化、可视化的图像数据辅助检索,可缩小筛查范围,提升检索的准确度。广度优先搜索策略算法的设计和实现相对简单,可以覆盖尽可能多的网页,然后采用网页过滤技术将无关网页过滤掉,该算法的缺点在于随着抓取网页的增多,大量的无关网页被下载然后过滤掉,算法的效率将变低。最佳优先搜索策略按照一定的网页分析算法,预测目标网页内容与检索主题的相关性,并选取相关度较高的网页进行抓取,可以将无关网页的数量降低 30%～90%,是一种局部最优搜索算法。检索和抓取信息时,应根据用户需求,制定个性化的爬虫策略和算法。

1.2 舆情监测预警

舆情监测整合了信息采集技术及智能处理技术,通过对互联网海量信息自动抓取、自动分类聚类、主题检测、专题聚焦,实现用户的网络舆情监测和新闻专题追踪等信息需求,形成简报、报告、图表等分析结果,为客户全面掌握群众思想动态,做出正确舆论引导,提供分析依据。

以军事核情报研究为例,建立舆情监测预警机制,统计核领域关键技术、武器装备、政策法规等信息在各大搜索引擎的点击量和搜索量,实时跟踪相关信息的热度变化,每年可面向社会发布核领域年度十大热点事件。

2 信息加工处理

在信息加工处理过程中,通过人机交互翻译技术、自动校对软件、贝叶斯分类技术、回归分析技术等手段形成具备多语言智能翻译、数据关系分析、聚类分析、可视化分析的信息调度系统。以军事核情报研究为例,可尝试打造多语言的核领域数据智能处理平台。

2.1 机器翻译技术

机器翻译又称为自动翻译,是利用计算机将一种自然语言(源语言)转换为另一种自然语言(目标语言)的过程,机器翻译技术是一种人工智能技术,利用计算机模拟人的翻译过程,将一种语言自动翻译成为另一种语言。计算机翻译语言的过程就是将源语言翻译成为目标语。其具体翻译过程是先对源语言进行词法分析,之后在词法分析的基础上再进行句法分析,然后根据源语言句法分析的结果生成相应的目标语。

目前使用最广泛的统计翻译模型是基于短语的统计机器翻译模型,这种模型以短语作为基本翻译单元,没有任何结构信息,缺乏远距离、整体的调序能力[11]。在这种情况下,尝试引入句法模型及机器翻译自动诊断评价技术,这一技术可自动测定机器翻译系统输出译文的质量,通过分析翻译错误类型和成因,提供有效的翻译模型改进信息,进而实现对现有翻译模型的进一步优化。

2.2 异构计算技术

异构计算技术是一种使计算任务的并行性类型(代码类型)与机器能有效支持的计算类型(即机器能力)最相匹配、最能充分利用各种计算资源的并行和分布计算技术。这是一种特殊形式的并行和分布式计算,它或是用能同时支持 simd 方式和 mimd 方式的单个独立计算机,或是用由高速网络互连的一组独立计算机来完成计算任务。它能协调地使用性能、结构各异的机器以满足不同的计算需求,并使代码(或代码段)能以获取最大总体性能的方式来执行。

2.3 多源信息融合技术

多源信息融合即基于多种(同类或异类)信息源,根据某个特定标准在空间或时间上进行组合,获得被测对象的一致性解释或者描述,并使得该信息系统具有更好的性能。从融合级别上来说,融合模型通常从数据、特征、决策三个层次上进行信息的融合处理。采用信息融合技术的系统结构一般可分为集中式融合、分布式融合和混合式融合架构。针对实际问题,根据信息源数据特征的差异,可单独采用不同层次的融合方法或组合某两个层次的递进融合方法,从而得到使系统性能较优的融合方案。

3 信息分析研判

长期以来,情报行业有着这样一种偏见,即情报工作的现代化似乎只是文献领域的事,而在研究领域则无现代化可言。但是,情报研究机构其实是一种小型的或综合的科学研究组织,是从事情报信息的分析、综合和咨询的专业部门,所以应当像建设现代科学研究机构那样来建设情报研究机构[12]。在信息分析研判中,情报工作者应充分利用 SWOT 分析[13]、比较评估、数据建模、智能推演等技术,提高分析研判的科学性和深入性。

3.1 数据建模技术

数据建模是指对现实世界各类数据的抽象组织,确定数据库需管辖的范围、数据的组织形式等直至转化成现实的数据库。将经过系统分析后抽象出来的概念模型转化为物理模型后,在 visio 或 erwin 等工具建立数据库实体以及各实体之间关系的过程。建模过程中的主要活动包括:确定数据及其相关过程、定义数据(如数据类型、大小和默认值)、确保数据的完整性(使用业务规则和验证检查)、定义操作过程(如安全检查和备份)、选择数据存储技术(如关系、分层或索引存储技术)。数据建模大致分为三个阶段:概念建模阶段、逻辑建模阶段和物理建模阶段。运用数据建模技术主要为了满足特定的业务需求。

3.2 机器学习技术

机器学习技术是一门多领域交叉学科技术,它涉及对概率论、统计学、逼近论、凸分析、算法复杂度理论等多门学科的利用,专门研究计算机怎样模拟或实现人类的学习行为,以获取新的知识或技能,重新组织已有的知识结构使之不断改善自身的性能。机器学习技术主要依靠算法实现,这些算法包括决策树算法、随机森林算法、支持向量机算法、人工神经网络、朴素贝叶斯算法、Boosting 与 Bagging 算法、EM 算法和人工神经网络算法等,机器学习技术可以应用到数据挖掘与分析、模式识别等方面。

3.3 智能推演技术

采用模拟仿真技术、视频和 3D 建模、信息智能化、业务需求模型、管理流程与规则等相结合的一套智能化模拟业务应用的技术聚合应用,实现从概念、思路、规划、需求、计划、管理、执行、检测、检验、验收和结论等一系列的演绎过程应用。

3.4 专家资源建设

专家资源建设即指利用现代化的信息技术,把有关专家对某一方面问题的意见、成果、思想等输入计算机而形成的信息库,也叫专家系统。它将有关专家征询的意见进行适当的分类处理并汇集后储存到电子计算机中。当在工作中遇到同类问题时,电子计算机将之前专家们的意见集中显示出来。这些意见经电子计算机加工后,能显示出同一问题各类答案的专家构成和比例,以供选择参考,协助决策,这种专家系统实质上是更大规模、更加广泛的特尔菲法。专家系统是一个具有大量的专门知识与经验的程序系统,它应用人工智能技术和计算机技术,根据某领域一个或多个专家提供的知识和经验,进行推理和判断,模拟人类专家的决策过程,协助解决那些需要人类专家处理的复杂问题。

4 结束语

本文基于目前情报研究技术体系、科技情报行业面临的重大发展机遇及制约科技情报发展的原因,从 3 个方面对科技情报研究方法及手段的创新进行了初步的探索,研究了在信息检索与采集、信息加工处理、信息分析研判等方面的网络技术以及信息化、自动化工具。可以为我国科技情报事业的进一步发展和创新提供基础。

参考文献:

[1] 赖茂生.新时期新格局呼唤新战略:对我国科技情报事业发展战略的思考[J].情报理论与实践,2020,43(8):1-8.

[2] 赖茂生.新环境、新范式、新方法、新能力:新时代情报学发展的思考[J].情报理论与实践,2017,40(12:):1-5.

[3] 化柏林.从棱镜计划看大数据时代下的情报分析[J].图书与情报,2014(5):2-6.

[4] 王延飞,闫志开,何芳.从智库功能看情报研究机构转型[J].情报理论与实践,2015(5):1-5.

[5] 苏新宁.大数据时代情报学与情报工作的回归[J].情报学报,2017,36(4):331-337.

[6] 刘爱琴,王友林,尚珊.基于爬虫技术的关键词关联推荐算法优化与实现[J].情报理论与实践,2018,41(4):134-138.

[7] 王兰成.信息检索:原理与技术[M].北京:高等教育出版社,2011:464.

[8] 李言瑞,陈超,姚瑞全,等.大数据对情报工作的影响研究[J].图书情报工作

[9] 刘琦岩,曾文,车尧.面向重点领域科技前沿识别的情报体系构建研究[J].情报学报,2020,39(4):345-356.

[10] 肖连杰,成洁,蒋勋.大数据环境下国内情报分析研究方法研究[J].情报理论与实践,2020,43(2):40-47.

[11] 薛永增.统计机器翻译若干关键技术研究[D].哈尔滨:哈尔滨工业大学.2007.

[12] 包昌火.中国情报工作和情报学研究[M].北京:科学出版社,2014:53.

[13] 孙成权.战略情报研究与技术预见[M].上海:上海科学技术文献出版社,2008:122-123.

Research of improving intelligence capabilities in the new situation

YUAN Yong-long,GAO Han-yu,ZHAO Song

(China Institute of Nuclear Information and Economics,Beijing 100048,China)

Abstract: Under the new situation of rapid development of advanced network technology, the intelligence work needs to continuously strengthen capacity building, innovate information services, and introduce informatization and automation technologies and tools to achieve the upgrade of information research. Based on the analysis of the current intelligence system, opportunities and reasons that restrict the development of intelligence. The paper combines information technology with intelligence research ideas and methods, and explores ways to improve intelligence research capabilities from three aspects. The paper puts forward several advanced technologies in combination with nuclear intelligence research, which lays a foundation for further innovation and upgrading of intelligence research methods and technologies.

Key words:intelligence service;informatization;automation;nuclear intelligence

美国耐事故燃料技术研究进展

李晓洁,马荣芳,张馨玉

(中国核科技信息与经济研究院,北京 100048)

摘要:2011 年日本福岛事故后,美国开始考虑提高轻水堆的事故容限能力,并于 2012 年启动耐事故燃料研发计划,目标是在 2022 年前将耐事故燃料先导试验棒和组件(LTR/LTA)安装到商用反应堆中。耐事故燃料研发计划分为三阶段:第一阶段主要进行小规模和现象学测试以获得可行性评估所需数据;第二阶段将工艺将扩大至工业规模,同时进行铅测试组件或铅测试棒制造;第三阶段将进入商业化阶段。截至 2021 年年初,美国已实现全球首个包含燃料芯块和包壳的标准长度核燃料组件的燃料循环,并首次为沸水堆交付增强型耐事故燃料棒原型。下一步,美国将进一步强化耐事故燃料的商业制造能力,并将轻水堆芯过渡到新燃料。

关键词:耐事故燃料;包壳;燃料芯块

2011 年日本福岛核事故后,美国开始考虑提高轻水堆的事故容限能力,并在《2012 年综合拨款法》第 112-75 号会议报告中指示能源部核能办公室启动耐事故燃料研发计划,重点开发可增强事故容限的核燃料和包壳。其目标是在 2022 年前将耐事故燃料先导试验棒和组件安装到商用反应堆中[1]。

截至 2021 年年初,美国能源部资助的法马通公司的 GAIA 燃料组件已在乔治亚州沃格特勒核电站 2 号机组完成了为期 18 个月的燃料循环示范,这是全球首个包含燃料芯块和包壳的标准长度核燃料组件完成的燃料循环[2]。此外,该公司还向蒙蒂塞洛核电站提供了增强型耐事故燃料,这是法马通首次为沸水堆交付增强型耐事故燃料棒原型[3]。

1　耐事故燃料概念及优势

耐事故燃料的定义是[4]:与标准 UO_2-Zr 燃料体系相比较,能够在相当长一段时间内容忍堆芯失水事故,并且在正常运行工况下维持或提高燃料的性能。目前 UO_2-Zr 体系在事故工况下存在的问题如图 1 所示,主要包括包壳内外侧的氧化、包壳鼓包和爆裂、共熔反应、燃料的重定位和扩散以及燃料棒的熔化等多个方面。为了改善这些行为,耐事故燃料主要考虑优化四个关键的性能特征来提高燃料棒的安全裕量,即降低包壳与蒸汽的反应速率、降低氢气的产生速率、提高包壳的力学性能以及提高燃料包容裂变产物的能力(见图 1)。总而言之,耐事故燃料最重要的两个理念是:(1)提高燃料的导热性能来降低燃料的温度;(2)减小包壳水侧以及与蒸汽的氧化反应速率。

2　美国研制计划

美国耐事故燃料计划由美国能源部主导和出资,研发团队包括西屋公司、通用原子公司、法马通公司、橡树岭国家实验室、爱达荷国家实验室、洛斯阿拉莫斯国家实验室、阿贡国家实验室、桑迪亚国家实验室、布鲁克海文国家实验室、劳伦斯伯克利国家实验室、橡树岭国家实验室、太平洋西北国家实验室、麻省理工学院等。研究重点主要包括:高导电、U_3Si_2、FCM-UO_2、FCM-UN、强化 UO_2 以及复合燃料。包壳方面的研究重点为涂层锆合金、高级钼合金、高级钢、铁铬合金、改性锆基包壳、包壳用陶瓷涂层以及 SiC 包壳[6]。

耐事故燃料计划的目标是在 2022 年前在商用压水堆中对试验燃料棒或燃料组件进行性能论证,

作者简介:李晓洁(1993—),女,北京人,研究实习员,现主要从事核情报研究

同时将 SIC 包壳、带涂层锆包壳以及燃料芯块为 U_3Si_2 的耐事故燃料先导试验棒和组件安装到商用反应堆中。为实现轻水堆用增强型耐事故燃料的开发和商业化,美国能源部将该工作分为 3 阶段进行[6],见图 2。

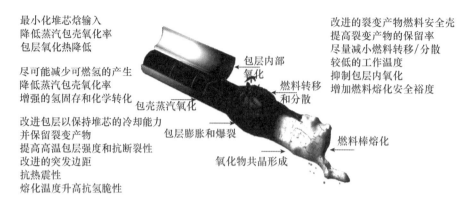

图 1　燃料棒在事故工况下所存在的问题以及 ATF 概念下提高安全裕量的四个关键性能特征[5]

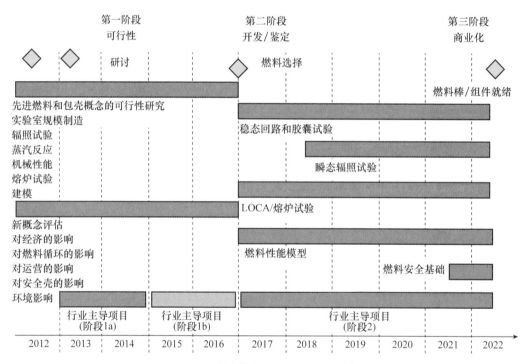

图 2　耐事故燃料研发阶段时间表[6]

第一阶段(2012—2016 财年)主要进行小规模和现象学测试以获得可行性评估所需数据,测试包括制备样品的表征、包壳材料的高温蒸汽试验、燃料包壳的辐照测试、蒸汽试验前后包壳和燃料材料的机械和化学性能试验、样品辐照试验以及相关的辐照后检验(PIE)。此外,该阶段还使用燃料性能代码对各种燃料和包壳性能或模型进行分析评估,确保其可用性。

第二阶段(2016—2022 财年)的制造工艺将扩大至工业规模,同时进行铅测试组件或铅测试棒制造,其测试要求将在开发阶段确定。如果装配设计与目前使用的 UO_2-锆合金组件区别很大,则可能对整个组件进行测试,反之。则将几个 LTR 并入 UO_2-锆合金组件进行测试。试验堆测试涵盖制造变量、温度以及线性热耗率限制。鉴定过程包括燃料性能、辐照后检验以及燃料性能代码开发。上述测试结果用于建立数据库。2018 财年,建立水回路中的瞬态测试能力。2018—2020 财年,进行未经辐照和辐照小棒的瞬态试验以确定燃料失效模式和失效裕度。2020 财年,完善商业堆辐照的安全基础,同时完成 LTA 的辐照测试和后续辐照后检验示范[1]。

第三阶段(2022 财年至今)为商业化阶段。该阶段将进一步强化商业制造能力,并将轻水堆芯过渡到新燃料[6]。

3 研究进展

美国核管理委员会将耐事故燃料分为近期和长期概念。近期 ATF 概念指现有的数据、模型和方法可适用于某些修改和有限额外数据。长期概念则指需要开发大量新数据、模型和方法[7]。

商用堆近期 ATF 概念包括:高级不锈钢包壳、UO_2 燃料中的 Cr_2O_3 和 Al_2O_3 掺杂剂,以及涂有铬的传统锆合金包壳。这些燃料主要是对包层的更改,因为在严重事故下,包壳在燃料劣化中起着重要作用。长期燃料包括:SIC 包壳、高密度硅化物燃料、高密度氮化物燃料以及金属燃料(特别是锆含量接近 50% 的铀锆合金)。研发重点集中在锆合金包包壳、二氧化铀燃料的完善和更新[8]。

镀铬锆包层方面。通常轻水堆燃料采用锆合金作为其包包壳,例如 Zr-2、Zr-4、ZIRLO® 以及 M5®。目前对耐事故燃料进行强化的方法之一是在现有的锆基包壳中添加铬涂层。美国燃料供应商正在使用的涂层技术见表 1。

表 1 美国燃料供应商铬涂层技术[9]

燃料供应商	涂层	涂层沉积技术	涂层厚度¹
西屋公司	镀铬 ZIRLO®	冷喷涂和抛光	$20\sim30\ \mu m$
法马通公司	镀铬 M5®	物理气相沉积(PVD)	$8\sim22\ \mu m$
全球核燃料公司	镀锆-2 ARMOR²	专利保护	专利保护

注:1. 可能会随涂覆时间有所变化。典型包层厚度为 $600\sim750\ \mu m$。

2. ARMOR 燃料图层是一种专有的陶瓷涂层,厚度和陶瓷材料是专有的。

FeCrAl 方面。通常,FeCrAl 合金用于高温氧化环境。美国商业实体、国家实验室和大学正在合作开发变形 FeCrAl 和粉末冶金 FeCrAl 合金,重点在于研发抗氧化的变形 FeCrAl。在核工业中,重点一直是"核级"锻造合金,所以要求 FeCrAl 合金在反应堆运行条件范围内要达到其优化成分。

GNF 是美国唯一一家计划近期采用 FeCrAl 包壳的燃料供应商。其测试的 FeCrAl 合金包括 C26M、Kanthal APMT 和 MA956,三种合金成分见表 2。

表 2 Kanthal APMT、C26M 和 MA956 的合金成分(重量百分比)[9]

合金名称	Fe	Cr	Al	Mo	Ti	C	Si	Mn	Y	Cu	Co	Ni	P
C26M	均衡	12	6.0	2.0	—		0.2	—	0.03				
Kanthal APMT	均衡	20.5~23.5	5.0	3.0	—	最高 0.08	最高 0.7	最高 0.4	—				
MA956	均衡	18.5~21.5	3.75~5.75	—	0.2~	最高 0.1		最高 0.3	0.3~0.7	最高 0.15	最高 0.3	最高 0.5	最高 0.02

3.1 西屋公司

近期,西屋公司正在推进 ADOPT™ 燃料和镀铬锆包壳的硅化铀(U_3Si_2)燃料的商业化[14]。长远方面,该公司正在开发 EnCore® 燃料,该燃料含 U_3Si_2 燃料的 SiC/SiC 复合包层和 UN 等其他芯块设计。

该公司的包壳概念已在麻省理工学院反应堆中进行了测试，U_3Si_2 燃料芯块已在西屋公司和爱达荷国家实验室的先进试验堆（ATR）分别完成测试。

铅测试棒方面，12 根镀铬 ZIRLO® 包壳和标准 UO_2 燃料、4 根带标准包壳和分段 U_3Si_2 燃料棒以及 4 根镀铬 ZIRLO® 包壳和 ADOPT™ 燃料于 2019 年 4 月在拜伦核电站 2 号机组完成安装[13]。并计划最早于 2023 年对区域工程量进行许可[14]。下一步，西屋公司计划 2022 年对镀铬 ADOPT™ 包壳、UO_2 燃料、U_3Si_2 燃料以及 SIC 包覆 U_3Si_2 燃料进行铅试验组件辐照测试。

3.2 法马通公司

法马通公司正在推进的两种商业化燃料分别为镀铬锆合金包层（M5®）的掺 Cr_2O_3 UO_2 燃料以及 SiC/SiC 复合包壳的掺 Cr_2O_3 UO_2 燃料。

镀铬 M5® 的包壳已在瑞士戈斯根核电站和橡树岭实验室完成测试，镀铬 M5® 包层和掺 Cr_2O_3 的 UO_2 燃料已在 ATR 和挪威哈尔登研究堆完成测试。

2019 年，镀铬 M5® 燃料和掺 Cr_2O_3 的 UO_2 燃料共 16 根燃料棒在 Vogtle 2 号机组完成安装[15]。32 根镀铬铅测试棒于阿肯色-1 核电站 1 号机组进行安装。法马通计划 2021 年在卡尔浮悬岩核电站安装 2 根 M5® 包层和掺 Cr_2O_3 的 UO_2 燃料棒。此外，法马通还计划 2022 年进行 SiC/SiC 包壳和 Cr_2O_3 掺杂 UO_2 燃料的铅测试棒测试。

3.3 全球核燃料公司

全球核燃料公司正在与通用电气公司合作推进 ARMOR 和 IronClad 燃料的商业化进程。ARMOR 燃料包括 UO_2 燃料和涂层锆合金包壳，其耐磨性、抗氧化性更高。IronClad 燃料的包壳为 FeCrAl 合金[16]。

ARMOR 和 IronClad 燃料都在 ATR 完成了测试。2020 年 2 月，ARMOR 分段杆以及 IronClad 分段棒在佐治亚州哈奇核电站完成未加燃料的辐照测试。ARMOR 和 3 种 IronClad 包壳棒已在克林顿核电站完成安装[17]。

3.4 橡树岭国家实验室

橡树岭国家实验室正在研究和开发涂层锆基包壳、FeCrAl 包壳和 SiC/SiC 包壳[18]。

实验室探索了市面上 FeCrAl 合金（Kanthal APMT and 合金 33）的高温蒸汽抗氧化性，同时进行多组研究以优化新型 FeCrAl 合金的铬和铝含量。近年来，研究工作不仅继续对合金进行进一步优化，以评估其可制造性和基线性能，还在继续了解辐照对 FeCrAl 合金力学性能的影响[18]。

2018 年 2 月，由橡树岭实验室开发、GNF 制造的 C26M 铅试验组件在佐治亚州哈奇-1 核电站完成安装，该组件于 2020 年 2 月取出。其他棒料将进行第二次辐照循环。该实验室还将进行辐照后检验、重构和堆外测试。

3.5 爱达荷国家实验室

爱达荷国家实验室的 ATR 正在进行两次辐照试验，分别在 ATR 反射区（ATF-1 试验）和压水堆条件下（ATF-2 试验）测试燃料棒。测试样本来自所有燃料相关研发团队。瞬态反应堆试验（TREAT）设施中的瞬态试验也将用于所有研发团队的 ATF 燃料开发[18]。

4 商用进展及未来发展方向

2018 年 3 月，美国佐治亚州哈奇-1 核电站 1 号机组安装了耐事故燃料测试组件并重启运行，这是耐事故燃料在商用反应堆中的首次安装[19]。同年 9 月，法国法马通公司向美国 Entergy 能源公司的阿肯色-1 核电站 1 号机组供应并安装镀铬燃料棒，标志着耐事故燃料在核电站机组的首次使用[20]。

2019 年 4 月，美国佐治亚州沃格特勒核电站 2 号机组在安装 GAIA 燃料组件后重启运行，该燃料组件是全球首个完整、燃料满载、全尺寸测试的耐事故燃料组件，由法马通公司制造，于 2019 年 1 月完成交付[21]。其 M5® 锆合金包壳上镀有铬涂层，既提高了燃料组件的高温抗氧化性能，又减少了失水事故期间的氢气生成量。2019年9月，美国拜伦核电站2号机组安装西屋电气公司的EnCore耐事故核燃料，这是EnCore燃料棒组件首次在商用堆完成安装。该铅测试组件包含增强抗氧化和耐腐蚀能力的镀铬锆合金包壳、改进燃料经济性的高密度ADOPT™芯块，以及硅化铀芯块，可以显著提高核燃料的安全性，并可以提高核电站运行的经济性[22]。

2020年2月，佐治亚州哈奇-1核电站1号机组的耐事故燃料完成了24个月的燃料循环，并开始对IronClad和ARMOR两种铅测试棒的样本进行测试。IronClad组件包壳材料是铁-铬-铝材料，在一系列条件下具有抗氧化性和极好的材料性能。ARMOR组件是在标准锆燃料棒包壳上增加了涂层，其抗氧化性更高[23]。

2020年9月西屋电气公司西班牙ENUSA公司在比利时多伊尔核电站4号机组安装EnCore耐事故核燃料的铅测试组件。这是EnCore耐事故核燃料组件作为在全球第二次、在欧洲首次实现在商用核电站成功安装。西屋公司提供二氧化铀粉末和部件，ENUSA公司则提供二氧化铀颗粒、燃料组装和运输[24]。

2021年2月，乔治亚州沃格特勒核电站2号机组的GAIA燃料组件完成了为期18个月燃料循环示范，这是全球首个包含燃料芯块和包壳的标准长度核燃料组件完成的燃料循环。未来，此批燃料组件还将经历两次为期18个月的燃料循环，并在结束后进行详细检查和测量[2]。2021年3月，法马通公司为美国蒙蒂塞洛核电站提供增强型耐事故燃料，这是法马通首次为沸水堆交付增强型耐事故燃料棒原型[3]。

2022财年，美国将进一步强化耐事故燃料的商业制造能力，并将轻水堆芯过渡到新燃料[6]。耐事故燃料商用关键时间节点如图3所示。

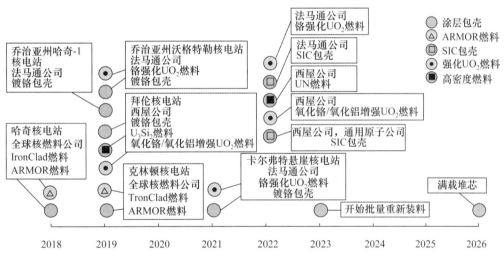

图3　耐事故燃料商用关键时间节点[25]

5　结论

耐事故燃料与标准UO$_2$-Zr燃料体系相比较，能够在相当长一段时间内容忍堆芯失水事故，并且在正常运行工况下维持或提高燃料的性能。美国耐事故燃料计划由美国能源部主导和出资，目标是在2022年前将SIC包壳、带涂层锆包壳以及燃料芯块为U$_3$Si$_2$的耐事故燃料先导试验棒和组件安装到商用反应堆中。目前美国已实现全球首个包含燃料芯块和包壳的标准长度核燃料组件的燃料循环，并首次为沸水堆交付增强型耐事故燃料棒原型。2020财年，美国将进一步强化耐事故燃料的商业制造能力，并将轻水堆芯过渡到新燃料。

致谢：

在情报调研和分析过程中，收到了中国核科技信息与经济研究院各级领导、部门同事的大力帮助和支持，并提供了很多有益的文献资料，在此向本单位领导和同事的大力帮助表示衷心的感谢。

参考文献：

［1］ Jon Carmack，Frank Goldner，Shannon M. Bragg-Sitton，et al. Overview of the U.S. DOE Accident Tolerant Fuel Development Program［R］. Idaho National Laboratory，2013.

［2］ Framatome EATF completes first fuel cycle［EB/OL］.［2021-02-03］. https://www.world-nuclear-news.org/Articles/Framatome-EATF-completes-first-fuel-cycle.

［3］ US BWR to receive Framatome accident tolerant fuel［EB/OL］.［2021-03-25］. https://www.world-nuclear-news.org/Articles/US-BWR-to-receive-Framatome-accident-tolerant-fuel.

［4］ Ott L J，Robb K R，Wang D. Preliminary assessment of accident tolerant fuels on LWR performance during normal operation and under DB and BDB accident conditions［J］. Journal of Nuclear Materials，2014，448(1-3)：520.

［5］ Zinkle S J，Terrani K A，Gehin J C，et al. Accident tolerant fuels for LWRs：A perspective［J］. Journal of Nuclear Materials，2014，448(1-3)：374.

［6］ Shannon M Bragg-Sitton，W Jon Carmack. Phased Development of Accident Tolerant Fuel［R］. Idaho National Laboratory，2016.

［7］ Mohsen Khatib-Rahbar，Marc Barrachin，Richard Denning，et al. PHENOMENA IDENTIFICATION RANKING TABLES FOR ACCIDENT TOLERANT FUEL DESIGNS APPLICABLE TO SEVERE ACCIDENT CONDITIONS［R］. United States Nuclear Regulatory Commission，2021.

［8］ Longer Term Accident Tolerant Fuel Technologies［EB/OL］.［2021-01-12］. https://www.nrc.gov/reactors/atf/longer-term.html♯top.

［9］ Joseph M Brusky，Kenneth J Geelhood，Christine E Goodson，et al. Spent Fuel Storage and Transportation of Accident Tolerant Fuel Concepts Cr-Coated Zirconium Alloy and FeCrAl Cladding［R］. Office of Nuclear Regulatory Research，2020.

［10］ Yamamoto，Y，K Kane，et al. Report on Exploration of New FeCrAl Heat Variants with Improved Properties［R］. Oak Ridge National Laboratory，2019.

［11］ Kanthal. Kanthal APMT Datasheet. Sandvik AB. Hallstahammar，Sweden，2019.

［12］ Special Metals Corporation. INCOLOY® alloy MA956，2004.

［13］ Westinghouse Nuclear. "EnCore® Fuel：We're Changing Nuclear Energy…Again." 2019.

［14］ Karoutas，Z. "Westinghouse ATF Program Update." EPRI/INL/DOE Joint Workshop on Accident Tolerant Fuel. Tampa，FL，2019.

［15］ Framatome. Framatome's EATF Program［EB/OL］.［2020-09-01］. https://nextevolutionfuel.com/framatome-eatf-program/.

［16］ Fawcett，R. M. "GE/GNF ATF Program Update." EPRI/INL/DOE Joint Workshop on Accident Tolerant Fuel. Tampa，FL，2019.

［17］ GNF. Global Nuclear Fuel Accident Tolerant Fuel Assemblies Installed in U.S. Plant［EB/OL］.［2020］. https://www.ge.com/news/press-releases/global-nuclear-fuel-accident-tolerant-fuelassemblies-.

［18］ Goldner，F.，W. McCaughey，et al. The U.S. Accident Tolerant Fuels Program-A National Initiative Coming of Age［R］. TopFuel 2019. Seattle，Washington，2019.

［19］ Hatch unit restarts with accident-tolerant fuel［EB/OL］.［2018-03-07］. https://www.world-nuclear-news.org/UF-Hatch-unit-restarts-with-accident-tolerant-fuel-0703184.html.

［20］ Entergy orders Framatome accident-tolerant fuel rods［EB/OL］.［2018-09-20］. https://world-nuclear-news.org/Articles/Entergy-orders-Framatome-accident-tolerant.

［21］ Vogtle-2 returns to service with Enhanced Accident Tolerant Fuel［EB/OL］.［2019-04-05］. https://www.world-nuclear-news.org/Articles/Vogtle-returns-to-service-with-Enhanced-Accident-T.

[22] Westinghouse accident tolerant fuel installed at Byron 2 [EB/OL]. [2019-09-10]. https://www.neimagazine.com/news/newswestinghouse-accident-tolerant-fuel-installed-at-byron-2-7405904/.

[23] ATF assemblies complete first fuel cycle at Hatch [EB/OL]. [2020-02-26]. https://www.world-nuclear-news.org/Articles/ATF-assemblies-complete-first-fuel-cycle-at-Hatch.

[24] First European reactor loads EnCore accident tolerant fuel [EB/OL]. [2020-09-09]. https://www.world-nuclear-news.org/Articles/First-European-reactor-loads-EnCore-accident-toler.

[25] Accident Tolerant Fuel-Update of the Working Group Mission and Activities [EB/OL]. [2020-02-25]. https://www.nrc.gov/docs/ML2005/ML20050P107.pdf.

Research progress of accident tolerant fuel technology in the United States

LI Xiao-jie, MA Rong-fang, ZHANG Xin-yu

(ChinaInstitute of Nuclear Information and Economics, Beijing 100048)

Abstract: After the Fukushima accident in 2011, the United States began to consider improving the accident tolerance capability of light water reactors, and started the accident resistant fuel R & D program in 2012, aiming to install the accident tolerant fuel pilot test rod and assembly (LTR / LTA) into commercial reactors by 2022. The accident tolerant fuel R & D plan is divided into three stages. In the first stage, small-scale and phenomenological tests are mainly carried out to obtain the data needed for feasibility evaluation. In the second stage, the process will be expanded to industrial scale, and lead test assembly or lead test rod will be manufactured at the same time. In the third stage, it will enter the commercialization stage. By early 2021, the United States had achieved the world's first standard length nuclear fuel assembly fuel cycle including fuel pellets and cladding, and delivered the enhanced accident tolerant fuel rod prototype for BWR for the first time. Next, the United States will further strengthen the commercial manufacturing capacity of accident tolerant fuel and transition light water reactor core to new fuel.

Key words: accidenttolerant fuel; cladding; fuel pellet

核电缓解气候变化影响的重要作用分析研究

李晓洁,袁永龙,张馨玉

(中国核科技信息与经济研究院,北京 100048)

摘要:气候变化对人类和自然环境产生重大威胁。联合国政府间气候变化专门委员会(IPCC)表示,为将全球平均气温上升幅度限制在 1.5 ℃,全球能源生产和使用需要在 2050 年左右实现完全脱碳,同时开始快速减排。在短短 30 年内,将目前以化石燃料为主的能源系统全部转向低碳能源,这对电力行业是一项巨大挑战。由国际原子能机构(IAEA)出版的《2020 年气候变化与核电》报告重点在于阐述核电为缓解气候变化影响所发挥的重要作用,以及核电在低碳能源系统中的减排困难。该报告介绍如何以最佳方式将核电与脱碳能源体系进行结合,并概述实现大规模增容所需的发展。其中,核电的作用主要是通过延长现有核电站的运行寿命来维持现有的低碳发电,同时通过建造新的核电站来扩大低碳发电。

关键词:核电;气候变化;温室气体

气候变化对人类和自然产生重大威胁,温室气体浓度不断增加,正在加剧全球气候变化,同时增加极端天气事件和海平面上升的风险。此外,气候变化还会对人类健康、生计、粮食安全、供水、陆地和海洋生物多样性造成危害[1]。气候变化引起的极端天气还可能造成全球数百万难民流离失所。其主要形成原因是化石燃料燃烧和其他工业活动产生的二氧化碳排放,以及农业和土地使用所产生的温室排放。

随着 2015 年《巴黎协定》通过,几乎所有《联合国气候变化框架公约》(UNFCCC)缔约国都同意准备国家捐款,以控制温室气体排放,同时控制全球平均地表温度上升。随着社会关注度增加,温室气体减排已变得十分迫切且必要。出于迫切考虑,2019 年 9 月联合国秘书长召开气候行动峰会,呼吁全球各国首脑在 2020 年前加大减排力度,力争到 2030 年减排 45%,2050 年实现零排放。然而 2019 年 12 月第 25 次《联合国气候变化公约》缔约方大会(COP250)未达到预期成果[2],各国仍需进一步努力来完善气候战略和减排努力。各国未能在建立碳市场和在金融、技术和能力建设方面对发展中国家提供支持达成一致[3]。

现阶段核电提供了近 30%的电力[4],长远来看,核电有助于能源系统向低碳方向转型。国际能源机构(IEA)近期一份题为《清洁能源系统中的核电》的报告认同核能在应对气候变化方面的贡献。此外,核能还可以为非电力能源部门的脱碳作出贡献。

2019 年 10 月,国际原子能机构召开首次气候变化和核电作用国际会议,讨论核电应对气候变化的科学、技术可行性。79 个成员国和 18 个国际组织参会。与会代表呼吁尽快采取行动,利用所有低碳能源降低排放,尽量避免气候变化带来的严重影响。如今,随着技术不断创新,核电正与其他低碳能源不断融合。

1　气候变化概况

近年来,生产、使用燃料是温室气体排放的最大来源,约占总排放量的 2/3(见图 1)。主要包括化石燃料燃烧所产生的一氧化碳、二氧化碳以及燃料提取过程中释放的甲烷。工业、交通和建筑中直接使用化石燃料燃烧产生的排放量占燃料排放量的五成。据统计,2015 年由于发电产生的排放量

占燃料排放量的 1/3,占整体排放量的 22%,比重较低,可见电力对缓解气候变化的影响发挥重要作用。

作者简介:李晓洁(1993—),女,北京人,研究实习员,现主要从事核情报研究

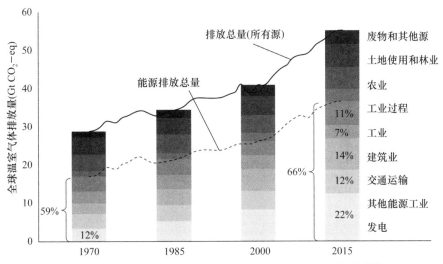

图1 1970—2015 年全球生产、使用燃料产生的温室气体排放[5]

2 核电对减缓气候变化的贡献

　　未来核电对减缓气候变化的贡献取决于以下因素:核电行业表现,即持续性、安全性、核电站寿命延长、技术创新性、经济性以及公众接受程度等。同时,能源供应方面的技术经济发展、分配和需求也会产生很大影响。例如,通过延长电气化将促进核电等低碳发电的减排作用。最后,经济和政策议程也将影响各国是否采用核电供能以达到降低排放量的目的。

　　以上因素的演变反映如图2所示。为比较与缓解气候变化相关情景,图2(a)反映了 2050 年能源相关二氧化碳排放量与核电产量的关系。相较于 2018 年,核电在许多情景中的减排作用越来越大,尤其在二氧化碳排放量较低并实行更为严格减排目标的情景中。图2(b)显示了国际原子能机构对2050 年核能发电量的最新高、低预测。低预测对当前市场和政策趋势的延续采用相对保守的假设,高预测的假设限制则相对宽松。相比之下,在其他情景下,核能发电的水平更高,其中许多情景将全球变暖趋势限制在 1.5 ℃或 2 ℃。表示在国际原子能机构预测所反映的当前趋势之外,还将采取重大的市场和政策行动。该行动可能需要迅速扩展全球供应链、人力资本和基础设施建设。

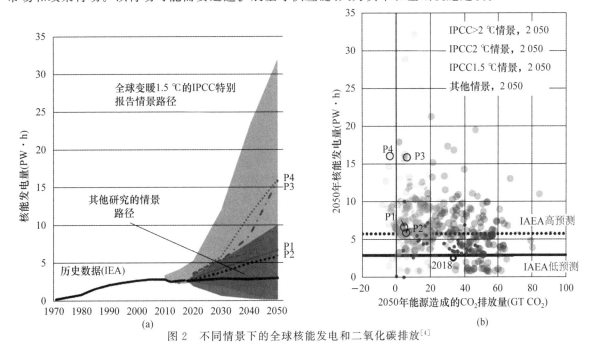

(a)　　　　　　　　　　　　　　　　(b)

图2 不同情景下的全球核能发电和二氧化碳排放[4]

3 核电发展现状

3.1 全球核电发展为扩大核电站规模建立良好基础

近期全球核电发展趋势有助于预测核工业快速、大规模发展的可能性和实现方式。图 3 显示，1999—2019 年全球正在运行的反应堆由 432 个增加至 447 个，增长了 3.5%。净发电量从 347 GW 增加到 396 GW，增幅为 14%。原因是新建了较高发电能力的反应堆，同时关闭了老旧的、功率较低的机组。

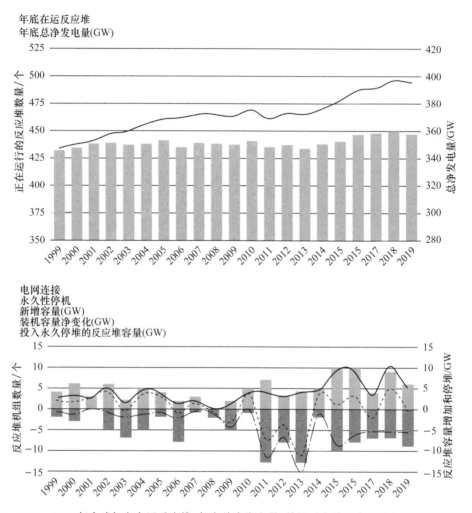

图 3　1999—2019 年全球年底在运反应堆、年底总净发电量、并网反应堆和永久关闭反应堆的数量[6]

在未来几十年内维持现有核电容量将需要大量的新建反应堆和现有反应堆的长期运行，未来核电站不断发展的经济效益和其他技术进步将决定这些新建核电站的特点。最后，进一步的考虑是扩大和确保铀的长期供应。国际原子能机构与经合组织核能署对全球铀资源估算的定期审查表明，铀资源足以满足目前的需求水平。但是，与其他矿产资源相同，这些预测量取决于勘探实践，勘探实践则在很大程度上由市场发展推动。如果市场价格因需求上升或供应趋紧而上涨，则勘探工作将增加，并确定了额外的资源。同时，通过快堆技术提高铀的使用效率，在延长资源寿命方面也存在巨大潜力。

3.2　各国正在建设和规划新的核电站

截至 2019 年年底，19 个国家有 52 座反应堆在建，净发电量为 54.7 GW，超过当前全球核电容量的 13%（见图 4）。考虑到建造时间至少为 5～7 年，这些反应堆预计将在 2020 年年底前投入使用。

2019 年年底开发核电项目的 19 个国家，经济发展水平各不相同，面临着不同的社会和经济挑战。一些人口不断增长、电力需求迅速增加的国家，如中国和印度认为核电是一种可靠的能源，可以推动经济扩张，为服务不足的社区提供电力服务，提高生活水平。通过取代以煤为基础的发电和供热，核能的广泛使用也受到欢迎，因为它有助于改善当地的空气质量，特别是在快速城市化的地区。

在许多建造第一座核电站的国家也有类似的情况，例如孟加拉国、白俄罗斯、土耳其和阿拉伯联合酋长国，这些国家在某些情况下正在建造多个反应堆。

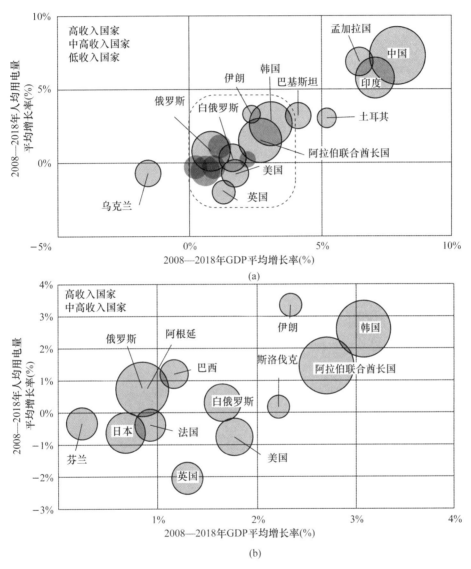

图 4　2008—2018 年人均用电量平均增长率与 GDP 平均增长率关系[7]

这些国家在建反应堆的容量达 10.9 GW，约占总建设量的 20%。这些国家的发展很可能在未来几十年的核领域发挥越来越重要的作用。然而，与已制订核电计划的成员国不同，这些国家在建立配套基础设施、技术专长和机构方面通常需要较长的筹备时间。这些都是原子能机构制订核计划的里程碑办法所涵盖的支柱领域。

另一组建造核电站的国家由收入相对较高的工业化国家组成，这些国家有既定的核电计划，但经济增长较慢，人均电力需求停滞或下降。在大多数情况下，人均用电量下降是这些经济体结构变化和能源效率显著提高的结果。尽管这种降低消耗的趋势在英国最为明显，但新的核电站仍然是一个有吸引力的选择,以取代老化的反应堆机组,并确保长期稳定、可预测的电力供应,目前的反应堆设计预计至少可使用 60 年。尽管许多国家的核工业已经成熟,但新项目的有限经验给核电站的部署带来了挑战。

除了在建的 52 个核电站外,几个国家还提议或计划增加反应堆,尽管还不确定最终会有多少项目实现。国际原子能机构定期对到 2050 年的合理建设进行逐项评估,以编制核电发电量的高低预测[4]。根据对驱动因素和当前市场和政策趋势的替代假设,2050 年的总增加量从 250 GW 到 501 GW。

3.3 核能在应对气候变化方面得到更多认可

全球各国越来越认识到核能在气候政策中的潜力,为更好地将部署趋势与缓解目标结合起来创造了机会。新兴经济体和发达经济体中的一些国家已根据《巴黎协定》表示计划在其国家数据中心利用核能,这些计划从利用核能的总体计划到定量部署目标和时间表。值得注意的是,在 2019 年运营核电站的 30 个国家中,只有 6 个国家将核电列入其国家数据中心:中国、印度、伊朗伊斯兰共和国、日本、韩国和巴基斯坦。

根据国家数据中心的报告,目前使用或计划使用核能的 37 个国家几乎占全球能源相关二氧化碳排放量的 80％,以及 2000—2017 年排放量增长的 75％以上[5]。在基础设施和经验方面,这些国家已经或正在获得能力,将核电作为国家发展中心的一部分,其规模可以对全球排放产生重大影响。从中期来看,更多国家,特别是新兴经济体采用核电,将推动未来排放增长的更大份额,可以支持全球范围内更广泛的气候缓解行动,同时使这些国家能够直接过渡到低碳工业化道路。

4 核电有助于减排的方法

4.1 部署新的反应堆机组

为了实现核能在应对气候变化方面的潜力,未来几十年将需要部署大量新的反应堆机组。这带来了一些挑战,因为核项目表现出特定的特点和风险状况,与其他发电技术相比,其在融资方面具有挑战性。

4.2 延长现有核电站的运行时间

将现有核电站的运行寿命延长,是保持低碳可调度容量和降低清洁能源转型成本的一个具有成本效益的机会。尽管充分利用核能新建项目需要一段时间,但鉴于它们的建设时间很长,而且需要重建和扩大上一节概述的供应链,延长寿命对减缓气候变化有着重大而直接的贡献。国际能源机构在其最新的核能报告中表示,核电站的寿命延长对于使能源转型回到正轨至关重要[8]。

全球核电站的平均寿命约为 30 年,目前运行的核能力约有 2/3 已服役 30 年以上。其中许多反应堆的运营商目前面临着一个关键的决定,即是否对长期运行计划进行重大投资,以延长其运营许可证。这一问题对于早期采用民用核能的国家尤其重要,如加拿大、许多欧盟成员国、日本、俄罗斯和美国(见图 5)。

一些国家成功地实施了延长核电站原始寿命的方案,迄今已取得了相当多的技术经验。然而,扩大长期运行计划对于避免核能力的大幅削减至关重要,特别是在面临新核电站融资挑战的国家。国际能源署指出,对新的和现有核电站的投资不足将对排放、成本和能源安全产生严重影响。

如果没有持续的长期运行,现有核容量将在 2030 年前急剧下降,特别是在欧洲和美国,到 2060 年所有现有核电站都将退役(见图 6)。这可能对二氧化碳排放、空气污染和电力供应安全产生重大影响。将所有核电站的寿命提高到 50 年,将允许额外累积发电约 26 000 TW·h 的低碳电力,将寿命再延长 10 年(至 60 年)将使现有核电站产生额外的 31 400 TW·h,约占全球平均低碳发电量的 1.8％

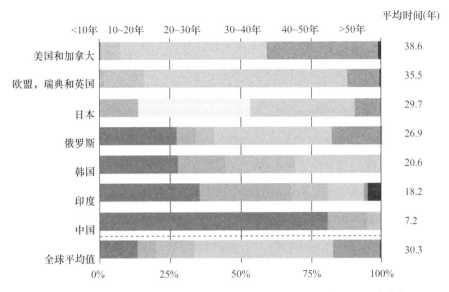

图 5　截至 2020 年在全球国家运行的核电站的时间(按容量加权计)[9]

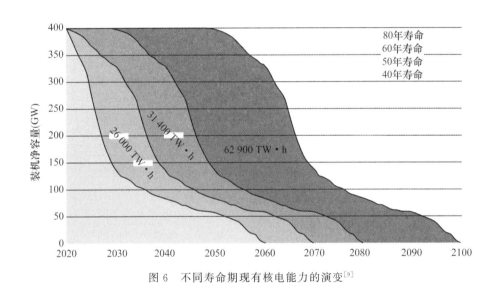

图 6　不同寿命期现有核电能力的演变[9]

　　延长运行寿命不仅比新建项目要便宜得多,而且目前与所有低碳发电技术相比也具有成本优势;预计这种情况至少会持续到 2040 年。对于欧洲和美国大部分地区的项目,轻水反应堆长期运行的最新估计资本成本为 400~650 美元/千瓦[10]。根据 7% 的实际贴现率,基于 10~20 年的延长期,核电站长期运行的成本为 30~40 US/MW·h,且不考虑延迟退役成本的财务效益(见图 7)。未来几十年,其他技术的发电成本和电力市场价格可能会远远高于这些水平,这使得核长期运行在大多数国家成为一个具有经济吸引力的提议。

　　与新建核电站相比,长期运行项目的资本密集度较低,施工和投资回收期明显缩短,在控制成本和限制施工延误方面有着良好的记录。此外,长期运行项目的运行周期(即除了原始寿命外最多 20 年)与许多风能和太阳能光伏项目的运行寿命相似。这些方面可能会显著降低项目风险,从而缓解融资,降低资本成本。

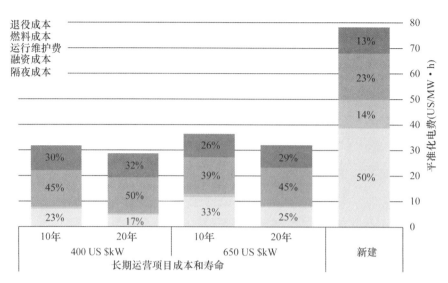

图 7   长期运行与新建核电站的成本[10]

开始在其他几个长期运行。除低电价外,主要障碍还包括碳价格不足、缺乏对核电提供的系统服务进行估价和支付报酬的机制,以及一些国家对核电未来作用的政治不确定性。

尽管如此,通过采取有效措施解决这些障碍,长期运行与新建核电站相结合,满足了立即和持续的长期气候行动的需要。除了常规核电站的巨大脱碳潜力外,新兴核电站设计可能为更广泛的应用和市场提供减排途径。

4.3   小型模块堆部署的可行性

规模较小的核电站可以通过在规模较大的利基市场提供低碳能源需求,并为不太适合其他低碳技术的应用(包括常规核电站)提供低碳能源,从而增强核电对减缓气候变化的贡献。新兴的小型核电站类别包括小型模块堆,"小型"指的是功率和施工方法。虽然传统核动力反应堆设计的功率水平在过去几十年中已增加到 1 700 MW 以利用规模经济,但小型模块堆的设计目的是提供 300 MW 或更低的功率[11]。小型模块堆建设的模块化方法实现了标准化和灵活的应用:一个小型工厂可以使用一个小型模块堆建造,一个大型工厂可以使用多个单元建造,或者多个相同的单元可以在不同的地点建造,由一个公司或组织管理和维护。虽然所有小型模块堆都具有这些通用特性,但在不同的技术和许可准备级别上存在多种多样的小型模块堆设计。小型模块堆的支持者旨在通过模块化提高批量生产的经济性来抵消其固有的规模不经济性。

小型模块堆可分为两类市场:(1)具有大型反应堆的传统核电站同样可进入的市场。(2)不太适合或无法进入大型反应堆的市场和应用。

第一类市场包括电网发达国家的电力供应,电力系统主要由经济需求驱动。这类系统可能已经包括大型核电站。为了在此类市场中具有竞争力,小型模块堆的"规模不经济"需要通过模块化实现的"倍数经济"来补偿[12]。

模块化的好处包括更快的施工进度和降低成本,施工成本平均节省 15%,进度成本平均节省 38%。其他有助于小型模块堆竞争力的因素还有增加产能的可能性和学习效应。

小型模块堆的第二类市场包括不易接近或不适合大型核电站或其他低碳技术的领域和应用,主要与地理因素有关(例如小岛屿和冷却水资源有限的地区),技术(小电网)或金融(可用资金有限)条件有关,这些条件限制了大规模替代方案的适用性。一个潜在的市场包括发展中经济体,对于这些经济体而言,小型模块堆在资本成本方面可以更负担得起,融资更容易,建设时间更短,风险状况与传统核电站不同。

第三类市场是采矿业,尤其是那些在偏远地区运营的公司。这一部门有大量的能源需求,目前主要由柴油来满足。可能的商业模式可能涉及矿山运营商和经验丰富的小型模块堆运营商之间的合作,以许可、建造、运营和拥有工厂,并为采矿作业提供热电联合服务。

4.4 提高利益相关者的参与度

透明和公开是解决利益攸关方对核能合理关切的基础,包括核能在减缓气候变化方面的作用。这些关切通常包括非常具体的核发电问题,例如放射性释放的严重事故、核安全和放射性废物管理。

有效的利益相关者参与战略始于明确的目标、信息和资源。应确定利益相关者,研究并确认他们的利益、需求、期望和关注点。还应酌情确定相关利益攸关方参与决策过程的情况。这不仅适用于核能发电,也适用于所有大型基础设施项目,包括可再生能源项目。

国际原子能机构 2019 年召开的气候变化与核电作用国际会议重申,有必要打破围绕核电误解的障碍,并重申核电在缓解气候变化方面的作用。会议还强调了各成员国努力让包括环境团体在内的更广泛的利益攸关方参与进来,并使用通俗易懂的语言、清晰的叙述和强烈的视觉效果,更有效地交流核能问题。

除了公众之外,还可以确定来自当地社区、媒体、供应商、政府当局和决策者、专业机构和特殊利益集团等的其他利益攸关方。后者包括工会、消费者团体、环境团体和反核团体等非政府组织[13]。环境组织通常关注各种议题,通常包括打击核能,而反核组织则将此作为一个单一的重点。

多年来,一些环保组织已发展成为价值数百万美元的国际组织,从捐赠和捐款中获得了可观的收入,必然有兴趣为其捐赠者服务。任何新的核计划不仅应与当地公众、社区和组织接触,而且还应与反应堆所在国以外的既定反核环境组织接触。

5 结论

核能对气候变化影响具有重要积极作用。其在一定程度上能够减慢温度上升,满足日益增长的能源和电力需求,还能够作为低碳转型的能源技术选择。与此同时,需要注意的一点是核电在应对气候变化影响存在以下挑战和机遇,包括在安全和环境约束条件下优化使用现有设施,以及设计和建造新的核电站,包括新兴技术。此外,核电发挥关键作用还需要有关部门的利益相关者共同参与。

致谢:

在情报调研和分析过程中,收到了中国核科技信息与经济研究院各级领导、部门同事的大力帮助和支持,并提供了很多有益的文献资料,在此向本单位领导和同事的大力帮助表示衷心的感谢。

参考文献:

[1] MASSON-DELMOTTE, V., et al., Global Warming of 1.5 ℃: An IPCC Special Report on the Impacts of Global Warming of 1.5 ℃ Above Pre-industrial Levels and Related Global Greenhouse Gas Emission Pathways [EB/OL]. [2018-08-15]. https://www.ipcc.ch/site/assets/uploads/sites/2/2018/07/SR15_SPM_version_stand_alone_LR.pdf.

[2] UNITED NATIONS FRAMEWORK CONVENTION ON CLIMATE CHANGE, "Statement by the UN Secretary-General António Guterres on the Outcome of COP25" [EB/OL]. [2019-09-15]. https://unfccc.int/news/statement-by-the-un-secretary-general-antonio-guterres-onthe-outcome-of-cop25

[3] UNITED NATIONS FRAMEWORK CONVENTION ON CLIMATE CHANGE, "Statement by the Executive Secretary of UN Climate Change, Patricia Espinosa, on the Outcome of COP25" [EB/OL]. [2019-09-15]. https://unfccc.int/news/statement-by-the-executive-secretary-of-un-climate-changepatricia-espinosa-on-the-outcome-of-cop25.

[4] Electricity and Nuclear Power Estimates for the Period up to 2050, 2020 Edition [R]. INTERNATIONAL ATOMIC ENERGY AGENCY, 2020.

[5] INTERNATIONAL ENERGY AGENCY, CO$_2$ Emissions from Fuel Combustion, OECD Publishing, Paris

[EB/OL]. [2020-07-20]. https://cn.bing.com/search? q＝INTERNATIONAL％20ENERGY％20AGENCY％2C％20CO2％20Emissions％20from％20Fuel％20Combustion％2C％20OECD％20Publishing％2C％20Paris％20(2019).&qs＝n&form＝QBRE&sp＝-1&pq＝international％20energy％20agency％2C％20co2％20emissions％20from％20fuel％20combustion％2C％20oecd％20publishing％2C％20paris％20(2019).&sc＝0-95&sk＝&cvid＝657E87821197482688AF725DC53BF972.

[6] INTERNATIONAL ATOMIC ENERGY AGENCY, Power Reactor Information System (PRIS) [EB/OL]. [2020-07-20]. https://www.iaea.org/pris

[7] INTERNATIONAL BANK FOR RECONSTRUCTION AND DEVELOPMENT, THE WORLD BANK, World Development Indicators, IBRD [EB/OL]. [2020-07-20]. https://www.worldbank.org/en/who-we-are/ibrd.

[8] INTERNATIONAL ENERGY AGENCY, Nuclear Power in a Clean Energy System [EB/OL]. [2019-05-16]. https://www.iea.org/reports/nuclear-power-in-a-clean-energy-system.

[9] INTERNATIONAL ATOMIC ENERGY AGENCY, OECD NUCLEAR ENERGY AGENCY, Uranium 2018: Resources, Production and Demand [EB/OL]. [2018-08-15]. https://www. oecd-nea. org/upload/docs/application/pdf/2019-12/7413-uranium-2018.pdf.

[10] INTERNATIONAL ENERGY AGENCY, OECD NUCLEAR ENERGY AGENCY, Projected Costs of Generating Electricity: 2020 Edition [EB/OL]. [2020-12-15]. https://www.iea.org/reports/projected-costs-of-generating-https://www.iea.org/reports/projected-costs-of-generating-electricity-2020

[11] INTERNATIONAL ATOMIC ENERGY AGENCY, Advances in Small Modular Reactor Technology Developments [R]. IAEA, 2014.

[12] MIGNACCA, B., "We never built small modular reactors (SMRs), but what do we know about modularization in construction" [EB/OL]. [2018-08-15]. https://eps.leeds.ac.uk/publications/235/nuclear-engineering.

[13] INTERNATIONAL ATOMIC ENERGY AGENCY, Communication and Consultation with Interested Parties by the Regulatory Body[R]. IAEA, 2017.

Analysis and research on the important role of nuclear power in mitigating the impact of climate change

LI Xiao-jie, YUAN Yong-long, ZHANG Xin-yu

(China Institute of Nuclear Information and Economics, Beijing 100048, China)

Abstract: Climate change poses a great threat to human beings and the natural environment. The United Nations Intergovernmental Panel on Climate Change (IPCC) said that in order to limit the global average temperature rise to 1.5 ℃, global energy production and use need to achieve complete decarbonization around 2050, and start rapid emission reduction at the same time. In a short period of 30 years, it is a great challenge for the electric power industry to shift the fossil fuel based energy system to low-carbon energy. The report "climate change and nuclear power in 2020" published by the International Atomic Energy Agency (IAEA) focuses on the important role of nuclear power in mitigating the impact of climate change, as well as the difficulty of nuclear power emission reduction in low-carbon energy system. The report describes how nuclear power can best be combined with a decarbonized energy system and outlines the development required to achieve a large-scale capacity increase. Among them, the role of nuclear power is to maintain the existing low-carbon power generation by extending the operation life of existing nuclear power plants, and expand low-carbon power generation by building new nuclear power plants.

Key words: nuclear power; climate change; greenhouse gases

俄罗斯核工业投融资政策演变及对我启示

赵学林，袁永龙，宋　岳

（中核战略规划研究总院，北京 100048）

摘要：近年来，俄罗斯不断在核领域取得科技创新突破，引发世界关注。俄罗斯核工业体系完整、规模大、技术先进，在促进国家战略利益、拉动经济社会发展发挥了领先作用。本文概述了俄罗斯核工业构成，系统梳理了俄罗斯核工业投融资政策演变情况，并研究提出启示与建议。

关键词：核工业；俄罗斯国家原子能公司；投融资

1　俄罗斯核工业构成

苏联解体后其核工业的主要力量留在了俄罗斯。2007 年，俄罗斯整合了核工业绝大部分科研生产力量，成立了"俄罗斯国家原子能公司"（以下简称"俄原"）。此外，俄罗斯有少数核领域科研机构和制造企业不属于俄原，主要有独立科研机构库尔恰托夫研究院（其属下有一些从事核领域基础研究的科研单位），隶属俄罗斯科学院的科研单位和其他独立科研单位，拥有核专业的高校，以及一些具有核级设备研制生产能力的企业等。

俄原一方面开展核武器、舰船核动力、空间核动力研制，推动俄罗斯核力量现代化，满足俄罗斯国防武器装备建设需求；另一方面大力发展核电站、核动力破冰船、核燃料等，同时不断开拓海外市场，逐步建立了完整配套、规模庞大、技术先进的科研生产，并在国际核能发展中扮演了重要角色。俄原2019 年年度报告显示，截至 2019 年 12 月 31 日，俄原旗下共拥有 334 家科研生产单位及相关组织，其业务划分为 5 大板块、11 部门[1]。

2　俄罗斯核工业投融资政策

2.1　政府对核工业的投资政策

俄罗斯总统和议会是俄罗斯核工业投融资的最高决策者，通过总统决策体系对核工业发展进行顶层领导，并通过财政拨款对核工业发展进行支持。俄国防部则作为核武器装备的用户，通过与俄原签订国防订单，采购核武器装备。

俄罗斯总统和议会是俄罗斯核工业发展的最高决策者，把握核工业的投融资布局、发展规划、重大决策等。俄罗斯总统进行顶层领导，负责审议、批准、颁布联邦法律、总统令、国家政策、战略、规划、预算、重要人事任免以及其他相关的重大决策，为核工业发展确定战略方向和实施路线，对涉及科研生产、工业改革、对外合作等方面的重大问题做出指示。俄联邦议会是最高立法权力机构，由联邦委员会（上院）和国家杜马（下院）组成，对核工业领域，审议和批准相关法律法规，审核国家开支，监督相关法案的执行情况。

俄罗斯政府针对本国军用、民用核工业发展情况，推出"俄联邦国家计划"和"联邦目标计划"等规划进行投资。2014 年俄罗斯政府批准《发展原子能工业综合体的俄联邦国家计划》（俄罗斯联邦政府令 2014 年第 506-12 号），规定国家原子能公司作为实施机构，多个政府部门以及库尔恰托夫研究院作为参与机构，实施到 2020 年，提出核电、核与辐射安全、民用核工业创新发展与扩大核技术应用、确保国家原子能公司对原子能应用的公共管理职能、核武器综合体可持续发展等五个子计划，非涉密部分

作者简介：赵学林（1994—），男，蒙古族，内蒙古通辽人，助理工程师，工程硕士，现从事核情报研究

总投资约 9 千亿卢布。

2020 年 3 月 16 日,俄罗斯联邦政府令发布第 289-13 号批准了新版的《"发展原子能工业综合体"的俄联邦国家计划》,提出了直至 2027 年的年度投资预算(见表 1)。

表 1 俄罗斯"发展原子能工业综合体"国家计划年度预算(亿卢布)

年度	2012	2013	2014	2015	2016	2017	2018	2019
预算额度	1 125	1 201	1 472	1 706	812	700	625	662
年度	2020	2021	2022	2023	2024	2025	2026	2027
预算额度	1 020	1 044	1 360	1 030	1 055	1 055	838	829
合计				16 532				

注:(1)此表包含核工业的联邦目标计划和其他国家计划的所有拨款;
(2)俄罗斯在 2015 年经济大幅下滑,对 2016 年以后拨款产生显著影响。

对于核武器装备科研生产,俄政府通过"国家武器装备计划"进行支持。"国家武器装备计划"是俄罗斯确定长期武器装备采购类型和数量、决定新型武器装备研制投资金额的基础性文件。俄罗斯总统 2017 年年底批准了《2018—2027 年国家武器装备计划》,该计划拨款总额 19 万亿卢布(约合 3 060 亿美元),涵盖装备采购、现代化改造与维修、研究与开发,优先事项为"三位一体"战略核力量的现代化更新。2021 年 1 月,俄罗斯总统在国防部防务会议上强调,俄联邦在未来数年将全面发展战略核力量,俄军 2021 年将优先保持核力量高度战备水平。

2.2 俄罗斯经济私有化进程中核工业投融资政策的演变

自苏联解体以来,俄联邦政府始终保持对核武器、军用核材料、军用核动力等领域的绝对控制,军用核工业所有权始终为国家所有,战略地位也不断提高。在核能发电等民用核工业领域,俄联邦政府则逐步将绝大部分民用核工业企业整合到俄原旗下,通过持股公司的形式进行监督和管理。俄罗斯核工业的投融资政策在其经济私有化进程中历经数次演变,总结如下。

2.2.1 股份制改组时期(1991—2000 年)

苏联时期,核工业企业等国有企业的所有权结构曾处于高度垄断的国家所有制结构。苏联解体后,俄罗斯采用了较为"激进"的"休克疗法",快速、大规模地对国有企业进行私有化改造。在这一时期,俄罗斯依据《俄罗斯苏维埃社会主义联邦共和国国有和市政企业私有化法》(通常称《1991 年私有化法》),通过股份制、拍卖、投标、赎买租财产等方法,完成了对国有小企业的"小私有化"(1992 年 1 月至 1993 年 12 月),以及对国有大型企业证券私有化(1992 年 7 月至 1994 年 6 月)、货币私有化(1994 年 7 月至 1996 年 12 月),并进入个案私有化(1997)阶段。1997 年俄罗斯政府制定了《1997—2000 年结构改造和经济增长的中期纲要》,明确提出停止大规模私有化,实行个案私有化,即对部分经过选择并仔细研究的国有资产进行拍卖和重组。1997 年 7 月 21 日,《俄罗斯联邦国有财产私有化和市政财产私有化原则》(通常称《1997 年私有化法》)出台,将重心由扩大私有化转向保护国有财产权,对国有资产的转让程序等做出详细规定。《1997 年私有化法》规定,国有企业必须改组为股份 100% 属于国家所有的开放式股份公司,然后出售开放式股份公司的股票。

在这一时期内,核工业企业作为国有大型企业,根据《1997 年私有化法》,逐步改组成为国家所有的开放式股份公司。

2.2.2 战略控制时期(2001—2006 年)

2001 年 12 月 21 日《俄联邦国有及市政资产私有化法》(通常称《2001 年私有化法》)颁布,规定生产用于保障国防、国家安全,维护俄联邦公民道德、健康和合法权益的具有战略意义的产品(工程、服务)的联邦国家单一制企业/开放型股份公司为"战略性企业"/"战略性股份公司"。

2001 年 12 月 21 日,俄总统普京签署第 1514 号总统令《俄联邦总统与俄联邦政府在国有和市政财产私有化问题上的相互关系》，规定战略性企业和战略股份公司清单由俄联邦总统颁布，俄联邦政府负责实施。

在这一时期，部分军用核工业企业因其重要战略意义被列为"战略性企业"或"战略性股份公司"，战略地位大幅度提高，其所有权受到俄联邦政府和总统的严格监管和控制。同时，俄罗斯政府机构调整，对核工业进行改革，撤销原子能部，将核武器联合体划归国防部管辖，将其他核军工任务和核能和平利用相关单位划归新成立的俄联邦原子能机构。

2.2.3　战略重组时期(2006—2008年)

2006—2008年，俄罗斯政府对核工业进行了重组整合，其重点是校正苏联式管理存在的弊端，调整科研和生产机构结构与所有权，理顺核工业结构，形成产业合力。

2006年2月，俄联邦原子能机构宣布核工业改革计划。2007年2月5日，俄罗斯总统普京签署《管理和处理原子能应用领域运行的相关组织的资产与股份的专项条款联邦法律》，对民用核领域企业的公司化和潜在的部分私有化给出条款，为后续改革措施打下基础。

2007年4月17日，俄罗斯联邦政府公布《关于俄罗斯联邦核电工业的重组》法令；4月27日，普京签署《调整俄罗斯核能发电综合体》总统命令；5月26日，俄罗斯政府公布第319号决议《建立原子能发电股份公司》，成立了政府所有的超大型垂直一体化公司"原子能工业综合体"(AEP)，将一批指定企业改制为股份制公司，整合到AEP。AEP覆盖从核燃料循环前端到核能发电的广泛领域，成为整合俄罗斯民用核工业关键能力的基础。

2007年年底，俄联邦原子能机构又改组成为俄罗斯国家原子能公司(Rosatom)。2007年12月1日联邦法案第317-FZ号《俄罗斯国家原子能公司法》规定了俄原的地位、建立、行动目标、职能和权利。俄原全权继承此前的国防部、俄联邦原子能机构(2004—2007年)，行使政府对核工业进行管理的权力与职能。

在这个时期，俄罗斯对核工业企业进行了战略重组，逐步将核工业科研和生产单位整合到俄原旗下。俄原具有"国家公司"这一特殊的地位和组织形式。根据《俄罗斯国家原子能公司法案》的规定，"国家公司"是一种特殊的经济组织形式，由俄联邦出资组建，目的是使其发挥"社会的、管理的和其他有利于社会的功能"。国家公司虽然名为"公司"，但并非商业机构。它享有特殊权力，直接拥有国家资产所有权。在建立时，联邦所出资金和资产即转为国家公司所有，国家公司可以对资产实行完全控制，拥有极大的自主权。国家公司属于非商业机构，不以营利为目的，有权从事经营活动，但不接受一般税务检查，获取利润只用于专项法律规定的经营活动。俄罗斯联邦、联邦主体、地方自治机构无权直接干预国家公司的活动。俄联邦主要依靠对管理层的直接人事任命来实现对"国家公司"的控制。

2.2.4　限制外资准入(2008—2009年)

2008年5月5日，俄总统普京签署《有关外资进入对国防和国家安全具有战略性意义行业程序》的联邦法。该法第5款明确规定13大类42种经营活动被视为"战略性行业"，主要包括：国防军工、核原料生产、核反应堆项目的建设运营、用于武器和军事技术生产必需的特种金属和合金的研制生产销售等；"战略性原材料"资源包括铀、金刚石、镍、铌、铂金族金属、钴、铍、锂、原生金、铜等有色和放射性金属和稀有及分散元素矿产。

该法将限制外资在俄战略性企业中控股超过25%的收购行为，此外外国政府控股的企业将被禁止在俄战略性企业中控股，有国有公司参股的外国投资对俄战略性企业的控股权不得高于5%。该法还规定，若外资企业希望在按法律规定具有战略意义的相关公司或地下资源区块项目中取得10%以上的控股权，必须向相关全权机构提交申请，并经由联邦安全会议牵头组成的跨部门专门委员会审核，俄总理将担任该委员会主席。如果认为该项目将威胁国家安全，申请将被转交政府审核，政府总理将有权做最后决定。这意味着在以上两个层面俄总理都将亲自审批外资进入俄战略性行业的申请。

在这一时期，国防军工、核原料生产、核反应堆项目的建设运营等行业被列为"战略性行业"，铀、锂等被列为"战略性原材料",通过法案的颁布规定了俄罗斯政府对"战略性行业"和"战略性原材料"的管制,同时也提高了外国投资准入的门槛。

2.2.5 新私有化时期(2009年至今)

2008年国际金融危机对俄罗斯经济发展造成了沉重的打击,在应对危机以及经济现代化的背景下,2009年俄罗斯政府通过了由时任财政部长阿列克谢·库德林倡导的"新私有化动议",开启了新私有化进程。这个动议允许外资进入数十个有吸引力的战略国有企业,并且部分或者全部出售数千个小规模的国有企业。

2011年6月18日,时任俄联邦总统梅德韦杰夫签署修改战略性企业和战略性股份公司名录的命令,将战略性企业的数量从208家减少至41家,并出台了庞大的经济创新计划:2010—2012年将耗资8 000亿卢布,在节能、核技术、航天通信、生物医疗和战略信息技术5大支柱产业实施38个现代化创新项目,全面启动俄罗斯经济现代化进程。

对于核工业企业等战略性企业是否及如何参与新私有化进程,俄联邦政府和内阁存在较大争议,新私有化进程目前仍没有完全按计划推进。

3 启示与建议

(1)通过立法提高核工业战略定位,严格管控核工业私有化进程

俄罗斯通过一系列法律基础,将核工业企业列为"战略性企业"或"战略性股份公司",国防军工、核原料生产、核反应堆项目的建设运营等行业列为"战略性行业",铀、锂等列为"战略性原材料",在国家政策和法律层面确立了核工业的战略定位,并通过俄联邦政府和总统亲自审批的制度进一步加大对核工业投融资(私有化)的限制和监管。

(2)国家坚持对核工业投资,维持强大核工业实力

俄罗斯政府通过加强顶层规划,坚持对核工业的财政投资。通过推出《"发展原子能工业综合体"的俄联邦国家计划》等具体年度预算,即使在经济形势不佳的情况下,依然坚持对核工业重要领域的直接投资,维持其核工业的强大生命力。尤其是在核武器等核军工领域,俄总统普京曾多次强调,全面发展俄战略核力量,对确保国家安全、维持大国地位至关重要,政府始终保持高水平财政投入,持续推动俄核力量现代化进程。

(3)创立"国家公司",形成核工业产业合力

俄罗斯通过创造性地提出"国家公司"这一具有特殊法律地位的经济组织形式,通过立法确定了俄原的地位、职能和权利,并给予俄原极大的自主权。俄联邦总统依靠对管理层的直接人事任命来实现对"国家公司"的控制。俄原有效整合了俄罗斯核工业的科研和生产力量,形成供应链完整、多元化经营的工业集团,从而提高产业集中度,优化生产供应链,保持稳定的科研生产关系,提高资金使用效率,优化产业结构,形成产业合力。

(4)限制外资准入,维护国家对核工业企业的绝对控制权

从20世纪90年代到2000年年初,由于俄罗斯没有对外资进入战略行业制定限制措施,导致俄罗斯的某些大型石油公司和军工产业公司收到外资的控制。西门子公司在2005年企图收购俄罗斯动力机械公司,俄政府坚决予以抵制,并决定对同类问题进行规范。《有关外资进入对国防和国家安全具有战略性意义行业程序》以及其他一系列相关法律的通过,使得俄罗斯政府对包括核工业在内的重要战略行业持有绝对控制权,为国防安全和落实能源强国与能源外交奠定了基础。

参考文献:

[1] State Atomic Energy Cooperation ROSATOM Performance in 2020[R].2021.

The evolution of investment and financing policy of Russian nuclear industry and its enlightenment to China

ZHAO Xue-lin, YUAN Yong-long, SONG Yue

(China Institute of Nuclear Industry Strategy, Beijing 100048, China)

Abstract: In recent years, Russia has made continuous breakthroughs in scientific and technological innovation in the nuclear field, which has aroused world attention. Russia's nuclear industry system is complete, large-scale and advanced in technology. It has played a leading role in promoting national strategic interests and promoting economic and social development. This paper summarizes the composition of Russia's nuclear industry, systematically combs the evolution of investment and financing policies of Russia's nuclear industry, and studies and puts forward enlightenment and suggestions.

Key words: nuclear industry; ROSATOM; investment and financing

美国能源部核领域国家实验室建设对我国的经验启示

赵学林，张馨玉，宋　岳

（中核战略规划研究总院，北京 100048）

摘要：美国能源部 17 个核领域国家实验室是美国国家科技创新体系的重要组成部分，是实现美国核战略、引领核科技和核工业发展的核心力量，是承担核科技成果转化的主要责任单位。经过长期发展，美国逐步建立起了一套相对成熟的国家实验室管理制度和运行机制。本文聚焦美国能源部 17 个核领域国家实验室，从责任定位、组织管理、业务能力、合作模式、研发设施等方面，分析美国建设、运行与管理国家实验室的相关经验，并结合我国国家级实验室发展现状，提出启示与建议。

关键词：国家实验室；美国能源部；核科技创新

国家实验室是体现国家意志、实现国家使命、代表国家水平的战略科技力量，是面向国际科技竞争的创新基础平台，是保障国家安全的核心支撑，是突破型、引领型、平台型一体化的大型综合性研究基地。近年来，党和国家高度重视国家实验室建设工作。党的十九届四中全会提出"强化国家战略科技力量，健全国家实验室体系，构建社会主义市场经济条件下关键核心技术攻关新型举国体制"。党的十九届五中全会指出，"推进国家实验室建设，重组国家重点实验室体系"。

核科技工业的发展是国家战略科技力量的重要组成部分，事关国家安全，事关经济和社会发展，事关生态文明建设。我国核领域国家实验室尚未设立，"十四五"时期是我国由核大国向核强国转型迈进的历史机遇期，建议以建设核领域国家实验室为抓手，强化国家战略科技力量，加快建设核工业强国，推动国家科技创新发展。

1　美国能源部核领域国家实验室发展现状

当今世界正经历百年未有之大变局，创新成为影响和改变世界竞争格局的关键变量。目前，以国家实验室为代表的国立科研机构已经成为美、俄、德、日等世界主要科技强国科研体系的重要组成部分、科技竞争的核心力量、重大科技成果产出的重要载体。

以美国为例，能源部 17 个核领域国家实验室是美国国家科技创新体系的重要组成部分，是实现美国核战略、引领核科技和核工业发展的核心力量，是承担核科技成果转化的主要责任单位。分析其推动美国核科技创新、支撑美国核科技世界领先的规律和做法，对于我国建设核领域国家实验室具有重要意义。

1.1　责任定位

美国核科技研发体系主要由能源部核领域国家实验室、大学及工业界组成[1]。其中，国家实验室主要承担战略性、基础性和前瞻性任务，研发工作横跨基础研究、技术开发与示范，与大学和工业界的工作有部分重叠，并在大学或工业界未涉足的领域开展研发工作。大学强调早期发现，主要集中于个人或小组研究；工业界响应市场需求，通常将其研发工作集中于近期问题解决方案或技术集成。

美国《联邦采购条例》规定："国家实验室应满足政府特殊的长期性研发需求，这些需求政府目前的其他研究机构或私营研究机构不能有效满足；国家实验室追求公共利益，保持客观性和独立性，并向资助机构充分披露信息。"在该条例的基础上，美国国会又陆续通过了一系列补充条文，将国家实验室主要定位在从事"长期性、战略性、公共性、敏感性"的研究领域。

作者简介：赵学林(1994—)，男，蒙古族，内蒙古通辽人，助理工程师，工程硕士，现从事核情报研究

1.2 组织管理

能源部 17 个核领域国家实验室均按照"政府所有、承包商运营"的形式运行。按核心业务可分为：3 个核武器实验室、11 个核基础与核能实验室、1 个核废物实验室。此外，能源部还有 2 个海军舰船核动力专业实验室，它们由能源部和海军反应堆办公室共同运营，旨在为海军提供核推进技术。

1.3 业务能力

经初步统计，能源部 17 个核领域国家实验室主要在 8 个领域、114 个分领域、419 个子领域开展研究工作。领域主要包括：基础科研、核武器（军用核材料）、防核扩散、环境整治、核安全、核能（核燃料循环）、舰船核动力等。

根据《能源部国家实验室状况报告（2020 版）》，能源部 17 家国家实验共具有 27 项核心能力，包括：核与放射化学，核物理、核化学与核工程，加速器科学与技术，粒子物理，等离子体与聚变能科学，电力系统与电气工程，系统工程与集成，武器系统设计、工程、集成与测试，先进计算机科学、可视化和数据，应用材料科学与工程，应用数学，生物与生物工艺工程，生物系统科学，化学与分子科学，化学工程，气候变化科学与大气科学，计算科学，凝聚态物理与材料科学，网络与信息科学，决策科学与分析，地球系统科学与工程，机电设计与工程，环境地下科学，大型用户设施/先进仪器，材料科学，工程与先进制造，材料与部件原型制作、制造、生产与集成，机械设计与工程。

1.4 合作模式

通过签订合作协议，能源部核领域国家实验室与工业界、学术界、国际科研机构进行了广泛而深入的合作，有力地推动了技术成果转化。近几年每年签订的协议约 3 000 项（见表 1），包括合作研发协议、战略合作项目、技术商业化协议等。

（1）合作研发协议（CRADA），允许能源部通过其实验室与非联邦合作伙伴共同优化利用双方资源，合作研发，共享知识产权和成果。

（2）战略伙伴项目协议（SPP），允许国家实验室以 100% 的成本报销合同模式为其他联邦机构和非联邦实体工作，往往允许非联邦实体拥有产生的知识产权和数据。

（3）技术商业化协议（ACT），允许承包商以私营企业名义，以自担风险的形式为第三方开展有偿研究。在知识产权上更灵活，允许参与者把产生的数据标记为专有并拥有所有权。国家实验室可能收取超出成本的费用。

（4）用户协议，允许用户利用国家实验室的设施，大多数情况下，对从事非营利研究的用户不收取费用，只要求发表研究成果，否则需支付设施使用成本。

（5）小企业协议，能源部通过创新研究计划（SBIR）和小企业技术转移计划（STTR）留出部分资金，通过竞争方式授予小企业，开展研发项目，鼓励技术商业化同时保留小企业开发自己技术的权力。

表 1　美国能源部国家实验室的合作研发项目、战略合作项目、技术化商业协议[2]

财年		2015	2016	2017	2018	2019
合作研发协议（CRADA）	数量	666	739	924	1 011	1 002
	经费（万美元）	6 049.7	6 043.5	6 103.1	6 810.2	6 210.2
非联邦战略合作项目（SSP）	数量	2 259	2 234	2 090	2 411	2 248
	经费（万美元）	24 723.0	25 544.3	20 430.8	25 058.3	27 154.5
技术商业化协议（ACT）	数量	75	78	101	122	126
	经费（万美元）	3 050.6	1 710.8	2 375.4	3 817.3	4 630.3

以 2019 财年为例,国家实验室签订了 1 002 份合作研发协议、2 248 个涉及非联邦实体的战略合作项目、126 份技术商业化协议,合作伙伴通过这些协议为研发工作投资约 3.8 亿美元,2015—2019 财年共投资近 17 亿美元。这些协议和投资有效推动了国家实验室科技成果向市场转化。

1.5 研发设施

美国国家实验室开发和维持特定核心能力的主要途径之一是设计、开发和运行独特和专业的研发设施。能源部重大科研设施共计 200 余座,每年有超过 3.3 万名研究人员使用这些设施,分为用户设施、共享研发设施和专用设施三类[3]。

(1)用户设施通常是为特定目的建造,采用开放访问模式,能源部承担设施的设计、建造和运行全部费用,不向用户收费,只要求研究人员在科学和技术杂志上公开发表研究成果。此外,大学、工业界和国际合作伙伴用户还可以出资在这些设施中安装专门实验设备,开展科研工作。能源部的大部分重大科研设施都属于此类。

(2)共享研发设施通常为满足特定计划的需要而建造,随着相关计划的变化,用户可以使用这些设施。用户使用这些设施时,需与设施所在的实验室签署协议,并承担设施运行费。

(3)专用设施是指那些为核武器目的而建造的大型研发设施,这些设施虽然也可以对外共享,但是需要遵守严格的保密审查制度,对设施的利用程度也有严格限制。

2 我国国家级实验室建设发展情况

1984—2000 年,根据国家科技发展需求,我国重点在高能物理和核物理领域建设了 4 个"国家实验室",但当时对"国家实验室"的定位更侧重国家级实验室,尚未形成目前对国家实验室这一具有特定含义的大型综合性研究基地的认识和理解。

2000—2006 年,我国分两批启动了 15 个"国家实验室"的试点建设。截至目前,仅青岛海洋科学与技术试点国家实验室于 2013 年正式获得科技部批复,但仅为"试点"国家实验室。

2006 年,《国家中长期科学和技术发展纲要》提出要根据国家重大战略需求,在新兴前沿交叉领域和具有我国特色和优势的领域,建设若干队伍强、水平高、学科综合交叉的国家实验室。

2020 年 10 月,党的十九届五中全会指出:"推进国家实验室建设,重组国家重点实验室体系。布局建设综合性国家科学中心和区域性创新高地,支持北京、上海、粤港澳大湾区形成国际科技创新中心。"这是国家首次具体从任务、领域、目标和举措等方面论述如何强化国家战略力量。

3 结语

美国能源部 17 个核领域国家实验室是美国国家科技创新体系的重要组成部分,是实现美国核战略、引领核科技和核工业发展的核心力量,是承担核科技成果转化的主要责任单位。经过长期发展,美国逐步建立起了一套相对成熟的国家实验室管理制度和运行机制。美国建设、运行与管理国家实验室的经验对我有借鉴意义。结合我国国家实验室建设实际情况以及我国核基础研究发展现状,提出以下五点建议。

(1)强化顶层设计和系统布局

以国家目标和战略需求为导向,明确国家实验室职责定位,加强整体设计,统筹布局,尽快建立与我国核事业发展相适应的核科技基础研究中长期发展规划,从战略高度规划核科技基础研究的发展路线和发展目标,从需求和核技术发展趋势出发统筹考虑,明确重点研究方向,完善面向新时期发展需求的核科技创新体系总体布局,协同部署产业链和创新链,加快推进核科技成果转移转化,形成各核科技创新主体间的有效衔接、功能互补、良性互动的协同创新格新格局,避免低水平、交叉和重复建设。

(2)优化核基础研究领域学科和研发布局

核基础研究是科技创新的源头活水,是新思想新技术的源泉,是事关我国科技长远发展的根基。它虽然很难在短期内创造经济价值,但着眼长远,它是核事业生存与发展的先导和基础,是国家科技水平和综合国力的标志。应着力优化核领域学科布局和研发布局,加强核物理等重点学科建设,推动基础学科与应用学科均衡协调发展,鼓励开展跨学科研究,强化不同学科的深度交叉融合,积极开辟新的学科发展方向。

（3）加强核基础研究领域人才培养

应建立健全核基础研究领域人才培养机制，加快培养一批在核基础和前沿研究领域具有国际影响力的领军人才。重视培养青年人才，对青年人才开辟特殊支持渠道，鼓励青年人才自主选题，开展基础性研究工作，构建分阶段、全谱系、资助强度与规模合理的人才资助体系。加大对核基础研究领域博士后的支持力度，吸引国内外优秀博士毕业生在国内从事核基础研究领域的博士后研究工作。

（4）建立新型运行管理机制，强化核科技资源开放共享

应建立目标导向、绩效管理、协同攻关、开放共享的新型运行机制，完善大型核科学基础设施与仪器开放共享管理机制，开展服务考核评价，推动建立开放共享后补助机制。强化法人单位开放共享的主体责任和义务。集中管理大型核科学基础设施与仪器，定时维修和升级改造，并由国家主管部门统筹协调应用，对运行经费按照统一标准核定后予以保障。

（5）加快我国核领域国家实验室建设

综上，建设核领域国家实验室，开展战略性、基础性、前瞻性、共用性等关键技术攻关，对提高我国核领域基础研究能力及原始创新水平、加快解决核领域关键技术"卡脖子"问题；强化国家战略科技力量、构建社会主义市场经济条件下关键核心技术攻关新型举国体制；应对大国竞争战略、建设与我大国地位相匹配的核科技创新与体系能力、助推我国由核大国向核强国转型迈进具有重要意义。建议以行业龙头企业为基础，加快推动我国核领域国家实验室建设，先行先试，为我国在其他行业建设国家实验室积累经验。

参考文献：

[1] Fiscal Year 2021 Stockpile Stewardship and Management Plan-Biennial Plan Summary[R]. 2020.

[2] The State of the DOE National Laboratories[R].2020 Edition.

[3] Fiscal Year 2019 Stockpile Stewardship and Management Plan [R]. 2018.

Experience and enlightenment of national laboratory construction of U.S. department of energy

ZHAO Xue-lin，ZHANG Xin-yu，SONG Yue

(China Institute of Nuclear Industry Strategy，Beijing 100048，China)

Abstract：The 17 national laboratories in the nuclear field of the U.S. Department of energy are an important part of the U.S. National Science and technology innovation system. They are the core forces to realize the U.S. nuclear strategy，lead the development of nuclear science and technology and nuclear industry，and are the main responsible units for the transformation of nuclear science and technology achievements. After long-term development，the United States has gradually established a relatively mature national laboratory management system and operation mechanism. This paper focuses on the 17 national laboratories in the nuclear field of the U.S. Department of energy，analyzes the relevant experience in the construction，operation and management of national laboratories in the United States from the aspects of responsibility orientation，organization and management，business capability，cooperation mode，and R & D facilities，and puts forward some enlightenment and suggestions based on the development status of national laboratories in China.

Key words：national laboratory；U.S. department of energy；innovation of nuclear science and technology

国际核能产业发展综述

张馨玉,马荣芳,李晓洁

(中核战略规划研究总院,北京 100048)

摘要:随着国际能源需求的日益增长,核能作为第二大低碳清洁能源在国际上受到高度重视。国际上,核发电量占发电总量约 11.5％,在低碳能源发电量占比中高达 29％。截止到 2020 年,共有 33 个国家和地区已有或正在建设自己的核电站,全球共有 449 台机组在运,核电装机近 4 亿千瓦。国际上,亚洲、南美、中东、非洲等地区的欠发达国家的核能产业发展呈现出积极态势,欧美等核技术成熟的国家表现比较疲软。核能技术具有关乎国家民族利益的战略性定位,发展核能产业对实现我国节能减排以及保证能源供应和电力系统供给侧改革意义重大。积极完善核能产业的相关法律体系,充分发挥核能产业优势,提高核能创新技术水平,同时加强面向公众的核知识宣传,促进核能产业的有序发展既是国际能源发展的需要,也是我国实现"碳中和,碳达峰"的必由之路。

关键词:核能;核电;清洁能源;国际市场

随着全球能源需求的日益增长,全球气候变暖,核能作为低碳清洁能源越来越受到世界各国的高度重视。根据 2021 年国际原子能机构(IAEA)[1]数据统计,全球发电量达26 570太瓦时,全球核电在役机组 449 台,装机容量 3.93 亿千瓦;占全球能源总发电量的 11.5％,是全球第 2 大低碳电力能源。核能是高能量密度的国家战略能源,同时也是唯一清洁、低碳、安全、高效的基荷能源。美国、法国、中国、日本、俄罗斯和韩国在运反应堆规模居世界前 6 位。国际在建核电机组共 52 台,净装机容量5 451.5万千瓦,分布在 19 个国家和地区。自 2012 年以来,国际核能发电量持续保持增长趋势。

核能作为应对全球气候变化、实现能源结构低碳转型的重要部分,在美欧等发达国家的"碳达峰"过程中发挥了重要作用,未来,美、法、英、日、韩等国仍坚定不移发展核能,依靠清洁低碳的核能实现"碳中和"。

1　主要国家核能产业发展现状

截至 2021 年 4 月底,全球核电在运机组数 443 台,装机容量 3.93 亿千瓦,分布在 32 个国家和地区,美、法、中、日、俄和韩在运反应堆规模居世界前 6 位。全球在建核电机组共 52 台,净装机容量5 451.5万千瓦,分布在 19 个国家和地区。2019 年,世界核能发电量为 26 570 亿 kW·h,占全球能源总发电量的 11.5％。

1.1　美国欲重获国际竞争优势

美国是最早利用核能的国家,也是核电技术最先进、核电装机最多的国家,目前核电机组数、核电装机容量和发电量都位列全球第一。截至 2021 年 4 月底,美国在运核电机组 93 台,总装机容量9 552万千瓦;在建核电机组 2 台,总装机容量223.4 万千瓦。美国西屋公司设计了第一个三代核电技术 AP1000,目前美国核管会已批准建设 4 台机组,2 台在建。美国重视小堆研发,有 12 种型号,其中 NuScale 小型模块化反应堆已通过美国核管会批准。

为提高美国核电供应商在世界核电市场的竞争力,美国采取了振兴本国核电产业的系列措施。2019 年 1 月,美国出台的《核能创新和现代化法案》提出,要保持美国在能源领域的技术优势,降低先进反应堆,特别是小型模块化反应堆的开发和商业化的成本,为美国下一代先进反应堆的开发和商业化提供了良好的政策环境。3 月,美国国务院宣布了支持本国核电发展的最新计划,以确保该产业的

作者简介:张馨玉(1993—),女,吉林长春人,研究实习员,硕士,现主要从事核技术情报研究

国际竞争力。美国的系列举措在与印度的合作中已初显成效。2019年3月中旬,美印双方就美国企业在印度建造6台AP1000核电机组达成合作意向,2021年5月美国与韩国发表联合声明,宣布两国将在全球核电市场开展合作。

1.2　法国以核能产业为基石

法国是世界上核电占比最高的国家,是第二大核电国家。截至2021年4月底,法国在运核电机组57台,总装机容量为6 225万千瓦;在建核电机组1台,总装机容量163万千瓦。核电发电量占全国能源总发电量70%以上。法国最初从美国的西屋公司购进压水堆技术(功率为900 MW),经消化、吸收和再创新,较快形成一系列的压水堆机型(900 MW、1 300 MW及1 450 MW)。法国还采取集成创新形式,研发了新堆型EPR。近年来,法国重视第四代核电技术的研发,以期抢占核电先进技术的制高点。

法国核能产业发展主要集中于由原阿海珐集团重组后组建的高杰马公司和法马通公司。高杰马公司主营业务为核燃料循环、铀矿开发和核设施退役等,由法国政府控股,业务出口加拿大、日本、德国等14个国家和地区。法马通公司主营业务是核反应堆和核燃料等,由法国电力公司控股,业务出口美国、中国、德国等19个国家和地区。

1.3　日本逐渐失去国际市场

日本目前共有33台在役核电机组(其中只有9台处于实际运行状态),总装机容量达3 168万千瓦;在建核电机组2台,总装机容量265.3万千瓦。核电发电量占全国能源发电量的6%。日本通过引进、消化、吸收美国技术,成功实现了核电自主。日本的东芝集团拥有了77%西屋公司的股权,主要推广ABWR、AP1000技术;日本三菱重与法国的阿海法组件合资公司(Atmea),致力于开发、生产、认证及在全球范围内销售功率为110万千瓦的Atmea-1压水堆。

福岛核事故后,国际社会对日本的核电技术与能力产生怀疑,日本核电供应商的市场信誉严重受损,出口严重受阻。虽然日本原委会2017年发布的《核能白皮书》建议到2030年将日本的核电占比恢复到20%,实际在役机组达到30台,2018年5月公布的《国家能源规划草案》也继续肯定了这一目标,但短期内日本核电企业难以在国际核电市场上再次崛起。

1.4　俄罗斯国际竞争优势明显

俄罗斯共有38座正在运行的核电机组,总装机容量2 858万千瓦;在建核电机组4台,总装机容量346万千瓦。VVER-1000是苏联构建的二代压水堆核电机型的主要类型之一。俄罗斯以VVER-1000为基础开发了AED-92、AES-91两种机型,后相继研究出AES-2006、AES-2010(VVER-Toi)机型,持续更新主要反应堆AES-2006、VVER-1000、VVER-Toi、小功率堆、钠冷快堆系列、空间堆升级版、浮动堆的设计版本。

在过去的10年间,俄罗斯国家原子能公司(以下简称"俄原")凭借VVER堆型建设成本低(造价约为5 000美元/千瓦)、融资条件好(长期贷款利率4%左右)、完整的核燃料循环产业链等优势,通过在中国、印度建成多台机组的示范效应,在国际核电市场上一枝独秀。2018年,俄原公司在12个国家拥有36个在建核电机组,占全球在建机组的60%,现已成为世界上规模最大、体系最完整、技术先进的核能公司。

1.5　韩国成为国际市场新秀

韩国在运核电机组24台,总装机容量2 317万千瓦;在建核电机组4台,总装机容量536万千瓦。在30多年的发展中,韩国的核电建设从未间断,积累了丰富的核电项目管理和建设经验。韩国通过技术引进,开发和推广自主品牌APR1400,并形成了自己的核电标准体系,具有先进的设计概念和安全特性,而且具有造价低、工期短的优势。

韩国组建了以韩国电力公司(KEPCO)为统帅的分工明确、指挥有序、运转协调的核电出口团队。在开拓国际市场的进程中,韩国政府为核电出口企业提供了政策、外交、财政等多方面的大力支持。

2009 年年底,韩国在阿联酋核电招标中获胜,赢得 4 台 140 万千瓦核电机组,合同金额约为 200 亿美元。对外整体、对内分工的韩国核电供应商已成为国际核能市场的新秀。

国际 30 个核电国家中,核电发电占总能源发电占比高出国际平均水平的有 20 个国家,五大核能发电国家依次为美国、法国、中国、俄罗斯和韩国,发电量占世界核电总量的 70%,其中,美国和法国的核能发电量占全球核能发电量 47%,近一半。表 1 为 2020 年国际核电发电量的占比情况。

表 1　2020 年世界各国核电占比情况

核电占比	国家
10%以下	中国、巴基斯坦、日本、墨西哥、阿根廷、南非、印度、荷兰、巴西、伊朗
10%～20%	美国、俄罗斯、英国、罗马尼亚、加拿大、德国
20%～30%	亚美尼亚、韩国、西班牙
30%～40%	比利时、瑞士、斯洛文尼亚、保加利亚、捷克共和国、芬兰
40%～50%	瑞典
50%以上	法国、斯洛伐克、匈牙利、乌克兰

2　国际核能产业体制机制特点

2.1　俄罗斯:集中统一的核工业管理体制

经过多次体制改革,俄国内核工业实现快速发展,同时较好地适应了国际核能市场的竞争。截至 2019 年年底,俄原海外核电机组订单为 36 台,占据近些年来 60% 以上的核能市场份额,远超其他国际核能巨头订单之和。俄原的耀眼成绩从根本上正是得益于其集中统一的核工业管理体制。

第一,俄原集所有国家支持于一身,为其开拓国际市场提供了强大的后盾。在国势日渐衰弱的大背景下,核工业在俄国家安全和经济安全战略中的核心地位愈加突出。在此情况下,国家将所有能发动的优势力量和资源集中于俄原一家,为其开拓国际市场提供了强大的后盾和坚实的基础。国家通过立法不断强化俄原的权力,包括允许俄原进口乏燃料、授予俄原审查海外核设施建设项目设计文件的权力、确定俄原为北极北海航线管理者和实施者等。俄原被列为"国家公司",享有多方面特权。国家领导人对核能出口极为重视,核能合作是领导人出访的常规议题。

第二,突出的政治地位确保了强大的资源协调力和战略执行力。作为俄国家战略核力量、国民经济、核能出口的核心和中坚企业,俄原被赋予了突出的政治地位。监管委员会主席基里延科曾任俄总理,2016 年被普京总统任命为总统办公厅副主任,是俄排名前五的实权人物。俄原监管委员会主要由联邦政府要员及对外金融机构高管组成。监管委员会主席和俄原总裁均由总统亲自任命,直接向总理汇报工作。基于超高官员配置的政治地位确保俄原能够高效协调各方资源用于海外开发,确保全球化战略的有效执行。

第三,政企一体赋予俄原极高的决策效率。俄原在对外核能合作方面发挥着政府职能。俄罗斯与外国的政府间原子能和平利用合作协议、项目框架协议都是俄原代表俄联邦政府与当事国核能主管部门直接签订,省去了很多繁冗的中间报批环节,决策及行动效率极高。

第四,集中统一的管理模式使俄原在国际市场竞争中形成"拳头"。俄原对核工业进行集中统一管理,有利于消除内部竞争,集中所有优势资源,使俄原在国际市场上真正做到了"一个团队",形成了"一个拳头",竞争力显著提升。

2.1.1　政府层面

俄罗斯总统、俄联邦会议(上院)和国家杜马(下院)是俄罗斯核工业发展的最高决策机构。俄罗斯总统办公厅、俄联邦安全委员会等机构协助总统做出核工业发展决策。

俄联邦政府设有负责国防工业的政府副总理,并领导军事工业委员会等机构参与国防工业管理。军事工业委员会(MIC)负责协调和沟通联邦政府、国防部与国防工业综合体之间的关系,监督实施国家国防工业政策和军事技术保障政策。该委员会由政府第一副总理任主席,成员有总统办公厅主任、俄联邦会议代表、国防部长、工业和贸易部部长、财政部长等。

国防部作为核武器的用户,采购军事装备。联邦环境、工业和核监管局负责对民用核能利用活动进行安全监管,但监管范围不包括核军工科研生产活动。在改组原子能部的同时,俄罗斯在原来国家核与辐射安全监督委员会(GAN)的基础上成立联邦生态、技术与原子能监督局,隶属于俄罗斯联邦自然资源和生态部,作为相对独立的核安全监督部门负责核安全法规的制订、核设施安全监督及许可证发放等,同时还从事实物保护、核材料衡算和放射性废物管理。

从事核科研的研究所(如库尔恰托夫研究所)在独立成国家研究中心后,直属俄联邦政府,继续承担核军工科研生产(如舰船核动力、空间核动力等)和基础科研任务。

2.1.2　企业层面

2007年12月,普京批准《国家原子能公司法》,旨在优化俄罗斯核工业的运行机制,整合资源并依靠联邦预算提供财政支持。新组建的俄罗斯国家原子能公司(以下简称俄原)由300多家企业和机构组成,包括研究所、核武器部和世界上唯一的核动力破冰船队,统管俄罗斯军民核工业,俄联邦原子能机构撤销,其职能全部划归俄原。俄原是首批组建的6个"国家公司"之一。

在顶层设计方面,设立了监管委员会、董事会、审计委员会、总经理、副总经理。监管委员会是俄原最高管理机构,经总统、政府授权审批国家核工业发展政策、规划和目标;董事会是集体执行机构,负责制订公司工作计划并督促实施;审计委员会负责监督公司财务和商务;总经理全面主持日常工作;副总经理负责分管业务。

监管委员会由9人组成,包括8名总统和联邦政府代表及俄原总经理,所有成员均由总统任命。其中,现任主席是俄原首任总经理、现任总统办公厅第一副主任基里延科,其他成员包括政府军工委员会主任兼政府办公厅副主任、总统助理兼总统府法务部主任、外经银行董事会副主席兼首席经济学家、联邦安全局经济安全局局长、能源部长、联邦政府副主席兼远东联邦区总统代表、总统助理以及俄原现任总经理。董事会由总经理、8名副总经理、1名职能部门主任、4名板块负责人组成,董事会成员由监管委员会根据俄原总经理的提名任命。审计委员会由财政部、国家审计委员会、国防部高管人员组成,由监管委员会任命。

俄原成立后,俄政府在2008年批准《俄原长期活动纲要》,2010年批准《俄联邦核工业综合体发展路线图》,2012年批准《俄联邦核工业综合体发展国家纲要》等多部顶层设计文件,为俄原落实国家核工业战略提供指导和全面支持。俄罗斯政府给予多项政策支持俄原发展。

一是政府大力支持俄原在整合核能产业各板块时享有极大自主权且无需面临国内竞争,能够高效贯彻国家做大做强核能产业、推动核电走向国际市场的意志,落实国家核能产业发展路线和战略规划。

二是给予大量联邦预算支持。俄原成立以来,每年都会获得联邦预算的资助。2008年,俄政府宣布将在2008—2015年向俄原提供1万亿卢布(约合427亿美元)的联邦预算。2014年颁布的《俄联邦核工业综合体发展国家纲要(2012—2020年)》指出,联邦预算将提供总计8 997亿卢布的公开经费资助,以及数额保密的不公开经费资助。以2012年为例,1 141亿卢布的公开经费相当于俄联邦预算总额的0.9%。

三是国家强力支持核电出口。核电出口是俄罗斯国家战略,俄政府在政治、外交、金融、政策方面大力支持俄原。允许进口国外乏燃料是典型案例。国家元首、政府与企业一起组成推销团队,如土耳其Akkuyu项目,普京亲自出面说服土耳其总统,获得了单独议标权,促成谈判成功。国家每年安排专门预算,对核电发展及其出口给予大力支持。

四是俄原有权从事经营活动,但不接受税务检查。可获得利润,但不上缴也不分配,而是专门用于法律规定的经营活动。可对资产实行完全控制,有权自主组建子公司而无需政府审批。非商业组织的属性使其能够最有效地绕开一系列国内外市场上的限制性壁垒。

"国家公司"模式使俄原在整合核能产业各板块时享有极大自主权且无需面临国内竞争,能够高效贯彻国家做大做强核能产业、推动核电走向国际市场的意志,落实国家核能产业发展路线和战略规划。

在产业层面,俄原具体负责执行关于核电的统一政府政策,并履行俄罗斯在和平利用核电和维护核不扩散体制方面的国际承诺。为了做大做强俄罗斯核工业,实现世界领先的目标,俄原整合了旗下优势资源,组建了 11 大板块,与核能产业相对集中的州府、研究机构、高校签订产业园协议,建设核能产业基地。各板块根据集团战略精神和自身发展需求,也进行内部资源重组。以对内加强统一、对外形成合力为特点的体制改革为俄核工业发展注入了活力和动力。

在科研创新上,俄原对重大项目统筹安排,按照各机构的能力特点和科研传统,采取一家为主、各取所长、广泛联合的方式。每个型号研发项目由一批研发力量联合研发,其中一家机构担任主设计机构,发挥最主要研发作用,其他机构按照自身特长,分工负责反应堆燃料与设备研发、制造、供应等,往往还有一家机构担任科学指导。在俄罗斯整体经济不景气的背景下,更加强调围绕战略目标,集中指挥、集中力量、集中攻关、优先保障,不断推出战略性新技术和新型装备,在与美竞争中取得非对称优势,同时带动经济发展和科技持续创新。

2.2 法国:整合技术,产业重组

法国是单一业主兼 AE、主供应商分设的体制。20 世纪 60 年代初,法国利用欧洲原子能联盟与美国开展核技术国际合作的契机,从压水堆开始起步,20 世纪 70 年代在石油危机的压力下,确定了系列化、标准化和批量发展核电的能源战略,走上引进、消化和创新的核电发展道路。

为适应核能产业大规模发展的需要,法国政府对核工业体制机制进行改革,决定将原本全面统筹核工业的原子能委员会退出核电经营活动,转向军民核技术和核基础研发相关工作;铀矿开采、浓缩、燃料加工等核燃料循环业务转给新设的专业化公司,并由其负责国内外铀资源的经营和开发;原子能委员会与法国电力公司(EDF)等以股份制形式组建法马通公司;将原子能委员会参与核电业务的全部工程技术人员转给法马通和法国电力公司。垄断全国电力工业的法国电力公司(EDF)作为业主,组建 AE 公司,主导全国核电建设工作,在国营体制下,承担起核电站投资、建设和运行三个角色,同时,通过股权参与、批量订单等多种途径扶持法马通引进西屋技术,有计划地推动其成为核岛主供应商;在政府强有力的干预和组织下,在引进美国压水堆技术的同时,法国现代核电工业体系基本形成,强有力地支持了核电的大发展。

1974—1987 年,法国先后建设约 40 台核电机组,高峰时期曾一年开工建设 7 台机组,一年投产 8 台机组,并不断创新出系列改进型压水堆技术,带动核电设计、建造、运行和设备制造自主化能力的全面提升,在世界核电建设中取得了公认的优势。

法国电力公司(EDF)。EDF 同时担任法国核电站的业主、运营商和 AE 机构角色。EDF 将核电站设计、核电设备供应商和核电站运行经验反馈这三方面力量整合成一个完整的体系,是一个国家实现核电自主化的基础;三者结合越密切,掌握核电技术的程度也就越高。业主、运营商和 AE 一体化使得 EDF 作为业主,可以主导核电自主化、国产化过程,能够将核电站建设运行的经验反馈给设计部门、制造部门,促使设计不断优化,推动设备性能和质量不断提高,并改进了安全技术,使法国核电站很快实现标准化。标准化使得法国核电站的投资成本和运行成本都很低,法国因此成为世界上民用电价最低的国家之一。

核岛主供应商。法国只有一家公司提供核蒸汽系统,即 AREVA-NP,前身是法马通公司,该公司在吸收消化西屋公司技术的基础上形成了有自己特点的技术,不但供应了法国全国的压水堆设备,而且实现了系列化、标准化生产,把产品推销到国外。1999 年 12 月,法马通与德国西门子公司的核业务部门合并成立了法马通先进核能公司(FRAMATOME-ANP),开发出新一代的欧洲压水堆,即 EPR堆型。2000 年与高杰马合并组成阿海珐(AREVA),成为世界上最大的核电主供应商。

核燃料循环体系。1976 年,法国政府对核燃料工业采取了两项重组行动:一是成立法国核材料总公司,把铀矿开采、铀化工、铀浓缩、燃料加工和燃料后处理等业务和工业部门统一集中到高杰马公司。二是成立了法杰马公司,由法马通公司和高杰马公司各控股 50%,经营燃料组件的制造业务。经过 30 年发展,国际并购和重组,法国核燃料循环工业已做大做强,阿海珐集团不少业务在世界上首屈一指:天然铀产量占世界 15%,拥有储量占世界 23%;铀化工转化占世界产量 25%,约 40% 出口;铀浓缩占世界产能的 25%;燃料组件制造提供了全世界轻水堆燃料组件市场需求的 40%;后处理能力世界第一,并占有 2/3 的世界市场;MOX 燃料制造能力世界第一,并参加美国萨凡娜河 MOX 燃料制造厂和俄国 MOX 燃料制造厂的建设项目。

2.3　美国:完全市场化运行

美国是全世界最早利用核能的国家,其核电技术一直处于领先地位。当前,美国的核电机组数、核电装机量和发电量均居世界第一。从 1957 年第一个大型民用核电厂在美国宾夕法尼亚州投入运行开始,美国共建造了 133 座商用核电反应堆。

2.3.1　政府层面

一是国家统筹,始终由一个独立政府部门集中统一管理。美国国防工业中,只有核工业实行由独立政府部门集中统一管理核军工科研生产和民用科技研发的模式。从 1947 年美国成立原子能委员会直到现在,始终由一个部门实施行业管理。核工业由政府掌控,能源部既是核工业的管理者,也是承担核业务的"实体"。能源部绝大部分核业务由直属科研生产单位承担,各单位科研生产任务不是通过竞争获得,而是按"计划"分配。各单位的业务分工明确,不存在竞争。能源部重视核工业发展的顶层设计,制订并更新其发展战略和中长期计划,统筹规划和协调核工业发展。

二是核能的产业集中度太低。美国核电产业体系完全民用,由私人企业承担。集中度低,产业链各环节分别由不同公司发展,与其他核大国相比,核能产业的综合竞争力、企业实力差距太大。当美国国内产业发展需求不足时,涉核企业无法与国际对手竞争。核能产业发展周期长、短期利润不高,对私人企业的吸引力不足,由于美国体制下没有体现国家意志的大型企业参与核能产业,核能产业遭遇了无人愿意投资的局面,导致了美国核能发展长期停滞不前。

三是依靠强大国力对研发长期保持高投入。美国能源部长期以来在核能基础科研领域保持高投入,特朗普政府上台以来每年政府涉核投入约 300 亿美元,而且逐年增加,未来 30 年内将投入 1.2 万亿美元用于核力量现代化。美国的战略核力量和涉核技术始终保持着领先地位。但由于其科研与核能产业没有一体化发展,掌握的大量高技术难以产业化,成果转化效率并不高。

2.3.2　企业层面

当前美国核能产业完全市场化发展,几乎每个环节都有多家市场主体,主要是私人企业。核电业主数量多且分散,压水堆与沸水堆技术研发及燃料组件生产各成体系;但核燃料产业呈现"空心化"发展趋势,燃料供应基本由本土合资企业、外资企业及进口保障。美国政府坚持开式核燃料循环技术路线,因此不具备乏燃料商业后处理能力。

一是核电厂业主分散。美国在运核电机组归 68 家业主所有,由 31 个公司运营。核电厂的运营管理逐步趋于专业化,许多业主委托专业化公司负责核电厂的运营。

二是核电设备供应商各有分工。美国目前有 3 家核蒸汽供应系统供应商:西屋公司建造了美国大部分压水堆的核蒸汽供应系统,2017 年西屋公司申请了破产保护;巴布科克·威尔科克斯公司建造了部分压水堆的核蒸汽供应系统;通用电气公司提供了美国所有沸水堆的核蒸汽供应系统,近年来通用电气涉核业务规模逐步缩小。这些供应商还能为自己设计的反应堆提供燃料组件、特种维修服务和核电厂运行支持。

三是工程建设能力分散。美国受聘承担核电厂工程建设管理的公司一度多达 30 家,著名的 AE 公司有柏克德公司和博莱克·威奇公司等。部分核电厂业主自己承担 AE 工作,特别是那些核电项目较多、能力较强的业主,如田纳西电力公司、杜克能源公司等。由于多年来核电新项目少,核电建设能力已经明显减弱。

四是核燃料组件供应有所分工。美国有 3 家燃料组件供应商,西屋公司主要生产压水堆核燃料,通用电气控股的全球核燃料公司生产沸水堆核燃料,法国欧安诺控股的燃料制造厂生产压水堆核燃料。

五是天然铀主要依赖国外采购。美国核电产业天然铀需求量为 2 万吨铀/年左右。美国国内天然铀年产量常年不到 2 000 t 铀,近年的产量持续降低。核电业主/运营商主要从国际市场采购铀,来源国包括澳大利亚、加拿大、哈萨克斯坦、俄罗斯和乌兹别克斯坦等。

六是铀浓缩本国企业已无生产能力。美国目前只有一个铀浓缩厂运行,即欧洲 URENCO 公司的尤尼斯离心铀浓缩厂,并从俄罗斯进口约 20% 的分离功。美国铀浓缩公司已于 2013 年停止气体扩散厂的运行。

3 分析与结论

核能是典型的低碳能源,单位发电量二氧化碳排放仅为 12 g/(kW·h),在全球减缓温室气体影响中发挥了重要历史作用,是美国的第一大低碳能源,占到欧洲低碳能源的 50% 以上,是欧洲应对全球气候变化的主要贡献者。核能也是世界主要国家竞相追逐的科技制高点,先进核能技术的研发受到各国的高度重视。美国提出要利用技术创新和充足的研发投资来巩固核技术进步并加强美国在下一代核能技术中的全球领导地位,尤其重视核能在离网、偏远、孤岛等特殊领域的应用;俄罗斯始终强化核电技术应用创新,并大力支持基于第四代多用途快中子反应堆的研究装置建设;法国认为核能对于维持其工业能力至关重要,大力支持 Nuward 小堆研发;日本计划 2030 年成为小堆全球主要供应商,2040—2050 年开展聚变示范对建造与运行。国际能源署(IEA)研究认为,核能可以为全球应对气候变化中作出更大的努力。对于我国来讲,核能在我国实现碳达峰碳中和目标的进程中作用不可或缺。

参考文献:

[1] IAEA.World Nuclear Performance Report[R].Vienna:IAEA,2020

A review of international development of nuclear energy industry

ZHANG Xin-yu, MA Rong-fang, LI Xiao-jie

(China Institute of Nuclear Industry Strategy, Beijing 100048, China)

Abstract: With the global increasing demand of energy, nuclear energy, as a low-carbon clean energy, has been highly valued around the world. Nuclear power generation accounts for about 11.5 percent of total generation worldwide, and the amount is up to 29 percent of low-carbon energy generation. By the end of 2020, there are 33 countries and regions have established or are building their own nuclear power plants, with 449 units in operation totally and the power up to 400 million kilowatts. Less developed countries in Asia, South America, Middle east and Africa have shown a positive trend in their nuclear energy industry while countries with mature nuclear technics in Europe and America have shown their attitude very differently. Nuclear energy technics is strategically located according to national interests and developing nuclear industry is of great significance to the realization of energy conservation and emission reduction in China, as well as the guarantee of energy supplication and power system supply-side reformation. Keep improving the legal system which is relevant to the nuclear energy industry, giving full play to the advantages of the industry, improving the innovation level of nuclear energy technology, and strengthen the publicity of nuclear knowledge at the same time. Keeping the nuclear industry orderly developing is not only the need of international energy development but also the essential way for China to achieve Carbon-neutral and Carbon-peak.

Key words: nuclear energy; nuclear power; clean energy; international market

中国核科学技术进展报告(第七卷)
核科技情报研究分卷　Progress Report on China Nuclear Science & Technology(Vol.7)　2021 年 10 月

全球小型模块化反应堆发展综述

张馨玉,郭慧芳,袁永龙

(中核战略规划研究总院,北京 100048)

摘要:随着全球能源需求的日益增长,核能作为低碳清洁能源在全球受到高度重视。发电功率低于 300 MW 的小型模块化反应堆,因其模块化建造体积小、建造周期短、安全性能高、易并网、选址成本低、适应性强、多用途等优点,在全球广受追捧。美、俄等主要国家积极推进小型模块化反应堆的研发与部署,全球约有 20 多种小型模块化反应堆的设计,首座小型模块化反应堆有望在 2023 年投入运行。根据冷却剂和中子谱的不同,小型模块化反应堆可以分为陆上模式堆、海上模式堆、高温气冷堆、快堆和熔盐堆。小型模块化反应堆具有智能灵活的运用特性,可为中小型电网和偏远地区供电,在分布式发电中有重要应用,可以较好地替代退役火电机组,在核能供热领域有广阔的应用前景,有能力给偏远军事基地、海岛、海上平台的能源供应带来革命性变化。小型模块化反应堆,无论是军事领域还是民用领域,都有广泛需求,将是核反应堆技术未来发展的重点方向,具有战略意义,有重大的潜在军、民用价值。

关键词:小堆;模块化;堆型;发展现状;应用前景

随着全球能源需求的日益增长,全球气候变暖,核能作为低碳清洁能源越来越受到世界各国的高度重视。根据 2019 年国际能源署(IEA)电力数据全球发电量达 27 005 TWH,全球约 450 座核电反应堆在役,装机容量近 4 亿千瓦;核电发电量占全球总发电量的 10.5%,是全球第 2 大低碳电力能源。核能是高能量密度的国家战略能源,同时也是唯一清洁、低碳、安全、高效的基荷能源。国际原子能机构(IAEA)将电功率小于 300 MW 的反应堆定义为小型反应堆[1],"模块化"是指核蒸汽供应系统(NSSS)采用模块化设计和组装[2],当 NSSS 系统与动力转换系统或工艺供热系统进行耦合连接后,就可以实现所需的能源产品供应。系统模块组装可以由一个或多个子模块进行组装,也可以根据热工参数匹配性要求从一个或多个模块机组形成大规模的发电厂,用于生产电力或其他用途[3]。小型模块化反应堆(SMR)尺寸小、选址灵活、建设方便,特别适合在不需要大功率发电量的偏远或孤立地区部署,以及为制氢或海水淡化提供能量。可以满足更多国家对灵活发电的需求,取代老化的化石燃料机组,提高安全性和经济适用性。

近年来,SMR 在美国、俄罗斯、加拿大、法国、日本以及阿根廷等国家受到极大关注。从核反应堆技术的长期发展来看,人们感兴趣的是能够提高安全性和经济性、防扩散、提高资源利用率、废物最小化、产品多样(如海水淡化、供热、制氢)和在选址、燃料循环上有灵活性的创新型设计,目前提出的许多创新型核反应堆设计都是小型模块化核反应堆。先进的 SMR 有高安全性、功率小、多用途、灵活性强等特点,必将成为未来核能应用的新趋势[4]。

1　SMR 发展现状

1.1　SMR 发展历史

商业核能发电技术源自小型轻水堆(LWR)技术,如 1958 年开始运行的美国希平港压水堆核电站(60 MW),该核电站的反应堆是由贝蒂斯海军原子能实验室设计的,当初设计有两个用途,一是为航空母舰提供动力,二是为核反应堆商业发电提供安全示范;1960 年,西屋公司设计的压水堆核电站(185 MW)投入运营;1962 年,B&W 公司设计的印第安角压水堆核电站(275 MW)投入运行;1960 年通用电气公司设计的德累斯顿沸水堆核电站(210 MW)投入运行。这些小型反应堆都属于轻水堆技术[5]。

作者简介:张馨玉(1993—),女,吉林长春人,研究实习员,硕士,现主要从事核技术情报研究

当前国际上核电反应堆技术已发展到第四代,其中运行的绝大多数是第二代,正在部署第三代,研发第四代。第一代主要采用 20 世纪五六十年代开发的试验堆和原型堆;第二代主要采用 20 世纪 70 年代开始投入运行的、实现标准化和系列化的商业反应堆,主要是轻水堆;第三代通常采用符合相关要求、安全性和经济性明显提高的反应堆,典型技术包括美国 AP1000、法国 EPR、韩国 APR-1400、俄罗斯 VVER-1200(AES-2006)等,全部为轻水反应堆。

随着核反应堆技术的不断成熟,世界各国致力于发展经济性与安全性更高的小型核反应堆。远期趋势是发展体积更小、结构更简单的快堆和高温反应堆。SMR 则主要以成熟技术为基础,大部分也采用的是轻水堆,并设计研发第四代核电反应堆技术,包括钠冷快堆、气冷快堆、铅冷快堆、超高温反应堆、超临界水冷堆和熔盐堆 6 种堆型。

模块化结构设计和制造技术在历史上被广泛用于批量化流水线产品生产。新的思路是对小型反应堆进行模块化设计和制造,由单一或多个模块组成小型模块机组,以适应小型或大型电网的负荷调度需求,从而创建新的核能发电应用场所,同时利用模块化来大幅降低投资成本。为了达到大型核电站同等功率规模和经济效益,可采用多个相同的、造价低廉的小型反应堆模块机组群,采用简单、紧凑的系统设计,以实现与大型核电站同等的经济竞争力,降低成本。

1.2 主要国家 SMR 发展现状

SMR 因其功率小、建设周期短、布置灵活、适应性强、体积小等诸多优点,受到美国、俄罗斯、英国、加拿大等国的大力追捧。

1.2.1 美国 SMR 发展现状

美国能源部于 2010 年发布《核能研发路线图》,所提出的研发目标中包含了"改善 SMR、高温气冷堆等先进核反应堆技术的经济可行性"。美国能源部于 2012 年公布《小型模块堆部署战略框架》,并启动"SMR 许可证审批技术支持计划",积极支持私营公司开展 SMR 研制,采用成本共担方式,为 SMR 的设计认证与许可证申请提供支持。美国能源部于 2012 财年启动"SMR 许可证审批技术支持计划",在 6 年内投入 4.5 亿美元,在 21 世纪 20 年代实现这项技术的商业化应用。2014 年,能源部和 NuScale 公司签署了为期 5 年、2.17 亿美元的项目合同,为该公司的 SMR 设计认证提供支持。2017 年美国核管会 NRC 接受了型模块化反应堆设计的许可申请。2020 年,在美国核管会 NRC 为期 4 年的审查后通过了首个 SMR 的设计认证,计划 2023 年开始商业运作。

1.2.2 俄罗斯 SMR 发展现状

俄罗斯国家原子能公司开发了多款小型核反应堆,以满足破冰船、浮动核电站、海水淡化、热电联产等不同需求。到目前为止,俄罗斯建造了 10 艘核动力破冰船,有 5 艘在服役,另外 5 艘已退役。俄罗斯在核动力破冰船技术上遥遥领先,且仍旧是世界上唯一拥有核动力破冰船的国家,所有核动力破冰船均由俄原子能国家集团核动力破冰船公司负责管理和运营。俄罗斯现已发展了四代六型核动力破冰船。非自航式浮动式核电站"罗蒙诺索夫院士"号,由两座改造过的破冰船反应堆提供动力,反应堆采用 2 台 KLT-40S 型反应堆,单堆功率为 35 MW,整艘浮动式电站可以提供 70 MW 电力、300 MW 的区域供热,或者 240 000 m^3/d 的淡水,为俄罗斯北部偏远的沿海城镇提供电力供应。

1.2.3 英国 SMR 发展现状

2014 年,英国下院能源与气候变化特别委员会发布报告,敦促英国开展 SMR 研究。报告强调鼓励开发和部署 SMR。英国要实现到 2050 年实现净零排放的目标,新的核电是必不可少的,即任何碳排放都能被大气中吸收的等量碳抵消。但能源网络中却出现了一个漏洞。英国七座核反应堆中,有六座将在 2030 年停用,剩下的一座核反应堆 Sizewell B 将在 2035 年退役。它们合计占全英国电力的 20% 左右。

由制造商罗尔斯-罗伊斯(罗罗)牵头的一个财团宣布,计划在英国建设多达 16 座小型模块化核反应堆。该项目将在未来 5 年内为英格兰中部和北部地区创造 6 000 个新的就业机会。据悉,英国首相准备宣布为该项目提供至少 2 亿英镑,作为拖延已久的经济复苏绿色计划的一部分。罗罗认为,除了生产低碳电力外,这一概念还可能成为一个出口产业。除了罗罗,建造 SMR 财团包括国家核实验室和建筑公司 Laing O'Rourke 等机构。去年,它获得了 1 800 万英镑,开始了 SMR 概念的设计工作。2021 年 3 月 9 日,英国商业、能源和工业战略部(BEIS)发言人 Becky Lawrenson 表示,英国政府拟为先进堆及 SMR 供应链和监管框架开发提供 4 000 万英镑(约合 5 592 万美元)资金支持。英国计划在 2030 或 2031 年部署一座 470 MW 级 SMR。

1.2.4 加拿大 SMR 发展现状

加拿大联邦政府已拨款 1 511 万美元(2 000 万加元)投资小型核电站,作为减少该国碳足迹努力的一部分。据加拿大广播公司报道,这笔资金将被提供给安大略的陆地能源公司,用于开发模块化反应堆,并将其推向市场。根据加拿大政府的数据,加拿大是世界第二大铀生产国,第四大铀出口国。2018 年,核能发电量占该国发电量的 15%。这笔拨给陆地能源的资金是政府对 SMR 的第一笔投资,而且是在自然资源部发布路线图之前,该路线图显示了这项技术如何帮助加拿大减少其碳足迹。该国已承诺在未来 10 年将其排放水平降低三分之一。英国核监管办公室(ONR)和加拿大核安全委员会(CNSC)于 2020 年 10 月宣布,将在 SMR 方面开展合作。此前两国表示,随着 2020 年 3 月《先进核技术合作行动计划》的签署,两国将在全球范围内主导 SMR 和先进模块堆技术。

1.2.5 其他国家 SMR 发展现状

南非首次开发球床模块化反应堆(PBMR)是在 20 世纪 90 年代。该 SMR 的功率为 110 MW,采用氦气冷却。因此该 SMR 可以部署在南非等水资源有限的国家。南非的能源结构严重失衡,此类项目对于南非尤其重要。2016 年,南非的一次能源 69% 来自煤炭,14% 来自原油。2019 年南非的政府报告指出,南非在铀储量非常丰富,拥有世界已探明铀矿的 5.2%。这表明只要南非有意愿投资开发核相关技术,将有很大的发展前景。

芬兰 VTT 技术研究中心 2021 年 2 月 24 日宣布,芬兰将启动开发区域供热 SMR 项目。芬兰启动该项目的目标旨在围绕这项技术,在芬兰建立新的工业产业链,以满足该供热项目所需的大部分零部件的制造需求。芬兰大部分地区主要通过煤炭、天然气、木材燃料等供暖,芬兰计划在 2029 年前逐步停止在能源生产中使用煤炭。芬兰正在选型并开发几种先进 SMR 以满足规范要求,并计划于 2030 年投入市场。表 1 列出了全球主要类型的 SMR 发展现状,包括输出功率、堆型和现状态。

表 1 全球 SMR 发展现状

国家	名称	堆型	输出功率/MW	状态
	UNITHERM	压水堆	6.6	概念设计
	RUTA-70	压水堆	70(th)	概念设计
	ELENA	压水堆	68 kW	概念设计
	KLT-40S	浮动堆	70	建成
	RITM-200	浮动堆	50×2	建成
	VBER-300	浮动堆	325	执照申请
	ABV-6E	浮动堆	6	最终设计
俄罗斯	SHELF	水下堆	6.4	正在详细设计
	KARAT-45/100	沸水堆	45/100	概念设计
	GT-MHR	高温气冷堆	285	完成初步设计
	MHR-T	高温气冷堆	205.5×4	概念设计
	MHR-100	高温气冷堆	25~87	概念设计
	BREST-OD-300	液态金属冷却堆	300	在建
	SVBR-100	液态金属冷却堆	100	完成方案设计
	UNITHERM	压水堆	6.6	概念设计

国家	名称	堆型	输出功率/MW	状态
美国	NuScale	压水堆	60×12	正在取证
	mPower	压水堆	195×2	正在设计
	W-SMR	压水堆	225	完成概念设计
	SMR-160	压水堆	160	概念设计
	SC-HTGR	高温气冷堆	272	概念设计
	Xe-100	高温气冷堆	35	概念设计
	EM2	气冷快堆	265	概念设计
	G4M	液态金属冷却堆	25	概念设计
	SmAHTR	熔盐堆	125(th)	预概念设计
	LFTR	熔盐堆	250	概念设计
	Mk1 PB-FHR	熔盐堆	100	预概念设计
	ThorCon	熔盐堆	250	概念设计
日本	IMR	压水堆	350	概念设计
	DMS	沸水堆	300	概念设计
	GTHTR300	高温气冷堆	300	基准设计
	4S	液态金属冷却堆	10	详细设计
	FUJI	熔盐堆	200	完成概念设计
中国	ACP100	压水堆	100	在建
	ACPR50S	压水堆	60	完成方案设计
	CAP150/200	压水堆	200	概念设计
	HTR-PM	高温气冷堆	210	调试
	DHR-400	泳池堆	4 000	完成设计
加拿大	LEADIR-PS	液态金属冷却堆	39	概念设计
	IMSR	熔盐堆	192	概念设计
南非	PBMR-400	高温气冷堆	165	完成初步设计
	HTMR-100	高温气冷堆	35	优化概念设计阶段
法国	Flexblue	水下堆	165	概念设计
阿根廷	CAREM	压水堆	30	在建
印度	AHWR-300	重水堆	300	概念设计
丹麦	MSTW	熔盐堆	100	概念设计
韩国	SMART	压水堆	100	概念设计
英国	Stable Salt Reactor	熔盐堆	37.5×8	概念设计
多个国家	IRIS	压水堆	335	概念设计

2 SMR 分类及技术路线

IAEA 根据 SMR 的建造位置、冷却方式及中子谱,将小堆分为陆上水冷堆、海上水冷堆、高温气冷堆、快堆和熔盐堆这 5 种堆型。

2.1 陆上水冷堆

美国正在开发 5 种一体化小型模块化陆上水冷堆,分别是 NuScale、mPower、GE 和日本日立公司 BWRX-300、霍尔台克国际公司公司 SMR 和 SMR-160。NuScale 小堆用于建造核电站,每个核电站有 12 个模块组成,每个模块输入功率为 60 MW,2016 年年底向美国核管会提交设计认证申请,之后将申请建造－运行联合证书。NuScale 预计 2020 年获得设计审查认证,首座电站计划 2026 年前在爱达荷州建成。BWX 技术公司研发的 mPower 电站有 2 个模块,每个模块的电功率为 195 MW。西屋公司完成电功率为 225 MW 的 SMR 概念设计,引进了 AP1000 非能动安全理念。霍尔台克国际公司正在研发电功率为 160 MW 的 SMR-160 小堆,现已完成初步设计。

俄罗斯电力工程研究中心 NIKIET 正在根据潜艇反应堆的经验研发电功率为 6.6 MW 的 UNITHERMSMR。NIKIET 研究 KARAT 系列小型沸水堆,包括电功率为 45 MW 的 KARAT-45 小型沸水堆;热功率为 360 MW、电功率为 100 MW 的多功能一体化沸水堆 KARAT-100。NIKIET 正在研发一体化池式供热堆 TUTA-70,热功率为 70 MW,用于区域供热和海水淡化。库尔恰托夫研究所正在研发用于热电联产的 ELENA 概念设计,热功率为 3.3 MW,电功率为 68 kW,换料周期为 25 年。

日本三菱重工研发的一体化中型压水堆 IMR 发电功率为 350 MW。日立－通用公司研发的模块化简易中小型反应堆 DMS 是一种小型沸水堆,装机容量为 300 MW。

韩国核安全与安保委员会于 2012 年为韩国原子能研究所(KAERI)设计的电功率为 100 MW 的一体化先进小型模块化反应堆 SMART 颁发了标准设计资格认证证书,这是世界首个获得设计认证的一体化小型压水堆。2015 年 9 月,沙特核能与可再生能源城在利雅得与 KAERI 签署了联合开发 SMART 的合作协议,计划在沙特建造两台 SMART。

阿根廷的 CAREM 小堆是一体化压水堆,一回路布置在反应堆压力容器内,电功率为 150~300 MW。在建的电功率为 27 MW 的 CAREM-25 原型堆于 2012 年 8 月底开始厂址负挖工作,2014 年 2 月正式开工建设。

印度先进重水冷却反应堆 AHWR300 电功率为 304 MW,使用低浓度钍铀混合燃料。IRIS 国际联合公司完成了电功率为 325 MW 的一体化压水堆 IRIS 的初步设计。

2.2 海上水冷堆

俄罗斯"罗蒙诺索夫"号浮动核电站装载两台 KLT-40S 反应堆,每台反应堆的电功率为 35 MW,可用于热电联产,目前已经投运。俄罗斯计划使用 RITM-200 反应堆建造三艘 22220 型破冰船,"北极"号和"西伯利亚"号破冰船已经建成,各装载两台 RITM-200 反应堆,"乌拉尔"号破冰船已经开工。RITM-200 反应堆电功率为 50 MW,采用强制循环,也适用于建造海上浮动核电站和陆上核电站。俄罗斯 OKBM 设计局正在研发电功率为 6~9 MW 的 ABV-6E 小堆和 325 MW 的 VBER-300 中型多功能反应堆,可以用于建造浮动平台,也可以建造陆上水冷堆,实现热电联产。俄罗斯 NIKIET 电力工程研究中心正在研发功率为 6 MW 的水下远程遥控核电源 SHELF。

我国中核集团正在研发海上模式堆 ACP100S 和 ACP25S。中广核的 ACPR50S,可用于热电联产和海水淡化,为海岛和沿海地区提供能源供应和应急支持。ACPR50S 正在进行初步设计阶段,预计 2020 年并网发电。中船重工集团正在开展 HHP25 浮动堆设计工作,浮动平台装载两座热功率为 100 MW、电功率为 25 MW 的 HHP25 小堆。

法国 Flexblue 是电功率为 160 MW 的小型海底核电反应堆,正在进行技术可行性论证。

2.3 高温气冷堆

美国下一代核电站产业联盟选择阿海珐的电功率为 272 MW 的 SC-HTGR 作为商业推广的小堆，已经开始申请设计审查认证工作。SC-HTGR 基于阿海珐 ANTARES 概念设计，不过安装了两台蒸汽发生器，可以实现热电联产。美国私人公司 X 能源公司正在研发电功率为 35 MW 的小型球床反应堆 Xe-100。Xe-100 的目标是通过简化系统设计、模块化设计、缩短建造周期和不停堆换料提高电厂的利用率，来提高小堆的经济性。

俄罗斯研发 285 MW 的 GT-MHR 用于发电，但是最近也转向工业供热，如 MHR-T 高温堆采用 4 个 600 MW 的模块用于核能制氢。MHR-100 采用棱柱状燃料，设计热功率 215 MW，用于发电和热电联产。GT-MHR 是俄美联合研发的反应堆，起初是用于燃烧从核弹头拆下来的武器级钚。

日本原子能研究所(JAEA)建造高温气冷实验堆 GTHTR300，基于实验堆设计与运行经验，研发数种高温气冷堆概念设计。GTHTR300 是一种具有固有安全特性、厂址适应性强的多功能模块化高温气冷堆，电功率为 300 MW。GHGTR300 预计 21 世纪 20 年代投入商业运行。

南非曾研发电功率为 165 MW 的球床模式反应堆 PBMR-400，采用直接布雷顿循环，使用氦气驱动汽轮机高效发电。2010 年，南非中止了 PBMR 的工程建设计划，不过继续研发设计工作。南非 Steenkampskraal ThoriumLimited 有限公司正在研发使用铀钍钚包覆颗粒燃料的 HTMR-100 球床堆，计划 2018 年完成概念设计，采用一次通过循环。HTMR-100 的设计发电功率为 35 MW。

2.4 小型模块化快堆

美国正在为 EM^2 小型模块化快堆设计。EM^2 小堆是通用原子能公司研发的模块化电功率为 265 MW 的氦冷快堆。EM^2 堆芯出口温度为 850 ℃，可用于高温工艺热源。EM^2 采用"可转化燃烧"堆芯设计，可将大量的同位素转变为可裂变核素并燃烧，堆芯设计寿命为 30 年。

SVBR-100 是俄罗斯 AKME 工程公司研发的多功能模块化小型铅铋快堆，发电功率为 100 MW。SVBR-100 小堆的示范工程预计 2019 年开始进行物理实验和工程发电。

日本东芝公司研发的高安全性、小型简化 4S 小堆是全寿期不需要换料的多用途钠冷快堆，输入热功率有 2 种参数，分别为 30 MW 和 135 MW，电功率为 10 MW。

2.5 熔盐堆

美国橡树岭国家实验室提出熔盐堆的概念。橡树岭国家实验室建造并成功运行了熔盐实验堆 MSRE。MSRE 使用液态熔盐燃料，也作为主回路的冷却剂。液态氟盐冷却钍基熔盐堆 LFTR 是氟锂铍能源公司研发的石墨慢化热中子谱反应堆，裂变材料和增殖材料分布在液态熔盐中。LFTR 燃料和熔盐作为一个结构放置在压力容器，但是燃料和熔盐是分开的。LFTR 使用闭式气体透平发电，发电功率为 250 MW，使用成本较低的钍做燃料。马克 I 型球床氟盐冷却高温堆(Mk1 PB-FHR)是一个石墨慢化小型模块式反应堆，由加利福尼亚大学伯克利分校正在研发。MK1 PB-FHR 使用包覆颗粒燃料，液态氟化铍为冷却剂，在正常供电情况下发电功率为 100 MW，在用电高峰时发电功率为 242 MW。ThorCon 是电功率为 250 MW 的模块化热中子谱反应堆。每个模块包括两个密封在罐中的可替换反应堆，当一个反应堆发电时，另一个反应堆处于冷停堆模式。密封罐每 4 年更换一次，熔盐燃料也被转移到新的密封罐中。目前，印度尼西亚正在进行建造 ThorCon 的可行性研究。

我国中科院正在研发固态燃料和液态燃料的熔盐堆。2017 年 4 月，中科院与甘肃省武威市签订了在民勤县红砂岗建设钍基熔盐堆核能系统(TMSR)项目的战略合作框架协议，分两期建设，总投资 220 亿元；9 月，中科院完成选址专题工作；11 月完成 TMSR 厂址安全评价和环境影响评价报告。

加拿大特里斯特尔能源公司研发的一体化熔盐堆 IMSR400 热功率为 400 MW，电功率约为 190 MW。IMSR400 的主要部件密封在一起作为一个整体单元，在大约 7 年的有效服役寿期后，整体替换掉。IMSR 正在进行申请设计认证的前期工作。西博格技术公司的熔盐热废物焚烧堆 MSTW 是一种使用乏燃料和钍的混合物为燃料的概念设计，目前正处于中子和物理研究，以及早期工程设计阶段。

日本在国际钍熔盐论坛的组织下,研发了可以燃烧钚和次锕系元素的 FUJI 概念设计。FUJI 发电功率为 200 MW,由于出口温度为 704 ℃,可以用于工业制氢和海水淡化。

英国莫尔泰克斯能源公司正在研发稳定熔盐堆 SSR,使用液体熔盐燃料,可以避免固态燃料熔化的风险。SSR 核电站发电功率为 300 MW,有 8 个模块组成,每个模块电功率为 37.5 MW。SSR 已完成概念设计,关键技术已经得到独立验证。

3 SMR 应用前景分析

3.1 SMR 为中小型电网及偏远地区供电

SMR 的优势在于容量和选址灵活,可以调整模块数量来实现不同的容量,适合于为中小型电网和偏远地区供电。我国内陆一些大型设备运输不便、地震条件相对不佳、缺乏一次能源、电网和基础设施比较薄弱的地区(如甘肃、青海、新疆、西藏、贵州和四川周边地区等),适合批量化建造包括高温气冷堆在内的 SMR。目前全球有意采用核能的国家中,许多国家的电网规模和经济承受能力不适合采用大型反应堆,如东南亚和非洲的发展中国家、新加坡等,这些地区部署 SMR 将更具吸引力。

3.2 SMR 在分布式发电中有重要应用

SMR 容量小,且距离负荷近,可以直接就近接入地区配电网,满足分布式发电灵活接入与就近消纳的要求,采用"即插即用"的方式,可以与各类发电方式(包括集中式发电与分布式发电)和储能装置实现无缝衔接,实现集中式电源和分布式电源的协调运行。

3.3 SMR 替代火电机组节能减排

在我国"碳达峰,碳中和"的目标下,大量的火电机组将逐渐退役,SMR 有望替代退役的火电机组。利用退役火电机组的厂址建设小堆,可以节约场地平整、征地搬迁等工程前期准备等费用,从而提高竞争力。SMR 在替代退役的火电机组方面,将有较大的发展空间。

3.4 SMR 在核能供热领域应用前景广泛

国外核能供热有成熟的经验,如俄罗斯、加拿大、瑞典等国家。核能替代燃煤热电厂或集中供暖锅炉,为工业提供高温水或高温蒸汽,为居民提供冬季集中供暖,可以减少散烧煤数量和碳排放量,基本实现零碳排放,缓解大气环境污染问题。核能供热厂址靠近城市负荷中心和用户,既提高 SMR 的技术和安全性,又可以减少管道向环境排放的热量。核能供热既可以通过 SMR 热电联供的方式进行供热,也可以通过池式低温常压 SMR 进行单纯的供热。我国清华大学和中国原子能科学研究院已经实现小堆低温供热。清华大学与中国核建集团已经完成 NHR 系列小堆的技术方案设计。中国原子能科学研究院还启动了池式低温常压供热堆"燕龙"型号的研发工作。

3.5 SMR 可用于核能制氢

SMR 可用于核能制氢,尤其是高温气冷堆将高温制氢作为重要的研发用途之一。根据世界核协会统计,世界上第四代核能系统的 6 种系统的 4 种是将核能制氢作为重要的研发目标。目前小堆制氢的研究热点集中于高温电解和热化学制氢等技术领域。目前核能制氢的单位生产成本高于煤制氢的单位生产成本,但低于天然气制氢单位生产成本。考虑到未来征收碳税对制氢成本的影响,核能制氢的成本可能会低于煤制氢的成本。小型压水堆蒸汽出口温度较低,无法直接进行高温制氢,通过与先进制氢工艺耦合,可以实现利用发电产生高温制氢。同时,国内也在研究低温制氢工艺,降低电解制氢成本,提高电解制氢效率。

4 SMR 发展问题分析

4.1 SMR 安全性问题

SMR 设计中包涵一些新技术特性，一些 SMR 为了降低运行和维修的复杂性，在其中设计了新型的部件，对核安全监管提出了更高的要求，需要用更为先进、可靠的仪控技术或手段来实现 SMR 在特定环境下的测量、诊断和控制。如一些 SMR 需要长寿期堆芯运行，其堆芯材料需更具耐腐蚀、耐高温等长寿期特性，但在其运行中依然存在相关部件的疲劳和老化问题，需谨慎论证。

SMR 部署的位置更为灵活，一些 SMR 将反应堆厂房深埋于地下或半地下，福岛核事故后，在自然洪水灾难来临时，紧急救援人员如何将深埋于地下的核反应堆模块取出将成为一个重要的核安全问题。

4.2 SMR 监管经济性问题

首个通过 SMR 设计认证的是美国 NuScale Power 开发的 SMR，2020 年 9 月终于通过了为期 4 年的审查。目前全球相关的法律标准都是为大型的反应堆制定的，监管方若用现有的标准去监管 SMR 将严重阻碍 SMR 的发展，也会让 SMR 失去其自身的竞争性。

SMR 因其独特的模块化设计其额定功率比大型反应堆低，具有一定的经济性。但是，建造若干个 SMR 的费用要高于若干个 SMR 功率和的大型反应堆，SMR 的单位功率造价成本较高。

5 分析与结论

SMR 体积小、重量轻、能够为偏远地区提供能源补给。在我国"碳中和，碳达峰"的发展战略中，能够为其提供稳定可靠的能源保障，适应新形势下的能源变革。SMR 目前尚处于初始阶段，全球正积极推动清洁能源发展，随着核技术的不断提高，SMR 的安全性、经济性也将大幅提升。

我国应加强与美、俄等积极发展小堆的国家交流合作，借鉴国际先进技术和创新经验，开展关键技术攻关，促进我国 SMR 向更高水平方向发展；鼓励国内小堆研发设计企业大力拓展国际市场，针对沿海国家、小电网用户等，如中东、东南亚等地区，定制的小堆出口方案，与"华龙一号"相互补充，助力国家"一带一路"倡议的实施。

SMR 是典型的军民融合两用技术，是国家安全的重要保障，是国家国防战略的重要支撑，同时也是推动我国能源革命战略实施不可或缺的一环，需要国家高度重视。我国应大力推进小堆在军民领域的双向转化，鼓励将成熟的军用小堆技术积极向火电替代、分布式能源、低温供热、海洋浮动堆等民用领域转化，同时积极支持军用小堆在研发过程中充分吸收民用小堆的先进研发、设计与制造工艺等，提升军用小堆技术性能，达到军民共同促进发展的良性循环。

参考文献：

[1] IAEA.Advance in SMR technology development[R].Vienna：IAEA，2020.

[2] Handbook of Small Modular Nuclear Reactors[R].Woodhead Publishing，Cambridge，2014.

[3] 刘建阁，陈刚，王珏，等.SMR 综述[J].核科学与技术，2020，8(3)：91-102.

[4] 荣健，刘展.先进核能技术发展与展望[J].原子能科学技术，2020，54(09)：1638-1643.

[5] International Atomic Energy Agency Advances in Small Modular Reactor Technology Developments.[R].Vienna：IAEA，2016.

A review of global small modular reactor development

ZHANG Xin-yu, GUO Hui-fang, YUAN Yong-long

(China Institute of Nuclear Industry Strategy, Beijing 100048, China)

Abstract: With the global increasing demand of energy, nuclear energy, as a low-carbon clean energy, has been highly valued around the world. Small modular reactors with the power less than 300 MW are widely sought after worldwide because of their advantages such as smaller modular construction volume, shorter construction cycle, higher safety performance, easier grid connected, lower site selection cost, stronger adaptability, and more extensive applied etc. Major countries such as the United States and Russia are actively promoting the development and deployment of small modular reactors. There are about 20 kinds of small modular reactor designed around the world, and the first small modular reactor is expected to be put into operation in 2023. According to the difference of coolant and neutron spectrum, small modular reactors can be divided into onshore mode reactor, offshore mode reactor, high temperature gas cooled reactor, fast reactor and molten salt reactor. Small modular reactor with the feature of more intelligent and flexible applied, could supply power to the small and medium-sized power grid and remote areas, which is highly applied in distributed electricity generating and could be a better alternative to the retiring thermal power unit. It also has a broad application prospect in the field of nuclear heating and has the ability to make a revolutionary difference in supplying energy to remote bases, islands and offshore platforms. Small modular reactors are widely demanded in both military and civil fields, which will be the key direction for the developing of nuclear reactor technology in the future, and it has great strategic importance, and potential value in both military and civil fields.

Key words: small reactor; modular; shape of reactor; developing status; application prospect

拜登政府核军控政策前瞻

赵学林,宋　岳,赵　畅

(中核战略规划研究总院,北京 100048)

摘要:2020 年 11 月 23 日,美当选总统乔·拜登提名安东尼·布林肯担任国务卿、杰克·苏利文担任国家安全顾问等,组建其国家安全与外交团队。本文搜集整理拜登本人及其团队成员在核军控方面的公开表态,对拜登政府核军控政策的未来走向进行了初步研判分析。

关键词:核军控;核战略;拜登政府

　　安东尼·布林肯在奥巴马政府时期,布林肯先后担任副总统国家安全顾问、总统国家安全顾问、副国务卿等职,从 2002 年开始就开始为拜登提供外交政策方面的建议。拜登竞选期间,布林肯再次出任其竞选团队的高级外交政策顾问。

　　在奥巴马政府时期,杰克·苏利文先后担任总统副助理、副总统国家安全顾问,此前还曾担任美国务院政策规划办公室主任等职。此外,苏利文还在卡内基国际和平基金会担任高级研究员,发表过多篇外交政策相关文章。

　　拜登还提名曾负责非洲事务的托马斯·格林菲尔德担任美常驻联合国代表、前美中央司令部第 12 任司令劳埃德·奥斯汀担任美国防部长,二人鲜有在采访、演讲及杂志等公开场合发表军控外交立场。拜登竞选团队中其他成员如库尔特·坎贝尔、埃利·拉特纳等人曾在奥巴马政府时期负责制定对华政策,其军控外交立场同布林肯等人大体一致,延续了民主党的一贯主张,未来也将为拜登内阁提供重要政策参考。

1　拜登及其团队成员的核军控立场

1.1　关于核战略

　　核军控以核战略为基础,核战略走向将引导其核军控政策的去向。拜登与特朗普关于核武器地位和作用的观点有较大区别,拜登在竞选网站中曾提到,当选后将推动美国政府宣布核武器的"唯一目的"是威慑所谓对手国家核进攻的核战略,如必要用于对对手核打击的报复打击。这与特朗普政府谋求降低核武器使用门槛,扩大核武器使用有本质的不同。

1.2　关于美俄核裁军

　　拜登曾任奥巴马政府时期的副总统,当时在参议院批准新 START 条约的过程中发挥了关键作用。拜登目前认为,新 START 条约有利于维护美俄间战略稳定,条约延期符合美国国家安全利益。布林肯明确表态支持新 START 条约延期,称"目前可以通过延长新 START 条约来谋求美俄间战略稳定,并以此为基础寻求更多的途径"。苏利文也表示美俄间可以通过谈判达成协议,若不延期新 START 条约将导致国际核军控体系的全面瓦解。苏利文还表示研发和部署新型核武器不符合美国国家安全利益。目前美俄已确定新 START 条约延期。

1.3　关于核军控条约

1.3.1　反对退出《中导条约》

　　2019 年 2 月 1 日,布林肯在接受有线电视新闻网采访时,就特朗普政府退出《中导条约》一事表

作者简介:赵学林(1994—),男,蒙古族,内蒙古通辽人,助理工程师,工程硕士,现从事核情报研究

示:"退出《中导条约》是一件以完全错误的方式所做的一件完全正确的事情。针对俄罗斯违反条约的问题,以退出条约作为回应是完全错误的。如果有人违反法律,正确的做法是去执行法律而不是退出法律。退出《中导条约》是给予普京和俄罗斯的'礼物',这移除了对俄罗斯部署导弹的法律限制,可能将我们与盟友分离,甚至加剧军备竞赛,是完全没有必要的,有其他办法可以使我们在不退出条约的前提下向俄罗斯施压迫使其遵从条约的规定。"

1.3.2 反对退出《开放天空条约》

布林肯明确反对特朗普政府退出《开放天空条约》,表示:"我非常支持留在《开放天空条约》,而不是退出。没有一项条约是完美的,他们都有待完善的内容。但是你知道最重要的一点是,正如副总统拜登多次提到,不要拿它同万能的东西作比较,要同其他备选方案比较,留在这项条约里显然比退出更好。因此我们应该努力捍卫它们,并酌情去强化他们。"

1.3.3 积极寻求《全面禁止核试验条约》批约

拜登曾表示将积极推动《全面禁止核试验条约》生效,称美国进行的核试验比任何国家都多,并从中获取了充分的数据,推动条约生效符合美国国家安全利益。布林肯也明确支持《全面禁止核试验条约》,认为其对美国家安全有利,并表示将积极寻求国内批约。

1.4 关于核不扩散

1.4.1 伊核问题

拜登公开表态肯定伊核协议有效阻止了伊朗生产用于制造核武器的易裂变材料,指责特朗普政府在缺乏可行替代方案的前提下单方面退约,并承诺如果伊朗继续履约,美国将重新加入伊核协议。

2020年7月9日,布林肯在哈德逊研究所接受专访时表示:"伊朗在中东地区采取的挑衅行动有增无减,特朗普政府的所谓策略在很大程度上适得其反。就我们自身利益而言,当务之急在于合理管控伊朗的核武器计划,而这正是《联合全面行动计划》的意义所在。正如副总统拜登所说,我们应使该协议重新发挥应有作用,让盟国与我们重新站到一起。我们协议方都需要保持冷静克制。随着盟友重回阵营,协议再次生效,我们可以充分利用现有平台,努力构建一个更为强大、长久的协议,与盟友一道,共同抵制伊朗的挑衅行动。"

2020年5月11日,苏利文在接受哈德逊研究所接受专访时,就伊核协议问题表示:"政府应该立即重新开始与伊朗的核外交,并寻求按照伊核协议的思路建立一些东西,同时立即开始协商后续协议的进程。任何军控协议都应该是一系列过程,后续协议应该延长限制时间,以及尝试解决我们遇到的其他问题。"

1.4.2 朝核问题

拜登批评特朗普政府时期美朝首脑会晤是"政治作秀",无法解决复杂的朝核问题,宣称任内将推动与朝鲜进行"有原则的外交",主张分阶段实现朝鲜去核化。布林肯则认为:"目前来看,短期内实现朝鲜半岛无核化是近乎不可能的。但可以实现的是一个和平推进的军控与裁军进程。但这需要足够、持续和全面的压力。这需要时间,需要中国、韩国、俄罗斯等国家。"

2 拜登政府核军控政策未来走向研判

2.1 拜登政府将酝酿调整美国核战略

鉴于对核武器作用认识的不同,拜登政府将酝酿就现行核战略做出调整,但是美国将继续维护其核力量的绝对优势,并以此维持其国际霸权地位的立场不会改变。自奥巴马政府以来,美国政府已制定并完善了针对核武器现代化的核力量更新与发展规划,特朗普政府在此基础上进一步增加了一批新的核武器更新换代项目,并已签订合同、进展迅速。可以预期,若拜登政府的核武库建设政策发生了大幅度变化,势必将遇到美国内军方和工业部门的较强阻力,拜登政府或将与国会、军方和工业部门等进行一番艰难的博弈。

2.2 可能就新START条约延期达成协议，并启动新一轮核裁军谈判

许多核军控专家预期，拜登任内将支持新START条约延期，并可能推动美俄新一轮削减战略武器条约谈判。鉴于俄罗斯已公开表明的立场（支持新START延长、高超音速武器问题可谈），拜登政府可能在2021年1月20日上任到2月5日条约到期的短暂窗口内，快速与俄达成无条件或有期限延长新START条约的协定（目前美俄已确定新START条约延期），并可能以此为基础寻求启动新一轮核裁军谈判。届时，俄高超声速武器、非战略核武器、导弹防御、新质作战力量等或将成为未来的重要议题。

2.3 重返伊核协议，并寻求进一步谈判

重返伊核协议已是拜登政府共识，协议参与各国目前也认可美国重返协议的前景，拜登政府有可能在上任后立即启动重返协议进程。在重返协议的进程中，可能就伊朗导弹研发、在中东地区行为等核心关切进行进一步谈判。然而，目前伊朗对谈判和签订后续协议持强硬立场，伊核问题未来走向仍存较大变数，如果美坚持在重返协议过程中增加新的谈判内容，那么美伊重启军控外交、解决伊核问题几乎不可能。

2.4 以政治手段推动朝鲜分阶段去核化进程

拜登支持朝美会谈时曾出现的"分阶段、同步走"的无核化主张，拜登团队中也有成员主张借鉴伊核协议谈判模式，请相关国家参与解决朝核问题，这更符合解决朝鲜半岛核问题的主基调。拜登政府未来政策可能更倾向于政治解决，极限施压等手段则可能作为补充。考虑到朝目前已事实上拥有核武器，未来朝美很可能会围绕阶段划分、具体措施以及朝鲜核武器国家地位等问题展开激烈交锋。

2.5 拜登政府对华核军控政策将更趋"务实"

拜登明确将中国定义为美国最大的竞争者，主张通过加强美自身实力和联合盟友来对华施压、赢得竞争。目前，在核军控问题上，对涉及中国问题的具体态度尚不明朗，但布林肯在谈到美俄新START条约延期时曾表示"我们当然希望与中国接洽"，并希望通过与中国接触，就战略安全议题展开磋商。

拜登政府对华拟在总体施压的同时，可能在伊核、朝核及国际重大事务中也希望得到中国的配合。2019年10月，苏利文在《外交事务》杂志发表《没有灾难的竞争——美国如何在挑战中国的同时与中国共存》一文指出，中美之间不应滑向"新冷战"，对华采取"战略竞争"或"遏制"政策不可行，并提出"共存"主张。苏利文称，为了在印太地区实现"共存"，一方面，中美应以1972年美苏两国签署的《防止海上事件协议》为例，建立危机管理机制，加强危机管控能力，如设立军事热线、制定行为标准等，以建立信心措施；另一方面，美军应在印太地区保持"可持续威慑"，美政府应调整投资方向，从"昂贵、脆弱的平台（如航空母舰）"转向成本更低的非对称能力构建，部署远程舰载无人机、无人水下航行器、弹道导弹潜艇、高速打击武器等，并多样化美在印太地区军事存在，改用准入协议而非长久驻扎。

3 结语

国际上，自特朗普上台以来，美奉行"美国优先"政策，不断毁约退群，损害其盟友利益，对第二次世界大战后逐步建立起来的双多边国际核军控、裁军与防扩散体系构成了严重破坏，这些既定事实对国际核军控体系的影响深远，短期内难以完全消散，美俄关系也难以快速缓和，加之美政府在国际社会上的公信力正逐渐丧失，未来拜登政府意图主导、重塑国际核军控体系将面临来自外部的严峻挑战。另外，美国内两极分化、党派斗争加剧，针对CTBT国会批约等问题，作为民主党政府可能难以在共和党主导的参议院获得条约生效所需的至少2/3赞成票。

拜登政府的核军控政策服务于美国国家安全利益，美国在不同的核军控议题上有不同的核心关切，因此未来可能会涵盖更多的内容。拜登本人及其内阁核心成员都曾在奥巴马政府任职多年，熟稔军控外交事务，倾向于维护双、多边军控机制，支持军控条约，立场符合民主党对军控的基本理念和政

策偏好。对未来拜登政府核军控政策的具体走向，应保持关注。

The prospect of Biden administration's
nuclear arms control policy

ZHAO Xue-lin，SONG Yue，ZHAO Chang

(China Institute of Nuclear Industry Strategy，Beijing 100048，China)

Abstract：On November 23，2020，US President elect Joe Biden nominated Anthony brinkin as secretary of state and Jack Sullivan as national security adviser to form his national security and diplomacy team. This paper collects the public statements of Biden himself and his team members on nuclear arms control，and makes a preliminary analysis on the future trend of Biden government's nuclear arms control policy.

Key words：nuclear arms control；nuclear strategy；biden administration

世界铀矿资源市场格局分析

张馨玉,赵学林,高寒雨

(中核战略规划研究总院,北京 100048)

摘要:铀矿是核能发电的重要原料,也是重要的战略资源,世界铀矿资源分布的不均衡性,需通过市场调节供给需求。在 2011 年日本福岛核事故之后,世界核电发展陷入低谷,世界铀矿价格总体呈下降趋势。但随着全球能源需求的不断增加以及清洁能源的转型推进,核电装机容量将大幅增长,铀矿资源的需求也将不断提高。铀矿的稳定可靠供给对于保障国家核能发展具有重要意义。本文根据 2020 年红皮书和其他相关资料,综合概述了世界铀资源、生产和需求的最新情况,包括资源量、勘查及生产活动情况、生产成本、供给和需求综合评价。铀矿资源供应安全关系到我国核电产业健康平稳运行,制定科学合理的铀矿资源国际贸易战略将有利于提升我国铀矿资源供应安全。

关键词:铀矿;核电;生产需求;国际市场

核能是重要的非化石能源,我国"十四五"规划提出将通过增加核能发电和可再生能源发电的比例,以减少对煤炭的依赖,建立清洁高效能源体系。铀矿是重要的核能燃料,由于其自身具有敏感性、政治性、高技术性以及严格的监管要求,世界铀矿供应体系基本上掌控在几个核大国手中,形成了较为稳固的供求关系,这些国家也代表着世界核燃料技术的发展水平。2011 年福岛核事故后,全球核电发展速度和预期受到影响,铀矿资源市场供求失衡问题突出,铀转化、铀浓缩的国际市场价格指数出现了大幅下滑,直到 2018 年才呈现止跌或回升迹象。国际原子能机构与经济合作发展组织核能机构2020 年联合发布新版铀红皮书《2020 年铀:资源、生产和需求》[1]。红皮书指出,截至 2019 年 1 月 1日,世界铀矿资源总量 807.04 万 tU。铀矿应用于核能产业开发、军工需求和医疗等方面,其中核电站运行对铀矿资源需求占到 90%以上。因此,主要核电大国对核电的政策变化极易影响世界铀矿的供需格局。受 2011 年福岛核事故的影响,当前国际铀转化厂普遍开工不足,全球铀浓缩一次能力和二次能力供应总和明显供过于求,全球压水堆燃料元件产能已能满足至少后续十年的发展需求,重水堆元件能力甚至是目前市场需求的两倍。当前,世界铀矿市场进入深度调整期,供应商面临洗牌,竞争将更加激烈。

1 世界铀矿资源市场发展现状

1.1 生产及供应能力

1.1.1 铀转化能力

铀转化供应能力分为一次供应和二次供应。目前,国外一次供应共有四家大型商业铀转化服务供应商:法国欧安诺集团(Orano)、加拿大矿业能源公司(Cameco)、美国康弗登公司(ConverDyn)、俄罗斯国家原子能集团公司(Rosatom),除美国康福登公司采用后端干法精馏技术生产 UF_6 外,其他公司均采用前端湿法纯化技术生产 UF_6。据 2019 年《WNA 核燃料》报告[2]统计,国外主要铀转化供应商 UF_6 产能为 5.26 万 tU(UF_6)/a,实际估算总产量为 4.18 万 t(见表1)。2018 年,美国康弗登公司停产关闭,全球供应过剩局面扭转,国际铀转化价格回升到福岛核事故之前的水平。根据统计,2018 年全球市场二次供应的量约为 3.5 万 t。

作者简介:张馨玉(1993—),女,吉林长春人,研究实习员,硕士,现主要从事核技术情报研究

表 1 国外主要的铀转化生产能力

公司	设计产能/(tU/a)	产能利用率	2019 年产量/(tU/a)
Cameco	12 500	80%	10 000
TVEL（Rosatom）	12 500	96%	12 000
Orano	15 000	17%	2 500
ConverDyn	7 000	0	0
合计	47 000	52%	24 500

1.1.2 铀浓缩能力

铀浓缩供应包括商业浓缩厂的天然 UF_6 浓缩、尾料再浓缩的一次供应以及军用高浓铀的稀释及政府储备存货使用的二次供应。目前国外市场主要有三家铀浓缩服务供应商：俄罗斯国家原子能集团公司（Rosatom）、欧洲铀浓缩公司（Urenco）、法国欧安诺集团（Orano），均采用离心技术生产浓缩铀。据 WNA 统计[2]，2019 年国际主要铀浓缩供应商生产能力共计约 5.4 万 t（见表 2），全世界分离功总需求约为 5 万 tSWU（含我国）。二次铀浓缩主要来自俄罗斯及美国的高浓铀稀释、后处理回收铀的浓缩及 MOX 燃料，2013—2018 年，国际市场平均每年铀浓缩二次供应量约为 9 000 tSWU。

表 2 2019 年国际市场主要铀浓缩供应商产能

运营方	2017 年/tSWU	市场占有率（%）
法国 Orano	7 500	13.91
欧洲 Urenco	18 414	34.16
俄罗斯 Rosatom	27 933	51.82
其他（日本、阿根廷、巴西等）	55	0.1
总计	53 902	100

1.2 研发能力

欧美等核强国核能起步较早，20 世纪初已经在原子理论和实验中逐步建立了完善的学科体系。从 20 世纪 50 年代初开始，美、苏、英、法等国把核能部分地由军事用途转向民用，开发建造以发电为目的的反应堆，并依托较为雄厚的工业和技术基础，在铀矿开采和利用方面有一定的优势，并不断提升其核燃料产业链发展，推动核燃料循环技术的升级换代。

经过几十年的发展，上述国家已经分别在铀转化、铀浓缩、核燃料加工等关键环节，建立形成了完善的创新体系，建立了完善的基础理论体系，积累了丰富的材料基础性能和应用性能数据，形成了先进的关键设备加工能力与关键工艺路线。

目前，欧美俄等国家和地区是铀资源利用技术的领跑者，代表着最先进的发展方向。**在铀转化环节**：目前世界上普遍采用铀纯化转化一体化工艺，主设备单体处理能力强、效率高，并朝着进一步减少中间环节、缩短工艺流程、降低放射性废物产生量、提高经济性方向发展。**铀浓缩环节**：目前商业化应用的全部是离心法。国际上掌握铀浓缩技术的国家主要有俄罗斯、西欧三国（德国、英国、荷兰）、日本、美国、中国和伊朗。今后发展方向主要是通过高强度、高模量新材料的研制和采用，以及设计和加工工艺水平的提高，不断提高离心机的单机分离能力和离心生产的经济性。

1.3 铀市场价格与成本控制

铀矿资源成本控制是取得市场竞争力的根本保障之一。据 UxC 数据分析，2018 年 8 月核燃料整体采购成本约为 1 615 美元/kgU，其中天然铀在各环节的采购成本占比最高，为 48%；燃料元件其次，为 23%；铀浓缩 18%；铀转化服务在核燃料产品中占比最小，仅为 9%（见图 1）。

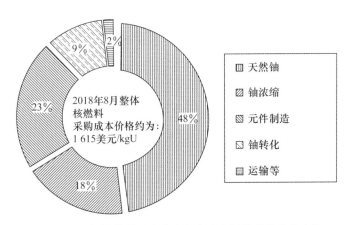

图1 2018年核燃料采购成本在全球市场的采购成本占比

铀转化：根据 UxC 统计，在 2013 年之后，国际市场铀转化现货和长期价格均进入下行通道，长期合同价格与现货价格背离加大（见图2）。2017 年年底，美国 ConverDyn 公司由于价格和经营成本压力，停产关闭，一定程度上刺激北美与欧洲客户大量积累铀转化库存，在 2018 年铀转化的价格呈现上升趋势，截至目前，铀转化的价格在 16 美元/kgU 左右，且出现长期价格与现货倒挂现象。

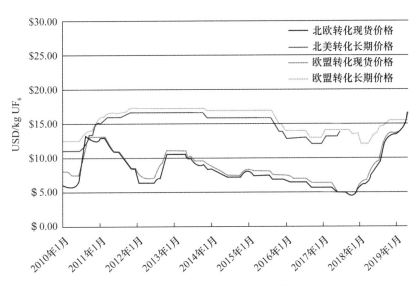

图2 2010—2018 年全球市场铀转化价格

铀浓缩：2011 年以来，受福岛核事故的影响，长期价格呈下降走势，从 2011 年的最高点 165 美元/kgSWU 一直降至 2018 年的 37 美元/kgSWU（见图3）。2018 年 8 月份开始，受天然铀价格上涨带动，分离功现货价格呈现止跌现象（见图3），目前已经回升到 45 美元/kgSWU，但此价格仍然在大多数生产商生产成本以下。

在核燃料加工成本控制方面，铀浓缩加工环节具有标准加工服务属性，同时相比铀转化而言，具有更高的技术壁垒和经济附加值。2017 年 Urenco 公司的实际产量为 18 800 t SWU，实际产量居世界第一。总人数为 1 544 人，人均分离功产量 12.18 t，单位分离功成本为 46.11 万元/t（约 68 美元/kgSWU），相比 2016 年成本 52.80 万元/t（约为 78 美元/kgSWU），下降了 6.69 万元/t（约 10 美元/kgSWU），下降占比 12.7%。其成本下降的主要原因是 2017 年 Urenco 离心机和相关设备延寿 3～5 年，年折旧减少 1.084 亿欧元；美国生产线 2016 年计提减值 7.6 亿欧元，两项因素共计影响折旧摊销减少 1.461 亿欧元，导致分离功成本较 2016 年降低 6.69 万元/tSWU。

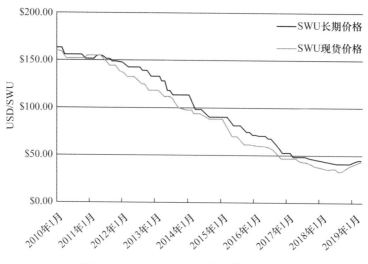

图 3 2010—2018 年全球市场分离功价格

全世界范围,铀转化、铀浓缩环节一次供应能力由为数不多的几家公司控制,由于过去几年核燃料价格下跌触及企业经营成本,抗压能力较差公司意味着首先出局,直到市场达到新的平衡。

1.4 铀矿资源市场格局

目前,从世界铀矿市场看,供应体制各具特色。

俄罗斯由于一体化的核工业体制,铀资源供应几乎完全自给自足,外部供应商很难进入,其产能的几乎一半主要是向外部市场供应,传统的市场包括美国、欧盟,近 10 年开始向中国单独供应分离功或出口燃料组件。随着俄罗斯在全球出口建设更多的 VVER 核电机组,其提供完整核燃料产品的能力也将大幅增加。

相比之下美国相对开放,自 2011 年以来,美国分别从德国、荷兰、俄罗斯、英国、法国、中国等多个国家采购分离功,其中主要进口国是西欧与俄罗斯(见图 4)。目前美国本国企业不具备铀浓缩一次供应的能力,俄罗斯 2011、2012 年在美国市场的占比分别为 36%、42%。从 2013 年开始,俄罗斯在美国受到配额限制,进口比例在 20% 上下,约为 3 000 tSWU,但俄罗斯目前仍是美国铀浓缩市场最大的海外供应商。2013 年 Urenco 在美国投资建成了年产 5 700 t 分离功的工厂。

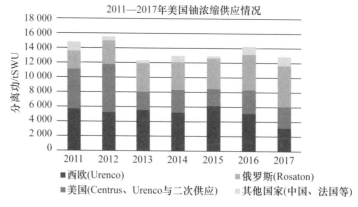

图 4 美国市场铀浓缩供应格局

欧盟通过欧洲原子能共同体条约,确立了法律框架,实现了欧盟内部核材料的共同市场,确保铀矿资源的供应安全,对外以单一市场体制对外有限开放,受到严格控制。欧洲市场铀转化方面,欧盟2017年接收1.28万t铀转化服务,主要来自四家供应商,分别是Orano(40%)、Rosatom(21%)、Cameco(17%)和ConverDyn(16%)。其中8 458 tU源自独立铀转化服务合同,占66%。剩下的4 358 tU源自其他合同(天然六氟化铀、铀浓缩产品采购合同以及燃料组件捆绑合同),占34%(见表3)。

表3 2016—2017年欧洲核电机组的铀转化服务供应情况

铀转化供应商	2017年供应量/tU	2017年市场份额	2016年供应量/tU	2016年市场份额
Orano(欧洲)	5 166	40%	5 490	39%
Rosatom(俄罗斯)	2 668	21%	3 848	27%
Cameco(加拿大)	2 149	17%	2 265	16%
ConverDyn(美国)	2 010	16%	2 031	14%
不明	823	6%	636	4%
总计	12 816	100%	14 269	100%

在铀浓缩方面,欧盟主要有四个来源:分别是西欧的Orano与Urenco,俄罗斯的Rosatom,委托俄罗斯浓缩后处理铀(ERU)返回与美国的Centrus。2011年以来,欧洲市场主要被Orano、Urenco与Rosatom所占据(见图5)。据ESA统计[3],2017年欧盟共接收了约1.09万tSWU铀浓缩服务(见表4)。其中Orano与Urenco供应量最大为7 691 tSWU,占71%;从Rosatom采购共约2 524 tSWU,占23%,较2016年的供应量减少了15%,在欧盟供应占比减少了5%;Centrus向欧盟供应约200 tSWU,仅占2%。

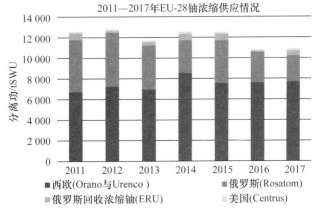

图5 欧洲市场铀浓缩供应格局

总体上看,基于政治、技术、贸易控制、供应安全等因素,世界的铀矿资源,在本土化供应与多元化供应、自由开放交易与垄断保守供应中寻求平衡。

从世界各国的实践中看,由于铀矿资源自身的特殊性,各国家和地区仍倾向于铀矿本土化供应,以保障铀矿供应安全。欧洲以及美国对本土核燃料商的采购比例都很高,对俄罗斯低价浓缩铀供应采取总量供应控制手段。

表 4　2016—2017 年 EU-28 核电机组的铀浓缩服务供应情况

浓缩服务供应商	2017 年供应量/tSWU	2017 年市场份额	2016 年供应量/tSWU	2016 年市场份额
西欧(Orano 与 Urenco)	7 691	71%	7 579	70%
俄罗斯(Rosatom)	2 524	23%	2 966	28%
俄罗斯回收浓缩铀(ERU)	447	4%	119	1%
美国(Centrus)	200	2%	110	1%
总计	10 862	100%	10 775	100%

2　世界铀矿产业市场发展趋势

　　铀矿加工是特殊的商品和服务,各个环节世界范围内供应商不多,可选择范围有限,为了减少价格波动,通常采取签订长期合同的方式锁定价格。总体而言,经过数十年的发展,世界铀资源供应体系与核电运营商需求体系保持稳定,全球铀矿运输、商业贸易、交易以及市场监管体系基本完善。为了实现铀矿可靠供应保障,不具备铀加工能力的国家积极呼吁建立稳定可靠的铀资源供应保障体系,尽可能要求本土化供应。全球基于多边铀供应体系构建进行了积极探索,目前俄罗斯已经建立了核燃料银行,作为可靠供应体系作出了积极贡献。

　　受 2011 年福岛核事故的影响,当前国际铀转化厂普遍开工不足,全球铀浓缩一次能力和二次能力供应总和明显供过于求,全球压水堆燃料元件产能已能满足至少后续十年的发展需求,重水堆元件能力甚至是目前市场需求的两倍。

　　当前,国际铀矿资源市场进入深度调整期,供应商面临洗牌,竞争将更加激烈。此外,技术创新仍是企业立足的根本。目前,Rosatom、AREVA、西屋公司等具备核岛设计能力的供应商积极推进先进核燃料元件研发,积极布局下一代新型燃料,加快前沿技术的争夺。3D 打印、智能制造、材料基因工程等先进研发手段和加工工艺手段逐渐引入核燃料科研与生产领域,对于产业转型升级潜力巨大。

3　世界铀矿产业体制及政策

　　铀矿产业作为关系国家安全命脉、保障核能持续发展的产业,通常是在国家高层直接领导决策下,确保稳定发展。世界主要核大国通过制定发布有利于核燃料产业发展相关政策,参与本国铀矿产业能力调整,支持本国核燃料科技创新,控制国内市场比例,扩大国外市场份额,推动本产业发展可持续,逐步实现国际领先。

3.1　俄罗斯

　　俄罗斯国家原子能公司(Rosatom)是俄罗斯唯一的核工业企业,是俄罗斯核燃料产业主体。俄原下属合资公司 Atomredmetzoloto 负责天然铀勘探、采冶与储备,下属控股公司 TVEL 负责铀转化、铀浓缩与燃料元件研发及生产,下属控股公司 TENEX 负责核燃料产品及服务的全球市场销售。

3.1.1　发展决策层级高

　　决策层级高并且"政企合一"的管理体制是俄罗斯铀矿产业的显著特点。俄原公司最高治理机构是由 8 位联邦政府代表与 1 位公司总裁组成的监事会,代表总统和政府负责公司发展战略。监事会成员由俄罗斯联邦总统委任,公司现任监事会主席是曾任俄罗斯总理的谢尔盖·基里连科(Sergey Kirienko),目前还兼任俄联邦总统办公厅第一副主任。同时,公司总裁可根据实际工作需要不定期地向俄联邦总统和总理进行工作汇报,并于当年年底向俄联邦政府提交企业年报。总统决策产业发展的管理体制,是俄罗斯在 21 世纪初推进国家经济现代化背景下作出的适应性调整,保障俄罗斯核燃料产业在本国的绝对地位。

3.1.2 产业高度集中

俄罗斯铀矿产业发展高度集中,在资源调控上具有鲜明的优势。俄原公司作为俄罗斯唯一经营核燃料的企业,统筹负责核燃料产品及服务的产供销,避免内耗与无序竞争,提高海外开发效率与成功率,促进俄罗斯成为世界范围内名副其实的核工业"大鳄"。截至 2018 年年底,俄罗斯拥有 33 台海外发电机组,排名世界第一;铀浓缩能力世界排名第一,占全球市场的 36%;拥有全球燃料元件市场约 17% 的份额;占据全球天然铀市场 14% 的份额。时至今日,诸多成绩证明了俄罗斯高度集中的核燃料产业体制是加强对国有资产控制,稳步扩大对外开放,积极融入世界经济一体化进程的有益尝试。

3.2 法国

2018 年年初,在法国政府主导下,本国核燃料产业调整重组,前阿海珐集团(AREVA)更名为欧安诺(ORANO),原反应堆与燃料元件业务被法国电力公司(EDF)收购,并成立为新的法马通公司(Framatome)。目前法国核燃料产业主体是 ORANO 与 Framatome。其中,ORANO 负责天然铀、铀转化、铀浓缩、乏燃料后处理等产品生产与销售。

3.2.1 积极推动世界布局

法国积极推动核燃料产业海外布局。天然铀方面,受本土资源量有限影响,法国已停止一切本土天然铀勘探采冶活动,通过参股海外铀矿山与从第三方直接购买这两种方式,现已形成一定的海外铀资源采冶与储备能力。截至 2018 年年底,欧安诺掌控海外铀资源储量共 18.7 万 t,探明铀资源量约 14.2 万 t,推断铀资源量 15.9 万 t,主要来自加拿大、哈萨克斯坦、纳米比亚与尼日尔等国家。

3.2.2 坚持核燃料以本国供应为主

法国采取保护本国核燃料产业发展的政策,坚持以本国供应为主,推动海外市场开发。Framatome 作为法国核燃料元件制造产业主体,也是法国核电站的主要燃料供应商。截至目前,Framatome 持有法国 56 座压水堆至少 80% 的燃料制造合同。同时,Framatome 在全球核燃料元件市场占据较大份额,约 24%。截至 2017 年年底,Framatome 为比利时、德国、荷兰、西班牙、瑞典、英国、美国、日本等国家共 10 座压水堆供应核燃料,为德国、瑞典、美国和台湾地区共 17 座沸水堆提供核燃料。

3.2.3 商用后处理面向国际国内两个市场

法国坚持核燃料闭式循环技术路线的政策,并建成全球最大的乏燃料商用后处理能力,拥有世界领先技术与丰富运行经验,在全球市场拥有绝对的话语权。法国通过后处理生产出的 MOX 燃料除供应本国压水堆核电站外,还供应包括荷兰、瑞士、德国、比利时、日本等国家。

3.3 美国

美国核燃料产业分散且高度市场化,由于生产效率低、本土劳动力成本高等原因,美国核燃料产业呈现"空心化"发展趋势,燃料供应基本由本土合资企业、外资企业及进口保障。目前美国铀浓缩本土供应能力由贸易中间商森图思公司(CENTRUS)与欧洲铀浓缩公司(Urenco)的尤尼斯浓缩厂(Eunice)组成,美国燃料元件制造能力由环球核燃料公司(GNF)、西屋公司(Westinghouse)及法国 Framatome 组成。其中,GNF 是通用电气(GE)、日立(Hitachi)和东芝(Toshiba)的合资企业,其中 GE 占股 51%;西屋公司 2018 年实现破产重组,被加拿大公司 Brookfield 收购。美国政府对核燃料循环技术路线选择保持观望态度,因此尚不具备乏燃料商业后处理能力。

2020 年 4 月,美国能源部发布了《恢复美国核能竞争优势:确保美国国家安全战略》报告,高调提出要振兴壮大核燃料循环前段与核工业。明确提出要增强美国核燃料市场确定性,深化政府监管改革,降低国内铀矿开采、转化、浓缩和核燃料元件制造成本,提升国际竞争力。终止能源部铀交易,重新评估冗余铀库存管理政策。延长 2020 年将到期的《俄罗斯中止协议》,从俄罗斯进口核燃料比例严格控制在 20%,防止俄罗斯恶意倾销。出于国家安全考虑,可停止进口俄罗斯、中国制造的核燃料。

4 分析与结论

为保障本国核燃料技术创新与产业能力提升,实现可持续发展,俄罗斯、法国、美国分别结合各自国情与产业发展实际,采取不同的产业政策,满足本国企业持续发展需求,推动本国企业在世界上占据重要地位。美国核工业军民分线,核军工和技术研发国家统管,民用核能完全市场竞争,天然铀、核燃料加工等部分环节依赖进口,产业链断裂,部分核燃料加工能力出现"真空"。俄罗斯、法国采取军民一体的核燃料产业体制,产业发展实力和竞争力在具有明显优势。

世界天然铀矿贸易资源市场格局的演变主要受需求中心的影响,围绕法国、美国、俄罗斯和中国形成世界铀矿贸易体系。核工业的发展是国家意志、国家动员和组织能力的体现。我国要充分发挥制度优势,进一步强化国家层面对核工业集中统一领导的体制机制,充分发挥国有企业优势,着力打造一家完整的核产业集团,深化"小核心、大协作"技术能力体系建设,推动核工业高质量跨越发展。加大政策统筹与支持,推动核全产业链"走出去",提高我国在世界铀矿资源体系话语权。

参考文献:

[1]　OECD.Uranium 2020:Resources,Production and Demand[R].Vienna:OECD,2020.

[2]　WNA,The Nuclear Fuel Report:Expanded Summary[R].WNA,2020.

[3]　EURATOM Supply agency annual report 2019[R].ESA,2019.

An analysis of global uranium mine resource market pattern

ZHANG Xin-yu, ZHAO Xue-lin, GAO Han-yu

(China Institute of Nuclear Industry Strategy, Beijing 100048, China)

Abstract:Uranium mine is a significant raw material of nuclear generation, which is also an important strategic resource. The unbalanced distribution of uranium mine resource needs to be regulated on the demand and supplication through market. After the Fukushima nuclear accident in Japan in 2011, the development of nuclear power around the world fell into a trough, and the price of uranium mine showed a downward trend. With the increasing demand of global energy and the transitional improving of clean energy, nuclear power capacity will increase dramatically and so will the demand of uranium mine. The stable and reliable supply of uranium mine is of great significance to the development of national nuclear energy. According to Red Data Book and other relative information, the global resource of uranium and the up-to-date demand and supply situation is summarized, including the amount of resource, survey and production activities, the cost of production, and the comprehensive assessment of demand and supplication. The security supply of uranium mine is related to the healthy and stable operation of national nuclear power industry. Enacting scientific and reasonable international trade strategy of uranium mine resource will be conductive to improve the national security of uranium resource supplication.

Key words:uranium mine;nuclear power;demand and supply;international market

科研院所专利竞争情报体系的构建

杨　茹,崔静华,杨　林

(中国核动力研究设计院,四川 成都 610213)

摘要:专利数量巨大,内容广博,集专利技术、法律、经济信息于一体,具有分析竞争对手、把握技术发展态势、专利预警等重要作用。创新环境下科研院所目前都十分重视专利,但是在专利工作中仍然存在如下问题:科研院所申请的专利数量多,但质量有待提高;专利情报工作内容基础;专利资源未能有效利用;专利从业人员不足。鉴于此需要从以下几个方面构建专利竞争情报体系:统一规划、提高认识;加强从业人员队伍建设;充分利用专利检索资源;利用大数据的理念和技术加强专利竞争情报产品的输出;标准规范建设。

关键词:专利;竞争情报;创新;体系;信息资源

创新是引领发展的第一动力,是建设现代化经济体系的战略支撑。党的十八代报告中提出要"实施创新驱动战略",是立足全局,面向未来,加快转变经济发展方式,破解经济发展深层次矛盾的根本措施。随着创新竞争和知识经济时代的到来,科研院所所面临的外部社会环境发生了巨大变化,国家颁布的《国家创新驱动发展战略纲要》中明确提出我国科技事业发展的目标是:到 2020 年,使我国进入创新型国家行列;到 2030 年时,使我国跻身创新型国家前列;到 2050 年时,使我国成为世界科技创新强国。国防科工局也提出,智慧研发是我国国防科技工业武器装备研制企业发展的新方向,是数字化和高度信息化发展的必然结果,是我国国防科技工业的下一个核心竞争力。在这样的环境下,科研院所要紧跟党和国家及时代提出的新要求,在错综复杂的国际形势中保持核心竞争力。自主创新的关键是技术创新,专利竞争情报专利对于国家、行业、企业的创新推动作用显著,如同技术创新迷途中的"领航员",它能够动态监视全球技术创新趋势动向,导航指引产业技术创新发展路径,寻找跃迁发展机遇加速研发进程。

1　专利的特点与作用

1.1　特点

世界知识产权组织 1988 年编写的《知识产权教程》阐述了现代专利文献的概念:专利文献是包含已经申请或被确认为发现、发明、实用新型和工业品外观设计的研究、设计、开发和试验成果的有关资料,以及保护发明人、专利所有人及工业品外观设计和实用新型注册证书持有人权利的有关资料的已出版或未出版的文件(或其摘要)的总称。它的特点主要如下。

(1)数量巨大,内容广博,集专利技术、法律、经济信息于一体。

(2)完整而详细揭示发明创造内容。

(3)格式统一规范,高度标准化,具有统一的分类体系。

1.2　作用

通过专利竞争情报对外部竞争环境进行全面分析,即分析社会经济、政治、科技、地域因素、行业基本状况、行业生命周期阶段、行业竞争态势、竞争重点、本企业在行业中的地位、发展方向及对本行业、本企业发展的作用与影响,从而确定本企业发展战略目标与应采取的策略,研判技术发展的重点。

(1)分析竞争对手

通过专利检索分析,企业可以清楚已有竞争对手,找出潜在竞争对手,了解竞争对手的技术特点、

作者简介:杨茹(1982—),女,河南南阳人,研究馆员,管理学硕士,现从事信息资源管理和研究工作

核心技术、发展趋势,推断竞争对手的市场策略和战略意图[1]。

（2）把握技术发展态势

通过对行业中专利数量、增长率和活跃技术等指标的统计分析,了解行业技术的发展现状与趋势、产业结构、竞争强度、市场潜力、技术空白点、行业技术领军人物和核心专利技术等,预测未来技术的走向,评估企业参与行业竞争的机遇与风险,制订和调整企业自身的竞争战略[2]。

（3）专利预警

专利预警体系是指通过收集与分析本行业技术领域及相关技术领域的专利信息和国内外市场信息,了解竞争对手在做什么,把可能发生专利纠纷的前兆及可能产生的危害、建议采取的对策措施及时告知相关政府部门、行业组织及业内企业;同时发布专利权被侵害的信息,建议行业组织和业内企业采取应对措施的机制。专利预警分析主要分为国家专利预警分析、行业专利预警分析和企业专利预警分析[3]。

2　科研院所专利竞争情报工作现状

（1）科研院所申请的专利数量多,但质量有待提高。科研院所由于项目申请和验收、业绩考核等各种原因导致提交申请的专利数量很多,但是受理的数量有限,且专利的内容撰写、技术水平也有待提高,这些在中美贸易战中逐渐显现弊端,因此近几年国家加大对于科研院所专利质量的重视力度。

（2）专利工作内容基础。大多科研院所的专利竞争情报工作仅限于基础的专利申请管理工作,缺少高端专利分析产品,未能起到引领技术创新、辅助领导决策的重要作用。

（3）专利资源未能有效利用。专利信息公开且可在互联网查阅,但用户大多用其检索等基本功能,未能对专利进行全方位深入分析。同时部分科研院所由于网络环境限制不能直接连接互联网,虽然购买了基于互联网的专利软件购买但存在利用不便的问题。同时,专利资源未能与其他情报资源集成发挥更大作用。

（4）专利从业人员不足。科研院所专利竞争情报从业人员专职数量少,部分为兼职,工作内容多,对专利竞争情报投入的时间、精力有限,未能为用户提供高品质的情报产品。

3　构建基于专利的竞争情报体系

（1）统一规划、提高认识

科研院所应在充分认识到专利竞争情报工作重要性的基础上,加大对专利竞争情报工作的人力、财力、系统投入,统一规划专利竞争情报工作的部门及职责。组织结构合理、功能完善的信息管理部门是专利竞争情报工作的实施主体,也是单位信息有效积累、交流、共享的根本保障。打破部分企业存在专利分散保管无法利用或者利用不便的现状,对产生、申报、使用专利的技术部门、专利管理部门、信息管理部门的职责进行明确分工、定位,建议由信息管理部门负责专利竞争情报的管理和提供利用。信息部门统一管理单位的文件、档案、图书、情报、期刊、标准、专利等各类信息资源,为单位的各项业务提供参考和咨询服务。

（2）加强从业人员队伍建设

工欲善其事必先利其器,通过引进人才和现有员工学习的双重机制来提高专利情报工作的人力资本效应。要坚持以人为本的原则,始终把培养人、建设队伍、提高人的素质放在第一位。有针对性地进行各种形式的业务培训,特别要加强对知识产权法律、专利文献检索与情报分析、单位主要专业技术等方面的培训。同时要增强从业者的服务意识和沟通能力,变被动服务为主动服务,加强与技术人员的沟通,了解对方的信息需求,提高利用者的满意度。专利分析人员的知识体系应从传统的人工检索标引向机器语言学习和数据统计分析等领域过渡。同时,科研院所如存在现有人力资源紧张的情况,要充分利用社会资源、商业资源借用外力,从项目、课题中学习、取长补短提炼内力从而实现弯道超车、快速发展。

（3）充分利用专利检索资源

专利一次文献主要来自各国专利局的信息公开，部分国家数据库可以检索到发明的名称和摘要；部分国家或地区数据库能检索权利要求，甚至专利全文；部分国家仅可以检索到发明名称。常见的国内专利资源如表1所示。

表1　国内专利资源介绍

序号	国内资源	优势
1	国家知识产权局	数据更新快，数据源全，多功能查询器进行 IPC 查找，双语词典（标出领域、词条）
2	中国专利查询系统	查询缴费、事务性公告等信息
3	中国知识产权网	数据源较全；检索字段归类较丰富；可对检索结果进行二次检索；检索结果直观显示、简单统计和分析
4	复审委员会	查找无效或复审的专利

国外公共专利资源查询平台主要有：美国专利商标局、欧洲专利局、世界知识产权组织、日本专利特许厅，除此之外还有英、法、德、瑞士等国的专利局网站，这些资源收录文献量大，大部分为免费。各国专利文献的获取难易，取决于该国专利信息公开程度，能够满足专利原始文献下载阅读的需求；资源分散，数据加工处理有限，部分系统功能相对简单。

在商业性的专利检索资源方面，国外有 DII、Orgbit 专利数据库、PATSTAT 专利统计数据库、Innography 专利检索分析平台、INPADOC 专利数据库；国内则有知识产权出版社的 DI Inspiro、智慧芽的 PatSnap、奥凯的壹专利等。这些商业数据库大多具备专利分析功能。

鉴于此，为提高工作效率和查全率，科研院所应引进或构建商业专利平台，综合上述专利资源，平台在能提供基础检索、高级检索、智能检索、批量检索等基础功能的基础上，应提供相关其他文献的检索、检索结果分析等高级功能。

（4）利用大数据的理念和技术加强专利竞争情报产品的输出

大数据带来的思维变革主要有以下三点：利用所有的数据，而不是仅仅依靠一小部分数据；关注的不是数据的精确性，而是数据的多样性；强调的不是因果关系，而是相关关系[4]。科研院所构建基于专利的竞争情报体系时应采用大数据的理念和技术，在数据的采集及预处理、存储、分析、可视化方面都可借鉴，其中分析和处理是核心。专利学科融合程度高、状态变化快，要求专利分析视野应从传统的文献分析扩展到相关产业链整体战略性研究，以减少专利数据庞杂和错综关联造成的信息检索不全或失准等问题[5]。大数据分析主要是基于机器学习的数据分析，机器学习包括有监督学习、无监督学习、强化学习等，其中有监督学习是应用最广泛的一种。

根据用户的目的不同，充分利用上述公共专利资源和商业专利资源，并结合期刊论文、会议论文、硕博论文、专著、标准、国家的相关政策等其他信息资源，进行专利分析与挖掘，向技术人员、管理人员、专利工作人员提供高质量的专利竞争情报产品，辅助预测和研判。面向于技术人员，提供技术生命周期分析、专利技术功效矩阵分析、专利技术分布分析、专利引证分析等。面向行政、项目管理人员，一般提供专利历年数量趋势、申请人、国别、机构等。面向专利工作人员，提供专利要求产品如专利法律状态、权力要求、同族专利等。

（5）标准规范建设

经过检索，目前关于专利的标准有如下 3 份：GB/T 34833—2017《专利代理机构服务规范》、GB/T 20003.1—2014《标准制定的特殊程序 第 1 部分：涉及专利的标准》、国家标准化管理委员会、国家知识产权局《国家标准涉及专利的管理规定（暂行）》；关于知识产权的标准有：GB/T 29490—2013《企业知识产权管理规范》、GB/T 33250—2016《科研组织知识产权管理规范》、GB/T 33251—2016《高等学校知识产权管理规范》。专利竞争情报体系的构建和实施需要相应的规范和标准来保证，科研院所应根据国家标准来制定符合自身实情的标准、规范,主要有以下几类。

① 管理制度类:如专利管理部门职责、岗位责任等。

② 业务流程类:专利文件产生、流转、整理、利用、归档;编号、格式等。

③ 信息化类:系统功能需求、源代码、数据库结构、使用说明书;数字化加工、数据著录等。其中有元数据标准。元数据记录了专利文件的背景信息:属性、流程、利用、处理、存储等。

专利标准化工作对于构建专利竞争情报体系具有重大的作用,它是专利竞争情报管理各项业务工作的基础和依据,它不仅能够保障专利文件的质量和完整性,而且是信息资源交流和共享的一个重要前提。

4 结论

科研院所要以大数据的视角思考专利竞争情报工作的新举措、新模式、新流程,充分应用人工智能、云计算等新技术构建竞争情报体系,重视高价值专利的培育,重点对专利信息进行分析和挖掘,辅助科研院所技术创新提高竞争力。

参考文献:

[1] 卜焕林.企业竞争对手战略的研究与实践:基于专利信息分析视角.黑龙江科技信息[J].2016(31):175.

[2] 卜焕林.浅谈企业专利竞争情报工作的思路与方法.内蒙古科技与经济[J].2016(23):13.

[3] 百度百科 https://baike.baidu.com/item/%E4%B8%93%E5%88%A9%E9%A2%84%E8%AD%A6/10819844?fr=aladdin.

[4] 钟世芬.大数据通识读本[M].北京:科学出版社.2020:2-5.

[5] 储节旺,陈善姗.开放创新环境下企业专利竞争情报分析的条件、困境及对策研究[J].情报理论与实践 2019,42(6):13.

Construction of patent competitive intelligence system in institutes of science and research

YANG Ru, CUI Jing-hua, YANG Lin

(Nuclear Power Institute of China, Chengdu 610213, China)

Abstract: The patents are huge, and they have a wide range of contents, and a collection of patent technology, legal and economic information. They play an important role in analyzing competitors, grasping the development trend of technology, and patent early warning. Under the innovation environment, institutes of science and research attach great importance to patents, but there are still some problems such as: the number of patents applied by scientific research institutes is large, but the quality needs to be improved; the content basis of patent information work is not effectively utilized; patent practitioners are insufficient. So we need to build Patent Competitive Intelligence System from the following aspects: unified planning, improve awareness; strengthen the construction of practitioners; construction of patent intelligence platform and resource; more product in use of the principle and technique of big data; construction and utilization of standards.

Key words: patent; competitive intelligence; innovation; system; information resource

国内辐射防护核心期刊研究热点演进分析——以《辐射防护》为例

屠　健，葛卫东，沈　冰

(中国辐射防护研究院，山西 太原 030006)

摘要：[目的]了解《辐射防护》2008—2018 年刊载文献的研究热点。[方法]对《辐射防护》刊载文献的数量、作者、科研机构、关键词、被引次数、基金项目进行计量学分析。[结果]《辐射防护》2008—2018 年共刊载 901 篇文献，发文频次最多的是北京大学物理学院的郭秋菊，受基金资助论文的篇数呈上升趋势。综合高频关键词、爆点关键词与高被引文献计量分析结果，核电厂、核医学、辐射剂量等研究将成为该杂志未来 5 年的研究热点。[结论]《辐射防护》是中国辐射防护领域的核心学术期刊之一，文献计量学分析直接展示了期刊研究的热点，为业内人员科研选题和投稿时提供参考方向。

关键词：文献计量；辐射防护；研究热点；核电站；核电厂

　　文献计量学是以文献体系和文献计量特征为研究对象，采用数学、统计学等的计量方法对科学文献定量分析，进而预测科学技术的现状与发展趋势的图书情报学分支学科[1]。文献计量学自 20 世纪初发展至今，已从最初的情报科学研究的一个学科分支，逐步拓展至其他学科[2]。汤晓浩[3]从引文分析的角度揭示《原子能科学与技术》期刊的学术质量及其影响力状况，赵蓉英[4]通过研究发现文献计量学呈现与其他学科特别是医学相结合的趋势，为相关的科研工作带来显著的便利度。而且文献计量学研究日益趋向应用化、综合化和网络化的态势，文献计量学的应用涵盖学科越来越广，在学科研究热点、文献综述、期刊评价等都呈现重要作用。

　　回顾传统的研究方法，在学科研究热点、文献综述和期刊评价等内容中通常依靠相关领域知名学者撰写综述性论文予以定性阐述，定量程度不足，不能达到定量与定性分析相结合，科学性有待提升[5]。文献计量学软件包括 BigExcel、Bicomb、SATI、CiteSpace 和 VOSviewer 等数种，周超峰[6]把文献计量常用的几种软件经对比后得出，CiteSpace 是进行社会网络分析最便捷和有价值的软件，通过可视化的图谱揭示科学知识的结构、规律与文献分布状况，呈现某学科或领域在某个特定阶段的发展动向，预测相关领域的学科热点和研判其发展趋势。通过把 CiteSpace 软件分析得出的可视化图形称为"科学知识图谱"[7-8]。随着现代核工业的发展，核辐射防护机构不断面临新的挑战，辐射防护将直接影响环境安全、核电站发展、职业防护和社会效益[9-10]。近年来，由于核电站遭受不可抗力发生核泄漏等原因，如日本福岛核事故等相关事故对职业防护、环境安全等造成重大影响，我国对于辐射防护的需求进一步加深[11-12]。《辐射防护》期刊是由中国辐射防护学会主办、中国辐射防护研究院承办的学术类科技期刊，主管单位为中国核工业集团有限公司，是中国辐射防护学会的会刊。国内科技信息研究机构，如中国科技信息研究所、中国科学院科技文献中心等，在其有关科技论文及期刊的研究工作中，将《辐射防护》作为中国科技论文统计源期刊(中国科技核心期刊)或研究对象，是北京大学图书馆《中文核心期刊要目总览》期刊。《辐射防护》为双月刊，主要刊登我国辐射防护领域中的科学研究工作论文报告，并及时交流国内外学术动态，是国内刊登辐射防护领域文献的主要平台。然而关于该期刊的文献计量学分析较少，本研究旨在对《辐射防护》2008—2018 年刊载文献进行计量分析，以期了解其研究热点，为辐射防护相关工作者进行科研工作时提供方向。

作者简介：屠健(1992—)，男，助理馆员，硕士，现主要从事情报档案工作

1 对象与方法

1.1 研究对象

文章的研究对象为《辐射防护》期刊2008—2018年的刊载的文献,剔除会议通知、投稿指导、人物简介、国外信息动态、会议情况等不相关文献120篇后,得到781篇可分析的文献。

1.2 研究方法

文章选择CNKI,在高级检索中文献来源以"辐射防护"作为检索式,由于检索时2019年文章存在知网发布的滞后性,故发表时间设置为"2008年1月1日至2018年12月31日"进行检索,检索时间为2020年3月20日。共检索到901篇文献,剔除不相关文章后得到781篇可利用的文献。通过对作者合作分析、发文机构合作分析、关键词共现分析、文献的被引频次以及受基金资助比例等的定量分析,探索《辐射防护》近11年的研究热点。

1.3 统计分析

文章采用可视化软件CiteSpace进行数据处理,对作者、发文机构、关键词进行可视化分析,另外采用WPS Office对刊载文章数量、文章被引次数进行统计与分析。

2 结果

2.1 载文数量

《辐射防护》2008—2018年刊载的文献共计901篇,依据排除条件排除120篇,剩余可分析文献781篇。2009年较2008年小幅上涨10篇,2010—2014年在66篇与71篇之间浮动,2015年上扬至93篇,2016年又回到73篇。而2017年和2018年两年则迅速攀升至126与124篇,经咨询《辐射防护》编辑部主任后得知,原因有二:第一,文章页码从2017年开始增多;第二,每篇文章结尾独立页面,不再有两篇文章同一版面的现象,故在结尾空白处增加一些会议通知、投稿指导等也造成文献数量增加,详情见图1。

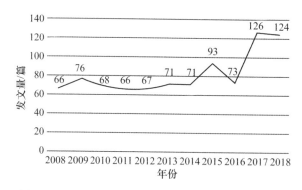

图1 2008—2018年《辐射防护》年刊载文献数曲线图

2.2 作者合作分析

通过运行CiteSpace软件,对载文作者进行共现分析,选择Node Types中的Author,设置Article Labiling中的Threshold为7,获得作者的时间序列知识图谱。图谱中的每一个圆形节点代表一个作者,节点越大代表其发文次数越多。节点之间的连线表示各作者之间的合著网络关系,连线越粗表示合著次数越多,节点与连线的颜色从深至浅分别代表2008—2018年。经计量统计共获得266个节点(作者)和591条连线(合著关系)。发文数量超过9篇的作者13名,其中郭秋菊18篇,陈晓秋16篇,姚仁太14篇,郑钧正13篇,李洪辉13篇,张建岗12篇,梁栋12篇,安鸿翔12篇,张磊11篇,李建国

10篇,卓维海10篇,上官志洪10篇;发文时间为2008—2018年,分布较为均匀;2010年以陈晓秋为关键点的作者之间有着密切的合作关系,2011年以李洪辉为关键点的作者之间有着密切的合作关系,2015年以张建岗为关键点的作者之间有着密切的合作关系。作者梁栋、杨仲田、安鸿翔、刘伟、高超等之间存在紧密合作关系,详见图2。

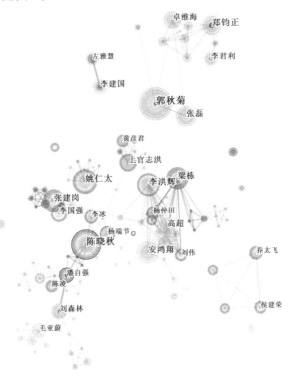

图2　2008—2018年《辐射防护》刊文作者图谱

2.3　发文机构合作分析

在软件界面选择 Node Types 中的 Institution,设置 Article Labiling 中的 Threshold 为5,获得发文机构的时间序列知识图谱,节点代表发文机构,连线代表发文机构之间的联系状况,与作者合作关系图的表达类似。共获得446个节点(机构)和501条连线(合作关系)。发文频次超过15次的机构12个,依次为中国辐射防护研究院161次,环境保护部核与辐射安全中心63次,中国原子能科学研究院54次,西北核技术研究所31次,中国疾病预防控制中心辐射防护与核安全医学所22次,中国核电工程有限公司21次,清华大学工程物理系19次,军事医学科学院放射与辐射医学研究所16次,中核核电运行管理有限公司16次,浙江省辐射环境监测站15次,苏州热工研究院有限公司15次。发文时间为2008—2018年,分布较为均匀。其中,以中国辐射防护研究院、中国原子能科学研究院、中国疾病预防控制中心辐射防护与核安全医学所三个机构为中心,向其他机构辐射,说明其他机构与这三个机构之间的合作关系较为密切,详见图3。

2.4　关键词共现分析

文章主要通过对高频关键词和爆点关键词的共现分析,以及他们之间的关系来揭示辐射防护领域研究热点,具体的共现分析如下。

2.4.1　高频关键词分析

在软件界面设置 Node Types 里的 keyword,点击 Network Summary Table,可以获得这些数据里的高频关键词信息。2008—2018年刊文关键词出现频次最高的是核电厂,共计40次,说明相关研究学者对核电厂的关注度很高。出现频次紧随其后的是核电站、放射性和辐射防护,出现频次都达20次以上。高频关键词内容集中在放射源、放射物质、辐射测量、核电厂等,共现频次排名前30的关键词见表1。

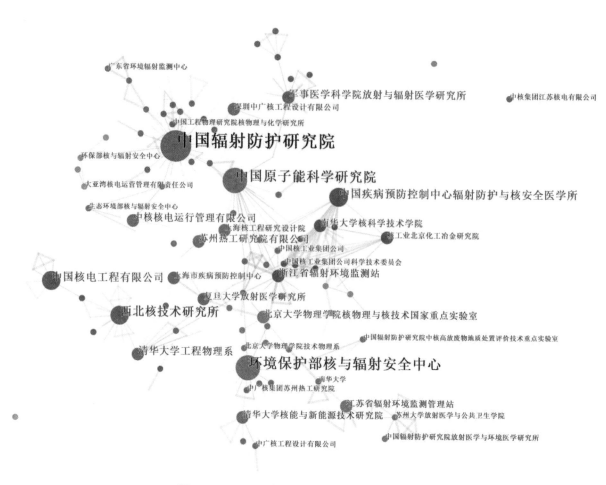

图 3   2008—2018 年《辐射防护》刊文机构共现图谱

表 1   2008—2018 年共现频次前 30 关键词表

序号	Freq	Author
1	40	核电厂
2	22	核电站
3	21	放射性
4	20	辐射防护
5	17	γ 射线
6	15	放射性废物
7	14	内陆核电厂
8	14	放射性核素
9	12	氡浓度
10	12	电离辐射
11	11	气溶胶

序号	Freq	Author
12	11	数值模拟
13	10	核素迁移
14	10	mcnp
15	9	监测
16	9	蒙特卡罗
17	9	土壤
18	9	ap1000
19	8	核事故
20	8	医疗照射
21	8	天然放射性
22	8	氡析出率
23	8	调查
24	8	高放废物
25	8	辐射环境
26	7	γ剂量率
27	7	氡子体
28	7	凋亡
29	7	剂量
30	7	放射防护

2.4.2　爆点关键词分析

爆点关键词也叫引文突现或引用突现,探测在某一段时间引用量有较大的变化的情况。用于发现某一个主题词、关键词衰落或兴起的情况[13]。在软件界面选择 Node Types 里的 keyword,进行关键词的聚类分析后,设置 Burstness,得到引文突现的分析图,红线代表引文突现词开始与结束的周期。共获得 30 个爆点关键词,并且该领域前沿热点随时间阶段不同而随之转换。引文突现选择了2001—2018 年进行对比分析。2001—2009 年的爆点关键词主要有"基因芯片""职业照射""放射性物质",体现了辐射防护领域对于放射性物质以及职业照射的关注。2009—2014 年前沿热点过渡为更为具体的领域——对放射源的关注,如"内陆核电厂""高活度废放射源""医疗照射""γ射线""焚烧""蒙塔卡罗",也有对辐射的测量,如"氡气浓度"。2014—2018 年主要关注"核电厂""核医学""压水堆核电厂"等核来源。详见图 4。

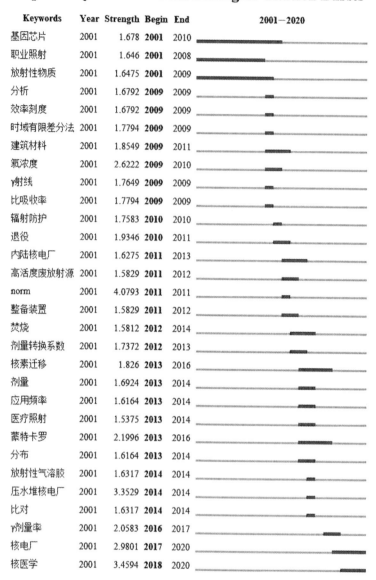

Top 30 Keywords with the Strongest Citation Bursts

Keywords	Year	Strength	Begin	End	2001—2020
基因芯片	2001	1.678	**2001**	2010	
职业照射	2001	1.646	**2001**	2008	
放射性物质	2001	1.6475	**2001**	2009	
分析	2001	1.6792	**2009**	2009	
效率刻度	2001	1.6792	**2009**	2009	
时域有限差分法	2001	1.7794	**2009**	2009	
建筑材料	2001	1.8549	**2009**	2011	
氡浓度	2001	2.6222	**2009**	2010	
γ射线	2001	1.7649	**2009**	2009	
比吸收率	2001	1.7794	**2009**	2009	
辐射防护	2001	1.7583	**2010**	2010	
退役	2001	1.9346	**2010**	2011	
内陆核电厂	2001	1.6275	**2011**	2013	
高活度废放射源	2001	1.5829	**2011**	2012	
norm	2001	4.0793	**2011**	2011	
整备装置	2001	1.5829	**2011**	2012	
焚烧	2001	1.5812	**2012**	2014	
剂量转换系数	2001	1.7372	**2012**	2013	
核素迁移	2001	1.826	**2013**	2016	
剂量	2001	1.6924	**2013**	2014	
应用频率	2001	1.6164	**2013**	2014	
医疗照射	2001	1.5375	**2013**	2014	
蒙特卡罗	2001	2.1996	**2013**	2016	
分布	2001	1.6164	**2013**	2014	
放射性气溶胶	2001	1.6317	**2014**	2014	
压水堆核电厂	2001	3.3529	**2014**	2014	
比对	2001	1.6317	**2014**	2014	
γ剂量率	2001	2.0583	**2016**	2017	
核电厂	2001	2.9801	**2017**	2020	
核医学	2001	3.4594	**2018**	2020	

图 4 2008—2018 年《辐射防护》刊文爆点关键词前 30 名

2.5 被引次数分析

统计 2008—2018 年《辐射防护》刊载文献在中国知网的被引次数与下载次数,被引次数排前十五的文献中,辐射环境监测与评价方面最多(5 篇),放射性废物管理、医疗照射与防护两个领域各 3 篇,辐射剂量、法规标准、职业照射和核应急方面各有 1 篇。详见表 2。

表 2 2008—2018《辐射防护》载文被引次数排名前 15 的文献

序号	文献	第一作者	单位	年份	被引次数	下载次数
1	多排(层)螺旋 CT 的辐射剂量表达及其影响因素探讨	白玫	首都医科大学宣武医院	2008	92	1 103
2	我国辐射监测的回顾与展望	刘华	环境保护部安全管理司	2008	58	1 270

序号	文献	第一作者	单位	年份	被引次数	下载次数
3	国内外现行电磁辐射标准介绍与比较	刘宝华	广东省环境辐射研究监测中心	2008	47	2 039
4	我国铀矿冶设施退役治理现状及对策	潘英杰	中国核工业集团公司	2009	39	497
5	上海市放射诊疗发展趋势与医疗照射防护研究	郑钧正	上海市疾病预防控制中心	2014	34	360
6	上海市医用 X 射线 CT 的应用频率及其分布研究	王彬	上海市疾病预防控制中心	2013	34	298
7	日本福岛核事故对我国大陆环境影响	王蕾	环境保护部辐射环境监测技术中心	2012	34	696
8	总 α 和总 β 放射性测定方法研究	林炳兴	中国广州分析测试中心	2009	32	804
9	我国铀矿通风降氡现状分析	林鹏华	核工业北京化工冶金研究院	2011	31	458
10	高放废物地质处置库粘土岩场址研究现状	王长轩	东华理工大学	2008	29	429
11	压水堆核电站一回路活化腐蚀产物源项控制措施探讨	方岚	秦山第三核电有限公司	2012	26	719
12	中国煤矿井下工作人员所受天然辐射职业性照射初步评价	陈凌	中国原子能科学研究院	2008	26	313
13	Se 在北山花岗岩地下水中的化学形态及浓度控制分析	康明亮	中国科学院广州地球化学研究所	2010	22	305
14	关注现代医学物理进展,加强医用辐射防护	郑钧正	清华大学工程物理系	2008	22	869
15	基于贝叶斯风险决策理论的码头核应急决策模型	张锦	镇江船艇学院	2010	21	626

2.6 基金项目分析

文章通过 CNKI 进行进行年发文总数与基金项目支持文章统计得出表 3,2008—2018 年基金项目支持文章数量较为稳定,基本为 20~30 篇。2008—2016 年基金项目支持文章大致为 30%~40%,2017—2018 年因文章页码和会议通知、投稿指导等小文献增多致使基金项目占比回落至 20%多。基金项目支持论文篇数的占比较高一定程度上说明期刊的重要性,但并非绝对。由此可见,该期刊在基金项目支持上占有相当的比重,说明《辐射防护》期刊在该学科领域起着关键作用[14]。

表 3　2008—2018《辐射防护》获基金项目支持载文情况

年份	基金支持/篇	非基金支持/篇	合计	基金支持占比/%
2008	23	43	66	35
2009	30	46	76	39
2010	28	40	68	41
2011	26	40	66	39

年份	基金支持/篇	非基金支持/篇	合计	基金支持占比/%
2012	33	34	67	49
2013	20	51	71	28
2014	21	50	71	29
2015	22	71	93	24
2016	26	46	73	36
2017	27	99	126	21
2018	28	96	124	23

3　讨论

《辐射防护》2008—2018 年共刊载文献 901 篇,2008—2016 年刊载文献较稳定,平均年载文量 72 篇;2017—2018 年由于文章页码开始增多和每篇文章结尾独立页面并刊载一些会议通知等信息后,刊载文献数量显著提升,平均年载文量 125 篇。李航[15]等学者通过对数十篇经济类期刊的文献计量发现,期刊载文量在一定程度上与其影响因子呈正相关关系,极个别期刊除外。期刊载文量尤其是核心期刊的提升同时也会伴随着知识传播的扩大化,显著提升期刊在其领域内的影响。

文章通过研究发现,发文频次超过 10 篇的作者共有 13 名,大都是国内辐射防护学科领域的知名学者,同时这些学者所在的机构发文数量相对较高,如作者发文频次为 18 次的郭秋菊教授,排在第一位,其所在的北京大学物理学院在科研机构发文频次中也较为靠前。作者排名第二的陈晓秋研究员,其所在的环境保护部核与辐射安全中心发文频次为第二。排名第三的发文作者是姚仁太研究员,其所在的单位中国辐射防护研究院总发文频次位居第一。这些学者及其所在的机构和团队在我国辐射防护领域取得了显著的成就。此外,根据发文作者图谱和发文机构共现图谱可知,相关团队和机构之间的合作也较为紧密,如陈晓秋和姚仁太分别与李冰进行过合著发文,中国辐射防护研究院与中国原子能科学研究院之间存在较多合作情况。

社会网络分析通过所得领域网络中关系的分析,对相关领域的研究进行探讨[16]。关键词是文章的重要内容,是学者检索和研读该文章的一个核心方向,通过聚类和共词分析可以发现其中的关联,由此得出其研究热点[17]。高频关键词是共现次数较多的关键词,不少学者将高频关键词出现频次作为描述该领域学科研究状况的依据,进而通过研究长期内某一学科领域或某一期刊载文关键词等来发现所在学科领域的研究热点和发展趋势[18]。爆点关键词也叫引文突现或引用突现,探测在某一段时间引用量有较大的变化的情况。用于发现某一个主题词、关键词衰落或兴起的情况[13]。通过关键词的共现分析而得出高频关键词与爆点关键词,两者结合通常可以揭示相关学科领域的研究热点和发展趋势[19]。文章也通过研究得出,高频关键词内容集中在核电厂、放射源、放射物质、辐射测量、核电厂等,揭示我国辐射防护领域的研究热点。而引文突现选择了 2001—2018 年进行对比分析,2001—2009 年的爆点关键词主要有"基因芯片""职业照射"、放射性物质",体现了辐射防护领域对于放射性物质以及职业照射的关注。2009—2014 年前沿热点过渡为更为具体的领域——对放射源的关注,如"内陆核电厂""高活度废放射源""医疗照射""γ 射线""焚烧""蒙塔卡罗",也有对辐射的测量,如"氢气浓度"。2014—2018 年主要关注"核电厂""核医学""压水堆核电厂"等核来源,分别揭示了三个不同时期的研究热点。综合高频关键词、爆点关键词与高被引文献计量分析结果,核电厂、核医学等研究将成为该杂志未来 5 年的研究热点。另外,基金论文的比重较高一定程度上说明一个期刊的重要性[20],研究表明《辐射防护》期刊有着比重较高的基金项目支持论文,说明了该期刊在学科领域内的科研水平和期刊质量方面起着关键作用。

4　结语

　　文章主要采取定量研究方法进行统计分析,仍存在不足之处,如选取特定的时间段只能得出一定时期的研究状况,文章作者在该领域涉及较为浅薄,缺乏对刊载文献进行定量与定性相结合分析等。《辐射防护》是国内辐射防护领域的核心杂志之一,通过定量分析后可以比较直观地反映出该领域的研究热点,相关研究学者和研究机构之间的合作状况,以及该领域研究热点阶段性转变等,以期为该学科研究者提供一定的参考方向。

参考文献:

[1]　高俊宽.文献计量学方法在科学评价中的应用探讨[J].图书情报知识,2005(02):14-17.

[2]　阎颖,李春辉.《中国感染控制杂志》2002—2018 年文献热点计量学分析[J].中国感染控制杂志,2019,18(12):1137-1143.

[3]　汤晓浩.《原子能科学技术》2000—2010 年载文被引统计分析[J].编辑学报,2011,23(S1):64-68.

[4]　赵蓉英,许丽敏.文献计量学发展演进与研究前沿的知识图谱探析[J].中国图书馆学报,2010,36(05):60-68.

[5]　崔岩.统计分析中的定量与定性研究[J].现代经济信息,2011(11):106-107.

[6]　周超峰.文献计量常用软件比较研究[D].武汉:华中师范大学,2017.

[7]　Zha ML,Cai JY,Chen HL.A bibliometric analysis of global research production pertaining to diabetic foot ulcers in the past ten years[J].J Foot Ankle Surg,2019,58(2):253-259.

[8]　陈悦,陈超美,胡志刚,等.引文空间分析原理与应用:CiteSpace 实用指南[M].北京:科学出版社,2014:12-13.

[9]　张力.核安全:回顾与展望[J].中国安全科学学报,2000(02):18-23+88.

[10]　冯子雅,杨小勇,陈群,等.基于核电站辐射防护的思考[J].山东工业技术,2019(01):90.

[11]　帅震清,赵强,庞荣华,等.日本福岛核事故对四川省辐射环境影响[J].四川环境,2016,35(01):92-97.

[12]　王文欢. 核事故处理的伦理分析[D].南华大学,2017.

[13]　郭涵宁. 多元科学指标视角下的新兴研究领域识别探索[D].大连理工大学,2013.

[14]　李晓红,于善清,胡春霞,等.科技期刊评价中应重视"基金论文比"的作用[J].科技管理研究,2005(10):138-139.

[15]　李航,张宏,张彦坤.学术期刊评价体系中的关键指标关系分析:以经济类核心期刊为研究对象[J].出版广角,2015(Z1):106-107.

[16]　屠健,马海群.国内政府开放数据政策领域研究论文合著情况的网络分析[J].图书馆研究与工作,2019(02):17-21+35.

[17]　冯璐,冷伏海.共词分析方法理论进展[J].中国图书馆学报,2006(02):88-92.

[18]　李文兰,杨祖国.中国情报学期刊论文关键词词频分析[J].情报科学,2005(01):68-70+143.

[19]　阚振. 美国情报学前沿热点的可视化分析[D].苏州大学,2013.

[20]　夏朝晖.基金论文比在科技期刊评价体系中的作用探析[J].中国科技期刊研究,2008,19(04):574-577.

Analysis on the evolution of research hotspots of radiation protection core journals in China— Taking 《radiation protection》 as an example

TU Jian, GE Wei-dong, SHEN Bing

(China Institute for Radiation Protection, Taiyuan Shanxi 030006)

Abstract: [objective] to understand the research focus of the literature published in radiation protection from 2008 to 2018. [methods] quantitative analysis was made on the number of articles published in "radiation protection", authors, scientific research institutions, key words, citation times and fund projects. [results] a total of 901 articles were published in radiation protection from 2008 to 2018, with guo qiuju from the school of physics, Peking University being the most frequently published, and the number of papers funded by the foundation was on the rise. Based on the results of quantitative analysis of high frequency key words, explosive point keywords and cited references, nuclear power plant, nuclear medicine, radiation dose and other studies will become the research focus of this journal in the next five years. [conclusion] radiation protection is one of the core academic journals in the field of radiation protection in China. The bibliometrics analysis directly shows the hot spots of the journal research, and provides the direction for researchers in the field to choose scientific research topics and submit papers.

Key words: bibliometrics; radiation protection; research hotspot; nuclear power plant; nuclear power plant

赋能数字化反应堆的知识工程建设实践

徐浩然,李　聪,崔静华,颜　雄,严　开

(中国核动力研究设计院核反应堆系统设计技术重点实验室,四川 成都 610213)

摘要:数字化反应堆相关技术是近年来核反应堆方向日益关注的新兴领域,其中知识工程技术及其相关应用成为了数字化反应堆提质增效、留存研发经验的倍增器。目前已有核设计院通知识工程建设,以数字化反应堆为切入点,构建了知识资源、工具方法、多维赋能、制度组织组成的"四位一体"的知识工程体系,向下实现了研发知识的管理,向上实现了与研发流程的紧密融合,通过知识的"采、存、管、用"循环实现了个人提效赋能、业务场景赋能、管理支撑赋能,利用全面统一的综合集成研发平台,打破原有设计活动割裂、知识应用水平不足的状况,为后续多种堆型的高效研制打下了坚实基础。

关键词:知识工程;数字化反应堆;赋能

先进的数字化技术、管理技术引入核反应堆工程领域,是反应堆工程发展的一个重要方向,近年来核发达国家在数字反应堆领域研究上投入了大量资源,例如美国能源部的 CASL/NEAMS 项目、欧洲的 NURESIM/NURISP 项目等,都旨在建立一个能够模拟真实反应堆的数字化虚拟反应堆系统,并对反应堆工程中所产生的大量知识进行管理应用。知识工程技术可通过将知识与反应堆研发设计过程相融合,利用大数据、人工智能等技术展现知识的原理和方法,促进知识在研发设计中发挥价值,提质增效,实现知识增值以及与研发设计的共生效应,通过工具、方法、流程发挥研发人员个人才智与潜能。

1 数字化反应堆背景

数字化反应堆研究目标为打造统一的研发平台,将研发所需的软硬件资源集成整合,并规范研发过程的数据标准,打破多专业的协同壁垒,实现研发接口自动流转、过程透明可控、管理精细高效、数据共享复用,最终依托平台实现四大能力提升。

(1)高性能计算及先进理论模型仿真能力。在超大规模计算机系统上,开展堆芯物理、热工、燃料的高精度计算分析,并可对结果动态三维展示,实现燃耗、延寿、安全裕量等方案的准备评估优化。

(2)基于系统工程的三维协同设计能力。采用基于模型的系统工程(MBSE)方法论,实现结构、力学、物理等专业的统一数据模型进行设计与分析,模型共享与关联统一。实现压力容器、堆内构件等设备的参数化设计、布置、装配、干涉检查,并得到有效验证。

(3)全系统多专业实时工况模拟能力。在全范围仿真平台对正常及事故工况进行动态模拟与验证,及时发现并改进反应堆系统设计中的缺陷,提高系统的可靠性与交互性。

(4)设计经验留存与共享能力。采用知识工程理论,通过统一研发平台的研发流程实现知识伴随,提供研发经验的实时收割及参考知识资源的共享,缩短研制周期,留存研发经验。

2 知识工程建设思路

2.1 问题与规划

核设计院从 2016 年开始建设知识工程,并逐步为数字化反应堆高效研发赋能。在实施建设之前,核设计院先后完成了内外部摸底调研,提出了研发设计过程中的知识需求存在 3 方面问题。

作者简介:徐浩然(1990—),男,四川南充人,电子科技大学硕士,研究方向数字化研发、知识工程

（1）知识与业务活动脱节,缺乏深度融入与耦合。研发设计中的设计流程、模型模板尚无有效手段进行管理,既有研发知识和现有业务活动脱节,联系不紧密,缺乏与设计工具、环境的深度融入与耦合。

（2）异构系统知识缺乏数据关联与共享,三维模型、仿真数据、过程数据离散存储,缺乏关联和共享,数据应用效率低,阻碍了研发设计能力的进一步提升。

（3）知识数据的利用深度不够。检索内容局限于元数据,部分历史文档通过扫描式存储,缺乏文档 OCR,不利于搜索引擎进行全文检索,对三维数据、计算数据等非文档型数据的支持力度不够。

针对上述问题,核设计院采用知识工程建设方法论,从资源、技术、流程、人四个维度梳理了知识工程建设的要点,制定了知识资源、工具方法、多维赋能、制度组织组成的"四位一体"的知识工程顶层规划,通过知识工程平台统一管理要素,紧密融合研发环境,解决研发过程知识的"采、存、管、用"问题,如图 1 所示。

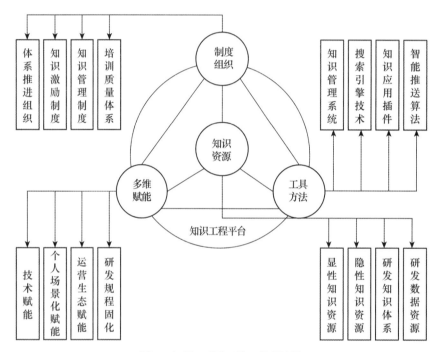

图 1　知识工程"四位一体"规划

知识资源方面要求聚集内部显隐性知识,通过数字化、标准化、结构化、范式化等手段形成体系化的研发知识支撑;工具方法方面要求建立基础的 IT 平台如知识管理系统、知识工程集成平台等,封装流程管理、设计工具,并采用搜索、推送等知识应用技术;多维赋能方面要求梳理典型研制任务的研发规程,并从个人或流程中获取有价值的数据与信息并进行知识化加工;制度组织方面要明确管理体系的推进主体,建立考核与激励制度、培训与质量体系,使知识工程运营常态化、业务化。

2.2　建设路径

数字化反应堆知识工程建设需要长期投入,因此需要统一规划,分步实施。通过建设路径的规划,逐步落实知识与研发设计融合,实现智慧研发的集成,具体建设路径可分为"三步走"策略,从顶层规划中的"四位一体"进行建设,通过相关信息系统的建设与流程、制度融合,实现知识资产化、知识场景化、知识智能化。

第一阶段:知识资源资产化+试点领域管理标准化。实现所有知识资源的集成统管,考虑已有各类信息系统功能及优劣,建设数字化综合研发平台,统一的三维、仿真、流程等非文档型知识,将现存在其他系统的知识以集成方式接入,实现内部知识内容的统一展现和搜索应用,并在试点专业领域实现知识的采、存、管、用。

第二阶段：知识场景化应用＋数字化反应堆全域管理标准化。实现知识与数字化反应堆研发全域子设计系统的深度融合，通过典型知识应用场景实现业务过程中的知识推送与复用，为研发人员"拿来即用，用则即取"的高效知识应用方式，提升工作效率和质量。

第三阶段：知识智慧化＋知识创新。全面实现知识平台与研发平台的互联互通，为各业务和管理层面提供决策的参考依据和数据支持，通过创新平台建设和知识智能挖掘服务，促进技术的创新与发展。

2.3 知识资源体系化

首先对反应堆研发设计涉及的知识领域进行了梳理，形成涵盖反应堆物理、反应堆本体结构、反应堆系统和主设备、反应堆仪表与控制、反应堆燃料组件、热工水力与安全分析、辐射防护与环境评价、反应堆结构力学、反应堆系统软件九大类的四级知识结构体系及标签，系统性地勾画出反应堆研发和设计的整体知识结构。

同时从主观层面挖掘专业人员对于知识体系的使用倾向，根据不同类型知识的使用特征提炼知识的分类属性，形成如法规导则、设计标准、设计经验、设计工具、使用教程、成功案例、失败教训、计算笔记、规范模板等面向知识使用者的知识属性。

最后根据"集成管理、一键利用"的思路对现有的显性知识资源进行整合，并引入互联网情报跟踪平台，定向跟踪国外核发达国家数字化反应堆研究情况，自动抓取虚拟反应堆、先进建模与仿真等领域的互联网媒体、科技文献超过 200 个情报数据源，将分散存储的资源集中到一起提供利用，集成整合了包括档案、资料、图书、标准、期刊、情报、法规、导则、专业数据库等 10 多个类别，20 多个系统，共计 100 多万条数据的显性知识。

2.4 知识工程集成研发环境

数字化反应堆综合研发环境以三维协同设计、多专业高精度耦合计算为核心的"全流程、全寿期、全三维、全仿真"的数字化研发平台。知识工程系统作为该系统的子系统之一，是整个平台的重要组成部分，建立知识工程集成研发环境需要三个步骤。

（1）构建基于流程的知识工程系统

首先进行研发规程标准化及体系化。采用基于工作流程分解方法（Work Breakdown Structure，WBS），定义研制活动的基本属性、输入输出，形成典型项目的研发流程，提炼流程、设计经验、特征等知识驱动型的工作要素和工作流程，汇总形成显性可复用的工程研发设计通用规程体系，指导数字化反应堆综合研发环境的研制流程固化。

其次开发知识工程系统，使其具备知识库、知识管理、知识地图、知识利用等典型知识管理系统的应用功能。

最后知识工程系统通过调用、引用、集成接口等方式绑定研发流程，通过以知识包的形式推送历史项目相关数据，快速完成项目策划；通过流程分解的"工作包"推送流程节点相关的知识资源，基于设计模板快速进入设计过程，极大地提高工作效率。

（2）固化隐性知识萃取方法

隐性知识是科研设计过程中的经验、流程等存在于个人头脑中的知识。知识工程系统利用模板、标签及可视化技术，为科研人员提供隐性知识的收集、提取、规范化等显性化工具。通过知识伴随手段，在研发界面集成知识采集入口，方便研发人员快速输出知识经验，并提供知识加工方法，通过文字编辑、知识地图绘制、热链接、内部数据引用等方式形成可阅读、易理解的知识交付物，知识库提供知识评审、维护等功能，对成型的知识，由知识形成者按照核设计院知识分类体系进行归类，通过后存入反应堆隐性知识库。

（3）打通后端数据系统接口

通过搜索引擎集成后端档案、标准、资料三大数据系统，利用分类、属性、标签技术，建立核反应堆研发核设计院适用的数据模型,利用数据清洗技术对数据进行过滤、拆分、合并、去重、补齐等操作,实现对数据归类整合,进行显性知识资源的结构化与规范化。

利用"应用浮窗"知识插件形式,将当前业务子系统页面的关键数据信息作为知识推荐的输入,主动在当前界面输出关联的知识资源,彻底摒弃了传统的跨系统资源使用模式,实现了知识的无缝利用,为项目管理、高性能计算、模型仿真等业务过程提供了重要的参考知识。

通过以上三个建设步骤,构建起了涵盖"采、存、管、用"整个循环的知识利用生态:数字化研发系统产生各类知识资源,通过数据处理后进行存储与管理,再由知识工程系统提供搜、推、阅等知识服务。

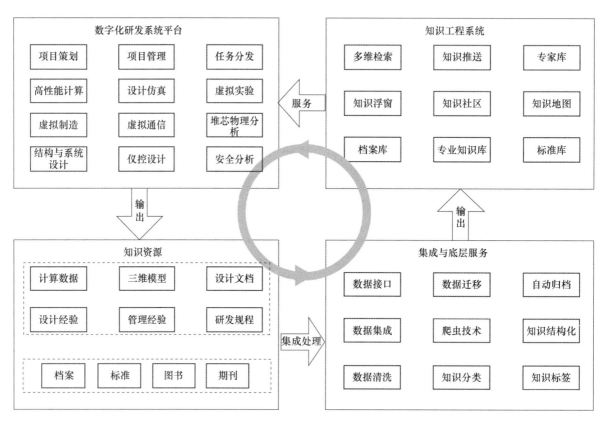

图 2　知识利用循环生态

3　赋能场景构建

通过知识工程为数字化反应堆研发赋能体现在学习、指引、问题三个方面,针对场景的构建知识应用可实现高效知识服务。

3.1　日常学习场景

将知识工程系统中知识库中的信息,以用户为中心,根据不同视角和维度,分析和组织知识,形成有特定视角的知识体系结构,呈现了知识全貌,指导用户参照分析自身不足,并有针对性地学习。首先对现有知识库进行编研,按专业、岗位、项目、专题编制形成知识地图,对员工关注的热点领域、话题进行针对性的梳理并固化,如 SG 装置研制流程、卡轴事故分析流程等典型知识地图;其次,打造在线培训学习平台,通过在线学习、在线考试、每日一学,将专业知识、质量、保密纳入培训体系,学习计算学时,完成培训学习后取得岗位资格。

3.2 工作指引场景

数字化反应堆研发通过两方面进行工作指引赋能：首先在研发平台中固化典型设备、工况的研发范式，以当前用户的工作所需知识及呈现方式，形成规范化的项目工作包推送给研发人员使用，其内容包括工作说明、设计标准、质量规范、实现方法、设计案例、常见问题、工具帮助。

其次以项目为主线，从工作场景出发，选取了项目立项、计划、执行、收尾四个阶段配置知识推送策略，在阶段执行过程中推送知识，并在使用过程中反馈相关内容，包括纠错、推荐内容，并且在项目收尾时创作新知识，扩充项目知识库，形成知识闭环生态。

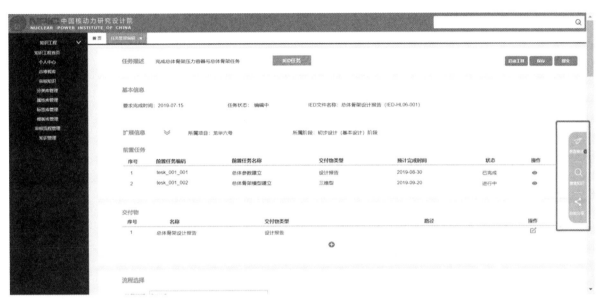

图 3　知识"浮窗"提供搜索、推送

3.3 遇到问题场景

在研发过程中遇到的问题一般分两类，一类是执行过程障碍，属于操作程序性问题；另一类是对于某一项涉及的工作内容知识点概念或问题产生的原因不清楚，这一类属于陈述性问题。对于上述问题，充分使用"知识＋互动"工具，其中概念性问题建立了知识百科，陈述性问题建立了知识问答。相关问题建立技术社区探讨，用具有互联网思维的社交工具长期耕耘，通过一问一答、主题交流、留言转发、个人积分等互动的方式，充分释放员工主动探索学习的动力。研发人员遇到问题时，通过一搜、一问、一答就回答了问题是什么，为什么，怎么做，同时也留存了研发智力资产，成为赋能体系的重要一环。

4　运营机制

4.1　组织架构

为稳步高效推行数字化反应堆知识工程建设与运营，核设计院成立了知识工程领导小组、知识工程专员两级组织。

（1）知识工程领导小组：项目管理部门、业务职能部门、专业研究室共同组成宏观层面知识工程团队，负责制定知识管理战略规划、管理办法、工作制度、激励制度、行为规范体系；同时组织梳理研发设计流程，制定并落实知识工程系统的总体建设规划、提出建设需求、建设方式和预期成果。

（2）知识工程专员。在知识工程建设的启动阶段，必须进行大量的基础性知识收集与整理的工作,因此在各个科室设置 1~2 名知识工程专员来推动启动阶段的工作;在数字化反应堆知识工程建设与运行维护阶段,运营职能将从知识管理领导小组转移到知识专项小组,工作内容也将融入各科室的日常工作。

4.2　规范制度

从三方面构建知识工程相关制度,通过增强员工的自我驱动和潜能激发两种形式直接影响员工的动机,鼓励研发知识的发掘、传播和利用。其中基础规范指导科研人员完成知识资源的梳理、采集、结构化表达、评审及入库,规范科研人员在上述过程中的方法和流程;标准规范用来制定管理协同设计涉及的知识工程手册、研制规范手册的电子文档和结构化内容;管理制度用来明晰对知识的定义、界定知识范围、知识的评价、知识的激励。

4.3　运营活动

首先建立三级培训体系,针对中高层培训,邀请行业专家开展了针对管理理念的培训;针对知识工程专员,开展包括基本理念、知识体系梳理、知识地图梳理方法论、知识专员工作职责培训;针对普通员工及新进大学生,开展了包括基本理念、知识工程介绍、操作手册的培训。同时在知识工程建设运营的关键活动中,在内网、内刊等宣传阵地进行了阶段性和持续性的宣传,将知识工程体系建设运营过程中的优秀实践进行宣导。

5　结束语

通过数字化反应堆知识工程建设,打破了原研发设计活动割裂、知识应用水平不足的状况,促进了核反应堆系统全周期资源集成化的统一管理和利用,形成了研发资源集成化、设计流程自动化、平台工具标准化、知识管理规范化的研发体系。基于数字化研发平台的知识工程系统、知识收割渠道集成于各个研发场景中,核反应堆工程设计、制造、运行维护等阶段的应用经验能够快速输出并自动记录相关背景知识,积累并固化成各类知识库,极大地提高设计研发效率、创新能力以及核反应堆的工程化实施与项目管理能力。知识工程建设后续研究方向应转向核领域知识图谱构建及 NLP 技术的应用,打造更先进的搜索与推送服务,实现知识内容层次利用,更好地为数字化反应堆赋能。

参考文献:

[1] 方浩宇,李庆,宫兆虎,等.数字化反应堆技术在设计阶段的应用研究[J].核动力工程,2018,39(04):187-191.

[2] 陈思涛,韩文强,温良,等.面向航空制造企业的工艺技术知识管理[J].工具技术,2021,55(02):76-79.

[3] 杨虹.汽车制造业知识工程建设关键方法[J].汽车实用技术,2021,46(02):191-194.

[4] 杨菠,赵雄飞,宁远明.高端装备制造业数字化转型的思考[J].信息通信技术与政策,2021,47(01):34-37.

[5] 李金峰.知识工程在研发企业的建设和应用研究[J].中国管理信息化,2021,24(02):145-146.

The practice of knowledge engineering construction energize digital reactor

XU Hao-ran, LI Cong, CUI Jing-hua, YAN Xiong, YAN Kai

(Science and Technology on Reactor System Design Technology Laboratory,
Nuclear Power Institute of China, sichuan prov. 610213 China)

Abstract: In recent years, the related technology of digital reactor has become an emerging field of increasing attention in the direction of nuclear reactor. Among them, knowledge engineering technology and its related applications have become a multiplier to improve the quality and efficiency of digital reactor and retain the research and development experience. There are Nuclear design institute through knowledge engineering construction with digital reactor and as the breakthrough point, constructs the knowledge system of resources, tools, methods, multidimensional energized, organization of knowledge engineering system of "four one" down to achieve the development of knowledge management, implements the upward closely integrated with research and development process, through the knowledge of "mining, storage, manage, use" loop energize lifting efficiency of personage, energize business scenario, management scenario, use the integrated and unified platform to break the original condition of design separate and the lack of knowledge application, this provides high performance of follow-up reactor R&D.

Key words: knowledge engineering; digital reactor; energize

大数据环境下企业档案情报信息工作
在企业科研生产中的价值和作用探讨

杨　彦

(四川红华实业有限公司，四川 成都 611130)

摘要： 在大数据环境下，加强企业档案情报信息工作的现代化管理，应树立知识产权观念；构筑企业档案情报信息服务平台的选择途径，充分利用信息资源来增强企业的核心竞争力；做好企业竞争情报系统中的信息收集与信息分析研究；运用 ERP 管理思想，创建企业信息系统的集成管理体系；以人为本，创新发展。本文论述了企业档案情报信息工作在民品开发、科研生产中的地位、作用和任务。企业档案情报信息工作是科学技术工作的重要组成部分，是加速国民经济建设、实现科学技术现代化的耳目、尖兵和参谋，是一项科学性、时间性、社会性很强的技术工作，也是一项代价小、收益大的事业。文章阐明了企业档案情报信息工作不仅直接关系到企业科研生产的发展和科技水平的提高，而且也关系到该企业的产品在国内外市场的竞争中能否立于不败之地，从而提高企业的核心竞争力。它是企业保护知识产权的有力武器。

关键词： 企业；档案；情报信息；集成管理；知识产权；科研生产；研究

企业档案情报信息工作是科学技术工作的重要组成部分，是加速国民经济建设、实现科学技术现代化的耳目、尖兵和参谋，是一项科学性、时间性、社会性很强的技术工作，也是一项代价小、收益大的事业。企业档案情报信息工作不仅直接关系企业科研生产的发展和科技水平的提高，而且也关系到该企业的产品在国内外市场的竞争中能否立于不败之地。

目前，世界 500 强企业 95％都建立了较为完善的情报档案信息体系。进入世界 500 强的美国公司中 90％以上设有情报档案信息部。日本的企业家更是把档案情报信息看成企业的生命线。索尼的总裁说："索尼公司之所以名扬全球，靠的是两手：一是情报档案信息，二是科研开发。"ABB 公司以情报档案分析部代替规划部，情报档案分析部直接对总经理负责，其工作是研究宏观经济、公司竞争地位、顾客、法律法规、专利和技术，在公司里培养情报档案信息管理意识。

1　企业档案情报信息工作在科研生产中的地位、作用及其相互关系

科学研究是探索未知的创造性活动。迄今，科学上的一切重大的发明与创造无不是在继承和吸收前人科学成果的基础上努力创造的结果。就牛顿而言，他所发现的力学三大定律，就是继承了开普勒天体运动定律和伽利略惯性定律所产生的结果。可谓是近代史上最早的"拿来主义"。牛顿本人在临终前讲这样一句话"如果我比别人站得高一点的话，那是因为我站在巨人的肩上"。这句话道出了科学的继承性和学习他人经验的重要性。正因如此，科研工作者在动手搞研究之前，为了避免重复别人的劳动，少走弯路，都十分重视用于指导科研活动，起继承、借鉴和参考作用的一切科学技术知识。这种可以传递、供人使用的科学技术知识，也就是人们常说的科技情报信息。

我国著名科学家钱学森在某次会上以他亲身经历谈道："档案情报信息工作是分工中形成的专门行业，从前是研究人员自己查档案找情报，我当研究生的时候，搞的是超高速气动力学，当时我敢向老师说：全世界这方面的文献我都看了。因为一共也没有多少。可是后来这方面的文献增长很快，我扛也扛不动了，靠自己找已办不到了。"

作者简介： 杨彦(1963—)，男，甘肃兰州人，研究生，研究馆员，主要从事企业档案情报信息的开发与利用，企业战略规划与发展的研究

随着现代科学技术日新月异地高速发展,科学技术的学科门类越来越多,各学科之间彼此渗透、紧密相连,使科学研究对象越来越复杂、综合性越来越强。为此,必须投入大量的人力、物力,花费较长时间,才能达到目的。这种情况使任何一个科研人员都很难靠个人的力量去取得他所需要的全部的最新科技情报信息和档案资料,必须靠档案部门和情报信息部门,以及现代的信息技术和科技情报手段来实现。

科技人员面对这种浩如烟海的文献,要查找所需的资料就如大海捞针一样困难。这就更需要档案部门、科技情报信息部门对科技文献资料进行专门搜集、整理、分析、研究和综合,给出可行性报告,帮助科技人员吸收已有的研究成果,借鉴他人的经验和教训,并把前人的研究成果作为开展研究的起点,保证科学技术的高速发展。由此可见,科研工作和档案、情报信息工作唇齿相依,相互促进,共同发展。科研水平越高,对档案资料、情报信息的需求就越迫切,档案情报信息工作搞得越好,就越有利于促进经济建设,加速科研的发展。尤其在社会主义市场经济条件下更为重要。

2 企业档案情报信息工作为企业领导决策起参谋和助手作用

一条情报信息,可以救活一个企业。一个充满生机和活力的企业,它的档案情报信息工作必然是非常活跃的。档案情报信息人员应根据本单位的民品开发和科研项目,善于捕捉信息,提供针对性强,适应性广,具有新颖性、先进性的档案资料和情报信息,进而进行分析、研究、对比,对有价值的情报资料及时而准确地作出决策。例如:我厂民品支柱产品六氟化硫的研制开发过程中,科技情报信息人员积极参与市场调研,为领导决策提供依据。我们从有关信息中获悉,国内六氟化硫生产厂家只有4家,除四川的一家稍大(年产量为 20 t 左右)外,其余三家都是年产 5~8 t 的小厂。估算国内的六氟化硫年产量约 40 t。而当时国内年总需求量约 70 t,其缺口是依靠进口解决。当时售价为 10 万元/t。我厂有长期生产氟的经验,试制六氟化硫技术难度不大,利润较为丰厚。另外,我们又从水电部器材处了解到"七五"期间预计六氟化硫的年需求量为 100~200 t。这些数据为我厂领导下决心开发六氟化硫新产品提供了依据。随着市场的不断扩大,2006 年,我厂的六氟化硫产品年产量可达 1 400 t,产品已供不应求,平顶山高压开关厂用我厂生产的六氟化硫气体充装的高压开关已冲出亚洲,走向世界。

3 企业档案情报信息工作在新产品开发和研制中的作用

新产品开发和研制是企业科研生产的重要一环,而档案情报信息工作在新产品开发和研制的各环节的重要作用如下。

3.1 新产品预研阶段的作用

这个阶段只有掌握市场、用户需求,以及它的经济效益,才能下决心开发,做到心中有数,点子多;方向明确,干劲大。收集国内外第一手档案资料、情报信息,跟踪最先进的技术、工艺,借鉴他人的经验和成果,不走或少走弯路。

3.2 新产品设计阶段的作用

在设计时,首先要了解该产品技术性能、有关参数、工作电压、机械程度、外观造型等。广泛收集和充分利用国内外新产品、新技术、新材料,以及产品的最佳设计方案和计算机辅助设计,使产品设计达到先进水平。

3.3 新产品试制阶段的作用

在新产品的研制过程中,通过论证新产品在设计上的正确性,收集有关产品技术、生产工艺、制造方法等资料,正确作出对比,及时提出改进措施。

3.4 新产品投产试销阶段的作用

这个阶段是新产品批量生产投放市场,要掌握用户对该产品有关参数、性能、款式、价格、功能以及市场前景,收集用户的反馈信息。

例如:我厂六氟化硫新产品开发和研制时,情报信息部门在厂长、总工程师的支持下,组织力量搜集国内外的六氟化硫文献资料,以最快的速度翻译整理出第一批资料,提供了六氟化硫生产的基本工艺参数、生产流程、设备及操作方法等方面的资料,为工程设计、设备制造、安装调试提供了重要参数。同时,我们又去成都、重庆、北京等地,进行情报调研、市场调查,收集大量国内外技术资料。经过筛选、翻译、整理出版了六氟化硫的特性、产品规格、生产工艺、制备方法等国外技术资料。通过与国外生产工艺比较,为解决生产中的重大技术问题提供了线索。

4 适应市场经济要求,充分利用专利文献,提高企业核心竞争力

公司在技术引进、技术创新、技术改造等项目立项时,应开展专利审查论证工作,进行专利文献检索,对专利信息进行研究、分析,确定研究开发起点和方向,避免重复研究,对技术含量不高的项目及时撤下,把技术创新资源集中投向高起点的高新技术项目,避开别人拥有的专利技术,避免造成人力、物力的浪费。在市场营销中,要通过专利信息对市场进行监控,加强对自身专利权的保护,积极开拓市场并有效占领市场。在引进技术和出口产品时,要进行知识产权保护审查,防止上当受骗。

对专利文献进行分析,可以获得技术信息、产业发展现状、技术发展的背景、发明的详细描述。可以知道谁是竞争对手,对手的技术优势,对手将要投资的重点,对手的战略方向。对于企业自身提升核心竞争力非常重要。积极开展专利文献的查新检索工作,为科研生产提供技术支撑作用。

5 建立知识产权保护机制,提升企业核心竞争力

习总书记讲:具有自主知识产权的核心技术,是企业的"命门"所在。企业必须在核心技术上不断实现突破,掌握更多具有自主知识产权的关键技术,掌握产业发展主导权。

知识产权既是企业开拓市场占领市场的"矛",也是企业保护自身合法权益的"盾"。只有通过对知识产权的精心培育与高效利用,最大化地发挥其价值,才能提升企业核心竞争力。

知识产权保护需要公司全员参加,提高公司整体的知识产权保护意识。建立知识产权保护机制,跟踪与监督公司专利产品、商标商号、著作权、专利技术的市场运行情况,及时发现并制止侵犯公司知识产权的行为,会同相关部门采取有效措施,依法维护公司合法权益、增强公司的核心竞争优势。企业档案情报信息工作真实记录了企业进行科技创新的过程、内容、结果,是企业拥有某一知识产权的法律凭证,当发生知识产权纠纷时,企业档案情报信息起到了至关重要的作用,是企业保护知识产权的有力武器。

例如:四川红华实业有限公司投入大量的人力、物力和巨额研发资金,历时十年研究开发了"10KA碳钢中温制氟电解槽"技术。该技术突破了电解制氟设备设计、制造的关键技术"瓶颈",在原材料转化及含氟产品生产方面有着广阔的应用前景和巨大的经济价值。公司一直把该专利技术列为商业秘密,对其市场推广、转化应用和专有权利等进行跟踪保护。2009年年初,公司在网上查询国家专利时,发现李某申请了一种"中温制氟电解槽"实用新型专利,并于2007年5月2日被国家知识产权局授予专利权。经查证,该专利的主要技术特征与公司研究开发的"10KA碳钢中温制氟电解槽"技术特征完全一致。

经查,李某是公司李某某之子,李某某是公司研究开发"10KA碳钢中温制氟电解槽"技术的主要研发人员。2005年4月21日,李某某退休后以儿子的名义申请了专利。后经反复沟通,李某某同意将专利转让给公司。2009年7月31日,国家知识产权局通过审查,将专利权人由李某某变更为我公司。李某某擅自以儿子的名义申请专利,抢注职务发明创造,严重侵犯了公司的合法权益,必须依法纠正。

因此,我们一定要明确职务发明创造与非职务发明创造的概念,防范职务发明创造被侵害的法律风险。

6 构建企业档案信息、图书情报和计算机网络三位一体化的创新管理模式,形成企业档案情报信息电子全息化管理

21世纪是知识经济时代,企业自身的知识资源及知识产权相当重要,它涉及企业自主产权、核心竞争力及企业文化的积累,是企业持续发展的重要保证。在新形势下,我们要突破过去企业档案信息管理模式的局限性,将企业档案管理纳入到企业整体管理体系中去,根据实际情况将企业档案与图书、情报信息资料、计算机中心进行一体化管理,将有利于企业知识产权统筹管理。这样,实际的企业知识资源管理对象与虚拟的信息网络技术相结合,整合创新形成企业整体化的档案情报信息资源管理平台,构建企业自身强有力的知识资源管理系统,形成强大的信息档案资源库,使企业知识资源得以更好的共享,形成高效的、集成化的企业信息中心,实现企业档案情报信息电子全息化管理。

7 结论

在大数据环境下,从企业档案情报信息工作在企业科研生产中的作用探讨,可以看出:在市场形势瞬息万变、市场竞争日趋激烈的今天,调查产品结构,不断开发新产品是全面提高企业素质和经济效益的重要措施,是企业摆脱困境、实现可持续发展的希望所在。企业档案情报信息工作不仅直接关系到企业科研生产的发展和科技水平的提高,也关系到该企业的产品在国内外市场的竞争中能否立于不败之地,从而提高企业的核心竞争力。

企业档案情报信息部门必须跟上时代的步伐,与时俱进,面临新的形势、新的挑战和新的机遇,必须牢固树立知识产权的观念;构筑企业档案情报信息服务平台的选择途径,充分利用信息资源来增强企业的核心竞争力;把ERP管理思想引入企业档案情报信息化管理之中,创建企业信息系统的集成管理体系;创新服务模式,重视人才储备和技术跟踪,以人为本,创新发展。

参考文献:

[1] 杨彦. ISO9000与企业情报信息工作[J].核情报工作与研究,1996(3):1-5.

[2] 杨彦. 新信息环境下企业新产品开发中的信息服务工作[J].情报资料工作,2001(年刊):313-314.

[3] 杨彦. 论知识经济与图书情报工作的发展对策[J].情报资料工作,2002(年刊):76-77.

[4] 杨彦. 浅谈市场、情报与企业发展[J].核化工和稀土,2002(1):24-26.

[5] 刘熙瑞. 现代管理学原则[M].北京:北京高等教育出版社,1991.

[6] 中央组织部,等. 科学决策知识讲座[M].北京:北京人民出版社,1987.

[7] 朱镕基. 管理现代化[M].北京:北京科学普及出版社,1983.

[8] 吴晓明. 企业技术与创新中的信息需求及其对策[J].情报杂志,2000(5):36-40.

[9] PRAHALD C K, HAMEL G. The Core Competence of the Corporation[J]. Harvard Business Review,1999(66):79-91.

[10] LIVER C. Sustainable Competitive Advantage:Combining Institution and Resource-Based Views[J]. Strategic Management Journal,1997,18(9):697-713.

[11] 高卢麟.知识产权保证:厂长经理必读[M].专利文献出版社,1998.

[12] 杨建君.企业专利工作[M].北京:专利文献出版社,1994.

Discussion on the role enterprise archive and intelligence information work in enterprise scientific research and production under the big enviroment.

YANG Yan

(Sichuan Honghua Industrial Co. LTD. Chengdu of Sichuan Prov. 611130, China)

Abstract: This paper discusses the role and task of enterprise archive and intelligence information work in civil products development, production and scientific research in the enterprise under the big enviroment. The information work is an essential part of science and technology work for the enterprise. The scientific research work and archives and information work are closely related and mutually dependent, promotional, and development. The whole process of archives and information work throughout economic construction, scientific research and production, intellectual property, always adheres to the public product development and scientific research. establish the concept intellectual property, enhance the core competitiveness of enterprises.

Key words: enterprise; archives; intelligence information; integration management; intellectual property; scientific research; Discussion

德国 WAK 后处理厂退役进展及启示

赵　远

(中核战略规划研究总院,北京 100048)

摘要:作为德国国家核能发展计划的一部分,德国 WAK 后处理中试厂于 1971 年投运,并顺利运行了 20 年的时间。随后,德国出台了弃核政策,WAK 于 1991 年开始退役。由于核设施尤其是后处理厂的退役工程的难度较大、项目复杂,再加上德国 WAK 后处理厂存在初始预算不足、工程项目更改,其整体退役进程出现了拖期、超概的情况。

关键词:WAK 后处理厂;退役;拖期;超概

20 世纪 70 年代后期,德国核电厂乏燃料后处理公司(DWK)曾计划在瓦克斯多夫建造一座 350 t/a 的后处理厂(WAW)。在此之前,在卡尔斯鲁厄建设了 WAK 中试厂,对后处理工艺技术和设备进行试验和优化,并培训未来 WAW 商业后处理厂的技术人员。

WAK 工厂设计能力为 35 t/a,于 1967 年开始建设,从申请至获批准历时 17 个月(1965 年 8 月至 1967 年 1 月),建造调试用了 55 个月(1967 年 1 月至 1971 年 8 月),还是按进度执行的。

1989 年 6 月,德国宣布放弃后处理,WAW 厂建设随之告终。因此,WAK 厂的运行(1971—1991)失去了意义,于 1991 年开始退役。

1　WAK 后处理厂退役进展

WAK 运行期间产生了约 70 m³ 的高放废液,存放在高放废液贮存厂房 LAVA 两个储罐中。德国原计划将高放废液送往比利时进行玻璃固化,随后由于安全性和经济性等问题,决定放弃这项措施,在 LAVA 厂房相连的地方规划建设 VEK 玻璃固化厂。WAK 关闭后,这些放射性物质处理装置仍可运行。

因此,WAK 退役涉及的设施可分为 3 个主要部分。

(1)工艺过程厂房(包括所有乏燃料后处理装置)。

(2)高放废液贮存厂房。

(3)卡尔斯鲁厄 VEK 玻璃固化设施。

WAK 退役、拆除和废液管理采取 6 个技术步骤进行。

(1)为了减少维修和运行队伍,对无用的系统实施退役。

(2)使用后处理作业中的手工或远距离设备,对主工艺厂房的首端和尾端部分的无用系统进行拆除。

(3)将高放贮存区与主工艺厂房隔离,逐步拆除主工艺厂房的残留设备,以便减少控制区。根据辐射水平,采用远距离、半远距离或手工方法拆除化学工艺热室中的设备。为了检验远距离或半远距离拆除工具,搭建了试验台架,安装了远距离作业设备并顺利运行。为高放废液取样,在高放废物贮存厂房 LAVA 的大厅安装了新的屏蔽操纵取样箱。

(4)完成高放废液的玻璃固化。

(5)为了减少控制区,对所有热室进行去污,并按顺序拆除 LAVA 贮存厂房和 VEK 玻璃固化装置的设备。

(6)在场址种植草被之前,拆毁所有的装置与厂房。

作者简介:赵远(1994—),女,河北衡水人,助理研究员,硕士,现主要从事核情报研究工作

其实际退役进展如下。

① 1996 年提出了退役的总体方案,开始拆除主工艺厂房。

② 1996—2006 年(10 年)完成了工艺厂房的拆除。

③ 2009—2010(1 年),高放废液玻璃固化工作完成。

④ 2010 年 3 月至 2011 年 3 月(1 年),5 个中放废物储罐的远程拆除完成。

⑤ 2012 年 2 月至 2012 年 9 月(7 个月),废物贮存设施 LAVA 的高放实验室的拆除工作完成,目前正在拆除热室。

⑥ 2015—2018 年(3 年),第一个高放废液储罐的远程拆除完成。

⑦ 目前正在做下一个储罐的拆除准备工作。

⑧ 这之后将进行储罐贮存厂房和玻璃固化设施的退役。

工厂计划退役拆除工作始于 1994 年,2009 年实现绿地化,但目前退役工作仍未完成。迄今为止,已拆除了 200 个污染管道及其影响的混凝土块,清除了约 16 000 m² 的受污染的墙面和天花板,共清除的材料(包括工厂组件、混凝土、电缆)等约 3 500 t。

2 WAK 后处理厂拖期超概问题

2.1 初始预算严重不足

根据 1991 年签订的协议,退役项目的资金预计为 19 亿马克(约 11 亿欧元)。WAK 原股东德国乏燃料后处理公司(DWK)负责筹集其中的 5.11 亿欧元份额,剩余的 5.89 亿欧元由联邦政府(91.8%)和巴登－符腾堡州(8.2%)承担。

但是,这 11 亿欧元退役费明显是比较乐观的估计。

在 1991 年签订协议的时候,WAK 提交联邦政府的费用预估值是"远远超过"协议签订的数字的。但是,德国联邦政府要求"签订协议的所有各方以及审批机构必须确保工厂的退役和拆除严格按计划进度表进行,因为任何耽误都可能引起费用严重超支"。最后,仍然只协定了 11 亿欧元的退役费。

到 2005 年年底,11 亿欧元就用尽了。当时预计退役工作还将持续数十年并且还需要 10 亿欧元的额外资金。

2.2 退役权责整体打包,WAK 未获得足够的项目支撑

鉴于北部电力公司(EWN,由财政部投资)在高温气冷试验堆 AVR 的退役上有良好的记录,自 2006 年 1 月 1 日起,DWK 公司将持有的所有 WAK 股份转让给了 EWN。

借此机会,德国在 WAK 退役资金方面商定了新的政策:其一,DWK 公司从此仅需负责放射性废物的临时贮存及最终处置的费用;其二,联邦政府和州政府按照 91.8% 和 8.2% 的比例分担退役费用;其三,科技部具体负责资金的提供和流转,监督资金使用情况,进行合理的预算。

WAK 退役项目的复杂性和成本的提升使得德国财政部要求科技部提供了其他核设施退役成本增加的情况。而根据风险评估,德国政府认为预算中可能还会有 20% 的额外成本。截止到 2008 年,已花费了 22 亿欧元(30 亿美元)。此时,EWN 在核设施退役方面的责任扩大了。

到 2009 年,除了 WAK 退役项目,EWN 还承担起了卡尔斯鲁厄研究中心其他核设施的退役工作。

在进行核设施退役的某些项目中,EWN 都是通过直接干预的方式支持退役工作,比如允许废物转移到公司名下的临时贮存库等方式。虽然在 2009 年,EWN 已经在总部设立了跨区域的集团职能,便于对核设施退役项目进行质量管理和项目控制,但直到 2015 年都未对 WAK 进行类似直接干预的方式。

另外,关于项目成本估算的规定和标准开发工作也没有跟上脚步。因为标准的制定需要 EWN 和德国的核能委员会有定期的交流和合作,但是,EWN 并没有做到这一点,也并没有完全参与到有关核试验设施退役和处理的中长期资金需求议会报告的编制准备工作中。

2.3 资金短缺恶性循环,政治活动延迟批复

2010 年,由于退役责任整合的动作,使得 WAK 使用的资金低于预算(执行率低),来自联邦政府和州政府的拨款中,有 4 800 万欧元未能使用。影响因素包括解散流动资金储备、现金转移、款项推迟等。

因此,科技部认为 WAK 申请的预算过高,经济效率低下,因此在 2012 年的预算中削减了约 500 万欧元。同时,科技部为 WAK 退役项目 2013—2015 年的预算设定了一个较低的年度资金上限。这样有偏差的预测,使得 WAK 从 2011 年开始,预算和需求之间的差距不断扩大,WAK 未偿还的债务明显增加,可用资金不足以安全完成剩下的工作。

从 2012 年上半年开始,WAK 就暂停了退役的进度,推迟 VEK 的退役,还终止了外协合同,例如卡尔斯鲁厄的财产保障服务。退役进程的延迟和设备的维护导致了额外成本的增加。按照 WAK 的估计,两年内的额外成本将超过 9 000 万欧元。

2013 年,WAK 的退役(包括 VEK 的建造,运营和拆除)的总成本预算为 22.78 亿欧元。从而,WAK 提出了提高预算的要求,希望能恢复目前中断的项目,并认为未来可能需要更多的资金,却被科技部拒绝了。但科技部保留了在有具体需求的时候探讨灵活处理方案的余地,并将在来年预算商议期间为 WAK 争取更高的预算拨款。

但是,之后德国总理的换届影响了财政批复的进程(约 1 年),WAK 的拨款到 2014 年才得以提高。

2015 年 4 月,联邦审计署发布报告,WAK 退役(包括 VEK)的资金需求已增至 42 亿欧元。从 2016 年开始,预算规划才超过了 WAK 认为在最佳运营状态时需要的资金限额。

据德国联邦 2016 年的财政报告公布,德国联邦在 WAK 退役方面的年支出达到了 12.4 亿欧元,而 2019 年则为 15.4 亿欧元。

2.4 拖期超概原因分析

通过对 WAK 后处理厂退役进程的梳理,可以发现,WAK 在这段时间内的经济管理都遇到了巨大的困难。而在项目拖期期间,WAK 并未提供任何有说服力的资金需求和风险分析,也没有及时说明资金使用的情况;科技部也没有具体了解因 WAK 项目中断而导致产生的额外费用;并且,科技部和财政部主管核设施退役的工作组从德国总理的换届之后才开展定期的交流。

综上所述,导致 WAK 退役费用大幅增加的直接原因如下。

(1)退役计划有更改

由于国内反核势力强大,1996 年,德国联邦技术部部长出于安全考虑,决定改变原计划,改为原地建设 VEK 进行玻璃固化处理,建造费用为 4 亿马克(约 2.3 亿欧元),由联邦政府和州政府共同承担,这比将高放废液送往比利时的费用要高,造成了预算不够的情况。

(2)最初预算太乐观

1991 年签订退役协议的时候,提给联邦政府的预算是远远超过 11 亿欧元的。当时联邦政府要求各方必须严格按照退役进度表执行,但事与愿违,VEK 各阶段的拖期仍然导致了超概。

(3)管理结构不合理

首先,EWN 公司中存在频繁的人员流动和专业人才的流失,带来了高效利用资金的难度。

其次,由于涉及退役费用的管理部门众多,各部门之间独立性较强,交流不充分,导致了管理结构的重叠和效率的损失。EWN 认为,如果由财政部进行统一的资助和管理,就可以避免出现这种情况。但这不符合政治责任和技术责任的分工。

最后,退役责任的变化也导致了项目拖期和资金周转困难。

3　总结及建议

从 WAK 后处理厂及 VEK 玻璃固化设施退役和放射性废物治理项目延期情况可以看出,退役治

理项目未能如期成功,受多种因素的影响:项目本身过于复杂;项目管理缺陷;退役费用不足;政府审批延迟;工程建设进度预计误差及设计和建设中遇到的技术挑战及其他具体问题,都有可能造成项目延期。针对我国后处理厂及其他核设施退役治理项目的具体情况,采取必要的措施来加以解决。

(1)核设施退役治理相当复杂,不能过度优化假设,应在调查清楚核设施和放射性废物实际情况的基础上编制计划和财政预算,并进行风险评估,预留出额外成本(德国预估为20%)。然而,德国最初为WAK退役拆除项目批准的项目成本估算都显得过低,即使德国的退役及废物处理技术相对成熟,但仍然难以避免拖期超概的问题。

(2)退役计划及范围的改变是一个高敏感因子,复杂核设施应把退役项目重要的环境、技术和监管问题提前解决,尽量在出现重大资金风险之前解决大多数不确定性,降低项目延期的可能性。

(3)退役治理工程所需工期长,政府管理部门应直接对工程进行协调和实施工作,设置专项审批流程,适当简化行政审批手续,提高效率,不延误项目工程实施,从而推动退役治理工程的进展。

Progress and enlightenment of decommissioning of WAK reprocessing plant

ZHAO Yuan

(CINIE, Beijing 100048, China)

Abstract: As part of Germany's national nuclear energy development plan, the German WAK reprocessing plant was put into operation in 1971 and has been running smoothly for 20 years. Subsequently, Germany issued a nuclear abandonment policy, the operation of WAK lost its meaning and began decommissioning in 1991. Due to the difficulty and complexity of the decommissioning project of the nuclear facilities, especially the reprocessing plant, as well as the initial budget shortage and project changes of WAK reprocessing plant, the overall decommissioning process has been delayed and over-estimated.

Key words: WAK reprocessing plant; decommissioning; delay; over-budget

美国核能领域数字孪生技术发展分析及对我国的建议

胡家全,熊　雪,杨　莎

(中国核动力研究设计院,四川 成都 610213)

摘要: 本文通过对美国开展三个涉及数字反应堆项目["轻水堆先进仿真联盟"(CASL)、"核能先进仿真与建模"(NEAMS)和"智能核资产管理发电"(GEMINA)]的调研,阐释了三个项目的研究内容,厘清美国数字孪生技术在核能领域的发展及应用情况,分析了其重点技术,挖掘了其技术发展内在关联。分析结果表明,美国依托多个项目在核能领域基于仿真与建模实现了多堆型有效验证,并针对四种先进堆型开展数字孪生(DT)技术研究,助推先进堆(AR)发展,为美国核能领域数字工程奠定重要基础,同时,为我国在该领域提供借鉴和参考。因此,我国应借助数字孪生技术,采用产学研相结合的模式,加快先进堆部署,带动世界核能转型。

关键词: 轻水堆先进仿真联盟;核能先进仿真与建模;智能核资产管理发电;数字孪生;先进堆

为重塑美国在核能研发领域的领导力,在核能数值仿真技术发展方面,美国能源部核能办公室于 2010 年成立了专门的核能先进仿真建模中心[1]。

2010 年,核能先进仿真建模中心在发展核能数值仿真技术领域资助了"轻水堆先进仿真联盟"(CASL)和"核能先进仿真与建模"(NEAMS)两个项目。CASL 开发压水堆、小型模块化反应堆和沸水堆的分析工具,NEAMS 开发主要应用于钠冷快堆的仿真工具包。2019 年,为降低下一代核电站运维成本,美国先进能源研究局提出了"智能核资产管理发电计划(GEMINA)",为先进堆开发数字孪生技术,代表美国正在持续地推进核能领域数字孪生技术的研发。

1　数字孪生技术内涵

2002 年,美国格里夫斯博士在标题为"PLM 的概念畅想"中提出了数字孪生概念的雏形,包括:真实空间、虚拟空间和从真实空间到虚拟空间数据流的连接,从虚拟空间流向真实空间和虚拟子空间的信息连接[2]。

2011 年 3 月,美国空军研究实验室最早明确提出数字孪生技术,美国国防部立刻意识到数字孪生技术是颇具价值的工程工具,值得全面研发。在国防部和国家航空航天局的共同努力下,形成了数字孪生技术概念和体系。

数字孪生技术的应用成熟度可分为四个阶段[3],如图 1 所示。

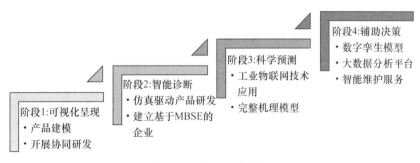

图 1　数字孪生技术成熟度

作者简介:胡家全(1990—),男,馆员,硕士,现主要从事情报调研和知识管理等工作

数字孪生技术是充分利用物理模型、传感器更新、运行历史等数据,集成多学科、多物理量、多尺度、多概率的仿真过程,在虚拟空间中完成映射,从而反映相对应的实体装备的全生命周期过程。美国国防部把数字孪生技术体看成降低维护成本、提高维护效果的工具[4]。

数字孪生技术则是建立在先进的数值计算方法及多物理、多尺度耦合技术基础上的先进仿真建模技术,关键技术主要包括[5]:大规模、高性能的并行数值计算技术,具有多物理耦合的仿真集成环境或平台和超精细、强耦合、高度复杂的多物理模型,其应用实例见图2。

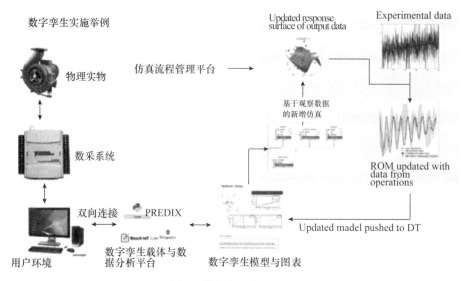

图 2　数字孪生应用实例

2　核能领域数字孪生技术应用

在核能领域,随着建模和仿真技术的发展,美国数字孪生技术从虚拟反应堆到智能运维展开了研究。其中 CASL 项目开发了虚拟反应堆(VERA),NEAMS 项目深化了一体化仿真建模应用,GEMINA 项目基于人工智能和数字化建模,聚焦先进堆的全周期预测与智能运维。

表1简要总结了"轻水堆先进仿真联盟"项目、"核能先进仿真与建模"项目和"智能核资产管理发电"计划。

表 1　项目概况

项目名称	目的	团队	应用堆型	技术内容
轻水堆先进仿真联盟(CASL)	提升反应堆性能(提高功率、燃耗和延寿)	橡树岭牵头的 4 个国家实验室,麻省理工为代表的 3 所大学及多个核工业企业及组织	应用于压水堆并扩展至小型模块化反应堆和沸水堆	开发反应堆应用虚拟环境(VERA),实现多物理仿真
核能先进仿真与建模(NEAMS)	分析先进堆 系统及核燃料循环系统	阿贡、爱达荷、劳伦斯伯克利、劳伦斯利弗莫尔、洛斯阿拉莫斯、橡树岭和桑迪亚国家实验室	初期应用于纳冷快堆,后期或扩展到轻水堆、非轻水堆	集反应堆、燃料、安全诊断和废物处理为一体的仿真和建模

项目名称	目的	团队	应用堆型	技术内容
智能核资产管理发电(GEMINA)	降低下一代核电站运维成本、加快先进堆部署	阿贡实验室、电力研究院；麻省理工学院、密歇根大学；通用电气、X-能源、法马通、Moltex美国能源公司	涉及4种堆型:小型模块化堆、高温气冷堆、盐冷高温堆、熔盐堆	基于人工智能、先进的建模控制、预测维护和基于模型的故障检测的先进堆数字孪生技术

2.1 轻水堆先进仿真联盟(CASL)

CASL项目是美国能源部核能办公室于2010年启动,通过部署和应用全面、科学的建模和仿真技术,预测反应堆的性能和保证安全。

2.1.1 主要目标

① 利用超算能力实现提升反应堆性能(功率、延长寿命、提高燃耗)的目标;② 开发一个高度集成的、多物理耦合的仿真建模环境;③ 用先进的建模仿真方法培训反应堆工程师;④ 用具有预测功能的工具替代之前基于经验的分析工具,提升基础科学能力;⑤ 结合不确定性量化(UQ)方法,开发具有预测功能的数值反应堆工具;⑥ 借助CASL的数值反应堆工具,使核管会支持执照申请及认证工作[6]。

2.1.2 合作团队

得到来自行业、政府、实验室和学术界广泛的合作伙伴的支持。该团队由橡树岭牵头的4个国家实验室,麻省理工为代表的3所大学及多个核工业企业及组织组成,利用仿真与建模的方法改善现有核能运营[7],图3为CASL项目的合作机构。

2.1.3 重点任务

第1阶段(2010—2014财年):主要聚焦压水堆面临的挑战,CASL推动了对反应堆应用虚拟环境(VERA)涵盖的广泛多物理现象的科学理解和模拟能力发展。CASL已成功地改进了建模和模拟,提高了目前运行的轻水反应堆的性能[6]。

图4为VERA代码套件的组件[6],以及支持VERA研究并提供反应堆系统互操作性代码的外部接口。

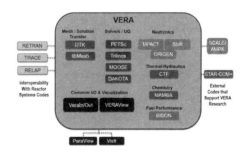

图3 CASL项目的合作机构   图4 VERA代码套件

第2阶段(2015—2019财年):自2015年始,CASL除继续完善压水堆的瞬态模拟等功能外,又启动了第二个五年计划,能源部又拨款1.22亿美元,用于对小型模块化反应堆运行和沸水堆分析[6]。

VERA已验证了大部分压水堆(约65%)和运行燃料设计及先进轻水堆设计(NuScale SMR)和包括在中国的4台AP1000,模拟了涉及28个反应堆的170个运行燃料循环,结果认为CASL的验证和模拟是成功的,见图5。

	Plant	Cycles	Reactor and Fuel Type
1	AP1000	1-5	W Gen III+ 2-loop 17x17 XL
2	Byron 1	17-21	W 4-loop 17x17
3	Callaway	1-12	W 4-loop 17x17
4	Catawba 1	1-9	W 4-loop 17x17
5	Catawba 2	8-22	W 4-loop 17x17
6	Davis-Besse	12-15	B&W 15x15
7	Farley	23-27	W 3-loop 17x17
8	Haiyang	1	W Gen III+ 2-loop 17x17 XL
9	Krško	1-3,24-28	W 2-loop 16x16
10	NuScale	1-8	SMR
11	Oconee 3	25-30	B&W 15x15
12	Palo Verde 2	1-16	CE System 80 16x16
13	Sanmen	1	W Gen III+ 2-loop 17x17 XL
14	Seabrook	1-5	W 4-loop 17x17
15	Shearon Harris	Surrogate	W 3-loop 17x17
16	South Texas 2	1-8	W 4-loop 17x17 XL
17	Three Mile Island	1-10	B&W 15x15
18	V.C. Summer	17-24	W 3-loop 17x17
19	Vogtle 1	9-15	W 4-loop 17x17
20	Watts Bar 1	1-18	W 4-loop 17x17
21	Watts Bar 2	1-2	W 4-loop 17x17

图 5　VERA 模拟燃料循环

2.1.4　技术内容

CASL 重点关注了几个关键的性能挑战,其中三个挑战性问题与假设的事故场景有关(即反应性引入事故、冷却剂损失事故和偏离核态沸腾),而另外三个与反应堆运行有关(燃料棒表面沉积物增长、堆芯功率波动、燃料－包壳相互干扰)。

为推动 VERA 代码套件内的能力开发并解决 CASL 挑战问题,CASL 的技术活动分为六个重点领域,其任务是进行基础研究、软件开发和应用,重点领域包括[8]:① 高级建模应用。高级建模应用与其他重点领域协调对 VERA 能力的要求,同时充当通向核工业最终用户的桥梁[9]。② 物理集成。在统一的软件框架内在 CASL 开发的单一物理模型和代码的多物理耦合和软件集成[10]。③ 辐射传输方法。反应堆燃料和堆芯内中子传输、裂变和耗尽的中子学建模。④ 燃料材料和化学。负责 BISON 和 MAMBA 燃料、包壳和燃料组件结构材料的材料性能模型以及包壳表面化学,特别是在主冷却剂中传输的物质的沉积[11]。⑤ 热工水力学方法。负责计算流体动力学的热工水力建模能力,重点是发展单相和两相闭合关系[12]。⑥ 验证校验及不确定性量化。负责 VERA 软件的验证校验及不确定性量化活动的开发和执行,包括开发 VERA 预测代码成熟度模型及其在解决挑战问题方面对 VERA 成熟度的持续评估应用[13]。

2.1.5　最新进展

2018 年,完成 VERA 应用于 NuScale SMR 设计的合作测试台,证明 VERA 能够精确模拟 NuScale 堆芯的性能。

2019 年 10 月,美国资助了一个为期两年的项目,名为"爱克斯龙沸水堆特征值和热极限预测的建模和分析"[14],该项目的主要目标是提高 VERA 支持沸水堆详细建模和仿真的能力。这项工作始于 2020 年,将持续到 2021 年,重点任务是使沸水堆分析的 VERA 模拟能力成熟,以及对美国目前使用现代燃料设计的现有沸水堆运行数据进行验证。

2.2　核能先进仿真与建模(NEAMS)

NEAMS 是美国能源部核能办公室在与 CASL 基本同期进行的另一个核能先进仿真与建模项目,旨在为先进堆及核燃料循环系统的分析和设计开发一套具有预测功能的计算机分析程序,加快先进核能技术的部署[15],初期项目应用于钠冷快堆,如条件允许,也会应用到其他堆型[16-17]。项目在六个技术领域(燃料性能、反应堆物理、结构材料和化学、热流体、多物理和应用驱动)开展研究。

2.2.1 合作团队

NEAMS项目在阿贡国家实验室、爱达荷国家实验室、劳伦斯伯克利国家实验室、劳伦斯利弗莫尔国家实验室、洛斯阿拉莫斯国家实验室、橡树岭国家实验室和桑迪亚国家实验室设有基地。

2.2.2 主要目标

利用先进的计算方法开发一套加快核能技术开发和应用的供研究人员、设计人员和分析师使用的仿真工具包,快速建立和部署基于科学的、经过验证的建模和仿真能力,提升核能的安全性、经济性及资源利用的高效性。

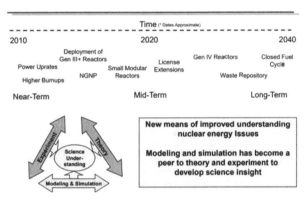

图6　NEAMS路线图

2.2.3 重点任务

为了提升实用性及研发效率,NEAMS项目将重点开发两个不同级别(不同尺度)的产品系列:燃料级产品线(FPL)和反应堆系统级产品线(RPL),不断提高反应堆的安全性和性能的预测模拟能力。

燃料级产品线:FPL重点研究组成燃料及燃料包壳的材料性质。FPL将利用多种尺度规模的方法进行机理描述[21]。

反应堆系统级产品线:RPL则重点开发一个设计工具来研究整个反应堆系统。这些工具为真实现象提供模型和代码,通过耦合FPL和RPL,可提供一个全新的高精度解决问题的方法[18-20]。

2.2.4 技术内容

主要在反应堆和核燃料两方面开展如下研究。① 反应堆:预测快堆的性能和安全性超过40～60年的寿命[22];先关注堆芯,进而扩展到其他系统;许多潜在的物理过程(如热力学、中子学)可扩展到其他类型的反应堆(气冷堆、轻水堆)。② 核燃料:开发一个耦合的三维模型[22],利用可预测的计算工具来预测核燃料和组件的性能,适用于现有和未来的先进核反应堆燃料的设计、制造;利用适当的耦合技术开发一个多尺度、多物理框架;开发一个可以预测的微观尺度演化模型并能耦合到工程尺度演化模型;开发灵活的、可适用于其他堆型(气冷堆、水堆)的核燃料。

2.2.5 最新进展

美国目前正在开展压力容器钢辐照脆化多尺度模拟软件 Grizzly 的开发,未来将对第四代反应堆、乏燃料处理和关闭燃料循环开展研究[22]。

2.3 "智能核资产管理发电计划(GEMINA)"

在美国能源部继续开展CASL项目的轻水堆仿真和NEAMS项目快堆仿真的同时,先进研究计划局于2019年10月提出了一项3 500万美元投资的"智能核资产管理发电计划",力求寻找跨学科的团队为先进堆设计开发数字孪生技术。此次计划考虑到现有的轻水堆核电站正面临着运行和维护成本相对较高的挑战,而先进堆具有更高的灵活性,因此扩大了数字孪生技术应用的堆型范围,涉及多种先进堆型,所开发技术未来甚至可应用于任何反应堆堆型[23]。

2.3.1　主要目标

GEMINA 计划旨在运用数字孪生技术开发更有效、成本更低的先进堆,让下一代核电站的运行和维修成本降低 90%[23],改造下一代核电站的运行和维护体制,使反应堆系统具有更大的灵活性,增加操作的自主性,以及更快的设计迭代,以降低成本或在破土动工之前改进设计。该计划将继续加强美国在先进堆设计方面的领导地位,实现核电更经济、灵活和高效地应用,提高电力系统的弹性。

2.3.2　合作团队

先进研究计划局前期为 GEMINA 的 9 个项目投资 2 700 万美元,这些项目共 8 家机构参与:包括国家实验室(阿贡国家实验室、电力研究院)、高校(麻省理工学院、密歇根大学)和公司(通用电气、X-能源公司、法马通、Moltex 美国能源公司)。计划具体资助情况见表 2(来源于美国能源部先进研究计划局[23])。

表 2　GEMINA 计划资助情况　万美元

序号	机构	开发内容	资助金额	开发的反应堆	堆型
1	通用电气公司	先进堆人工智能激活预测性数字孪生	541.281	BWRX-300	BWR,SMR
2	电力研究院	从"维护维修"转向"更新翻新"	99.946 4	—	—
3	X 能源公司	在 Xe-100 电厂实施先进的"运维"数字孪生技术,降低固定运维成本	600	Xe-100	高温气冷堆、球床堆
4	阿贡国家实验室	先进堆传感器与部件维修	220	熔盐冷却高温堆	FHR、球床
5	法马通公司	高温气冷堆冷却系统资产性能与可靠性诊断为基础的数字孪生	80.970 1	高温气冷堆	高温气冷堆
6	麻省理工学院	BWRX-300 临界系统高保真数字孪生	178.706 5	BWRX-300	BWRX、SMR
7	Moltex 美国能源公司	应用 SSR 自动化电厂:智能、高效、数字化	350	SSR-W	MSR
8	密歇根大学	SAFARI 先进堆创新的安全自动化	519.5	熔盐冷却高温堆	FHR、球床
9	麻省理工学院	产生临界辐照数据实现熔盐堆数字孪生	89.982 5	MSR	MSR

2.3.3　重点任务

9 个项目将集中于反应堆堆芯、装置平衡或整个反应堆系统的运维解决方案,基于人工智能、先进的建模控制、预测维护和基于模型的故障检测为先进堆开发数字孪生技术。项目涉及 4 种先进堆型:小型模块化堆 BWR、熔盐堆 MSR、盐冷高温堆 FHR、高温气冷堆 HTGR。

(1)小型模块化堆 BWR:利用人工智能和先进的建模控制技术为先进的核反应堆开发数字孪生技术[24]。该项目以通用电气公司的 BWRX-300 作为参考设计,麻省理工为其开发临界系统高保真数字孪生技术,该技术解决的力学与热故障问题远超 BWRX-300 部件本身,可延伸到任何使用流动流体的先进堆;通用电气将建立 BWRX-300 关键部件的数字孪生体,解决驱动操作和维护活动的机械和热疲劳失效模式,并利用人工智能预测技术做出风险知情的决策。2020 年 1 月,通用电气还启动了美国小型模块化反应堆设计的监管程序,并且通用电气拥有数字孪生的尖端技术,目前已经开发和部署了 120 多万个数字孪生体,涉及包括核能在内的航空、交通和能源领域的一系列产品和服务。

(2)熔盐堆 MSR:2017 年先进研究计划局曾投资 Moltex 的稳定熔盐堆(SSR),用于 SSR-W 商业化并按比例扩大规模,此次 Moltex 将为稳定熔盐堆——废渣堆 SSR-W 开发一套多物理学电站数字孪生环境,麻省理工学院则将利用学院的研究堆产生数据为 SSR-W 的数字孪生(放射性物质产生和输运)提供数据支持。该堆型的建设目标是 2030 年前在莱普瑞奥角核电站场址建成第一个 SSR-W

型核电机组。SSR 项目中,阿贡实验室与 Moltex 能源公司合作,为 Moltex 公司的一座利用核废料运行的 SSR-W 开发数字孪生技术以及仪表化的熔融盐回路,以降低 SSR-W 产生核能的成本,目标是将 SSR-W 设施的运营成本从约 11 美元/MWh 降低到 2 美元/MWh 以下[25]。

(3)盐冷高温堆 FHR:阿贡实验室和密歇根合作开发基于物理学、以模型为中心的可缩放能力,能实现前所未有的先进堆电站综合化状态感知,产品将先在密歇根大学运行的熔盐环路中进行测试,然后用于 Kairos 动力公司的盐冷高温堆设计,示范其提出的技术如何优化电站设计[26]。阿贡实验室还与 Kairos 能源公司合作,开发了利用人工智能和机器学习使先进堆自动化的技术,将建立一个可扩展的数字孪生以及数字工具,以自动执行先进堆电厂的维护、运行和监控。还为 Kairos 的氟化盐反应堆开发新的传感器,以及开发利用 AI 和机器学习使先进堆自动化的技术。

(4)高温气冷堆 HTGR:阿贡实验室将为法马通公司开发数字孪生设计非能动冷却系统,将利用自然对流关机排热测试设施的数据模拟空气和水如何自然循环以冷却反应堆。法马通公司利用数字孪生系统模拟一个带有内部热工水力故障的非能动冷却系统和一个具有不同的运行模式与控制状态的典型冷却回路,二者将和法马通的蒸汽循环高温冷却堆堆腔冷却系统进行比较,旨在确定其反应堆的优越冷却系统,以确保其下一代核电站提供安全的无碳电力,大大提高其可靠性[5]。

2.3.4 技术内容

由于先进堆仍处于设计阶段,没有物理单元运行,需要开发信息物理系统,利用非核实验设施(如测试或循环流)和软件来模拟先进堆核心运行动力学。为此,GEMINA 计划研究团队将在先进堆的数字孪生、网络物理系统、运维平台以及成本模型和设计更新方面开展相关研究。

3 核能领域数字孪生技术分析

通过对美国在核能领域数字孪生技术的演变和发展的梳理,得出该技术在美国下一代核电安全性、经济性和成果转化等方面的重大意义,以最终实现核能领域的数字工程。

(1)全面提升预测能力,显著增强反应堆安全性、可靠性

美国数字孪生技术在反应堆中已从沸水堆堆芯设计和数值模拟扩展到多种堆型的整体和多维度数值模拟,实现了反应堆设计和建造中从单一问题到综合问题的突破,包括电站设计、冷却系统的选择、控制棒驱动机构操作、运维过程的机械疲劳失效分析、风险预决策以及力学和热效率问题。

(2)降低运维成本,提高经济性,可能建立未来行业准则

通过开发反应堆数字孪生技术,将先进堆运维成本降低近 90%,从现有堆群的 13 美元/MWh 降到先进堆群的 2 美元/MWh,将大大提高美国核能发电的经济竞争力,这将使美国建立起自动化、高效和低成本的先进堆运行和维护设计规程,成为下一代核电行业的准则,建立美国先进堆技术的领导地位。

(3)通过研究机构共同协作,促进技术成果转化

国家实验室、公司和高校,实现了产业界内外跨学科的团队合作,例如针对 SSR 与 HTGR 两个堆型,阿贡国家实验室就与法马通、Moltex、Kairos 能源公司以及密歇根大学都展开了合作,先合作开发数字孪生产品,再在密歇根大学的回路中测试,最后用于 Kairos 的熔盐高温堆设计。类似这样整合资源的合作模式,有利于加快成果转化与先进堆商业化进程。

(4)通过技术迭代,数字孪生技术加速美国先进堆部署

CASL 项目和 NEAMS 项目基于简化假设,多个同时相互作用的物理过程的发生可以通过非耦合(独立)或松弛耦合(轻度相关),聚焦传统核反应堆的数值仿真和模拟,支持反应堆的安全运行和核燃料可靠性能研究。而在 GEMINA 计划中的数字孪生技术则是建立在先进的数值计算方法及多物理、多尺度耦合技术基础上的先进仿真建模技术。

美国先进堆示范规划(ARDP)将在 2025 年年底之前完成其中 2 个先进堆示范项目,并且在 2035 年年底之前再完成 2~5 个示范项目[27]。美国目前针对 4 种先进堆型开发数字孪生工具,并应用其他

行业多种数字技术来协助其先进堆的数字孪生研发。这些技术可以支持反应堆破土动工之前改进其设计,这将为加快美国先进堆的部署提供强大的技术支撑。

(5)数字孪生技术为美国核能领域数字工程奠定重要基础

2018 年,美国发布《国防部数字工程战略》,旨在指导国防部整个数字工程的转型、规划发展和实施。基于数字孪生技术,数字工程将实现从传统的"设计—构建—测试"到"模型—分析—构建"的转变,最终实现设计、开发、运作和维护系统全面现代化[2]。2017 年,洛克希德·马丁公司将数字孪生技术列为未来国防和航天工业六大顶尖技术之首,并且从上述三个项目参研机构可知,它们不仅参与民用核能研发,也是军用核技术研究的重要参研机构,因此,数字孪生技术为美国核能领域数字工程应用奠定了重要基础。

4 建议

由于中美核能关系已进入以竞争为主的新阶段,美国先进堆的部署及技术正日趋成熟,我国在该领域的研究起步相对较晚,而我国如何借助科技创新在下一代核电技术中率先实现核能转型进而促进世界能源转型是极大的挑战,因此,给出如下建议。

(1)加速反应堆数字孪生技术研发,提升核电市场竞争力

与现有技术相比,下一代先进堆在设计方法、燃料、材料和系统配置方面都有重大变革,我国应有序推进,完善核科学与工程系统,加快开展先进堆系统全寿命周期的可行性、安全性和性能的研发工作,加强核能领域数字孪生技术的研发,以提升国际市场竞争力。

(2)加强产学研结合,助力商业化进程

我国还应加强实验室与高校、产业界的密切合作,采用优势互补的合作方式,推动产学研深度融合,激发各方创新能力,改善在先进堆上研发力量分散的现状,重视整合研发力量,加速成果转化以及商业化进程。

(3)做好先进堆部署准备,带动世界核能转型

我国未来核能转型及反应堆部署与世界能源转型息息相关,第四代核能系统国际论坛和国际原子能机构 2020 年也呼吁各国加大对及早部署先进堆系统的支持力度[28],我国需要解决核能转型过程中的各种技术问题,加快完善核科学与工程系统,夯实先进堆工程示范的条件,做好先进堆商业部署的准备。

致谢:

在本文的研究进行当中,收到了中国核动力院档案馆二室的大力支持,并提供了很多有益的数据和资料,在此一并感谢。

参考文献:

[1] Energy innovation hub for modeling and simulation [EB/OL].[2021-08-15].http://www.casl.gov-/docs/Energy_Innovation_Hub_for_Modeling_and_Simulation.pdf.

[2] 张冰,李欣,万欣欣.从数字孪生到数字工程建模仿真迈入新时代,系统仿真学报[J].2019,31(3).

[3] 仿真技术支撑产品数字孪生应用白皮书[EB/OL].[2021-08-15].Ansys&e-works,www. Ansys.com.cn.

[4] Sonal Patel. Advanced Nuclear Reactor Designs to Get Digita [EB/OL].[2021-08-15]. https://inl.gov/research-programs.

[5] Twins [EB/OL].[2021-08-15].https://www.powermag.com/advanced-nuclear-reactor-designs-to-get-digital-twins/.

[6] U. S. Department of Energy.CASL Phase Ⅱ Summary Report:Consortium for Advanced Simulation of Light Water Reactors[R].2020.

[7] Lewis A A, Weigand G G. Virtual Office, Community, and Computing (VOCC):Designing an energy science hub colla-boration system. Lecture Notes in Computer Science(6776):425-434.

[8] CASL Virtual environment for reactor application [EB/OL].[2020-08-15]. http://www.casl.gov/docs/CASL-U-

2013-042-001.pdf.

[9] CASL. Advanced modeling applications [EB/OL].[2020-08-15]. http:// www.casl.gov/AMA.shtml.

[10] CASL. Physics integration (PHI)[EB/OL].[2021-08-15].http://www.casl. gov/PHI. shtml.

[11] CASL. Material performance and optimization (MPO)[EB/OL].[2021-08-15]. http://www. casl.gov/MPO. shtml.

[12] CASL. Thermal hydraulics methods (THM)[EB/OL].[2021-08-15]. http://www.casl.gov/THM.shtml.

[13] CASL. Validation and uncertainty quantification (VUQ)[EB/OL].[2021-08-15]. http://www.casl.gov/VUQ. shtml.

[14] M. Asgari, B. Collins, R. Salko, K. Kim, K. Gamble, A. Toptan, S. Palmtag, C. Lawing, T. Downar, B. Kochunas, T.

[15] Kozlowski. Status Update Report for Modeling and Analysis of Exelon BWRs for Eigenvalue & Thermal Limits Predictability[R]. 2020.

[16] 何元雷,李小燕,王勇. 核能数值反应堆国内外研究现状及进展[J]. 核科学与技术,2015,(3):41-47.

[17] NEAMS executive program plan[EB/OL].[2021-08-15]. http://energy. gov/ne/downloads/nuclear-energy-advanced-modeling-and-simulation-neams-program-plan.

[18] Advanced modeling & simulation[EB/OL].[2021-08-15].http://energy. gov/ne/nuclear-reactor-technologies Predictive simulation. http://energy.gov/ne/advanced-modeling-simulation/predictive-simulation.

[19] Advanced nuclear reactors[EB/OL].[2021-08-15]. http:// energy. gov/ne/ advanced-modeling-simulation / advanced-nuclear-reactors.

[20] NEAMS quarterly report for October-December 2013[EB/OL].[2021-08-15].http://energy.gov/ne/downloads/ neams-quarterly-report-october-december-2013.

[21] Nuclear-fuels[EB/OL].[2021-08-15].http://energy.gov/ne/advanced-modeling-simulation/nuclear-fuels.

[22] U.S. Department of Energy.Nuclear Energy Advanced Modeling and Simulation (NEAMS)[R].

[23] ARPA-E, Generating Electricity Managed by Intelligent Nuclear Assets [EB/OL].[2021-08-15]. https://arpa-e.energy.gov/technologies programs/gemina.

[24] U.S. Department of Energy Awards Two Advanced Reactor Projects Utilizing the BWRX-300 Small Modular Reactor Design [R].

[25] LIZ THOMPSON,Argonne to explore how digital twins may transform nuclear energy with $ 8 million from ARPA-E's GEMINA program[EB/OL].[2021-08-15]. https://www. anl. gov/article/argonne-to-explore-how-digital-twins-may-transform-nuclear-energy-with-8-million-from-arpaes-gemina.

[26] Making nuclear energy cost-competitive [EB/OL].[2021-08-15]. https://news. mit. edu/2020/making-nuclear-energy-cost-competitive-0527.

[27] Advanced Reactor Demonstration Program [EB/OL].[2021-08-15]. https://www. energy. gov/ne/nuclear-reactor-technologies/advanced-reactor-demonstration-program.

[28] 下一代核反应堆:原子能机构和第四代国际论坛呼吁加快部署,[EB/OL].[2021-08-15]. ttps://www. aea.org/zh/ newscenter/news/xia-yi-dai-he-fan-ying-dui-yuan-zi-neng-ji-gou-he-di-si-dai-guo-ji-lun-tan-hu-xu-jia-kuai-bu-shu.

Analysis on digital twin in the U.S. nuclear power and suggestion for China

HU Jia-quan, XIONG Xue, YANG Sha

(NPIC, Sichuan Chengdu Prov. 610213, China)

Abstract: In order to investigate the development and application of digital twin in the U.S. nuclear power, through which the text aims to provide suggestions of that for China. The text explains the research contents, analyzes the technical points and exploits their inner relations of three programs (CASL, NEAMS, and GEMINA). According to the analysis, the U.S. has verified reactors of many types through Simulation and modeling in many programs, conducted the research of digital twin through four reactors to promote the advanced reactor development. Digital twin sets foundation for the digital engineering in nuclear power. Therefore, China can apply the "production and research" model through digital twin technology, promote the deployment of advanced reactor program, and lead the nuclear power transformation.

Key words: CASL; NEAMS; GEMINA; digital twin; advanced reactor

芬兰奥尔基洛托核电站安全管理模式探讨

李晓洁,马荣芳,蔡　莉

(中国核科技信息与经济研究院,北京 100048)

摘要:芬兰奥尔基洛托核电站始建于 1973 年,发电量占芬兰总发电量的 22%。该核电站追求高标准的安全管理水平,高度关注核电安全及其相关的任何安全问题。不断完善自身安全文化建设;在保障现有安全管理模式平稳运行的同时,兼顾年度维修、应急演习以及环境风险评估等预防措施落实到位;此外还做到巩固机组安全性建设、屏障设置以及反应堆余热管理。未来核电站将向更高级别的安全文化水平迈进。

关键词:芬兰奥尔基洛托核电站;安全管理模式;安全文化

　　芬兰奥尔基洛托核电站始建于 1973 年,是芬兰两座核电站的其中一座,由芬兰 TVO 电力公司运营。核电发电量占芬兰总发电量的 34%,其中,奥尔基洛托核电站发电量占该国总发电量 22%,其2020 年年发电量为 14.59 TW·h[1]。

　　核电站致力于高标准的安全管理水平建设,机组运行过程中高度关注核电安全以及作业相关的任何安全问题[2]。其质量管理体系经 ISO 9001 认证,环境管理体系经 ISO 14001、欧盟生态管理及审计体系(EMAS)以及能源效率系统(EES)认证,职业健康安全管理体系符合 OHSAS18001 管理体系标准要求。国际原子能机构运行安全评审组(OSART)在 2017 年审查中对芬兰奥尔基洛托核电站的评价为"有较强的能力进行全面概率的安全估计评估,并利用评估结果提高电厂安全性;积极同其他北欧国家分享核电站运行经验;向研究机构提供广泛支持,同时进行潜在严重事故管理相关的研究"。

1 芬兰核电管理体系

1.1 芬兰核电管理体系

　　芬兰核电管理体系由政府机构、咨询机构以及公共和半公共管理机构组成[3]。

1.1.1 政府机构

　　芬兰贸易和工业部对芬兰的核电利用承担全部责任,负责芬兰核电领域的外交和国际合作、核设施许可证授予、新建核电站的许可审核、放射性废物管理行政法规制定、放射性废物管理基金运行;国家核能咨询委员会负责为贸易和工业部的决策、执行以及检控官起诉提供技术支持;芬兰社会事务和卫生部对社会保护、社会福利和公共健康事务进行管理和指导,并对辐射防护和核安全机构进行行政指导与财政支援。负责核能相关的政策法规制定并对其进行监督、参与并影响社会事务决策;内政部的职责范围主要包括公众的一般安全保护与核事故在内的事故应急。下设的营救服务部门负责核事故预防与营救、组织协调国内营救服务、制定服务标准、监督服务质量等;环境部主要负责放射性废物管理和应急计划批准,监测放射性废物的环境影响。

1.1.2 咨询机构

　　核能咨询委员会和核安全咨询委员会由《原子能法》授权的核能与核安全问题咨询部门,协助贸易和工业部的工作。

1.1.3 公共和半公共管理机构

　　芬兰辐射与核安全局(STUK)是芬兰独立的监管机构,对核电站的安全运行负主要责任,其主要职权包括:准立法权,有权明确核电站的安全要求细则;管理权,有权对核电站安全、放射性操作进行

作者简介:李晓洁(1993—),女,北京人,研究实习员,现主要从事核情报研究

监管,对环境中放射性物质进行监测并进行应急准备;执行权,负责《原子能法》、条例、行政法规以及安全导则的执行;研究建议权,依法承担辐射安全与核安全的研究工作。国家放射性废物管理基金根据《原子能法》和《放射性废物管理基金法令》设立,旨在为放射性废物的处置提供资金支持。该基金每届3年,与贸易和工业部保持行政关联。

1.2 核设施许可程序

芬兰核设施(核电站和核废物管理设施)的许可程序如图1所示。首先,运营商对核设施的建设和运营进行环境影响评估,即对公众进行环境影响和安全计划说明、听取地方政府在公开听证会上发表的意见,以及征得施工场址市政委员会的同意;然后,运营商向政府提出申请,要求获得新的核设施许可(DIP);随后,运营商向政府申请建筑许可,建筑许可证比核设施许可更为详细,包括安全分析报告和安全计划;即将竣工时,运营商为该设施申请运营许可,申请过程中需根据政府的要求发表声明,其中最重要的是关于设施安全的声明;最后,政府做出决策是否颁发经营许可证[4]。

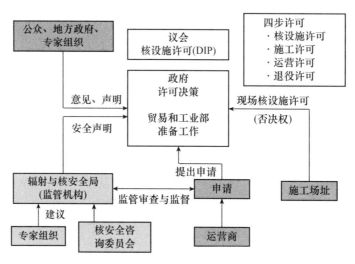

图1 芬兰核设施许可程序图

运行期间,核电站接受三种监管检查:定期检查、运行组织检查以及对运行核电站安全水平的持续检查。经营许可证具有时限,更新许可证时,STUK将对核电站的安全性进行全面评估。

2 核电站安全文化原则

芬兰奥尔基洛托核电站始终致力于安全文化建设,并对其不断加以完善。工作中,员工需遵循安全文化原则,即共同的政策和指导方针、理解安全重要性、仔细观察、及时报告、大胆指出问题、积累经验、不断学习以及进行良好合作等。此外,核电站安全维护的重点在于员工需秉承认真负责的态度。

核电站安全文化原则主要包括:严格遵循经审核的程序和操作指令;确保员工在安全条件下工作;行动前思考,行动后反思;及时报告所有问题和瑕疵;保持自由、无指责言论的氛围;以可持续发展精神挑战惯例和发展操作;向最高安全文化水平迈进。

2004年,奥尔基洛托核电站对其安全文化状况进行了审查。2017年3月,核电站完成了对安全领导系统、安全文化功能和覆盖范围的自我评估。结果显示,核电站的安全文化在国际原子能机构(IAEA)三级标准中处于第二级,即安全维护基于主动性。2020年,该站进行了安全文化调查,结果较于2018年调查有大幅提升。芬兰奥尔基洛托核电站将不断完善安全文化建设,下一步核电站将向一级安全文化水平迈进,即学习型组织的安全文化水平[5]。

3 核电站安全管理模式

3.1 安全管理模式

3.1.1 职业健康安全管理

奥尔基洛托核电站运营由芬兰辐射与核安全局监督和管理。

核电站成立职业健康安全小组,小组成员包括职业健康安全专家、工业安全代表、不同业务职能和单位代表以及职业保健服务代表,其中小组的工业安全代表和副代表由人事部门从职业健康安全专家中任命。多部门的人员结构能够确保职业健康安全小组具有代表性,利于加强职业健康安全人员与直线组织之间的沟通,便于职业健康安全工作开展。

核电站每半年将职业健康安全体系的功能以及所需整改措施形成报告,提交管理层评审。此外,每年制定职业健康安全目标以促进业务发展。管理层对各类安全问题进行巡检,并将巡检结果录入电子质量管理系统,以便采取进一步措施。

核电站的事故频率统计范围包括核电站员工和承包商。图 2 显示 2020 年该站的事故频率是每百万工时 4.5 起,2021 年该站计划将事故频率降至每百万工时 2.0 起以下。

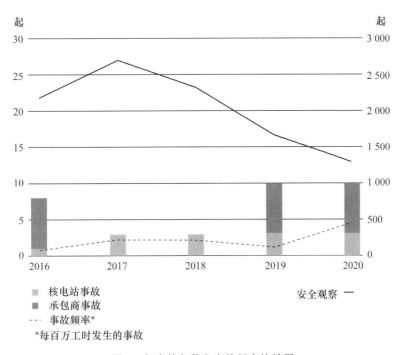

图 2 年事故起数和事故频率统计图

3.1.2 危险识别、风险评估以及事故调查

核电站对工作场所的潜在危险进行主动识别,并将其按照重要性进行排序。

风险评估方面,核电站对员工执行的高空作业、接近开口作业、电气作业、高升降机作业以及在封闭和受限空间内作业等高风险任务进行评估,评估侧重心理社会风险评价,同时参考员工风险评估培训内容以及职业健康安全专家意见。作业过程中,核电站全程进行安全监督,监督结果纳入评估报告。评估报告汇总整理的危险情况有助于该电站对同类事故进行有效预防。

核电站的事故调查由相关员工上级经理和职业健康安全小组共同参与。调查结果向直线管理层报告,直线管理层对问题进行处理,同时确保事故后续补救措施及时到位。

3.1.3 辐射防护管理

国际核事故分级标准(INES)将核电站事故划分为 7 级,其中 0 级事故无安全危害,1 级事故指一般大众受到额外辐射超标,安全系统出现小差错但还有相当大的剩余防御纵深以及低度辐射物质泄漏的核事故。2020 年,奥尔基洛托核电站共发生 9 起 0 级事故,1 起 1 级事故。核电站对所有可能影响核安全的事件进行调查,制定应急措施,并在其官方网站进行公布。

核电站致力遵循尽可能的低剂量原则(As Low As Reasonably Achievable,ALARA),切实采取措施,将员工和集体辐射剂量尽量降至最低。

辐射防护管理根据 STUK 指导原则和国际建议制定,核电站员工辐射剂量由剂量计监测和测量。根据芬兰《电离辐射政府法令》(Valtioneuvoston asetus ionioivasta säteilystä,1044/2018)第 13 节,辐射区工作人员有效辐射剂量每年不得超过 20 mSv。奥尔基洛托核电站员工有效辐射剂量为每年低于 10 mSv,远低于《电离辐射政府法令》辐射剂量限值。图 3 显示 2020 年核电站员工总辐射剂量为 565 man·mSv,为核电站运行以来最低值。累计受到辐射影响的人数从 2019 年 3 853 人降至 2020 年 3 348 人。

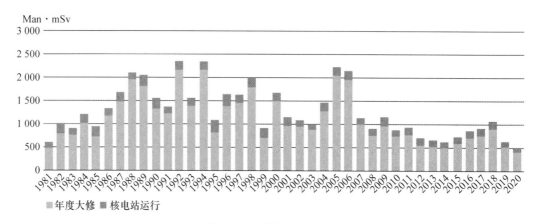

图 3　年辐射剂量统计图

3.2　安全预防措施

3.2.1　机组年度维修

核电站于 2020 年 5 月 10 日开始年度维修,5 月 21 日完成 2 号机组换料维修,6 月 8 日完成 1 号机组年度维修。共完成了机组安全壳套管模块的首次升级改造、冷却系统阀门制动器升级改造、阀门更换、再循环管线连接辅助给水系统子系统以及预防性维护、检查和测试等工作。

核电站考虑到新冠疫情防控需要,将维修时间从计划的 25 天缩短至 14 天。此外,为保护员工健康,防止病毒可能的传播以及确保安全和高质量年度停运,核电站一方面制定特殊程序和安排,另一方面还安排其他计划维修工作与年度维修同时进行,有效减少大规模人员聚集的次数。通过机组交替换料和维护停运,确保生产始终处于良好状态。

3.2.2　事故应急演习

奥尔基洛托核电站每年定期举行应急演习,包括应急准备演习、联合消防部门演习以及联合安全组织演习。演习范围和持续时间根据演习目标有所不同,目的在于测试应急措施的覆盖范围和可行性,同时促进 STUK、警方和救援方等多部门间的合作。

2020 年 12 月 9 日,国际原子能机构事件和应急中心(IEC)同 STUK 在核电站进行了模拟应急演习,演习模拟冷却系统故障场景以测试核电站的应急措施。演习取得成功,核电站应对冷却系统故障的处理能力得以强化,确保在故障实际发生时能够迅速做出反应,同时通知相关应急组织、有关部门、公众以及媒体,便于 IAEA 了解故障情况并评价其后果。

3.2.3　事故应急演习

环境风险评估是核电站安全管理措施的重要组成部分,可对核电站周围环境核泄漏风险进行识别和评估。2020年核电站共完成94次环境风险评估,评估内容主要包括核废物处理、化学品管理、能源效率高以及清洁问题。

4 核电站机组安全性

4.1 机组安全性

核电站共有3台机组,2台机组在运,均为二代沸水堆(BWR),机组供应商为瑞典通用电气公司(Asea-Atom)。2台机组分别于1979年10月和1982年7月投入商业运行,初始功率为660 MV,2018年功率提升至890 MV,运行许可证已延长至2038年。3号机组于2005年开始建造,为三代压水堆(EPR),机组供应商为法国法马通集团(AREVA),预计2022年开始商业运行。

4.1.1 1号、2号机组安全性

奥尔基洛托核电站遵循纵深防御安全原则,设置多重安全屏障。安全屏障和冗余安全系统互相配合以降低事故发生的概率。

1号、2号机组配备4套安全系统,如果一套系统发生故障,其他冗余系统也能够执行所需的安全功能,避免由于员工操作失误以及多个设备发生故障导致的严重事故。

两台机组对机组功率、压力和一回路水位这3个变量规定了限值,一旦超过该限值,核电站将启动保护系统。核电站确保机组能够随时可控地停堆,以确保在关键安全部件由于维修原因无法运行导致严重故障时,核电站保护系统也可以在必要时迅速关停反应堆,避免造成严重后果。为确保保护系统正常运行,核电站采用多种供电方式保障其电力供应。机组正常运行时,保护系统由机组进行供电。机组出现故障时,则由国家电网供电,此外Harjavalta水电站和Paneliankosken Voima光伏电网也可作为保护系统的备用电源。

为保障机组故障期间的正常供电,两台机组各配备4台柴油发电机,一旦机组停止供电,柴油发电机将自动运行。此外,奥尔基洛托应急发电厂(燃气轮机厂)也可通过地下电缆或开关站进行供电。

4.1.2 3号机组安全性

3号机设有4个独立的安全系统,系统间物理分离确保每个子系统都能够独立发挥安全功能,确保在不同条件下均能正常运行,还可避免同时发生故障可能导致的严重事故。

3号机组参数相比于1号、2号机组更为复杂。冷却系统参数主要包括反应堆功率、压力和温度、硼浓度和稳压器水位。二回路参数主要包括蒸汽发生器的二次压力和水位。3号机组对每个参数都规定了限值,一旦运行超过限值,机组将自动开启保护功能。

机组采用双层安全壳。安全壳内壁为气密和耐压内壁,确保机组在最恶劣条件下也能保持完整性。外壁可以抵御外部危险,例如大型客机坠毁冲击。反应堆堆芯熔毁控制方面,反应堆压力容器流出的堆芯熔体将被输送到反应堆厂房底部的堆芯捕集器进行冷却,直到堆芯熔体凝固。

4.2 屏障设置和余热管理

核电站设置5道屏障以有效将反应堆在运行过程中积累的大量放射性物质与环境隔离。第一道屏障是陶瓷燃料,能够有效吸收燃料裂变产物。第二道是燃料包壳。第三道是反应堆压力容器。第四道为反应堆气密安全壳。第五道屏障是反应堆厂房。

核电站配备多种安全系统,时刻监测机组运行情况并对突发情况进行快速响应,以便随时控制反应堆反应及产生的能量,及时处理由燃料放射性引起的余热散失。遇到突发事故时,控制棒可迅速推入反应堆堆芯,使反应堆停止运行,余热随即排出,系统在高压下向反应堆供水,压力降低后堆芯喷淋系统开始运行。

5 结论

核安全是核电行业健康发展的生命线。芬兰核电管理体系完善,包括政府机构、咨询机构以及公共和半公共管理机构。核设施许可经多道程序认证把关,运行期间接受多项检查,许可证更新时对其

安全性进行全面评估。以上做法从多方面保证了核设施的安全性。

奥尔基洛托核电站不断完善安全文化建设，成立专业职业健康安全小组，主动识别潜在危险，评估高风险任务的安全性，积极开展事故调查，注重员工及周围环境的辐射防护管理，开展年度维修，定期举行应急演习，主动进行环境风险评估，强化机组固有安全性建设，重视多重保护屏障设置和余热管理。坚持围绕核电安全开展生产，严格遵守安全文化原则。旨在实现 IAEA 创建学习型组织的最高安全文化水平。其安全管理模式具有借鉴意义。

致谢：

在情报调研和分析过程中，收到了中国核科技信息与经济研究院各级领导、部门同事的大力帮助和支持，并提供了很多有益的文献资料，在此向本单位领导和同事的大力帮助表示衷心的感谢。

参考文献：

［1］　TVO. Responsibility Report 2020［R/OL］.［2021-08-15］. https://www.tvo.fi/en/index/investors/financialpublications.html.

［2］　Safety bulletin in case of chemical hazard［EB/OL］.［2013-04-12］. https://www.tvo.fi/uploads/julkaisut/tiedostot/9222_TVO_turvallisuustiedote_ENG.pdf.

［3］　刘画洁. 我国核安全立法研究：以核电厂监管为中心［D］. 上海：复旦大学，2013.

［4］　Country Nuclear Power Profiles FINLAND［EB/OL］.［2020-06-21］. https://cnpp.iaea.org/countryprofiles/Finland/Finland.htm.

［5］　TVO［EB/OL］.［2021］. https://www.tvo.fi/en/index.html.

Discussion on safety management mode of Olkiluoto nuclear power plant in finland

LI Xiao-jie，MA Rong-fang，CAI Li

（China Institute of Nuclear Information and Economics，Beijing 100048，China）

Abstract：Olkiluoto nuclear power plant was built in 1973，accounting for 22% of the total power generation in Finland. The nuclear power plant pursues a high standard of safety management and pays close attention to the safety of nuclear power and any related safety issues. Constantly improve their own safety culture construction；while ensuring the smooth operation of the existing safety management mode，preventive measures such as annual maintenance，emergency exercise and environmental risk assessment should be implemented；in addition，the safety construction，barrier setting and waste heat management of the reactor should be strengthened. In the future，Olkiluoto nuclear power plant will move towards a higher level of safety culture.

Key words：olkiluoto nuclear power plant in Finland；safety management mode；safety culture

美国核武器库存管理机构分工及运行机制概述

赵学林,宋　岳,张馨玉

(中核战略规划研究总院,北京 100048)

摘要:美国核武器库存管理计划于 1995 年开始实施,是在禁止核试验形势下,美国维持和发展安全可靠有效核武库、保持核威慑的综合、持续的战略性计划。本文通过调研美国近几财年库存管理计划(SSMP),系统梳理了美国核武器库存管理机构分工,并概述了库存管理运行机制中贮存、监测、维修、运输等重点环节。

关键词:库存管理计划;核武器库存;美国能源部

1　机构分工

美国核武器库存管理由美国能源部/国家核军工管理局负责组织与管理,主要由能源部直属的 8 个核武器相关单位实施[1]:3 个国家实验室(劳伦斯利弗莫尔、洛斯阿拉莫斯、桑迪亚)、4 个工厂(堪萨斯城、潘得克斯、萨凡纳河以及 Y-12)以及 1 个核试验场(内华达),具体分工如下[2]。

1.1　劳伦斯利弗莫尔国家实验室

劳伦斯利弗莫尔国家实验室负责开发和维持核武器的设计、模拟、建模和实验能力及竞争力,在不进行核爆炸试验的情况下,确保核武库的可信度;是现役核武库中 B83-1 核炸弹、W80-1/4 和 W87-0/1 核战斗部的物理实验室和设计机构;是 W87-1(W78 的替代战斗部)的物理实验室和设计机构,W87-1 将是 30 多年来第一枚利用新制造钚弹芯的战斗部;其他核心能力包括高性能计算、高能量密度物理、钚研发、水力动力学与武器工程环境测试、先进制造与材料科学、氚靶开发与制造以及高能炸药的研发。

1.2　洛斯阿拉莫斯实验室

作为核武器设计实验室,洛斯阿拉莫斯实验室负责提供核炸药包及其他核武器部件的研究、开发和制造的权威指导;负责确保核弹头的性能、安全性和可靠性;支持库存武器的监测、评估、整治和未来生产;提供高性能科学计算、材料动力学与含能材料科学、中子散射、增强监测、辐射照相、钚科学与钚工程、锕系化学和铍技术方面的独特能力;是 W76-0/1/2、W78 和 W88 核战斗部以及 B61 重力炸弹系列的相关物理实验室和设计机构;为核军工企业提供研发钚操作和钚弹芯制造的能力;其他核心任务包括先进 X 射线照相技术、氚和高能炸药的研发;引爆装置、放射性同位素热电发电机电源,其他非核部件的生产和测试;以及特种核材料的衡算、贮存、保护、处理和处置。

1.3　桑迪亚国家实验室

桑迪亚国家实验室是美国核武器系统的工程机构,负责核武器中非核部件的设计、开发、认证、维持和退役;其他核心任务包括中子发生器、抗辐射加固微电子学器件和其他非核部件产品,以及国家核军工管理局安全运输办公室的工程、设计和技术系统集成。

1.4　堪萨斯城国家核军工园区

堪萨斯城国家核军工园区负责制造和采购国家核军工管理局最复杂、技术要求最高的部件,包括雷达系统、机械装置、程序编码、气体传输系统的储罐和阀门、联合测试组件、工程材料和机械罩(这些组件约占核武器全部组件 85%)。

作者简介:赵学林(1994—),男,蒙古族,内蒙古通辽人,助理工程师,工程硕士,现从事核情报研究

1.5　潘特克斯工厂

潘特克斯工厂负责制造并测试高能炸药部件；组装、拆解、翻新、维修、维护和监控库存中的核武器和武器部件；制造联合测试组件并视检；组装和拆解试验台；实施临时分段运输和贮存拆除武器中的部件；弹芯重新鉴定、回收、监测和包装。

1.6　萨凡纳河场址

萨凡纳河场址核心任务是氚操作，包括从辐照过的靶件中提取氚、从现场回收部件中分离和再循环氚气、管理氚库存、将氚和氘装入气体传输系统、监测气体传输系统以支持核武库的认证以及回收氦-3；还将负责钚弹芯的生产，计划每年至少生产 50 枚钚弹芯。

1.7　Y-12 国家核军工综合体

Y-12 国家核军工综合体负责为核武器、外壳和其他武器部件制造铀部件，并出于监控目的来评估和测试这些部件；还是Ⅰ类或Ⅱ类数量高浓铀的主要贮存设施，进行高浓铀的拆除、贮存和处置，并为海军反应堆提供高浓铀。

1.8　内华达国家核军工场址

内华达国家核军工场址负责为国家核军工实验室提供设施、基础设施和工作人员，用于维护核武库所必需的、独特的核与非核实验；是用放射性和其他高危险材料进行实验的主要场所，也是可以进行高能炸药驱动、以特种核材料进行武器级钚实验的唯一场址；其他任务包括：开发和使用现代化诊断仪器、分析数据、储存计划性材料、进行临界实验以及支持核反恐与防扩散活动。

2　运行机制

库存管理通过监测、维护和现代化工作（如改型、改进和延寿计划）来维持库存核武器[3]。库存管理计划包括以下要素。

(1)评价。在物理和工程分析、实验和计算机模拟的基础上，评估可确定武器的性能、安全和可靠性。详细评估也可评价老化对性能的影响，并量化性能阈值、不确定性和裕度。

(2)监测。监测是单个武器接受检查的过程，包括检查和测试武器部件与材料，以确定其性能是否满足预期，并可深入了解核材料性能下降的机制。在监测过程中收集的数据可用于支持评估程序，并为延寿决定提供信息。

(3)维护。这个过程包括有限寿命部件的更换，这些部件在寿期结束后需要周期性更换。气体传输系统、中子发生器和电源都是有限寿命部件，它们会按照定期计划进行更换。

(4)重大发现调查。重大发现调查是对通过实验、评估、监测或其他活动确定的异常现象进行评价和调查。通过重大发现调查过程来确定异常的原因和对武器的安全、安保、性能和可靠性的影响，并根据需要提出纠正措施的建议。

(5)通过改型、改进和延寿计划进行现代化改造。改型是指通常会影响核武器的组装、测试、维护和/或贮存的一定范围内的改变。改型能解决已知缺陷和部件过时问题，但不会改变核武器的作战能力；改进是使武器作战能力更加全面的现代化改造计划。改进可以提高武器失效的安全裕量，提高安全性和安保性，延长有限寿命部件的寿期，且/或解决已知缺陷和部件过时问题；延寿计划是通过替换老化部件对某一武器弹头进行翻新，以延长武器的服役期限的计划。延寿计划可以将弹头寿命延长20～30 年，同时提升安全性、安保性，并修复缺陷。本文主要对美国核武器库存管理中的贮存、监测、维修、运输等重点环节进行概述。

2.1　贮存

贮存主要包括武器和部件的贮存、战略材料（铀、钚、氚、锂、高能炸药等）的贮存以及高放废物的贮存等。维持贮存和加工这些材料的能力需要高技能人才和大量计划性基础设施。用这些战略材料制造的武器部件不能在美国之外生产。在役核武器贮存目前由海军和空军管理的国防部设施负责。

美国核武器贮存的勤务规划包括了以下几个关键考虑因素:每座圆顶弹药贮存特定弹头所需的面积(以平方英尺计),以免发生核临界问题;安全隔离特定型号核弹头所需的特殊屏障;按序列号划分的内部通道,以便存取弹头进行维护或转移监测样本;进出禁区和外围控制区所需的控制程序,以及这类区域的安保程序等。

弹芯、被拆除武器上的部件、特种核材料等的贮存由潘特克斯工厂负责。其挑战为弹芯贮存能力,以支持将来的库存和与老化弹芯重新鉴定质量的设备有关的生产停机;其策略和推进计划为实施弹芯贮存项目,重新配置设备,增加场址贮存能力,解决近期贮存能力的限制;为材料分段运输设施继续进行关键决定程序。为延寿计划采用重新鉴定质量的新设备,升级现有的重新鉴定质量设备。

氚的贮存主要由萨凡纳河场址负责。其成果包括把 300 根产氚可燃吸收棒运到萨凡纳河场址,贮存在氚提取设施中。浓缩铀的贮存主要由 Y-12 国家核军工综合体负责,Y-12 还是Ⅰ/Ⅱ类数量高浓铀的主要贮存设施,以及进行高浓铀的拆除、贮存和处置。钚的贮存主要由劳伦斯利弗莫尔国家实验室以及萨凡纳河场址负责。钚需要适当的贮存设施、安全与安保处置途径,以及独特的设备与设施。

2.2 监测

美国核军工管理局监测活动为评估库存状况提供数据,以支持评估安全性、安保、可靠性和性能。此外,累积的监测数据支持关于武器延寿、改型、修改、修理,以及重新制造的决策。监测计划目标如下。

(1)确定影响安全、安保、性能或可靠性的缺陷(例如来自制造、设计和敌人);

(2)确定并将可能的失效机制与监测结果联系起来,然后在监测数据基础上判定安全性、安保和性能的风险;

(3)计算部件和材料级的设计要求与性能;

(4)确定子系统或部件和材料级与老化有关的变化和趋势;

(5)进一步开发用于预测评估库存部件和材料的能力;

(6)为年度《武器可靠性报告》和年度《库存评估报告》提供重要数据。

监测计划包括库存评价计划和加强的监测子计划两部分。库存评价计划对现有库存(即库存回放)和新产品(即改进评价系统试验装置)进行监测评价;加强的监测子计划为库存评价计划预测和探知初始或老化相关缺陷、评估可靠性、估算部件与系统寿命提供诊断、加工,以及其他工具。这两个计划的工作紧密结合,在系统、部件和材料级实施监测计划,并开发新的能力。此外,库存武器数量减少推动了核武库监测对无损检测的依赖。需要新的评价技术和特定的部件级研究来开发和部署改进的监视诊断方法,使得能够及时评估库存状况,并决定是替换还是重新使用部件。

2.3 维修

基础设施的某些方面由于年限和状况,衰退的速度越来越快,在可用性、生产能力、武器活动能力的可靠性和员工安全性上,以及公众和环境上,构成不可接受的风险。国家核军工管理局正在通过加强和优化资源,遏制通用基础设施下滑状态。

基础设施的维护和修理计划为国家核军工管理局提供了日常工作所需的直接投资下的维护,维持并保护国家核军工管理局的设施和设备,使其适合指定用途。这些工作包括预测性、预防性和纠正性维护活动,以维护设施、财产、资产、系统、道路、设备和重要的安全系统。

潘特克斯工厂负责实施核武器和武器部件的翻新、维修、维护等活动;堪萨斯城国家核军工园区支持目前在库存中的原有系统的维护和修理武器系统活动。

2.4 运输

安全运输资产计划为美国核武器、武器部件和特种核材料提供了安全、可靠的运输。安全运输资产计划支持延寿计划,有限寿命部件的交换、监管、拆解,防扩散倡议,以及国家核军工管理局任务的实验计划。安全运输资产计划还在补偿的基础上,为国防部和其他政府部门提供安全运输。该计划对任务资产和基础设施进行现代化改造、加强任务支持系统,以及提升工作人员的能力和表现。由于需要控制和协调以及可能有材料丢失或危害的安全后果,安全运输资产由政府拥有,并由政府运行。安全运输资产安全概念的支柱为专业车辆、安全拖车、受过严格培训的联邦工作人员和强大的通信系统。

2.4.1 联邦工作人员

联邦工作人员通过全面的选择过程,并经过完整的强化训练来掌握一套独特技能,以保护运输不受威胁,并在不危及公众或货物的情况下处理非恶意的紧急情况。

2.4.2 专业车队

安全运输资产保持有各种运输车辆和拖车。安全运输资产在市场上采购车辆和部件,经过改装和重新配置,达到任务安保和安全要求。一辆车是否保持运行,是根据其维护历史及其机械系统和通信系统寿期基础上的"可靠性寿期"。维护要求是,商业车辆3～4次,部分由于更高的标准,部分由于特殊的设备。

2.4.3 专用拖车

安全运输资产的专业拖车设计、工程、测试、生产和使用要跨越几十年的时间。设计与生产解决了公共安全和独特的货物配置与保护系统问题。安全保障运输车是第二代运输核弹头及武器级材料的拖车,设计寿期为10年。安全运输资产与设计机构密切合作,经评估后,把设计寿期延长到20年。为把安全保障运输车的寿期进一步延长到新的保卫机动运输车能够运行(目前预计是在2024财年),并在此之前能够继续可靠、安全运行,为此制订了降低风险计划。

2.4.4 运输的指挥控制系统

指挥控制系统提供多个通信信道、冗余的自动跟踪能力,以及可靠的数据贮存和处理。必不可少的部分是主要和备用运输应急控制中心、高频中继站、卫星服务,以及一系列重叠集成的安全通信网络。主要运输应急控制中心每天运行24小时,控制和监控车队运行。安全运输资产继续利用系统的进步,制定策略,开发技术,建立程序。这些通信信道的性质决定了要有一个备用运行设施,作为在后援地点的冗余能力,以确保执行运输任务期间和紧急情况下能够持续通信。

2.4.5 地理上分布的设施

安全运输资产管理着不同地理分布的设施。安全运输资产位于新墨西哥州阿尔伯克基的总部管理十几处直接支持整个美国业务的设施。多个联邦机构司令部包括行政支持、任务执行、联邦特工培训、靶场及其他直接支持设施,如电台维修、车辆维护、军械库和后勤仓库。位于阿肯色州查菲堡的主要训练设施包括行政办公室、培训教室、宿舍和各种支持设施。安全运输资产还管理重要地点的通信中继站以及弹药库。

3 结语

通过实施库存管理,美国在维持核威慑、核弹头延寿、研发新型核弹头、开发不依赖核试验的先进核武器技术等方面取得了重大进展,其工程经验和技术进展值得关注。

参考文献:

[1] Fiscal Year 2021. Stockpile Stewardship and Management Plan-Biennial Plan Summary[R]. Report to Congress,2020.

[2] Fiscal Year 2020. Stockpile Stewardship and Management Plan[R].Report to Congress,2019.

[3] Fiscal Year 2018. Stockpile Stewardship and Management Plan-Biennial Plan Summary[R]. Report to Congress,2017.

Review of responsibility field and operation mechanism of U.S. nuclear weapons Stockpile Stewardship and Management

ZHAO Xue-lin, SONG Yue, ZHANG Xin-yu

(China Institute of Nuclear Industry Strategy, Beijing 100048, China)

Abstract: Stockpile Stewardship and Management Plan, which was implemented in 1995, is a comprehensive and sustainable strategic plan for the United States to maintain and develop a safe, reliable and effective nuclear arsenal and maintain nuclear deterrence under the situation of nuclear test ban. Based on the investigation of the U.S. Stockpile Stewardship and Management Plan in recent fiscal years, this paper systematically combs the division of responsibility field of U.S. nuclear weapons stockpile stewardship and management, and summarizes the key processes in the operation mechanism, such as storage, monitoring, maintenance and transportation.

Key words: stockpile stewardship and management plan; nuclear arsenal; U.S. department of energy

乏燃料后处理厂溶解器维修技术与设备研究

闫寿军,梁和乐

(中核战略规划研究总院,北京 100048)

摘要:阿格 R1 首端设施于 1994 年开始投入商业运营。其设计遵循了适用于整厂的通用设计规则,并提供了特定设备,以便在设施寿命期间根据需要对其进行维修和设备更换。在该设施中,进料棒束被剪切成小段,并落入含有浓硝酸溶液的溶解器中。溶解器设计为可连续运行,其包括一个旋转斗式输送机(溶解器转轮),该输送机周期性地浸入溶解液中。转轮由不锈钢制成,在氮环境中会受到缓慢腐蚀。在设计时,预计转轮在工厂寿命期内至少需要更换一次,因此将其设计为远程更换类型。2018 年 10 月,运行 24 年后,在转轮的几个铲斗上观察到故障迹象。在考虑了可能的维修工作后,鉴于该转轮的累积使用寿命已经非常令人满意,故决定将其更换。自工厂开始运营起,备用转轮就已准备到位,该转轮(直径为 3.92 m,重量为 3.7 t)必须从外部插入热室,同时不得损坏设备并要始终保证安全。溶解室是设施中辐照最为严重的区域之一,因此必须使用一开始就纳入设计的设备,完全通过远程方式执行这种极具挑战性的更换操作。来自 Orano 公司多个单位及供应商处约 100 名最有经验的工程师和操作员在现场组成团队,负责设计和执行此次操作,第一次操作预计完成日期为 2019 年 4 月 1 日。通过实施严格的项目规划和协调,完成日期提前了一个月,最终于 2019 年 3 月 1 日重新开始运行。

关键词:阿格厂;维修;虚拟现实技术;机器人

阿格 R1 设施于 1994 年开始投入商业运营,其属于 UP2-800 后处理厂(法国西北部阿格的两个在运商业工厂之一)的首端设施。根据设计,UP2-800 每年可处理高达 800 t 的轻水反应堆(LWR)燃料。自 25 年前投产以来,该设施共剪切并处理燃料 14 250 t。

首端工艺设计为每天连续处理 4 t 燃料。该设施可接收各种燃耗的标准压水堆(PWR)和沸水堆(BWR)燃料。目前正在设计另一座首端设施,以扩充该设施可接收的燃料范围,特别是处理不同类型的燃料,例如研究堆燃料、混合氧化物(MOX)和快堆燃料。

在原 R1 设施中,待处理的燃料组件通过水下通道从贮存池转移到 R1 设施。将其提升、排放并插入燃耗测量池。然后将燃料组件倾斜至水平位置,并放入液压剪切机(见图 1)。分离端部件并将其送至特定排放路径,燃料棒被切割成小段(约 3 cm 长),直接落入溶解器中,以使燃料材料在高温浓硝酸溶液中溶解。另一端部件也被送至特定排放路径。

该溶解器为连续旋转溶解器(见图 2)。燃料段被装在浸入高温浓硝酸中的一个斗式输送机(或"转轮")铲斗(共有 12 个铲斗)内。铲斗上有一些多孔板,可使液体在燃料段周围循环。当铲斗内达到所需的质量时,转轮开始转动,下一个空铲斗到达装填位置。转轮转速可以调整,以使燃料在一次旋转过程中完全溶解。在循环结束时,在排空位置,空包壳件(或壳体)将通过斜槽排放至壳体清洗设备。然后,壳体和废弃的端件将被一起送至最终超压实设施,进行监测、干燥和压实;接着,压实的圆盘将被堆放起来,并在最终不锈钢罐(CSD-C)中进行整备。

浓缩溶解液溢出至净化装置,然后进入萃取工序。加热次临界平板溶解槽以及溶解器周围的斜槽和管道由锆制成,以确保该工艺的耐腐蚀性。溶解器盖和活动部件由不锈钢制成,可将其吊离溶解器装置进行维修和更换。自工厂开始运营起,备用转轮就已准备到位。

作者简介:闫寿军(1986—),男,河北沧州人,副研究员,现主要从事情报研究

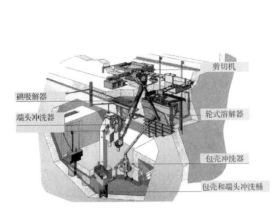

图 1 阿格首端工艺

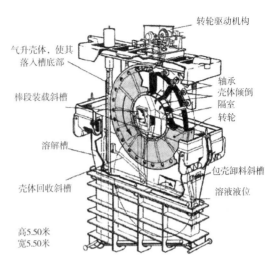

图 2 法国阿格旋转溶解器设备的总体布置
（轮和盖处于维修位置）

1 挑战

2018 年 10 月 29 日,运行 24 年后,在进行日常维修、清洁和检查操作时,观察到四个铲斗出现故障迹象。随后决定不重新启动该设施,以便进行更彻底的调查。

结果发现,在一些铲斗中,穿孔部分的材料已达到磨损阶段,无法继续进行任何操作,这是由于板孔之间的金属区同时受到腐蚀和磨损所致。

板孔之间的间距已被缩减至机械阻力限值,而铲斗的侧面几乎没有受到影响。

在考虑了可能的维修工作后,鉴于该转轮的累积使用寿命已经非常令人满意,故决定将其更换。

转轮(直径为 3.92 m,重量为 3.7 t)必须从外部插入热室,同时不得损坏设备并要始终保证安全。溶解室是设施中辐照最为严重的区域之一(约 1 Gy/h)。因此必须使用一开始就纳入设计的设备(溶解室内起重机、操纵器和维修用机械臂),完全通过远程方式执行这种极具挑战性的更换操作。

在设施启动时,工厂操作员在 UP3 的 T1 姊妹设施的溶解室中已进行了更换试验(非放射性条件下)。该试验验证了溶解室内操作。但是,由于当时不存在污染且为了降低转移过程中的误操作风险,已将转轮的安装和拆卸路径进行了简化。在放射性条件下,有必要选择穿过起重机维修室的专用大型设备进料路线。在某些情况下,可及性的允许范围更为严格,仅为 3 cm 的间隙。

已为 T1 试验研究和制造了转轮安装、支撑、拆卸所需的所有工具。基于这个有利的结果,未对 R1 进行测试。然而,因存在一些差异,故有必要根据现有的初步情景专门针为 R1 结构重新制造一些新的更换设备。此外,因存在该差异,还必须完全拆下溶解器盖(在对转轮进行的所有维修操作中,通常未触动溶解器盖),以防止更换操作期间发生任何碰撞风险。为此还制作了特定的工具和支架。

2 操作

做出更换转轮的决定后,便组建了一个由工厂运营商、工程师和供应商组成的专家工作组。多达 100 人参与了此次操作。

2.1 设计和工具

首先,收集所有可用的数据,并在现场进行具体测量,以确认这一信息。工作组拟定并设计了一个更换情景,并使用当前设施的三维模型和虚拟现实(VR)技术,对新旧转轮的整个操作流程进行了验证。所有必要的附加工具和设备都由当地供应商设计和制造。

在此次操作中使用了一系列目前可在现场使用的现代工具。

(1)对位于安装路径和溶解室中的所有房室进行远程 3D 激光扫描,以验证所有尺寸。制造了特定的激光工具,以更精确地进行局部测量;

(2)整合了 3D 扫描信息设施及所有工具和设备 3D 模型;

(3)在工程处进行 VR 技术测试,以验证整个情景和各类接口;

(4)在设施培训室对所有操作员进行 VR 技术培训(见图 3)。

可编程机械臂,用于拆卸溶解器轴承(常规操作)和更换某些设备(见图 4)。

 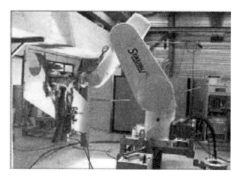

图 3　对操作员进行虚拟现实技术培训　　　　图 4　溶解室内进行维修操作所用的机械臂

针对此次操作设计并制造的主要设备如下(见图 5)。

(1)运轮车(WTC);

(2)转轮倾斜工具(WTT);

(3)在溶解室内组装的分体式换轮车(WEC);

(4)工厂验收和情景测试用仿真轮;

(5)溶解器盖操作和拆卸工具。

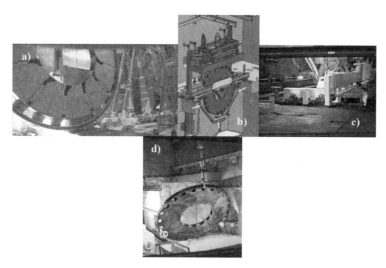

图 5　转轮的各种操作工具:
a)运轮车(WTC);b)和 c)换轮车;d)转轮倾斜工具

2.2　更换操作

在设计并验证了 VR 模拟操作之后,各供应商在快速跟踪模式下制造了各种工具。对工具进行了测试,并用仿真轮对此次更换操作进行了演练。

首先,使用溶解室内起重机拆除溶解器盖,并将其移至位于溶解室上方的通用维修室(GMC)内的特定支架上。

将换轮车(WEC)进行组装,并将其运入通用维修室(GMC),然后将其放置在专为此次操作设计的轨道上。将 WEC 放置在旧轮下方,以便接住拆卸的转轮。使用可编程机械臂拆下轴承,然后在 2 月初将转轮移至卸载位置。最后,使用溶解室内起重机取下旧轮,并用转轮倾斜工具(WTT)将旧轮倾斜至水平位置[WTT 类似于运轮车(WTC),是 T1 试验研究的补充设备]。

到 2 月中旬,按照情景中已规定的流程和操作要求,将新轮运至通用维修室(GMC),然后将其放置在换轮车(WEC)上。将转轮安装就位,将轴承放回原位,并测试旋转情况。将转轮(带盖)下放至溶解器中,至此该装置运行准备就绪。水平放置在溶解室后面的旧轮和移至换轮车(WEC)的新轮如图 6 所示。拆下旧轮,整个溶解室结构恢复运行。R1 首端于 2019 年 3 月 1 日重新开始运行。

图 6　更换操作过程中的旧轮(水平放置在操纵器的下方)和新轮
(垂直放置在最前面),轮车(WEC)为左边的黄色设备

3　结论

阿格商业后处理厂的设计和建造旨在确保设施在整个使用期内的持续性能。在设计过程中,特别强调根据设备的预期寿命进行所有预测维修操作(包括设备更换)。

此次特殊操作表明,虽然该操作不属于常规维修,但得益于设计时纳入的设备(模块化设备设计、溶解室内操作工具、设施布局、备用轮)及启动时进行的操作验证,使得此次操作能在创纪录的时间内完成,同时保持操作员在标准放射量条件下进行操作,并避免了对设施进行任何变更或重大改造。

许多现有的操作工具可用于此次操作,例如起重机、机械臂和操纵器,同时补充了一些特定的新工具[使用 3D 建模和虚拟现实(VR)技术设计和测试了此类新工具]。

此次操作成功的关键在于:精心周密的准备及使用实际工具和仿真轮在 VR 和非放射性状态下验证了整个情景。

目前,尽管 UP3 工厂 T1 的另一个阿格首端设施的转轮工况良好,但运营商正准备对其进行预防性更换。该设施的备用轮也已到位,将在预定的现场施工期间进行更换。

参考文献:

[1] CEA e-DEN Monograph, Treatment and recycling of spent nuclear fuel-Actinide partitioning-Application to waste management-Editions du Moniteur [R]. Paris, France, 2008.

[2] GEFFARD F, GARREC, PIOLAIN G, et al. TAO 2000 V2 computer-assisted force feedback telemanipulators used as maintenance and production tools at the AREVA NC-La Hague recycling plant. J. of Field Robotics, Wiley [R]. 2012.

[3] BERNARD C, CHENEVIER F. UP3 design concepts: maintenance in a commercial reprocessing facility. Proc. [C]. ANS International Meeting on Fuel Reprocessing and Waste Management, Jackson Hole (USA), Aug. 25-29, 1984.

Research on dissolver maintenance technology and equipment of spent fuel reprocessing plant

YAN Shou-jun, LIANG He-le

(China Institute of Nuclear Industry Strategy, Beijing 100048, China)

Abstract: The La Hague R1 head-end facility started commercial operation in 1994. Its design followed the general design rules applied for the whole plant with specific provisions to allow maintenance and equipment exchange as needed during the life of the facility. In this facility, the incoming fuel bundle is sheared into small pieces that fall into a dissolver containing a concentrated nitric acid solution. The dissolver is designed for continuous operation, and involves a rotating bucket carrier (dissolver wheel) that is periodically immersed in the dissolution liquor. The wheel is made of stainless steel and is subject to slow corrosion in the nitric environment. At the time of design, it was expected that the wheel would have to be exchanged at least once in the plant life and, consequently, was designed to be remotely exchangeable. In October 2018, after 24 years operation, signs of failure were observed on several buckets of the wheel. After considering potential repairs, and in view of the already very satisfactory accumulated service life of this wheel, it was decided to perform the exchange instead. A spare wheel was available since the start of the plant. The wheel is 3.92 m in diameter, weighs 3.7 T and must be brought from the outside and inserted into the hot cell without damaging equipment and while preserving safety at all times. The dissolution cell is one of the most irradiating zones of the facility and this challenging exchange operation had to be performed completely remotely, using the provisions that had been incorporated into the design from the start. A team of ～100 of the most experienced engineers and operators from several Units of Orano and from suppliers was assembled on the spot to design and perform the operation with a first estimated completion date of April 1st 2019. By implementing rigorous project planning and coordination the completion date was advanced by one month and, finally, operation was started again on March 1st 2019.

Key words: la hague; maintenance; VR; robotic

俄罗斯铅冷快堆发展"突破"计划综合研究

闫寿军，陈亚君

(中核战略规划研究总院，北京 100048)

摘要：俄罗斯"突破"计划主要目标是发展铅冷快堆及其配套的氮化物燃料和后处理技术，实现新一代核燃料闭式循环，促进俄罗斯核能的大发展，使其核能技术处于世界领先水平。主要任务是依托西伯利亚化学联合体建设一个中间示范核能综合体，该综合体以铅冷快堆的建设为核心，并配套建设一个氮化物燃料制造厂和一个乏燃料后处理厂。俄罗斯目前已基本掌握了该项目中的快堆氮化物燃料、铅冷快堆和快堆乏燃料后处理的关键技术，具备了相关设备制造能力。

关键词：铅冷快堆；氮化物燃料；闭式循环

俄罗斯是核能大国，但也面临着乏燃料和放射性废物日益增多、天然铀使用效率低、核能产品在世界市场的竞争力下降等一系列问题。为了研发以快堆及闭式核燃料循环为基础的新一代核技术，2010 年 1 月 21 日俄罗斯政府批准了的"2010—2015 年及 2020 年新一代核电技术"联邦专项计划(FTP)，以保证核能技术的快速发展，并保持核能技术的再生能力，吸引青年专家，为核能领域生产出具有世界竞争力的产品创造条件，确保俄罗斯国家战略目标的实现。"突破"计划(Proryv Project)是该联邦专项计划的组成部分之一。

该联邦专项计划分两个阶段实施，2010—2014 年和 2015—2020 年两个阶段。

第一阶段 2010—2014 年，主要任务是：解决铅冷快堆、铅铋快堆和钠冷快堆计划的技术问题；完成设计铀钚氮化物燃料快堆的设计，生产并完成燃料综合体建设；研制多用途快堆建设计划；研制反应堆堆芯的中微子探测器；开发用于快堆的材料。

第二阶段 2015—2020 年，主要任务是：建立铅冷快堆、铅铋快堆以及多用途快堆的试验模型；大型综合物理技术实验设施投入使用；建设并运行快堆燃料工业综合体；建立用于验证有前景的闭式快堆燃料循环技术的多功能放射化学研究设施；实现受控热核聚变领域研究装置的现代化；完成核转换器模型、光伏电源等离子防尘试验装置、成像设备及数据高速收集和监测装置的研制。

为保障该计划的实施，俄罗斯政府批准的该计划预算为 1 283 亿卢布(约 43.1 亿美元)，其中 1 104 亿卢布来自政府预算，用于科学研究和试验设计的资金总额为 557 亿卢布。

1　计划内容

"突破"计划的目标是实现基于铅冷快堆的新一代闭式核燃料循环核能技术，包括以下 9 项基本内容[1]。

(1)防止严重核电事故(临界事故、冷却水缺失、火灾、爆炸等)；

(2)实现闭式核燃料循环，充分利用铀资源；

(3)逐步达到放射性废物的放射性等量处置(意味着进行处置的放射性废物与初始矿石原料的放射性相当)；

(4)防止核武器扩散(新反应堆不能用于生产核武器材料)；

(5)降低铅冷快堆核电站的建设成本，与热堆核电站的建设成本相当；

(6)增强铅冷快堆与其他发电方式相比的经济竞争力；

作者简介：闫寿军(1986—)，男，河北沧州人，副研究员，现主要从事情报研究

(7)在现有矿产资源的基础上，到21世纪末实现俄罗斯的核电大规模发展，达到350 GW；

(8)对快堆乏燃料以及热堆所累积的乏燃料进行后处理；

(9)制定可行的商业化战略。

"突破"计划将在西伯利亚化学联合体（SCC）建设一个中间示范电力综合体（PDPC），其中包括一个致密铀钚（氮化物）快堆燃料制造/再加工模块、一座BREST-OD-300反应堆和一个乏燃料后处理模块[2]。

该计划于2011年启动，采用俄罗斯此前在核武器制造和运载导弹计划采用的管理方法。不建立新的企业，而是在俄罗斯国家原子能公司现有基础上建立责任中心，将研究和设计，与生产人员、专家联合起来，在"突破"计划框架内解决科研和技术任务。

ROSATOM下属的"突破"计划创新和技术中心（ITCP）是该计划的总负责部门，负责为开展关键技术研究和研发计划的相关技术任务，以及建立和维护计划的信息共享基础和数据模型。

该计划设置了如下9个责任中心[3]。

(1)"乏燃料后处理关键技术发展和放射性废物管理"综合计划责任中心：主要是为中间示范电力综合体的后处理模块开发可用于乏燃料后处理和放射性废物管理的关键技术和实验设施。

(2)"在堆燃料循环试验生产线的开发、制造和调试"责任中心：主要任务是开发、制造和调试符合要求的在堆核燃料循环试验生产线，包括燃料制造/再加工和快堆乏燃料后处理。

(3)"计划集成"责任中心：主要任务是建立一个关于"突破"计划的结构统一的信息体系，包括各种设施和模型优化设计的成本估算、工程和技术的文档。利用这种方法，让计划成员能近似获得一个物项的三维示意，包括其计算机模型详情和相应深层次的验证数据。它还能进行产品全寿期模拟仿真，以便在处理和初步技术优化以及退役和场址恢复活动前对物项和工艺的特性进行分析。

(4)"MNUP（混合铀钚氮化物）燃料元件、组件和制造技术的开发"综合计划责任中心：位于波奇瓦国家无机材料研究所，目标是开发MNUP燃料元件和组件，以及制造和必要的燃料结构材料所需的其他相关技术。

(5)"BREST"责任中心，位于JSC"NIKIET"，负责执行BREST-OD-300专项。BREST-OD-300反应堆是用于验证铅冷快堆及其闭式核燃料循环主要技术解决方案，以及这些解决方案所依据的固有安全性基本概念。

(6)"BN-1200"责任中心：位于JSC"Afrikantov OKBM"，其主要目标是为新一代核动力机组及BN-1200钠冷快堆材料的开发。

(7)"新一代程序"责任中心：基于俄罗斯科学院（IBRAE）核安全研究所于2013年建立，该中心主要负责开发通用计算机程序，用于模拟现有核电站及正在开发的液态金属冷却快堆和闭式核燃料循环设施的各种运行模式，以及这些设施对人类和环境的影响。

(8)"计划程序"责任中心：位于物理与动力工程研究所（IPPE），负责开发计划程序。

(9)"PDEC和IEC工程设计"责任中心：负责是中间示范电力综合体（PDEC）和开发工业能源综合体（IEC）的工程设计，包括促进计划成员间进行共享和协作的共享信息空间（SIS）。SIS综合了数据传输、软件和硬件基础设施以及支持计划成员间协同工作的方案，并可在此基础上开发、编辑和利用计划信息化模式，以及和专项、共享信息服务的IT系统集成。

2 计划进展

该计划最初计划在2020年完成该中间示范电力综合体的全部建设工作，其中2017年建成致密燃料生产模块，2019年建成反应堆模块，2020年建成后处理模块[4]。

2016年8月俄罗斯核燃料产供集团下属MSZ子公司宣布完成可供BREST系列铅冷快堆使用的ETVS-14和ETVS-15试验燃料组件的验收测试，这两种组件含有铀钚混合氮化物燃料，并启动了BREST-OD-300反应堆堆芯吸收元件技术设计的研发工作。

2017 年 1 月，俄罗斯国家原子能公司表示受国家经济形势的影响"突破"计划被推迟。同年 5 月西伯利亚化学联合体报道总计有 20 多家俄罗斯科研机构参与了该计划的工作，其中燃料制造厂已开始设备安装工作，并将于 2020 年完成燃料制造厂的建造与安装工作。2017 年获得监管机构的反应堆建造许可证，于 2018 年开始反应堆建造工作。

2018 年 10 月，俄罗斯国家原子能公司的代表宣布，该计划中燃料制备模块将在 2021 年启动，2023 年工业生产用于 BREST-OD-300 反应堆的混合燃料。装载了新混合铀钚燃料的 BREST-OD-300 原型反应堆将于 2026 年投运，以实现快中子反应堆的闭式核燃料循环。另鉴于 2028 年才会有待后处理的快堆乏燃料，乏燃料后处理模块也随之推迟。

3 任务模块

"突破"计划的主要工作是依托西伯利亚化学联合体建设一个中间示范核能综合体，主要设施为铅冷快堆、氮化物燃料制造厂和乏燃料后处理厂[5]。

3.1 氮化物燃料

氮化物燃料是使用铀钚氮化物制作燃料芯块的耐事故燃料，可全面满足金属冷却快堆的发展需要。氮化物燃料和目前的氧化物燃料相比，在许多方面都具有比较明显的优势：(1)燃料增殖能力强；(2)导热性能好，工作温度低，可避免燃料包壳过热；(3)抗辐照肿胀性能好，对裂变气体产物和活性化学元素，如铯、碘、硒及碲等有较强滞留作用；(4)同等条件下氮化物燃料中裂变气体产物释放量要小于氧化物燃料；(5)对包壳材料及液态金属铅均呈化学稳定状态；(6)在燃料后处理过程中，可采用简便高效的电冶及电解法，有利于减少整个燃料循环过程的成本。

氮化物燃料发展的最大难点是制造费用高、周期长、产品合格率低。西伯利亚化学联合体 2016 年 3 月 28 日宣布，已完成氮化物燃料试验组件制造工艺的优化工作。该燃料的制造费已下降 37%，制造时间缩短超过 25%，产品合格率达到 80%。

3.2 铅冷快堆

3.2.1 主要设计参数

俄罗斯铅冷快堆 BESET-OD-300 由俄罗斯物理与动力工程研究所设计，目标是立足于现有成熟技术，贯彻反应堆自然安全原则，全面满足现代核能的各项要求。

BREST-OD-300 采用池式设计，堆芯、反射层和控制棒、蒸汽发生器和主泵以及换料和燃料管理设备、安全和辅助系统都位于池内。BREST 堆芯燃料栅格的间距较大，从而提供了比较大的铅流通面积，从而降低了流程压力损失，有利于建立一回路的衰变热自然循环。该堆的设计中省略掉了堆芯活性区的反射性，用适当反射率的铅反射层替代，从而改进了堆芯功率分布，提供了负的空泡和密度反馈系数，消除了武器级钚生产的可能性。堆芯的衰变热排出系统采用非能动设计，一回路的热量通过自然循环在空冷器中把热量传递给冷空气，被加热的空气直接排入大气中。

反应堆压力容器总高度 19 m，通过中间平底圆环分成上、下两部分。上部堆壳直径 11.5 m，下部堆壳直径为 5.5 m。在壳体的中央分为一分隔筒，堆芯即位于其下端。此分隔筒将堆壳内的冷热铅流分开。反应堆压力容器的上端由上顶盖封顶。有 8 台蒸汽发生器、4 台液铅轴流泵、大旋转塞、小旋转塞、控制棒驱动机构及辅助系统的管道等贯穿上顶盖。蒸汽发生器及液铅轴流泵位于反应堆压力容器上部分分隔筒与压力容器之间的圆环形空间内。每台蒸汽发生器的热功率为 87.5 MW。液铅的流量为 16 950 t/h，流动阻力为 0.05 MPa；入口给水温度为 340 ℃，出口过热蒸汽温度为 520 ℃，产汽量为 186 t/h，水侧压力为 24.5 MPa，管内流动阻力为 1.16 MPa。换热管径为 $\phi16\times3$。每台液铅轴流泵流量为 10 m^3/s，扬程 2.5 m，电机功率 350 kW，转速 500 r/min，效率为 80%。泵入口气蚀裕量 3 m，工作温度为 420 ℃。

3.2.2 压力容器

反应堆压力容器上顶盖为金属焊接框架结构，由外环板、内环板及主立筋、上板、下板等部件构成。外径 $\phi 11\,750$，高 2 m，内充含结晶水的蛇纹石水泥，重 493 t。在上盖板的内部留有自然对流空冷的空气流道。顶盖的下表面敷以由金属箔制成的保温层，总厚度 150 mm。在上顶盖与堆容器内铅液面之间约有 300 m³ 的空间，充以压力为 0.096 MPa 的保护气体。在此空间的反应堆压力容器侧壁上开有 4 个 $\phi 1\,000$ 孔道，作为蒸汽发生器泄漏事故工况下，将蒸汽引向事故冷凝系统的蒸汽引出管道。

液铅流出堆芯后依次经过三次上升流动和三次下降流动之后才重新进入堆芯，每次上升流动都达到相应的液铅自由液面，因而在蒸汽发生泄漏事故工况下，所产生的蒸汽首先从蒸汽发生器内上方的液铅自由表面排出。如果在蒸汽发生器内向下流动的液铅夹带部分蒸汽，在其进入堆芯之前，还有另外两次与下降通道的共同特点都是流道长而流速低，有利于排出蒸汽，使其不进入堆芯。

BREST 堆的蒸汽发生器和轴流泵外壳都是双层结构，其间隙即为自然对流空气的事故冷却通道；在反应堆压力容器的水泥层之内也布有供自然对流空冷用的钢制冷却管。因铅的温度高，对空气的传热温压大，所有依靠这些自然对流空气的冷却能力，即自然确保了 BREST 铅冷快堆永不失冷的可靠条件。

反应堆压力容器总重 1 075 t，材料为 08Cr16Hi11M3，工作温度 420 ℃，最大承压能力 1.7 MPa，工作寿命 60 年以上。整个反应堆置于钢筋混凝土的堆舱内，全部重量由堆壳中间平底圆环板下的支撑机构承受。由于反应堆压力容器与混凝土结构内的堆舱之间的空间很小，所以当反应堆压力壳的任何部位发生破裂泄漏时，堆容器内的铅液位仍能保持液铅轴流泵的正常工作条件，确保对堆芯的安全冷却能力。BREST-OD-300 铅冷快堆也可以采用常压池式一体化布置方案，这时反应堆外容器是由预应力混凝土、耐热水泥层、绝热层及金属衬里共同组成的，各层之间无间隙，其他设备在堆内的布置与常压容器式一体化铅冷快堆基本相同。

3.2.3 堆芯

BREST-OD-300 的堆芯由 185 个无盒燃料组件构成，每个组件内有 $11 \times 11 = 121$ 个棒位，其中有 114 个燃料棒，7 个导向杆定位棒，棒间距 13.6 mm。燃料棒采用氮化物燃料芯块，比重为 13.5 g/cm³，钢制元件包壳，在其内外表面上均制备氧化膜。包壳内表面与芯块之间有 0.2 mm 间隙充以液铅，用以强化棒内传热以降低燃料芯块温度，减少与功率水平相关所必需的堆芯反应性储备并减少裂变气体释放率，降低对包壳形成的内压力。

整个堆芯按横截面分为三个区，燃料组件在中心区内有 57 个，中间区 72 个，而外区有 56 个。为达到功率密度及堆芯出口温度展平目的，在三区内保持相同的棒间距，但采取不同的棒径，其内区元件棒包壳尺寸为 $\phi 9.1 \times 0.5$，中间区为 $\phi 9.6 \times 0.5$，外区为 $\phi 10.4 \times 0.55$。这有助于降低中心区功率密度的峰值并强化这一区的冷却能力。BREST-OD-300 堆芯不设外围增值层，借助于 Pb 对中子的反射可减少堆芯的中子泄漏，适当提高堆芯边缘区域的燃料功率密度。

同时，在堆芯外围不设增值层还有利于防止核武扩散。采用这些展平措施后，最大功率的元件组件仍然位于堆芯的中心位置，最大组件功率为 4.7 MW，最大功率密度 225 MW/m³，元件棒最大线功率密度为 44 kW/m³。BREST-OD-300 的堆芯功率相对较小，堆芯的反应性总储备量也较小，因而所有自动控制棒、事故保护棒、非能动及能动停堆棒、反应性补偿棒及内部液位可调的铅反射层单元等都一律布置在堆芯外围空间即足够了，堆芯内部不必设任何控制机构。

为了达到堆芯增值比 CBR>1 的目的，堆芯热功率不能小于 700 MW。在 BREST 铅冷快堆中，燃料组件的寿命主要不是由运行燃耗深度限定，而是由元件包壳材料的耐腐蚀及抗辐照能力所决定。燃料的最大燃耗深度可大于 10%，燃料组件在堆芯内工作 5 年，每年更换 1/5。从堆芯倒换出的燃料组件还将在堆壳内继续放置 2 年，便于冷却其衰变热。

3.3 乏燃料后处理

"突破"计划中为乏燃料后处理设定的技术目标为：(1)确保在从反应堆卸出后经过短冷却期就能进行乏燃料后处理的可能性；(2)从乏燃料中提取出 99% 的可用于新燃料制造的易裂变材料；(3)满足必要的防止核材料扩散的要求(即后处理产品无纯分离钚，为铀钚混合物)；(4)根据法规要求进行深地质处置,尽量减少高放废物和长寿命放射性核素的潜在危害;(5)核裂变产物的分离。

其中第(4)、(5)点技术目标要求从乏燃料中分离出 α 放射性的镅和锔,并进行安全处理,衰变产物要返回到燃料循环中。

"突破"计划中考虑了三种乏燃料后处理技术:水法后处理技术、高温化学后处理技术和复合后处理技术。

(1)水法后处理技术

俄罗斯的水法后处理技术已基本准备就绪,预计从 2019 年中期就可以按照计划需求对 BREST-OD-300 反应堆的乏燃料后处理模块的设计进行调整。主要工艺技术不仅在模型上进行了测试,还开展了氧化物和氮化物乏燃料处理实验,已处理了 12 组 BN-600 反应堆的 MOX 乏燃料组件,已确认了工艺技术的有效性,并认为铀和钚的损失在可接受值范围内。对于氮化物燃料的乏燃料后处理技术,与 MOX 乏燃料后处理技术仅首端处理(到溶解阶段)不同,对于氮化物燃料需确保防止爆炸和火灾。开发人员已经准备并测试了未辐照氮化物燃料的技术解决方案,并已经进行了部分氮化物乏燃料的处理。

必须注意到随着燃耗的提高,需要对水法技术进行改进,以防止乏燃料后处理过程中裂变产物的沉积。此外计划相关管理主管表示其尚未掌握在工业规模的镅和锔分离以及铀钚的共提取技术,但这两项任务也只是时间问题,现已掌握实验室条件的技术,并证实了解决这些问题的可能性。

(2)高温化学后处理技术

与水法相比,掌握高温化学技术需要更多的时间,但也具有以下优势:① 能够处理从反应堆卸出后冷却仅一年的乏燃料,用水法则至少要冷却 2 年;② 在处理高燃耗和短冷却期的乏燃料过程中,水法技术需要另研发必要的复杂技术方案来处理燃料产生的裂变产物。

(3)复合后处理技术

后处理研发机构认为复合技术更有应用前景,该技术是采用首端的高温化学处理,以及水法的铀钚纯化处理技术和镅、锔的分离。复合技术能在高温化学部分除去乏燃料中的气体及易挥发裂变产物。

"突破"计划中"乏燃料后处理关键技术发展和放射性废物管理"综合计划的科技主管兼首席技术工程师表示,若按原计划的 2020 年建成乏燃料处理模块,则只能完全放弃高温化学后处理技术而选择开发模块专用的水法后处理技术,而随着后处理模块建设进度的推迟,有时间对高温化学后处理技术进行改进和应用。该模块需在反应堆首次卸载乏燃料的 5 年前建成,他认为能在 3 年内为准备好为设计人员提供的必要初始数据,而高温化学后处理技术的深入研究和开发至少还需要 5 年的时间。

4　小结

"突破"计划主要基于新型快堆及其闭式核燃料循环,实现核资源的充分利用、核能安全以及环境友好。该计划的成功实施将使俄罗斯核电系统平台上升到一个新高度,大幅度减少放射性废物的产生,并实现自然放射性平衡的原则。计划以俄罗斯国家原子能公司(ROSATOM)为基础联合了多部门的企业、大学和俄罗斯科学院的研究所共同参与,采用其军事计划的计划管理方法,建立了相关的责任中心来执行相关任务。计划实施过程中,受俄罗斯国家经济的影响,时间进度被推迟。但根据ROSATOM 发布的信息来看,俄罗斯已基本掌握了该计划中快堆氮化物燃料制造、铅冷快堆和快堆乏燃料后处理的关键技术和设备制造的能力。

"突破"计划的科学带头人表示:如今实施的"突破"计划比其他全球核电计划领先约 10 年,计划研发工作已完成了一半以上。2020—2030 年预期计划成果逐步落实,这将促进核电的大规模发展,为巩固俄罗斯作为世界核技术和产品的市场领导者地位创造条件。

参考文献：

[1] Pioro I. Handbook of Generation Ⅳ Nuclear Reactors[M]. Woodhead Publishing Series in EnergyWoodhead Publishing, Duxford, UK2016:103.

[2] Cooled Fast Reactors: NURETH-16[R]. Chicago, USA.

[3] Del Nevo A, Chiampichetti A, Tarantino M. et al. Addressing the heavy liquid metal—water interaction issue in LBE system [J]. Nuclear. Energy 2016(89):204-212.

[4] OECD. Technology Roadmap Update for Generation Ⅳ Nuclear Energy Systems. Paris, France,2014.

[5] Herranz L, Lebel L, Mascari F. et al. Progress in modeling in-containment source term with ASTEC-Na. Ann [J]. Nuclear. Energy,2018(112):84-93.

The "breakthrough" plan of Russian of lead cooled fast reactor development study

YAN Shou-jun, CHEN Ya-jun

(China Institute of Nuclear Industry Strategy, Beijing 100048, China)

Abstract: The main goal of Russia's "breakthrough" plan is to develop the lead cooled fast reactor and its supporting nitrogen fuel and post-treatment technology, realize the closed cycle of new generation nuclear fuel, promote the development of Russian nuclear energy and make its nuclear energy technology at the world leading level. The main task is to build an intermediate demonstration nuclear power complex based on Siberian chemical union, which takes the construction of lead cold fast reactor as the core, and supports the construction of a nitrogen fuel manufacturing plant and a spent fuel reprocessing plant. Russia has basically mastered the key technologies of the project, such as nitrogen fuel, lead cooled fast reactor and spent fuel reprocessing technology, and has the manufacturing capacity of related equipment.

Key words: lead cooled fast reactor; nitride fuel; closed cycle

敏感性/不确定性分析进行系统相似性判定方法研究

闫寿军，陈亚君

(中核战略规划研究总院，北京 100048)

摘要：随着核工程计算的理论模型的不断完善和计算机技术的不断发展，人们对核工程计算的软件精度的要求越来越高，为了到达高精度的要求，软件开发者首先必须正确认识目前采用的设计工具所存在的不确定性，才能正确认清设计工具相关的数据模型和计算模型的改进方向，并最终提高设计计算结果的确定性；另外，对于堆芯设计计算结果不确定性的全面理解，也有助于我们客观公正地评价并尊重设计计算结果与电厂实际测量结果的偏差。不确定性评价是反应堆堆芯设计和安全分析的重要组成部分。堆芯核设计计算分析是堆芯设计和安全分析的基础，具体过程是将核设计计算的结果(如功率因子、临界硼浓度、控制棒价值以及反应性系数等动态参数)考虑相应的不确定性因子后作为热工水力和安全分析的输入，因此，核设计程序系统的计算不确定性直接影响着后续的热工水力设计和相关安全分析的有效性。

关键词：灵敏度；不确定性；偏差

做不确定性分析的一个直接好处是：当我们在验证与确认一个程序时，如果没有对所使用的基准模型和核设计软件存在的实际不确定性进行有效定量的分析，计算的结果有可能跟真实的解存在偏差，这样的话，得出的结论是该程序的解不能正确地反映真实的情况。如果对基准模型进行有效定量的不确定性分析，得知该模型的不确定性，那么即使计算结果存一定在的偏差，只要计算结果的偏差在其核设计软件以及模型自身允许的范围之内，我们可以认为该程序的解可以正确地反映问题的真实情况。

做不确定性分析的长远好处是：进行一个有效定量的不确定性分析，可以改善目前的临界安全水平，因为只有当所有的不确定性被得知，临界安全基准才能被利用。从许多不同实验提供的不确定性应该包括中子截面数据库的不确定性以及计算方法的不确定性，只有先清楚这些不确定性，才有可能减少甚至最终消除这些不确定性，这为将来更精确的临界安全计算奠定了基础。虽然目前的核电的安全裕度不断提高，但随着核电软件的计算精度提高和工艺水平的不断发展，将来核电安全裕度会减少，不确定性的分析能为将来核电确定一个合适的安全裕度提供很好的指导。

当然不确定性评估的好处都是基于评估者能正确地对问题进行不确定性评估。评估者既不能高估也不能低估问题中影响参数的不确定性。我们可能会误认为对一个临界安全问题高估某个参数的不确定性是一个保守的做法，其实不是这样的，如果总的不确定性被高估，那么计算结果与真实解之间的偏差可能会被问题本身的不确定性所掩盖，在这种情况下，核设计软件或核数据库会被误认为其精度是可以接受的，而实际是存在一定的偏差。反过来，如果总的不确定性被低估，那么可能的结果就是核设计软件或核数据库实际不存在偏差，而得到的计算结果则表明存在偏差，这可能导致评估者错误地修改软件或截面数据库。因此，在做不确定性分析时，评估者应该缜密、全面、客观地进行评估，尽可能精确、真实地反映问题不确定性的来源。

1 不确定性的来源

概括而言，反应堆堆芯设计和安全分析的不确定性主要来源于以下几个方面[1-2]：

(1)工程不确定性，包括燃料及相关构件的制造公差和电厂状态参数的测量误差，如实际的燃料富集度、铀装量等与名义设计值之间的偏差，以及电厂实际运行状态参数与名义设计值的偏差等；

(2)计算不确定性，主要包括设计计算的程序系统的基本输入数据和计算模型的简化和近似所引入的计算误差；

作者简介：闫寿军(1986—)，男，河北沧州人，副研究员，现主要从事情报研究

（3）现象不确定性，主要包括堆芯设计计算过程中无法准确描述的有关随机物理现象，如燃料的密实化效应、棒弯曲效应以及氙振荡效应等。

1.1 工程的不确定性

虽然燃料所带来的不确定度一致被大家认为是最显著的，但慢化剂、结构材料、反射层材料等所带来的不确定度也是不容小视的，尤其是慢化剂材料。因此，所有重要材料对 K_{eff} 的影响都必须进行评估，在大多数情况下，如果对总的不确定度的贡献比较小（如结构材料、反射层材料）的材料就采取一个比较粗略评估。另外材料中的杂质的影响也要进行评估，在大多数情况下，杂质的测量值是很小以至于它本身可能被认为就是一个不确定度。但是少数情况下，少量的杂质可能带来一个大的影响，比如，在易裂变材料中的杂质，如果把杂质的质量包含在燃料中，那么杂质的影响会很大，因为把杂质替换为燃料。

1.2 计算的不确定性

1.2.1 核设计程序系统的不确定性[3]

反应堆堆芯核设计计算过程一般分两步进行。第一步以两维组件几何和多群基本核数据库（如ENDF/B、JEF、JENDL 和 CENDL 等）为基础，求解多群中子输运方程，得到燃料组件内的中子能谱分布和空间分布，然后根据反应率等效原理，计算得到组件均匀化少群等效截面参数，提供作为第二步的计算输入。这一过程目前主要采用基于确定论的中子输运计算程序，如国际上著名的组件计算程序 APOLLO-2F、CASMO、HELIOS 和 PHOENIX 等。第二步是以三维堆芯几何和等效少群均匀化截面参数为基础，求解少群中子扩散方程，得到全堆芯的少群中子通量分布、空间的功率分布以及堆芯的反应性。这一过程目前主要采用基于现代节块方法的堆芯计算程序，如国外著名的堆芯计算程序 ANC、PARCS、SIMULATE.3 和 SMART 等。图1 给出了现行的技术框架下核设计程序系统的基本结构图。在上述的计算流程中，各个环节的数据模型、几何模型或数学模型都不同程度地存在相应的简化和近似，从而给核设计计算结果带来相应的计算不确定性。

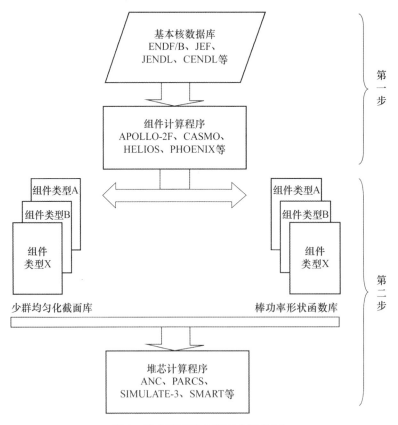

图1 堆芯核设计程序系统结构图

1.2.2　时间的不确定度

在研究核素衰变的实验中,为了确定各种核素的核子密度,所有的重要的时间点应该被说明,主要有如下三个时间点。

(1)同位素分析的时间;

(2)化学分析的时间;

(3)实验的时间。

比如一个关于钚的实验,为了正确计算^{241}Pu和^{241}Am的核子密度,钚的分离、燃料棒制造、实验、同位素分析时间是非常重要的,如果实验中的这些数据信息不详细,就必须添加一个关于时间的不确定度。

1.2.3　几何模型的不确定度

评估者可能为了更有效地进行验证以及克服其软件的局限性而对实验模型进行简化,在简化过程中肯定会产生偏差,因此对其进行不确定性分析是很有必要的。例如,在同一个实验中,不同实验状态下,其实验温度会有所不同,但在计算过程中,评估者可能会选择使用一个恒定的温度,在这样的情况下,水的密度也是保持不变的(虽然水的密度是随时变化的),因此,这样的计算结果肯定会跟真实解存在偏差。这种真实温度与计算温度之间的偏差可以通过计算K_{eff}对温度的敏感程度加以考虑。如果这种偏差对K_{eff}的影响很小,那么来自实验模型的温度偏差可以和温度测量的不确定度相结合得到总的温度的不确定度;如果实验模型的温度偏差对K_{eff}的影响比较大,那么评估者应该对温度进行一个修正,增加一个额外的不确定度。当对模型进行简化时,那评估者应该要意识到从真实模型到计算模型之间的偏差,并对其不确定度进行分析。

2　理论基础

通常完成一项反应堆工程的物理计算要包括三个方面内容:问题模型、群截面库和计算程序。随着计算机技术和计算方法的迅猛发展,当前发展成熟的计算程序本身对计算结果精确度的影响已逐渐减小,而核数据本身的不确定度对计算结果精确度的影响越来越不可忽视。核数据不确定度分析广泛应用于反应堆物理计算、辐射屏蔽、反应堆安全等研究领域。通过对截面数据引起积分参数不确定度的计算,提高了积分参数结果的可信度,并通过对不确定度的调整或降低可以达到改善反应堆安全分析的保守裕度、优化工程设计、有效调整核数据等重要作用。

灵敏度函数为采用敏感性法进行不确定性分析提供了依据。从实践者的角度来看,它们是线性转换函数,用于表示由于核数据或设计参数的相对变化而造成的反应堆性能参数相对变化。本节介绍了灵敏度函数的数学依据,论述了它们的物理意义及其包含的信息,并阐明了它们在应用中存在的许多问题,包括能群灵敏度的定义、分析所涵盖灵敏度函数的选择以及敏感性理论的局限性。

在敏感性和不确定性分析中,对"建成"设计或("基准配置")与"待建"设计("设计系统")进行了区分。在建成方面,由于反应堆的设计已知,从而避免数据库的不确定性对该系统的设计细节产生影响。另外,在待建方面,为满足特定的设计目标以及约束条件,通常根据数据库的变化对设计细节进行更改。反过来,这些设计变更将有助于有效地更改截面灵敏度函数。

微扰理论,尤其是关于反应速率比值以及其他线性和双线性函数比值的微扰理论发展,为灵敏度函数提供了理论依据。灵敏度函数表达式的推导有几种方法,包括物理因素法、变分原理法和微扰技术法。在概述部分,我们将简略地概述微扰技术法的推导。

2.1　灵敏度函数

性能参数R对输入变量q的灵敏度函数定义为由于q的相对变化而引起的R的相对变化,表示为[5]:

$$S_{R_q}[q(\rho)]=\frac{\mathrm{d}R(q)}{R(q)}\bigg/\frac{\mathrm{d}q(\rho)}{q(\rho)}$$

式中：ρ 表示相空间变量 (r, E, Ω) 的子集。也就是说，R 对 q（相空间位置 ρ）的灵敏度函数 $S_{R_q}(\rho)$ 与一阶导数或者斜率成正比。由于 R 对 q 的函数依赖通常呈非线性，灵敏度函数 $S_{R_q}(\rho)$ 可以准确地表示仅仅由于 q 的较小变化而引起的 R 的变化。

2.2 不确定度

利用前面得到的灵敏度函数，可以进行不确定度分析。不确定度数值由灵敏度和协方差矩阵单元值来共同得到。由前面的定义，相于特征参数 R 和截面 $\sum_i^g$，灵敏度函数 $P_{\sum_i}^g$ 为：

$$P_{\sum_i}^g = \frac{\delta R}{R} \bigg/ \frac{\delta \sum_i^g}{\sum_i^g}$$

其中 g 表示第 g 群中子。

同样，积分灵敏度 $S_{\sum}$ 定义为：

$$S_{\sum} = \sum_g P_{\sum_j}^g$$

若第 g 和 g' 群的截面协方差为 $Cov(\sum^g, \sum_j^{g'})$，可以推导出相对不确定度 $\frac{\Delta R}{R}$ 为：

$$\left(\frac{\Delta R}{R}\right)^2 = \sum_i \sum_j \sum_g \sum_{g'} P_{\sum_i}^g P_{\sum_j}^{g'} \frac{Cov(\sum_i^g, \sum_j^{g'})}{\sum_i^g \sum_i^{g'}}$$

3 国外灵敏性/不确定性程序原理[5-6]

3.1 TSUNAMI

TSUNAMI 灵敏度和不确定性分析工具利用一阶线性微扰理论产生计算 K_{eff} 的灵敏度，主要有四个模块：用于临界程序验证基准程序试验的确定；用于特殊用途的新的临界试验的辅助设计；之前计算数据偏差的重新估值；并评有效应用范围并且提出在非应用范围内的特殊应用的偏差。

代码必须通过与目标应用具有类似特征的基准实验进行验证。TSUNAMI-IP 代码使用来自横截面协方差数据基准实验和目标应用的灵敏度数据，从而使得基准与目标应用的相似性得到量化评估。

广泛使用的相似性评估指数是 K_{eff} 不确定性（c_k）的相关性。c_k 指数量化由于横截面不确定性导致的应用和基准程序 K_{eff} 的共享不确定性的总量 c_k 值为 1.0 意味着应用和基准的不确定性都是由相同能量的相同核素和反应产生的，而 c_k 值为 0.0 意味着两个系统的不确定性完全不相关。相对于 c_k 的基准偏差的参数外推提供了对目标应用的偏差的准确预测。

TSUNAMI 计算结果有效的前提是计算偏差源于横截面数据。如果横截面不确定性被正确制成表格，那么计算偏差应该受到不确定性的限制。

3.2 ERANOS

快中子反应堆在未来可能会发挥着重要的作用，因为它们可以通过将铀转化为钚，或有效燃烧钚以及次锕系元素，从而克服铀的短缺。

关于创新核电系统核心特性的相关预测，是需要改进的核数据库以及经过验证的代码系统的。中子输运、动力学研究、堆芯进化、加热及屏蔽计算是需要了解大量的核数据和计算模块的。

为实现第四代国际论坛的可持续性、安全性和可靠性领域制定的具有挑战性的技术目标，欧洲反应堆分析优化计算系统 ERANOS 已经进行开发和验证，旨在当前的中子计算以及先进的快堆芯系统的研究提供有效的基础。本文介绍了 ERANOS 2.1 的主要特性，最新版本的 ERANOS 软件和核数据库。同时还提供了代码扩展验证的摘要。

3.3 SUSD3D

SUSD3D 代码的三维版本在 20 世纪 90 年代早期的欧洲核聚变项目中开发。SUSD3D 代码自

2000 年以来作为独立代码包 NEA-1628 通过 OECD/NEA 数据库和 RSICC 分发。最新版本于 2008 年发布(NEA-1628/03)。XSUN-2017 程序包括 SUSD3D 多维核横截面灵敏度和不确定性代码的最新改进和扩展版本。基于一阶广义扰动理论,该代码计算由于输入截面及其不确定性而计算的探测器响应或相关设计参数(K_{eff},β_{eff},反应速率)中的灵敏度系数和标准偏差,可以研究复杂的一维,二维和三维运输问题,考虑了由于以下原因而产生的几类不确定性情况。

(1)中子/伽马多组截面;

(2)随能源相关响应函数;

(3)二次角分布(SAD)或二次能源分布(SED)不确定性。

3.4 TSAR

SCALE 程序中 TSUNAMI-1D、-2D、-3D 控制序列可计算关键倍增因子 k 的多组灵敏度系数和不确定度,倍增因子 k 是倍增介质中子输运方程中 λ-特征值的倒数。SCALE 程序中 TSAR(反应性灵敏度分析工具)模块对两个特征值之差表示的反应进行灵敏度/不确定度(S/U)计算。这些类型的反应通常是反应堆物理应用有趣的地方。例如,TSAR 可以计算反应性反应的数据灵敏度和不确定度,如控制棒价值、燃料和慢化剂温度系数以及功率反应堆两种确定状态的空泡系数。另外,还有一个潜在的应用,即应用于核数据测试和验证研究的基准关键试验分析。数据和方法的不足会引入计算偏差,表现在计算关键特征值与试验参数的趋势上。TSAR 可应用于两个计算过的基准特征值之差,以建立偏差趋势对计算中使用的各种核数据的灵敏度。

TSAR 建立在 SCALE 程序其他模块基础之上。TSUNAMI 首先用于分别计算核反应堆参考状态和变化状态倍增因子的灵敏度。TSAR 读取由 TSUNAMI K_{eff} 运算提供的灵敏度数据文件(.sdf 文件),并使用这些数据文件计算特征值-差异反应的相对或绝对灵敏度。将反应性灵敏度写入输出文件中,以便后续应用或形象化。TSAR 还将计算得到的反应性灵敏度系数和 SCALE 程序中包括的核数据协方差矩阵输入相结合,以确定反应性反应的不确定度。

4 结论

为了达到高精度的要求,软件开发者首先必须正确认识目前采用的设计工具所存在的不确定性,才能正确认清设计工具相关的数据模型和计算模型的改进方向,才能最终提高设计计算结果的确定性;另外,对于堆芯设计计算结果不确定性的全面理解,也有助于我们客观公正地评价并尊重设计计算结果与电厂实际测量结果的偏差。

目前国际上公认 TSUNAMI 作为不确定分析的基准程序,其他不确定分析程序的计算结果可以和 TSUNAMI 程序的计算结果进行对比,从而验证程序的可靠性。OECD 下属的核能机构在 2007 年发表了一个用 TSUNAMI 计算的基准例题作为检验其他不确定程序是否正确的标准。

参考文献:

[1] Weisbin C R. Nuclear Science Engineering [M]. 1978.

[2] Oblow E M. Nuclear Science Engineering [M]. 1978.

[3] Stacey W M Jr. Variational Methods in Nuclear Reactor Physics [M]. Academic Press, New York, 1974.

[4] Greenspan E. "Developments in Perturbation Theory," Advances in Nuclear Science and Technology, Volume~, Academic Press, New York, 1976.

[5] Oblow, E. M. "Reactor Cross-Section Sensitivity Studies Using Transport Theory," ORNL/TM-4437 [M]. Oak Ridge National Laboratory, 1974.

[6] Bartine D E, Mynatt F R, Oblow E M. "SWANLAKE- A Computer Code Utilizing ANISN Radiation Transport Calculations for Cross-Section Sensitivity Analysis," ORNL/TM-3809 [M]. Oak Ridge National Laboratory, 1973.

Research on system similarity judgment method based on sensitivity/uncertainty analysis

YAN Shou-jun, CHEN Ya-jun

(China Institute of Nuclear Industry Strategy, Beijing 100048, China)

Abstract: With the continuous improvement of the theoretical model of nuclear engineering calculation and the continuous development of computer technology, people have higher and higher requirements for the accuracy of nuclear engineering calculation software. In order to meet the requirements of high accuracy, software developers must first correctly understand the uncertainty of the design tools currently used, Only in this way can we correctly recognize the improvement direction of data model and calculation model related to design tools, and ultimately improve the certainty of design calculation results; In addition, a comprehensive understanding of the uncertainty of the core design calculation results is helpful for us to objectively and fairly evaluate and respect the deviation between the design calculation results and the actual measurement results of the power plant. Uncertainty evaluation is an important part of reactor core design and safety analysis. The calculation and analysis of core nuclear design is the basis of core design and safety analysis. The specific process is to take the results of nuclear design and calculation (such as power factor, critical boron concentration, control rod value, reactivity coefficient and other dynamic parameters) as the input of thermal hydraulics and safety analysis after considering the corresponding uncertainty factors, The calculation uncertainty of nuclear design program system directly affects the effectiveness of subsequent thermal hydraulic design and related safety analysis.

Key words: sensitivity; uncertainty; deviation

国外后处理厂临界事故分析软件模型研究

闫寿军

(中核战略规划研究总院，北京 100048)

摘要：由于燃料后处理中使用了硝酸铀酰和硝酸钚溶液，因此核临界安全对于燃料后处理厂具有重要作用。在几种已知情况下，易裂变水溶液系统的功率由于系统反应性发生意外变化而变得不可控。大多数工业临界事故均涉及溶液系统。虽然这些事故造成的死亡人数不多，但仍发生了几次重大过量辐射照射，且最大的总裂变产额为 4×10^{19}。因此，需要研究装置在意外达到超临界质量的情况下对易裂变水溶液造成的后果。为了对此类问题进行研究，国外开放了一系列的模拟仿真软件。

关键词：后处理厂；临界事故；软件模型

国外已在临界安全领域进行了大量实验和理论工作，包括在 1960 年代初美国进行的 KEWB 实验、在 1960 年代末期和 1970 年代初期法国原子能和替代能源委员会(CEA)在 Valduc 核设施使用高浓 $UO_2(NO_3)_2$（硝酸铀酰）溶液进行的 CRAC 实验、1995 年日本原子能研究所研究实验室的 TRACY 实验，在实验的基础上国外开发了许多仿真模拟程序用于研究临界事故，包括 FETCH 程序、TRACE 程序、AGNES 程序、CRITEX 等。

1　实验研究

若要评估临界事故造成的厂内和厂外影响，则需了解此类事故产生的潜在后果。对于任何提及事故而言，可将其第一个裂变脉冲视为最显著量。第一个裂变脉冲决定了事故造成的直接后果，例如爆炸破坏和人员在紧急疏散前所遭受的剂量率。个人无法采取任何措施来限制第一个脉冲产生的后果。而且，在发生持续事故时，总裂变产额决定了电厂边界处的长期剂量。国外已在临界安全领域进行了大量实验和理论工作，旨在估计此类功率骤增的第一个裂变脉冲和总裂变产额。

在 1960 年代初进行的 KEWB 实验便是其中一个很好的示例[1-2]。在 KEWB 实验中，使用球形和圆柱形容器来确定小型水冷反应堆的安全特性。所有实验采用的燃料均为富集度为 93% 的 UO_2F_2（硫酸铀）溶液，其中铀浓度为 57~203 g ^{235}U/L。两个容器均使用了厚石墨反射层，但有些实验中的圆柱形容器上没有反射层。核功率骤增通过提升毒物棒触发。在洛斯阿拉莫斯国家实验室(LANL)，使用富集度为 5% 的 UO_2F_2（氟化铀酰）溶液进行了 SHEBA 实验，旨在确定溶液中低功率临界的脉冲特性[3]。SHEBA 实验还包括对低功率临界事故(LOPCA)和 SPIKE 事故进行定性比较。

易裂变溶液临界实验的其他示例还包括 CRAC 和 SILENE。在 1960 年代末期和 1970 年代初期，法国原子能和替代能源委员会(CEA)在 Valduc 核设施使用高浓 $UO_2(NO_3)_2$（硝酸铀酰）溶液进行了 CRAC 实验[4]。在这些实验中，核功率骤增出现在各种反应性线性添加以及溶液浓度从 19.9 g ^{235}U/L 增至 298 g ^{235}U/L 的情况下。SILENE 是一种均质溶液堆，装有富集度为 93% 的 $UO_2(NO_3)_2$ 溶液[5]，同样位于法国原子能和替代能源委员会的 Valduc 核设施中。堆芯容器是一个小型环形容器，其核功率骤增由垂直杆所致。使用 SILENE 设施进行了一千多次实验，用于研究溶液临界功率骤增的第一个峰特征和综合裂变产额。得到的结果可用于评估辐射分解气体释放率、沸腾现象和压力脉冲波(其与由于第一个裂变脉冲而形成的辐射分解气体相关)。

1995 年 12 月 20 日，日本原子能研究所研究实验室的 TRACY 实验设施达到了首次临界[6]。

作者简介：闫寿军(1986—)，男，河北沧州人，副研究员，现主要从事情报研究

TRACY 堆芯容器为环形,其内径和外径分别为 7.6 cm 和 50 cm。可通过将燃料溶液连续送入堆芯容器或提升瞬态棒来启动反应性。TRACY 实验旨在研究后处理厂中可能发生的几种临界功率骤增情况。

2 仿真软件

2.1 FETCH 程序

FETCH 程序模型根据瞬态有限元法构建,将辐射输运模型与计算流体动力学相结合,推导出了非线性空间相关动力学方程,其中产生非线性的原因包括辐解气体生成、液体发生几何变化、密度随温度变化、横截面和热致/气致流体运动。FETCH 程序主要是为了评估核燃料循环中的裂变溶液临界安全。空间模型是通过耦合计算的中子学和计算流体动力学(CFD)部分的复杂几何协调有限元离散化实现的。FETCH 程序的 CFD 部分根据基于 FLUIDITY 单相和多相有限元的流体动力学模型构建。

将辐射输运程序 EVENT 和计算流体动力学程序 FLUIDITY 联系在一起。辐射输运计算将产生能量输入的空间相关性,进而(连同时间因素)产生能源场和缓发中子源场,作为流体模块的输入。每个时间步都遵循非线性迭代过程,直到所有场量均收敛。流体模块以 FEM 形式求解平流/扩散方程,包括力-动量、连续性和能量方程。缓发中子先驱核与液体一起平流。EVENT 程序使用偶宇称原理求解相空间(笛卡尔空间、角度、时间和能量-速度)中的玻尔兹曼输运方程。离散化是多能群离散,空间有限元离散,角度球谐函数离散。程序开发在很大程度上取决于中子输运问题的需求,因此可以解决各种特征值问题、缓发中子的时间相关问题,并且具有中子输运程序的所有正常特征。

FLUIDITY CFD 程序以时间相关或稳态形式求解纳维-斯托克斯方程,并根据需要耦合到多个反应场或无源场。该程序使用笛卡尔空间中的混合有限元公式,具有有限元和谱元库以及广泛的离散化选项。采用 Boussinesq 单相解法[58]求解单相低功率瞬态的动量和连续性方程,采用不可压缩多相方案求解高能泡状/自由表面瞬态。采用每个元素的分段恒压和双线性速度变化求解单相和多相流问题。所有模拟均在柱面坐标(r-z 几何形状)和-vez 方向的重力(980 cm^{-2})作用下进行。采用 Petrov-Galerkin 时空法求解控制"流体"方程,选择耗散提供稳态时的"正确"量。

虽然辐射输运和流体的两种兼容 FEM 程序形成了一个自然起点,但瞬态临界的处理带来了新的问题。每次完成流体/物质平流计算后,需要对物质进行元素重新分配,并为中子输运程序进行温度分配。所采用的方法是通过固定网格对物质(裂变液体)进行平流。通过试图预测所有场变量在随后时层中的最大变化并选择在任何场中提供最大 2% 变化的时间步自动选择时间步。发现所得时间步具有时域收敛性。

计算每个元素和时层、温度对多普勒展宽和热截面的影响以及裂变浓度对共振自屏蔽和群截面平均(通过谱形)的影响需要高昂的费用。因此,通过在温度(及高功率多相瞬态的空隙率)中内插预先计算的截面向量计算凝聚(P3)各向异性截面集。截面集通过 WIMS-E[59]生成,具有代表性体积,因此可表示泄漏对截面凝聚的影响。

2.2 TRACE

TRACE 设计用于对压水堆(PWR)和沸水堆(BWR)中的失水事故(LOCA)、运行瞬态和其他事故情景开展最佳估计分析,还可以对专门为模拟反应堆系统瞬态而设计的实验设施中发生的各种现象进行建模。TRACE 所使用的模型包括多维两相流、非平衡热动力学、广义传热、再淹没、液位跟踪和反应堆动力学。同时还提供了自动稳态和排放/重启能力模型。

描述两相流和传热的偏微分方程采用有限体积数值法求解。利用半隐式时间差分技术对传热方程进行了数值计算。空间一维(1D)和三维(3D)部件中的流体动力学方程默认采用多步时间差分法,多步时间差分法允许超过材料库兰特限值条件。如果用户需要,还可以使用更直接的半隐式时间差分法。流体动力现象的有限差分方程形成一个由牛顿-拉夫逊迭代法求解的耦合非线性方程组。所得到的线性方程通过直接矩阵求逆求解。1D网络矩阵的求解通过直接全矩阵求解器完成,多容器矩阵的求解采用容量矩阵法通过直接带状矩阵求解器完成。

TRACE采用基于部件的方法来模拟反应堆系统。反应堆流动环路中设备的每个物理部件可以表示为某种类型的部件,每个部件可以进一步按节点划分为一定数量的物理体积(或称单元),可在这些物理体积上求流体、传热和动力学方程的平均值。在问题中可任意设定反应堆部件的数量及其耦合方式,同时,可建模部件或物理体积的数量不存在内生限值,问题的规模理论上只受计算机可用内存的限制。TRACE中的反应堆水力部件包括PIPE、PLENUM、PRIZER(稳压器)、CHAN(BWR燃料通道)、PUMP、JETP(射流泵)、SEPD(分离器)、TEE、TURB(汽轮机)、HEATR(给水加热器)、CONTAN(安全壳)、VALVE和VESSEL(及相关堆内构件)。反应堆系统内部燃料元件或加热壁面可利用HTSTR(热结构)和REPEAT-HTSTR部件进行建模,而后在笛卡儿坐标系和圆柱坐标系中计算其二维传热和表面对流传热情况。其中,可采用POWER部件作为通过HTSTR或水力部件壁向流体传送能量的手段。FLPOWER(流体动力)部件能够直接向流体传递能量(例如废物嬗变设施中可能发生的情况)。RADENC(辐射围护结构)部件可用于模拟多个任意表面之间的辐射传热。FILL和BREAK部件分别用于在反应堆系统中应用所需冷却剂流量和压力边界条件进行稳态和瞬态计算。EXTERIOR部件可加快构建输入模型,实现TRACE的并行处理。

该程序的计算机执行时间主要由问题复杂程度决定,会随网格单元总数、最大允许时间步长以及评估的中子和热工水力变化率而发生变化。水力部件中的稳定性增强两步(SETS)数值允许超过材料库兰特限值,从而允许在慢瞬态中使用非常大的时间步长。但这反过来又会导致缓慢发展的事故和运行瞬态的模拟(一个或两个数量级)显著加速。

虽然我们不希望夸大TRACE中包含的数值技术的性能,但我们相信,目前的方案表现出了卓越的稳定性和稳健性,在未来几年内,这些方案将在TRACE等程序中充分发挥作用。然而,程序中的模型和相关性会对计算速度产生重大影响,可能会(并且经常会)对所用的时间步长和迭代次数产生负面影响。由于对计算速度的影响,加上模型和相关性会对结果的准确性产生重大影响,模型/相关性开发领域可能会导致程序整体性能显著提高。

2.3 INCTAC

为了理解核临界事故的核瞬态过程与热工水力现象,日本核安全研究所新近开发出一种INCTAC程序。上述程序适于分析均相燃料水溶液系统的核临界事故瞬态过程。中子瞬态模型包含动力学方程和空间分布方程,其均由准稳态假设条件下的时变性多群输运方程推导而来。热工水力瞬态模型包含两相流假设条件下的一组成套质量、动量和能量方程。INCTAC确认试验采用的数据源自日本原子能研究所(JAERI)的TRACY瞬态实验临界装置。INCTAC计算结果与实验数据非常吻合,但两者在反应堆功率峰值的形成时间方面存在细微差异。然而,利用一种完善模型(适用于主要由辐解而导致燃料溶液中的空泡移动和转移)可以解决上述时间差异问题。借助于一种适于模拟经过通风系统向环境中输运放射性物质的模拟模型,可将INCTAC用作核临界事故的整体安全评估程序。

上述程序适于分析均相燃料水溶液系统的核临界事故瞬态过程。中子瞬态模型包含动力学方程和空间分布方程,其均由准稳态假设条件下的时变性多群输运方程推导而来。热工水力瞬态模型包含两相流假设条件下的一组成套质量、动量和能量方程。INCTAC确认试验采用的数据源自日本原子能研究所(JAERI)的TRACY瞬态实验临界装置。INCTAC计算结果与实验数据非常吻合,但两者在反应堆功率峰值的形成时间方面存在细微差异。然而,利用一种完善模型(适用于主要由辐解而导致燃料溶液中的空泡移动和转移)可以解决上述时间差异问题。借助于一种适于模拟经过通风系统向环境中输运放射性物质的模拟模型,可将INCTAC用作核临界事故的整体安全评估程序。

利用点堆动力学的简化模式研究JCO核事故的临界现象和热工水力现象,其中包括温度和空泡反应性系数以及空泡耗散和排热模型。上述研究提供了多个值得注意的研究项:辐解空泡和热传导行为分别对于确定短期和长期瞬态过程的中子动力学具有重要影响;瞬态过程中复杂的热工水力现象和系数评价的难度决定了采用反应性系数并非优选方案;分析过程应直接研究系统涉及的核截面及其变化。

2.4 AGNES

为了对后处理厂的核临界事故进行评估,日本原子能研究所(JAERI)开发了一种数值模拟程序AGNES2。

研究人员致力于了解溶液燃料临界事故的独有特征,由此开发出 CRITEX、CREST、SKINATH、TRACE 和 FETCH 等数值程序,并利用 CRAC、SHEBA、SILENE 和 TRACY 反应堆实施了相应的试验工作。1999 年发生的 JCO 核临界事故表明,冷却系统导致的燃料热损耗使功率维持在较高水平,因此需要通过某种方法快速评估事故应对策略能够产生的效果。此外,辐解离解气体空泡的基本机制和效应尚不明确。AGNES2 程序专为评估溶液系统的临界事故开发而成,并且预计有利于设计燃料后处理厂、快速评估事故应对策略的效果以及研究溶液系统临界事故的性质。

近来,基于 AGNES2 程序开发出一种适用于核粉料系统的数值程序 AGNES-P。目前,该领域已经存在适用于铀粉料系统的多种数值程序(例如,POWDER)。上述 AGNES-P 程序可用于一般的粉料系统,其中包括可能附带含氢粉末添加剂的铀/钚粉料。

3 小结

后处理厂中的硝酸铀酰和硝酸钚溶液存在临界的风险,因此日本、法国、美国等主要核电国家都对该问题进行了大量研究。该问题的研究,一方面依靠实验获得数据,但更多的研究活动依靠仿真软件进行。要进行仿真软件的开发,最关键的问题是建立准确反应研究对象本质特征的数学模型。在后处理厂硝酸铀酰和硝酸钚溶液临界问题的研究中,主要需要建立物理和热工模型,物理模型分为较为简单,计算量较小的点堆模型和较为复杂精确,但计算量较大的中子输运模型;热工模型中不仅包括了热量传递的模型,由于在传热过程中还伴随的辐射分解气体的产生和扩散,因此还需要建立辐射分解气体模型、气溶胶模型和气体运动的动力学模型。

参考文献:

[1] STRATToN W R. A Review of Criticality Accidents:DOE/NTC-04 [R].1989.

[2] DUNENFELD M S, STITT R K, Summary of the Kinetics Experimentson Water Boilers:Atomics International,NAA-SR-7087 [R].1963.

[3] NEWLONC E, HANSEN A N, FITHIAN C. An Assessment of the Minimum Criticality Accident of Concern,H&R82-2,H&RTechnical AssociatesInc.[R].OakRidge,Tennessee,1982.

[4] LECORCHE P, SEALE R L. A Review of the Experiments Performed to OakRidge Y-12 Plant [R]. 1973.

[5] BARBRYF. "Fuel Solution Criticality Accident Studies with the SILENEReactor" Proc. Int. Seminar Criticality Studies Programand Needs [R].Dijon,France,September19-22,1983.

[6] NAKAJIMA K, et al. Experimental Study on Criticality Accidents Using TRACY Conference on the Physics of Reactors:4,L83-92 [R].Mito,Ibaraki,Japan,September16-20,1996.

Research on critical accident analysis software model of foreign reprocessing plants

YAN Shou-jun

(China Institute of Nuclear Industry Strategy, Beijing 100048, China)

Abstract: Due to the use of uranyl nitrate and plutonium nitrate solution in fuel reprocessing, nuclear criticality safety plays an important role in fuel reprocessing plant. In several known cases, the power of fissionable aqueous solution system becomes uncontrollable due to unexpected changes in system reactivity. Most industrial criticality accidents involve solution systems. Although the number of deaths caused by these accidents is small, there are still several major excessive radiation exposures, and the largest total fission yield is 4×10^{19}. Therefore, it is necessary to study the consequences of the device to the fissionable aqueous solution in the case of unexpected supercritical mass. In order to study this kind of problem, a series of simulation software has been opened abroad.

Key words: spent fuel reprocessing plant; critical accident; software model

英国核燃料循环后段战略研究

闫寿军,赵　远

(中核战略规划研究总院,北京 100048)

摘要:在过去的五十年中,英国放射性废物政策的改变伴随着制度的改变,对于废物的远期安全照管这一最终目标,并没有取得太大进展。制度上发生了翻天覆地的变化,试图私有化整个民用核工业却最终落败,可能是其中最重要的原因。造成失败的主要原因是,与退役和废物管理相关的费用不断上升。截至 2011 年 4 月 1 日,英国遗留核厂址退役的折现费用估计为 440 亿英镑(700 亿美元)。其中,仅塞拉菲尔德的后处理厂址就占据一半。由于遗留核厂址如此之多,最终导致国家核资产被分裂。

关键词:英国;核燃料循环;战略研究

现行的英国政府政策是,由乏燃料的所有者根据自己的商业判断,在满足必要监管要求的前提下,决定适当的乏燃料管理方案。迄今为止,决定英国电力公司乏燃料管理决策的主要因素一直是以乏燃料特性的技术考量、方案的经济吸引力以及反应堆厂址的乏燃料贮存能力为基础。

1　英国现行的乏燃料管理政策

1.1　镁诺克斯乏燃料管理策略

1.1.1　试验原理图

最初,出于军事目的对钚的需求,促使英国在温斯凯尔堆上对乏燃料进行后处理。20 世纪 50 年代初在塞拉菲尔德建造了一座大规模的后处理设施,随后 1964 年又在塞拉菲尔德建造和启用了第二座后处理厂[2]。这座后处理厂用于满足英国镁诺克斯核电计划的需求,并对来自意大利和日本的镁诺克斯乏燃料进行后处理。

英国没有经济可采的铀储量,因此后处理被视为英国能源独立的关键环节,而且在后处理的开发和实现期内,后处理的概念和实践成为英国乏燃料管理策略的既定阶段。镁诺克斯燃料元件由天然铀金属条组成,大约 1 m 长,外覆镁合金包层。在设计镁诺克斯反应堆系统时,考虑到早期的后处理,采用了湿排放路线和临时池贮。铀金属和镁合金包层在池贮过程中易受腐蚀,因此镁诺克斯燃料一般在排放后一年内进行后处理。虽然镁诺克斯燃料原则上可以干贮,但由于镁诺克斯站的寿命有限,改装昂贵的干燥设施或改造站内的燃料排放路线以使燃料可以干态排放并不具有经济性。英国政府特别委员会在 1986 年承认了这一事实,其结论是,"在镁诺克斯计划结束前继续进行燃料后处理仍然是一项审慎的政策",这种情况至今仍是如此。唯一一个镁诺克斯燃料干库建于威尔法厂址,以在燃料运往塞拉菲尔德进行后处理之前提供应急缓冲。

在 AGR 初始堆芯进行镁诺克斯后处理所回收的铀的再循环为镁诺克斯燃料的后处理提供持续支持,因此,超过 15 000 tHM 的镁诺克斯贫化铀(MDU)可生产 1 650 tU 的 AGR 燃料。当前铀市场的情况是,进一步的 MDU 再循环并不经济。所有镁诺克斯燃料将在短期的临时贮存后,继续在 BNFL 的塞拉菲尔德工厂进行后处理。

1.2　AGR 乏燃料管理策略

一个 AGR 燃料元件包含 36 个细棒,由 UO$_2$ 芯块构成,这些芯块由不锈钢管包裹,分布在环状栅格中,并由石墨套管封装。由于在反应堆设计期间曾设想过早期的后处理,AGR 站设有与反应堆同

作者简介:闫寿军(1986—),男,河北沧州人,副研究员,现主要从事情报研究

址的小型贮存池,因此所有的 AGR 乏燃料都被送往塞拉菲尔德[4]。

1977 年的一次公开调查之后,批准了在塞拉菲尔德建造一个后处理厂——热氧化物后处理厂(THORP)。该工厂于 1994 年开始运营,能够对来自 AGR 和 LWR 站的氧化物燃料实施后处理。

从历史上看,后处理合同主要是在成本加成的基础上签署的,即提供产品/服务的成本加上后处理厂的利润率。大多数 Thorp 基荷业务的合同是在成本加成的基础上签署的,然而,基荷后合同的价格很可能固定不变。

20 世纪 90 年代初,BNFL、CEGB 和 SSEB 之间签署的后处理成本加成合同经过重新谈判,导致BNFL 和英国电力公司之间就基荷和基荷后后处理达成了一项固定价格协议。

理论上,AGR 燃料可以储存在干库中;实际上,苏格兰核电公司(现在是英国能源公司的一部分)对这一选项的可行性进行了研究,并申请了在其托尼斯厂址建造干库的规划许可。但是,在审查了各种选项之后,其得出结论,将在塞拉菲尔德进行后处理和长期贮存相结合,是最具成本效益的乏燃料管理解决方案。

1.3 PWR 乏燃料管理策略

目前在英国只有一个 PWR,即塞兹韦尔 B。乏燃料贮存池可容纳 30 年的乏燃料产量。英国能源公司将根据现行的商业和监管环境,在适当的时候考虑安排进一步的 PWR 乏燃料管理。

1.4 快堆乏燃料管理策略

1979 年以来,敦雷原型快堆(PFR)的燃料一直在敦雷进行后处理,其中钚废弃物被转移到塞拉菲尔德贮存。UKAEA 目前正在评估剩余 PFR 燃料的未来管理方案。

2 决定性因素

很难具体地说,哪些因素在电力公司决定乏燃料管理路线方面起到主要作用。电力公司不同,各因素的组合和加权也不同。一些电力公司受政府策略的约束;而另一些公司,如英国的电力公司,可以根据自己的分析和结论自由选择最合适的策略。

以下只是决定未来的后段燃料循环策略时可能会考虑到的一些因素[5-6]。

2.1 经济性

随着电力公司努力降低发电成本,核燃料循环的经济性在电力公司的决策中发挥着越来越大的作用。然而,后段成本目前占总燃料循环成本的比例不超过 20%,燃料循环成本占总发电成本的比例也不超过 20%。因此,总后段成本仅占发电成本的几个百分点,在总成本环境中可能仍然微不足道。

直接处置、后处理和再循环的经济性将具体到每一个电力公司,即对于一些电力公司,直接处置成本最低;而对于另一些电力公司,成本最低的是后处理和再循环。

2.2 设施可用性

如果要贮存燃料,国家/电力公司将不得不考虑在各反应堆厂址建造贮存库与集中建造一个贮存库相比的利弊。公众的反应、经济性、厂址之间的交通和最终处置地点等方面的影响只是必须考虑的其中一部分问题。

国际贮存设施或处置库将为国家或电力公司提供额外的乏燃料管理选择。与国内贮存库一样,国际贮存设施或处置库也有一些问题和因素需要电力公司加以考虑,例如公众的看法、处置库所在国的政治稳定性、运输和成本。

2.3 风险

如果电力公司被限制只能使用一条乏燃料管理路线,那么由于乏燃料管理受限,其将面临更大的风险——不得不关停反应堆,导致巨大的成本损失。与关停核电站的潜在成本相比,燃料循环成本的任何微小差异都不会对电力公司造成严重影响。

目前还没有任何电力公司会对所有的燃料废弃物进行后处理,因此这些电力公司有两个选择,而有些国家/电力公司则直接处置所有的燃料废弃物,因此其只有一个乏燃料管理选择。反核组织的目标是燃料循环后段,因为他们认为这是最容易导致核电站关闭的攻击点。

2.4 环境问题和废物管理

人们认为直接处置和后处理的辐射影响都很小,而且大致相当。监管要求的变化将影响目前的乏燃料管理路线,因此必须设计出新的系统来保持合规性,例如,OSPAR。

BNFL认为,必须继续大幅度减少后处理的成本和环境影响,为达此目的,还设立了 Radical Purex 计划。分离与嬗变以及无水后处理方法都是潜在的未来系统,可以减少后处理的废物影响。

2.5 政治问题

每个国家都有自己的乏燃料管理政策,这些政策可能会限定电力公司采用一种乏燃料管理方案,或让电力公司自由选择最适合自己的方案。英国政府的政策是,由乏燃料的所有者根据自己的商业判断,在满足必要监管要求的前提下,决定适当的乏燃料管理方案。

英国上议院科学技术特别委员会对核废物管理进行了审查,此前该委员会拒绝了在坎布里亚郡潜在的 Nirex 处置库厂址建设一座岩石表征设施的规划许可。这类建议于 1999 年 3 月公布,英国政府亦于 1999 年 10 月公开回应,提议于 2000 年年初发表一份详细且广泛的咨询文件,之后会在此咨询文件的基础上发表政策声明(白皮书)。

2.6 保障和防扩散问题

任何乏燃料管理路线都必须符合国际保障制度的要求。无论钚是在后处理过程中被分离出来,还是像直接处置燃料那样保持未分离状态,都必须得到保障。无论贮存量如何,钚保障所需的安全水平都是相对不变的。

扩散问题是一种观念问题,与国际制度无关。在国际保障制度下进行的商业后处理过程中,所有受保障的钚都不会被转移出去。

2.7 资源利用/再循环至快堆

能源独立的战略重要性是在确定后段策略时可以考虑的另一个因素,并将受到国家自然能源资源和自给自足愿望的影响。直接处置封装形式的乏燃料使其中所含的钚和铀不可能被再次利用,而后处理/再循环则可以为国家/电力公司提供未来可用的能源。1 t 乏燃料的能量含量从 10 000 到 40 000 t 标煤不等,这取决于产生乏燃料的反应堆类型,以及钚和铀是否在 AGR 或 PWR 中再循环。若在快堆中进行再循环,则这些数值将增加到 40 倍左右。

后处理为未来快堆方案的发展提供了一个平台,该方案需要某种形式的热后处理来为初始快堆燃料提供钚。全球再循环设施的工业化提供了以混合氧化物燃料(MOX)为形式再循环钚的能力,使各电力公司在确定其后段燃料循环策略方面可做进一步的考量。在铀再循环方面,目前的低价格以及过剩的铀和富集能力不利于铀的再循环,但是,预计未来对后处理铀的使用将随着价格的上升或可用性的下降而增加。

3 小结

英国在核燃料循环管理政策方面的经验表明,必须在至少四个政策领域中保证合法性——各领域之间的合法性相互影响。

(1)放射性废物:放射性废物是核设施运行的必然结果。人们对各类放射性废物的产生提出了一系列原则性的反对意见。对于贮存,作为一项政策选择,需要在很长时间内接受机构的连续监督,而处置则排除了未来将新知识和技术用于废物管理的可能性,并减少了对废物的有效监督。

(2)防护标准:自 20 世纪 60 年代以来,已在国际上规范了辐射防护标准,由国家监管机构对国际辐射防护委员会提出的建议进行解读。剂量限制相关科学建议的有效性以及在具体地点实际执行这些标准的情况一直受到持续的批判。更广泛地说,这些标准的远期适用性还存在事实性和规范性问题。

（3）管理安全：许多常规放射性废物的寿命很长，可达数十万年。通过采用安全壳的原理，管理理念是实现对这些物质的几乎完全控制，以尽量减少其在未来对人类构成的风险。放射性废物处置库未来安全性的证明方法存在极其严重的问题。一个关键的问题是，哪类参与者能够判断假设的安全评估的有效性。

参考文献：

[1] Deutch J M，Holdren J P. The Future of Nuclear Power：An Interdisciplinary MIT Study [M]. Massachusetts Institute of Technology（MIT）：Boston，MA，USA，2003.

[2] Deutch J M，Forsberg C W，Kadak A C，et al. Update of the MIT 2003 Future of Nuclear Power [M]. Massachusetts Institute of Technology：Cambridge，MA，USA，2009.

[3] Organisation for Economic Co-operation and Development/Nuclear Energy Agency（OECD/NEA）. Five Years after the Fukushima Daiichi Accident：NEA#7284 [R]. Paris，France，2016.

[4] Joskow P L，Parsons J E. The Future of Nuclear Power after Fukushima[M]. MIT CEEPR：Cambridge，MA，USA，2012.

[5] Sheldon S，Hadian S，Zik O. Beyond carbon：Quantifying environmental externalities as energy for hydroelectric and nuclear power [J]. Energy 2015(84)：36-44.

[6] Alonso G，Del Valle E. Economical analysis of an alternative strategy for CO_2 mitigation based on nuclear power [J]. Energy 2013 (52)：66-76.

Research on the strategy of the later stage of the British nuclear fuel cycle

YAN Shou-jun，ZHAO Yuan

(China Institute of Nuclear Industry Strategy，Beijing 100048，China)

Abstract： In the past 50 years，the change of British radioactive waste policy has been accompanied by the change of system，and the ultimate goal of long-term safety care of waste has not made much progress. The most important reason may be that the whole civil nuclear industry failed in the process of privatization. The main reason for the failure is the rising costs associated with decommissioning and waste management. As of April 1，2011，the discounted cost of decommissioning a legacy nuclear site in the UK is estimated to be 44 billion pounds (70 billion dollars). Among them，only the post-treatment plant in Sellafield accounts for half. Because there are so many nuclear sites left behind，the national nuclear assets are divided.

Key words： UK；nuclear fuel cycle；strategic research